中等职业学校教学用书・计算机应用专业

Office 2007 中文版实用教程

徐瑞欣　何　颖　主　编

汤　洋　李睿　张彧皓　张　磊　副主编

赵晨阳　主　审

電子工業出版社
Publishing House of Electronics Industry
北京・BEIJING

内 容 简 介

本书是按照教育部《职业院校计算机和软件专业领域技能型紧缺人才培养培训指导方案》编写的。采用任务驱动和案例教学形式，以简明通俗的语言和生动真实的案例详细介绍了 Microsoft Office2007 系列办公软件在文秘、财务、教育、管理、商业等各个行业领域的日常办公自动化工作中的应用。书中设计的案例和上机操作题目使用的素材以及本书的电子教案和配套多媒体课件，读者可以从华信教育资源网（www.hxedu.com.cn）免费注册后进行下载。

本教材适合中等职业学校计算机专业的学生使用，也可以作为计算机应用培训班教材和办公自动化软件操作人员的实用技术手册。

图书在版编目（CIP）数据

Office 2007 中文版实用教程 /徐瑞欣，何颖主编. —北京：电子工业出版社，2012.9
中等职业学校教学用书・计算机应用专业

ISBN 978-7-121-18051-4

Ⅰ. ①O… Ⅱ. ①徐… ②何… Ⅲ. ①办公自动化—应用软件—中等专业学校—教材 Ⅳ. ①TP317.1

中国版本图书馆 CIP 数据核字（2012）第 200277 号

策划编辑：关雅莉
责任编辑：郝黎明　文字编辑：裴　杰
印　　刷：北京七彩京通数码快印有限公司
装　　订：北京七彩京通数码快印有限公司
出版发行：电子工业出版社
　　　　　北京市海淀区万寿路 173 信箱　邮编　100036
开　　本：787×1 092　1/16　印张：20.25　字数：518.4 千字
版　　次：2012 年 9 月第 1 版
印　　次：2021 年 8 月第 9 次印刷
定　　价：48.00 元

凡所购买电子工业出版社图书有缺损问题，请向购买书店调换。若书店售缺，请与本社发行部联系，联系及邮购电话：（010）88254888，88258888。

质量投诉请发邮件至 zlts@phei.com.cn，盗版侵权举报请发邮件至 dbqq@phei.com.cn。

本书咨询联系方式：（010）88254617，luomn@phei.com.cn。

前　言

根据教育部《职业院校计算机和软件专业领域技能型紧缺人才培养培训指导方案》的精神，我们编写了本教材。

本书采用任务驱动和案例教学形式，以简明通俗的语言和生动真实的案例详细介绍了Microsoft Office2007系列办公软件在文秘、财务、教育、管理、商业等各个行业领域的日常办公自动化工作中的应用。

本书作者精心设计的案例力求突出其代表性、典型性和实用性，任务设计灵活多样，这些案例既能贯穿相应的知识体系，又能与工作实际紧密联系，使学生不再是单纯的学习知识技能，而是将技术应用到实际工作中，让技术为办公自动化工作的实际需要服务。

为了充分发挥任务驱动和案例教学在组织教学方面的优势，本书采用了新的教材编写思路，即：做什么（联系实际应用，展示案例效果，提出任务）、指路牌（分组讨论，分析任务）、跟我来（上机实践，完成任务）、回头看（回顾知识要点和关键技能）、知识链接（与案例相关的重要知识技能的拓展和补充）、练习与提高（举一反三）。其主要思路是："做什么"，首先从实际工作出发提出任务案例，展示案例效果，激发学生的学习兴趣和求知欲；然后通过"指路牌"展开任务分析，在教材的引导下由学生以分组讨论的方式分析任务的要求和特点，找到完成任务的方法；"跟我来"环节则给出了完成任务正确而简便的操作方法，以便指导学生在上机实训中熟练掌握操作要领；完成任务后"回头看"，回顾案例中的知识要点和关键技能；然后通过"知识链接"对与案例相关的重要知识技能进行必要地拓展和补充，使学生的知识技能体系更加完备；最后"练习与提高"根据所学内容给出一定数量的理论题（覆盖知识要点）和实践题（类似的设计任务），上机实践题突出重点、难度适中，并在必要之处对完成任务的思路给出提示，使学生能较好的掌握知识要点并能用于完成类似的任务，从而达到举一反三的目的。

在"跟我来"环节中，除了给出完成任务需要的正确简便的操作方法以外，还根据案例操作的需要随时引入"教你一招"环节，对案例中当前操作的要领和技巧以及其他操作方案进行补充和对比讲解，使学生的知识技能体系进一步得到加强和完善。由此，本书通过"教你一招"、"回头看"和"知识链接"等环节对学生的知识技能体系进行进一步地补充、梳理和完善。

书中设计的案例和上机操作题目使用的素材以及本书的电子教案和配套多媒体课件，读者可以从华信教育资源网（www.hxedu.com.cn）免费注册后进行下载。

本课程教材适合中等职业学校计算机专业的学生使用，也可以作为计算机应用培训班教材和办公自动化软件操作人员的实用技术手册。

本书由徐瑞欣、何颖主编，汤洋、李睿、张彧皓、张磊担任副主编，赵晨阳担任主审。第1至4章由徐瑞欣、毕建伟、张彧皓、张磊、李国静编写；第5至8章由何颖、汤洋、李睿、李淑贤、张亮编写。毕建伟、赵晨阳统编了全稿。

由于作者水平有限，书中难免有不妥之处，请广大读者批评指正。

编者

2012年9月

目　录

目录

第 1 章

Word 与办公文秘

（1）了解 Word 在办公文秘领域的用途及其具体应用方式。

（2）熟练掌握办公文秘领域利用 Word 完成具体案例任务的流程、方法和技巧。

Word 在办公文秘领域的应用非常广泛，利用 Word 的强大功能，可以完成工作计划的拟定、公司宣传页的设计、备忘录的制定、个人名片的设计等各项日常事务性工作。

1.1 拟定工作计划

做什么

一项工作或某个时期开始前，经常需要通过拟定工作计划对将要完成的某项工作或将要到来的某一时期的工作（包括打算、主要做法和应注意的关键问题）进行安排。认真拟定工作计划有助于我们寻找工作捷径，提高工作效率。计划一般应包括标题、正文、署名三部分。其中，标题一般根据中心内容、目的要求、计划范围来定，字体字号要醒目，且居中放置在总结的最上边。正文是计划的主体，其基本内容是主要的打算和计划、应注意的事项和简单分工。署名一般标注在主体的右下方，在署名下边标注拟定计划的时间，如果需要突出署名，也可以直接将署名在标题下边居中放置。

利用 Word 2007 中文版软件的文字录入及基本文字排版功能，可以非常方便地完成如图 1.1 所示的“世纪辉煌大酒店一月份工作计划”效果。

世纪辉煌大酒店一月份工作计划

新年伊始，一月份作为全年工作的基础，应从各个方面为顺利完成全年营业、销售目标打好基础，工作重点应放在年度计划拟定和春节促销政策制定、安全生产大检查等方面。为了更好的开展一月份的工作，特制定如下计划：

一、召开部门经理全体会议，确定年度营销售工作计划、目标及重点，制定春节促销政策，明确各部门分工和职责，制定奖惩办法。

二、召开全体职工动员大会，重点强调春节期间安全生产、分工合作、爱岗敬业等方面，宣读部门经理全体会议制定的年度营销工作计划、目标及重点，明确奖惩办法。

三、组织安全生产大检查，重点对餐厅、客房、会议室、商场、健身运动中心、音乐广场等关键部位逐一进行排查，并对检查出来的问题进行认真整改，明确责任到人，确保万无一失。

四、根据年度营销计划采购商品、原材料等，确保全年营销工作顺利进行，同时做好仓库安全保管工作。

五、组织餐饮部有关人员对菜单进行研究、修订，争取完成新菜单的制定。

六、做好春节酒会的各项准备工作。

世纪辉煌大酒店

2005年12月30日

图 1.1 “世纪辉煌大酒店一月份工作计划”效果图

分组对案例进行讨论和分析，得出如下解题思路：

（1）启动 Word 2007 中文版软件，创建一个新文档，并输入和保存文本内容。

（2）设置标题的格式。

（3）设置文本的格式。

（4）设置文本的段落格式。

（5）设置文本的行距。

（6）设置落款文本的格式。

（7）打印预览文档。

（8）打印文档。

（9）后期处理及文件保存。

根据以上解题思路，完成“世纪辉煌大酒店一月份工作计划”的具体操作如下：

1．启动 Word 2007 中文版软件，创建一个新文档，并输入和保存文本内容

（1）双击桌面上的快捷图标，或单击桌面左下角的“开始”按钮，然后依次选择“所有程序”/“Microsoft Office”/“Microsoft Office Word 2007”命令，即可启动 Word 2007 中文版，打开 Word 文档编辑窗口，同时也创建了一个被命名为“文档 1”的空白 Word 文档(用于保存文档内容的文件，其扩展名为.docx)，如图 1.2 所示。

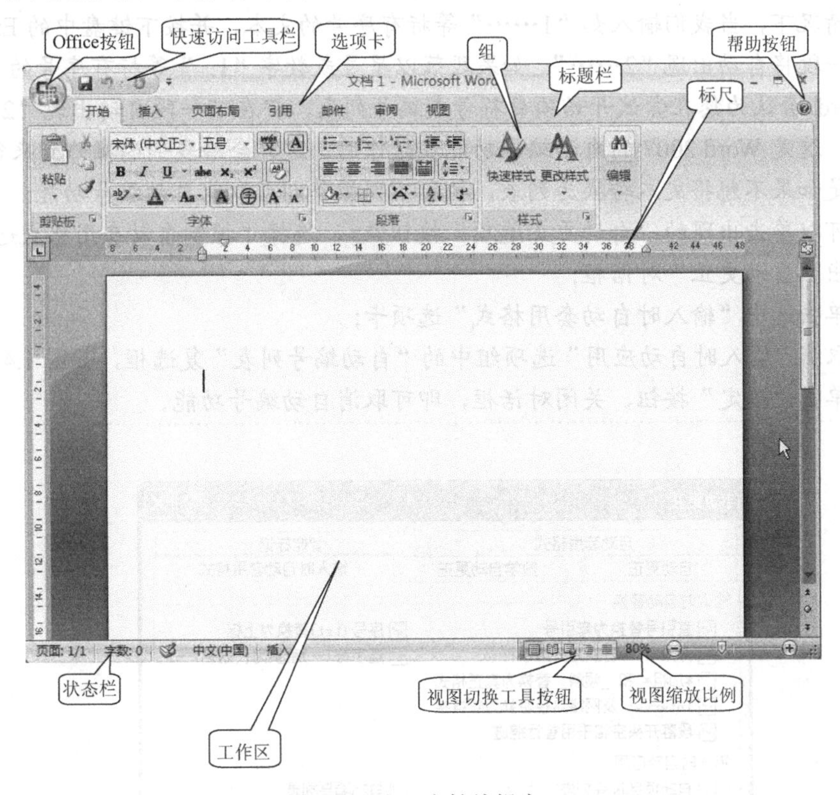

图 1.2 Word 文档编辑窗口

（2）选择自己熟练的输入法，从如图 1.2 所示的工作区中不停闪烁的鼠标光标处（称为“插入点”）开始输入文本。光标将随着文本的输入自动右移。当遇到页面的右边界时，系统将自动插入一个“软回车”，同时，光标自动跳至下一行的最左端，开始新一行文本的输入。当某段文本输入完毕时，我们需要输入一个回车键（即键盘中的 Enter 键，又称 “硬回车”），使得文本另起一段。按照这样的方法完成文本输入后的效果如图 1.3 所示。

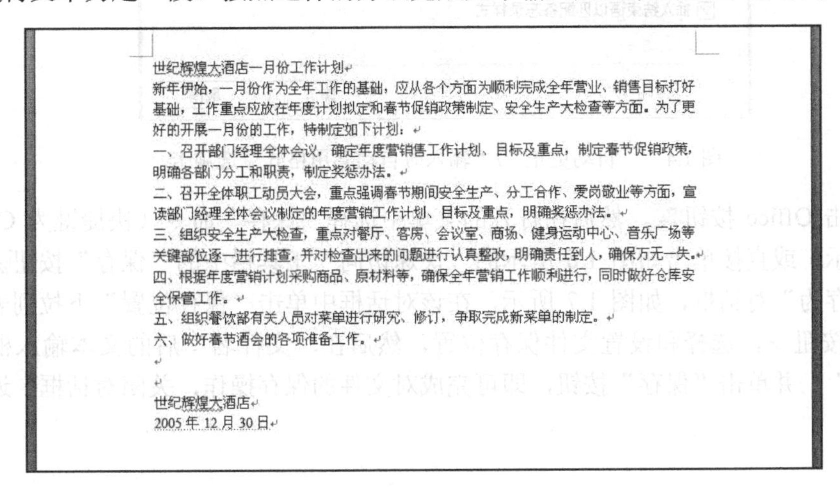

世纪辉煌大酒店一月份工作计划

新年伊始，一月份作为全年工作的基础，应从各个方面为顺利完成全年营业、销售目标打好基础，工作重点应放在年度计划拟定和春节促销政策制定、安全生产大检查等方面。为了更好的开展一月份的工作，特制定如下计划：

一、召开部门经理全体会议，确定年度营销售工作计划、目标及重点，制定春节促销政策，明确各部门分工和职责，制定奖惩办法。

二、召开全体职工动员大会，重点强调春节期间安全生产、分工合作、爱岗敬业等方面，宣读部门经理全体会议制定的年度营销工作计划、目标及重点，明确奖惩办法。

三、组织安全生产大检查，重点对餐厅、客房、会议室、商场、健身运动中心、音乐广场等关键部位逐一进行排查，并对检查出来的问题进行认真整改，明确责任到人，确保万无一失。

四、根据年度营销计划采购商品、原材料等，确保全年营销工作顺利进行，同时做好仓库安全保管工作。

五、组织餐饮部有关人员对菜单进行研究、修订，争取完成新菜单的制定。

六、做好春节酒会的各项准备工作。

世纪辉煌大酒店

2005 年 12 月 30 日

图 1.3 完成文本输入后的效果

默认情况下，当我们输入如“1……”等标有序号的文本，并按下键盘中的Enter键后，在下一段将自动出现“2……”，如果段落以星号或数字“1. ”等标有序号的文本开始时，Word 会认为您在尝试开始项目符号或编号列表，将在下一段自动出现“2. ”开头的文本。这是Word 2007的自动编号功能在起作用，这样会给我们的操作到来很大的方便，但是如果不想将文本转换为列表，执行下列操作即可取消自动编号功能：

（1）可以单击出现的“自动更正选项”按钮，选择“控制自动套用格式选项”，系统将弹出“自动更正”对话框；

（2）单击选中“输入时自动套用格式”选项卡；

（3）取消“输入时自动应用”选项组中的“自动编号列表”复选框，如图1.4所示。

（4）单击“确定”按钮，关闭对话框，即可取消自动编号功能。

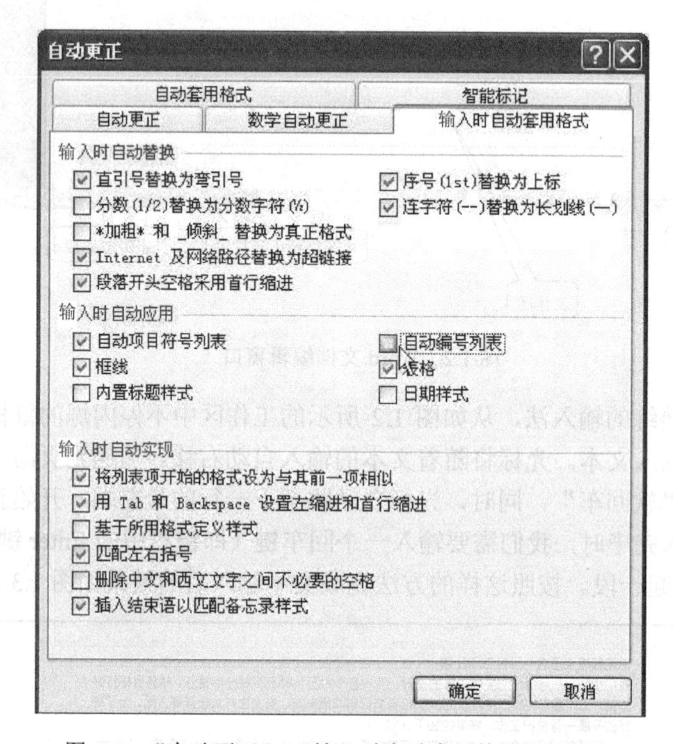

图1.4 “自动更正”/“输入时自动套用格式”选项卡

（3）单击Office按钮，然后在打开的菜单中选择“保存”命令（快捷键为Ctrl+S），如图1.5所示，或直接单击如图1.6所示的“快速访问”工具栏中的“保存”按钮，系统将弹出“另存为”对话框，如图1.7所示，在该对话框中单击“保存位置”下拉列表框右边向下的三角按钮，选择和设置文件保存位置，然后在“文件名”后的文本输入框中输入“工作计划”，并单击“保存”按钮，即可完成对文件的保存操作，关闭对话框，返回文档编辑窗口。

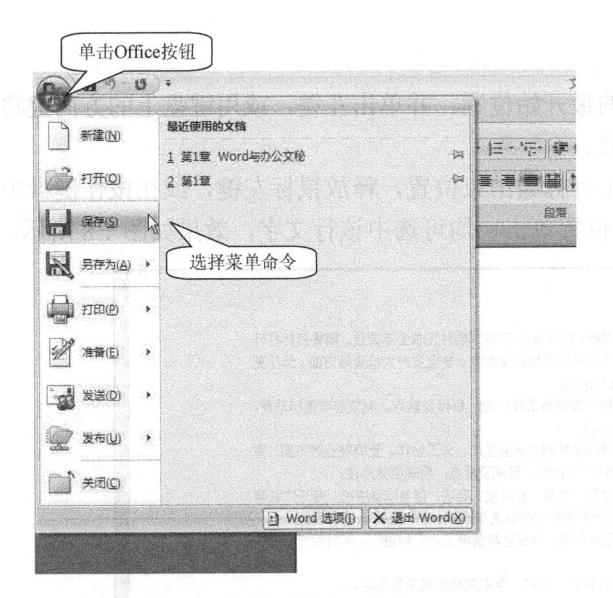

图 1.5 选择“保存”按钮

图 1.6 “快速访问”工具栏

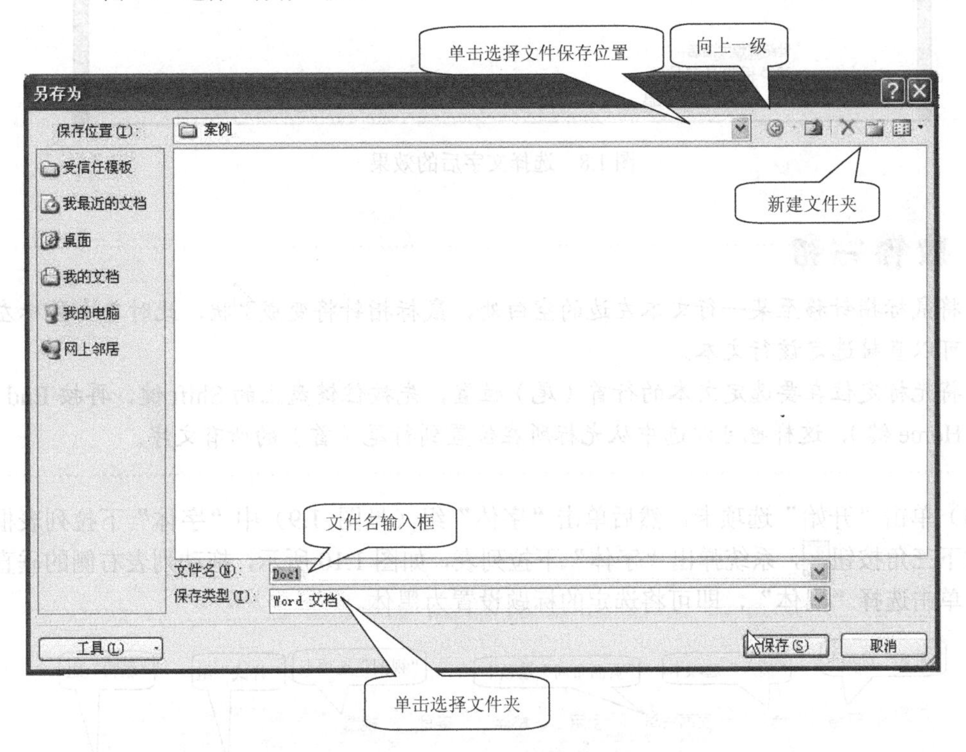

图 1.7 在“另存为”对话框中输入文件名

教你一招

由于目前仍有许多的用户使用 Word 2003 或更早的版本，而使用 Word 2007 程序保存的文档是不能在 Word 2003 或更早版本中直接打开的。因此，若想保存的文档能被其他使用旧版本的用户正常打开使用，可单击 Office 按钮，接着在打开的菜单中选择“另存为”/“Word 97-2003 文档”命令，保存一份与 Word 97-2003 完全兼容的文档。

2. 设置标题的格式

（1）将 I 形的鼠标指针移动到文本的最开始位置，并单击左键，或用键盘上的方向键将不停闪烁的光标移动到文本的最开始位置。

（2）按住鼠标左键不放，拖曳至第 1 行标题结束位置，释放鼠标左键，或在按住键盘中的 Shift 键的同时，在第 1 行文本的结束位置单击，均可选中该行文字，效果如图 1.8 所示。

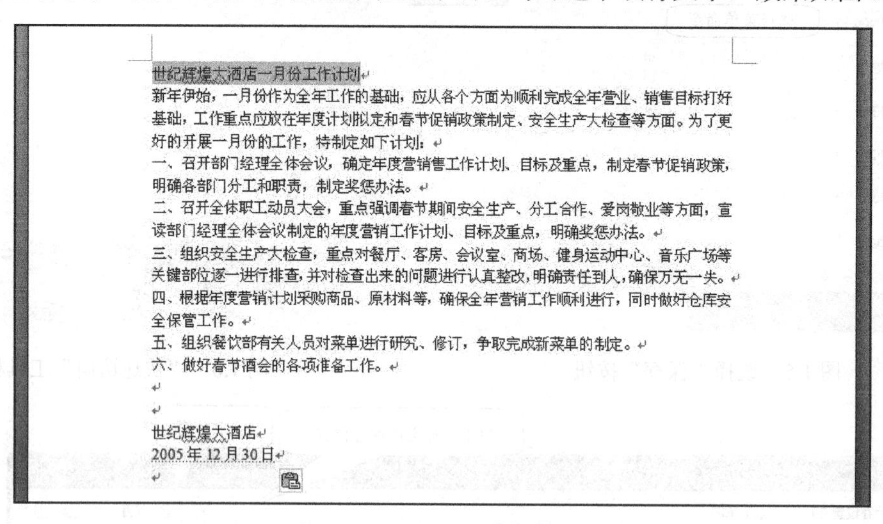

世纪辉煌大酒店一月份工作计划

新年伊始，一月份作为全年工作的基础，应从各个方面为顺利完成全年营业、销售目标打好基础，工作重点应放在年度计划拟定和春节促销政策制定、安全生产大检查等方面。为了更好的开展一月份的工作，特制定如下计划：

一、召开部门经理全体会议，确定年度营销售工作计划、目标及重点，制定春节促销政策，明确各部门分工和职责，制定奖惩办法。

二、召开全体职工动员大会，重点强调春节期间安全生产、分工合作、爱岗敬业等方面，宣读部门经理全体会议制定的年度营销工作计划、目标及重点，明确奖惩办法。

三、组织安全生产大检查，重点对餐厅、客房、会议室、商场、健身运动中心、音乐广场等关键部位逐一进行排查，并对检查出来的问题进行认真整改，明确责任到人，确保万无一失。

四、根据年度营销计划采购商品、原材料等，确保全年营销工作顺利进行，同时做好仓库安全保管工作。

五、组织餐饮部有关人员对菜单进行研究、修订，争取完成新菜单的制定。

六、做好春节酒会的各项准备工作。

世纪辉煌大酒店

2005 年 12 月 30 日

图 1.8　选择文字后的效果

将鼠标指针移至某一行文本左边的空白处，鼠标指针将变成↗状，此时单击鼠标左键，可以直接选定该行文本。

将光标定位在要选定文本的行首（尾）位置，先按住键盘上的 Shift 键，再按 End 键（Home 键），这样也可以选中从光标所在位置到行尾（首）的所有文字。

（3）单击“开始”选项卡，然后单击“字体”组（见图 1.9）中“字体”下拉列表框右端的向下三角按钮▾，系统弹出“字体”下拉列表，如图 1.10 所示，拖动列表右侧的垂直滚动条，单击选择“黑体”，即可将选定的标题设置为黑体。

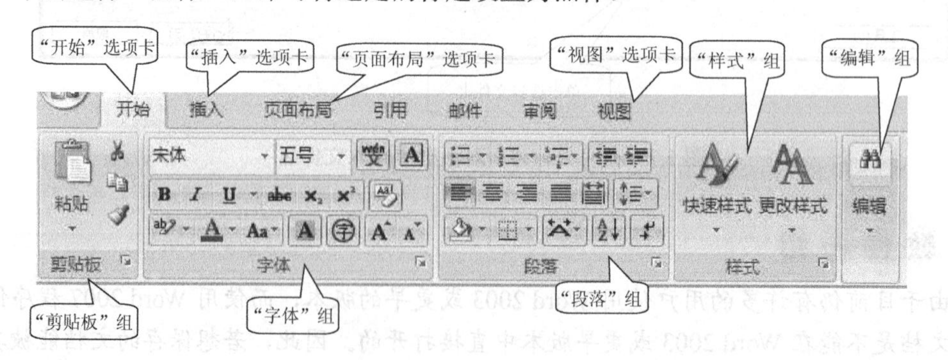

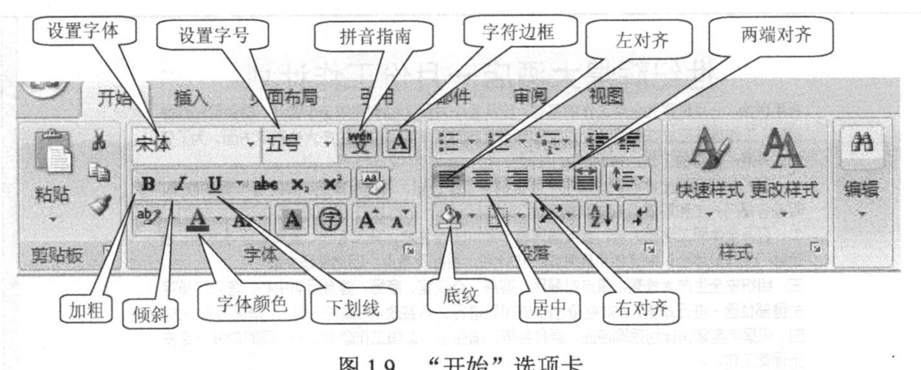

图 1.9 “开始”选项卡

（4）单击“字体”组中“字号”下拉列表框右端的向下三角按钮，系统弹出“字号”下拉列表，如图 1.11 所示，拖动列表右侧的垂直滚动条，选择“二号”，即可将选定的标题设置为二号大小。

图 1.10“字体”下拉列表框

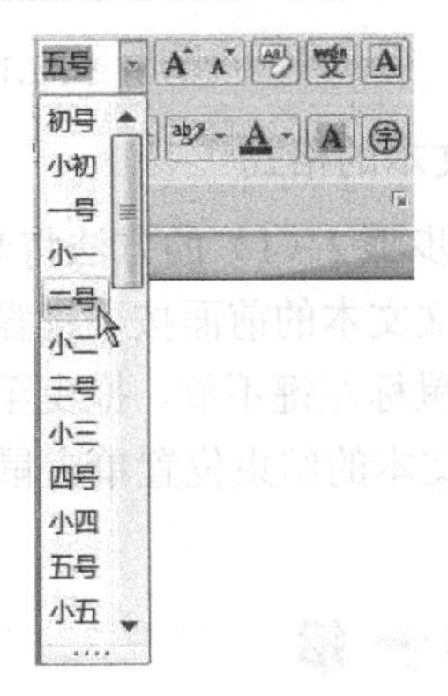

图 1.11“字号”下拉列表框

在 Word 中，通过“字体”组中的“字号”下拉列表框只能选择“初号”～“八号”之间的字号，英文字体的磅值也仅限于“5 磅”～“72 磅”。如果需要将选中文本的字号设置为大于“初号”或“72 磅”，则可以通过执行下列操作步骤来实现：① 选中需要放大的文本；② 将鼠标指针移动到“格式”工具栏中的“字号”下拉列表框的文本输入框中，单击鼠标，并将其中的字号选项删除，然后输入大于 72 的数字（输入的数字应在 1～1638 之间）。

在 Word 2007 中，还可以通过键盘上的快捷键放大或缩小选中的文本：

按下快捷键 Ctrl+]，即可将选中的文本逐渐放大；

按下快捷键 Ctrl+[，即可将选中的文本逐渐缩小；

按下快捷键 Ctrl+Shift+>，即可将选中的文本快速放大；

按下快捷键 Ctrl+Shift+<，即可将选中的文本快速缩小。

（5）单击“格式”工具栏中的段落“居中”对齐方式按钮，即可将选定的标题设置为居中格式，设置完成后的标题效果如图 1.12 所示。

世纪辉煌大酒店一月份工作计划

新年伊始，一月份作为全年工作的基础，应从各个方面为顺利完成全年营业、销售目标打好基础，工作重点应放在年度计划拟定和春节促销政策制定、安全生产大检查等方面。为了更好的开展一月份的工作，特制定如下计划：

一、召开部门经理全体会议，确定年度营销售工作计划、目标及重点，制定春节促销政策，明确各部门分工和职责，制定奖惩办法。

二、召开全体职工动员大会，重点强调春节期间安全生产、分工合作、爱岗敬业等方面，宣读部门经理全体会议制定的年度营销工作计划、目标及重点，明确奖惩办法。

三、组织安全生产大检查，重点对餐厅、客房、会议室、商场、健身运动中心、音乐广场等关键部位逐一进行排查，并对检查出来的问题进行认真整改，明确责任到人，确保万无一失。

四、根据年度营销计划采购商品、原材料等，确保全年营销工作顺利进行，同时做好仓库安全保管工作。

五、组织餐饮部有关人员对菜单进行研究、修订，争取完成新菜单的制定。

六、做好春节酒会的各项准备工作。

世纪辉煌大酒店

2005 年 12 月 30 日

图 1.12　设置完标题格式后的效果

3．设置文本的格式

（1）利用步骤 2（1）的方法将光标定位到正文的最开始位置，即第 2 行文本的最左端。

（2）在正文文本的前面按下键盘中的 Enter 键，标题与正文文本之间即可插入一个空行。

（3）按住鼠标左键不放，拖曳至文本结束位置，释放鼠标左键，或在按住键盘中的 Shift 键的同时，在文本的结束位置单击鼠标左键，均可以选中其余部分的文本，并使其反色显示。

在文本的段首位置双击，可快速选中整段文本，然后在按住键盘中的 Shift 键的同时，在最后一段中任意位置单击鼠标，可选中多段文本。

（4）利用步骤 2（3）的方法将选中的文本的“字体”选项设置为“宋体”。

（5）利用步骤 2（4）的方法将选中的文本的“字号”选项设置为“小四”。

4．设置文本的段落格式

经过观察，我们发现所有文本都是定格显示，按照排版习惯，应在每段首行空出两个汉字的位置，即首行缩进两个字符。

（1）依次选择“开始”选项卡/“段落”组，单击按钮，系统将弹出“段落”对话框。

（2）在该对话框中选择“缩进和间距”选项卡，如图 1.13 所示，然后单击“特殊格式”右端的向下三角按钮，并从下拉列表框中单击选择“首行缩进”，“磅值”文本框中将自动显示“2”字符（通过单击“磅值”右端的向上/向下三角按钮，可以调整其参数值）。

（3）单击“确定”按钮，关闭对话框，此时，每段文本的段首位置都将空出两个汉字的位置，效果如图 1.14 所示，这比较符合我们日常排版的习惯要求。

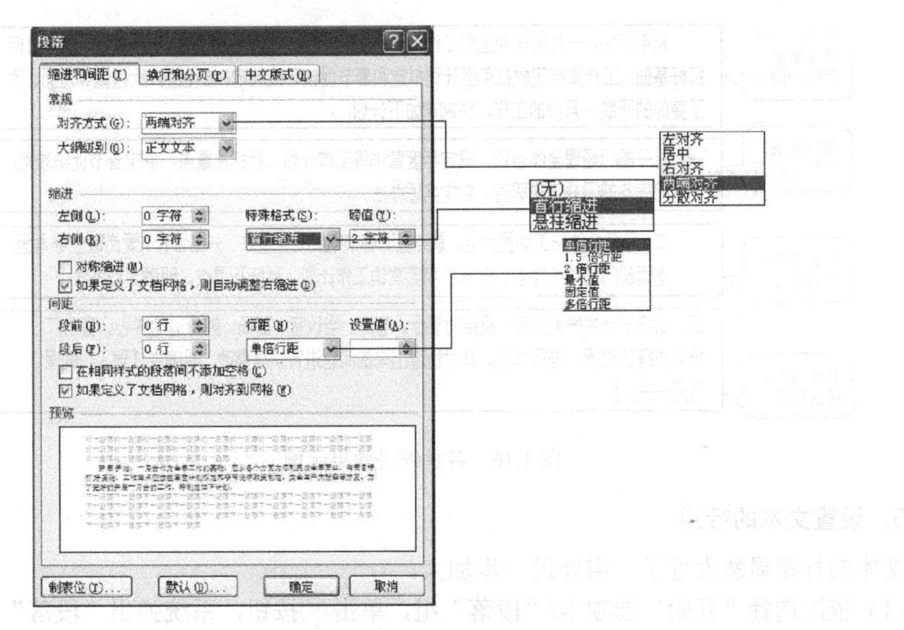

图 1.13 缩进和间距”选项卡

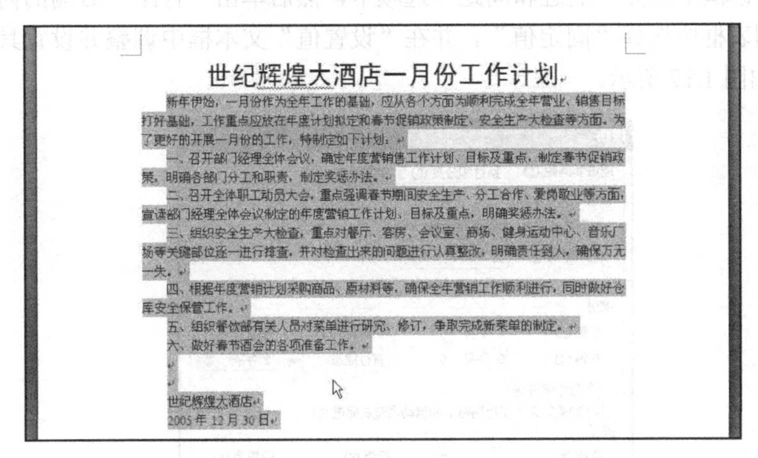

世纪辉煌大酒店一月份工作计划

新年伊始，一月份作为全年工作的基础，应从各个方面为顺利完成全年营业、销售目标打好基础，工作重点应放在年度计划拟定和春节促销政策制定、安全生产大检查等方面。为了更好的开展一月份的工作，特制定如下计划：

一、召开部门经理全体会议，确定年度营销售工作计划、目标及重点，制定春节促销政策，明确各部门分工和职责，制定奖惩办法。

二、召开全体职工动员大会，重点强调春节期间安全生产、分工合作、爱岗敬业等方面，宣读部门经理全体会议制定的年度营销工作计划、目标及重点，明确奖惩办法。

三、组织安全生产大检查，重点对餐厅、客房、会议室、商场、健身运动中心、音乐厂场等关键部位逐一进行排查，并对检查出来的问题进行认真整改，明确责任到人，确保万无一失。

四、根据年度营销计划采购商品、原材料等，确保全年营销工作顺利进行，同时做好仓库安全保管工作。

五、组织餐饮部有关人员对菜单进行研究、修订，争取完成新菜单的制定。

六、做好春节酒会的各项准备工作。

世纪辉煌大酒店

2005 年 12 月 30 日

图 1.14 设置完正文格式后的效果

切换至“视图”选项卡，然后在“显示/隐藏”组中选择“标尺”复选框，即可在文档中显示标尺，如图 1.15 所示。

我们还可以通过拖动标尺上的滑块来快捷、方便地设置和调整文档段落的各种缩进效果，如图 1.16 所示，这等同于通过“段落”对话框对段落格式进行调整。

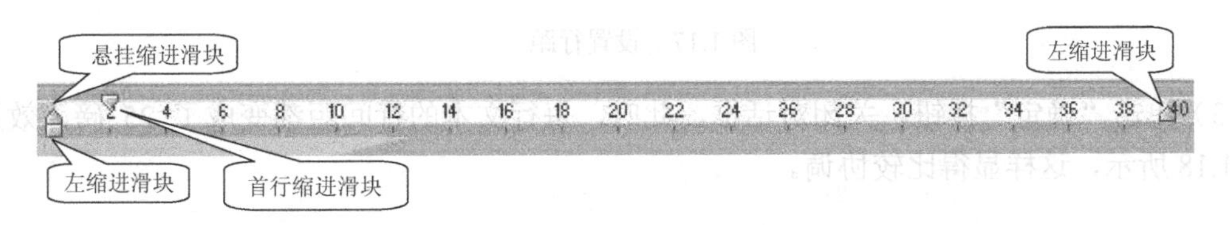

图 1.15 标尺

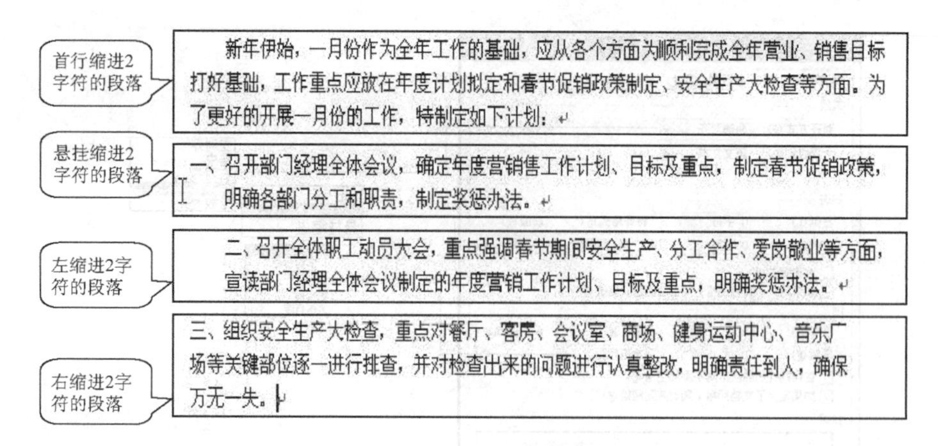

图 1.16　各种缩进效果示例

5. 设置文本的行距

文本的行距显然太近了，需要进一步加大。

（1）依次选择“开始”选项卡/“段落”组，单击按钮，系统弹出“段落”对话框。

（2）在该对话框中选择“缩进和间距”选项卡，然后单击“行距”右端的向下三角按钮，并从下拉列表框中选择“固定值”，并在“设置值”文本框中调整并设置具体的行距值为“25 磅”，如图 1.17 所示。

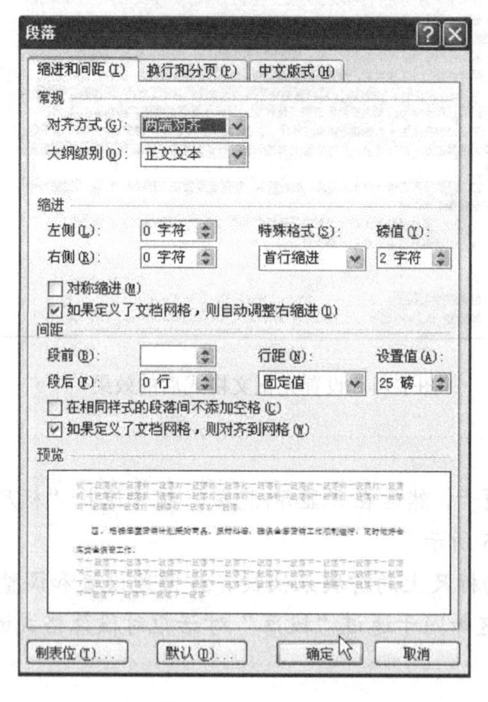

图 1.17　设置行距

（3）单击“确定”按钮，关闭对话框，此时，每行文本的行间距都变成了 25 磅，效果如图 1.18 所示，这样显得比较协调。

世纪辉煌大酒店一月份工作计划

新年伊始，一月份作为全年工作的基础，应从各个方面为顺利完成全年营业、销售目标打好基础，工作重点应放在年度计划拟定和春节促销政策制定、安全生产大检查等方面。为了更好的开展一月份的工作，特制定如下计划：

一、召开部门经理全体会议，确定年度营销售工作计划、目标及重点，制定春节促销政策，明确各部门分工和职责，制定奖惩办法。

二、召开全体职工动员大会，重点强调春节期间安全生产、分工合作、爱岗敬业等方面，宣读部门经理全体会议制定的年度营销工作计划、目标及重点，明确奖惩办法。

三、组织安全生产大检查，重点对餐厅、客房、会议室、商场、健身运动中心、音乐广场等关键部位逐一进行排查，并对检查出来的问题进行认真整改，明确责任到人，确保万无一失。

四、根据年度营销计划采购商品、原材料等，确保全年营销工作顺利进行，同时做好仓库安全保管工作。

五、组织餐饮部有关人员对菜单进行研究、修订，争取完成新菜单的制定。

六、做好春节酒会的各项准备工作。

世纪辉煌大酒店

2005年12月30日

图 1.18　调整行距后的文本效果

在 Word 2007 中，除了通过“段落”对话框对选定文本的行距进行设置外，还可以通过键盘上的快捷键进行快速设置：

按下快捷键 Ctrl+1，可将选定段落设置为单倍行距；

按下快捷键 Ctrl+2，可将选定段落设置为双倍行距；

按下快捷键 Ctrl+5，可将选定段落设置为 1.5 倍行距。

6. 设置落款文本的格式

按照习惯，落款文本与正文之间应空出一定行数，并居右放置。

（1）在文档编辑窗口的任意位置单击鼠标，取消文本的选定。

（2）在落款文本的前面连续两次按下键盘中的 Enter 键，在正文与落款文本之间插入两个空行。

（3）在按住键盘中的 Ctrl 键的同时，在倒数第 2 行文本“世纪辉煌大酒店”的任意位置单击鼠标左键，选中该句文本，释放 Ctrl 键，拖曳鼠标到最后一行文本的任意位置，释放鼠标左键，这样就可以选中多句文本。

在按住键盘中的 Ctrl 键的同时，在第 1 个要选中句子的任意位置单击，该句文本将被选中，释放 Ctrl 键，再在按住键盘中的 Shift 键的同时，单击最后一个句子的任意位置，这样也可以选中多句文本。

在按住键盘中的 Ctrl 键的同时，拖曳鼠标，可以选中不连续的多处文本。

（4）通过拖动标尺上的“首行缩进”和“左缩进”滑块调整落款部分文字的缩进效果。

（5）单击“格式”工具栏中的“居中”对齐方式按钮，即可将选中的落款部分文本设置为居中格式，效果如图 1.19 所示。

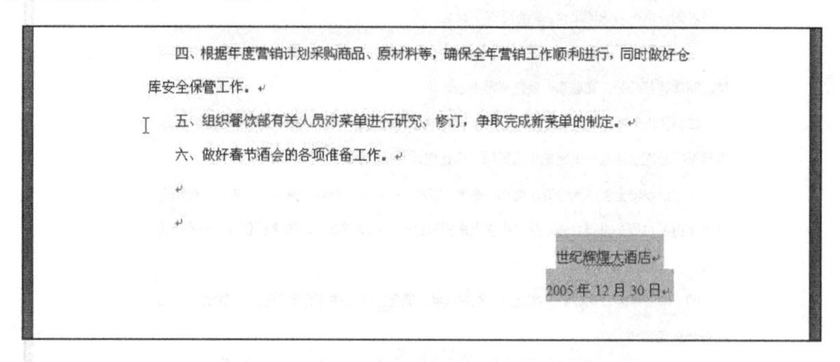

图 1.19　调整缩进效果后的落款文本

7. 打印预览文档

在执行打印操作前，可以先预览一下文档的打印效果。

（1）单击 Office 按钮，然后在打开的菜单中选择“打印/打印预览”命令，文档进入打印预览窗口模式，我们可以直接选择“打印预览”选项卡/“显示比例”组中的相应按钮以不同方式查看文档的打印效果。

（2）直接在打印预览窗口中对需要修改的文本进行修改，或单击工具栏中的“关闭”按钮，返回页面视图编辑窗口，对文本进行修改，直到满意为止，图 1.20 所示是在 80%的比例、单页方式下打印预览的文档效果。

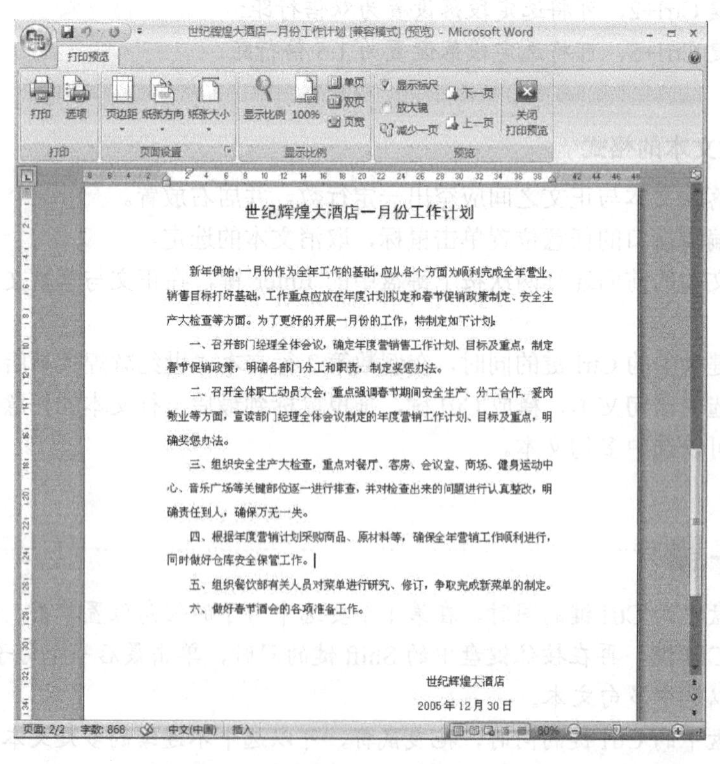

图 1.20　“打印预览”窗口中的文档效果

8. 打印文档

（1）单击 Office 按钮，然后在打开的菜单中选择“打印”命令，系统弹出如图 1.21 所示的“打印”对话框。

（2）根据实际需要在“打印”对话框中设置打印参数。

（3）接通打印机电源，并在打印机中放置好打印纸。

（4）单击“打印”对话框中的“确定”按钮，文档被打印出来。

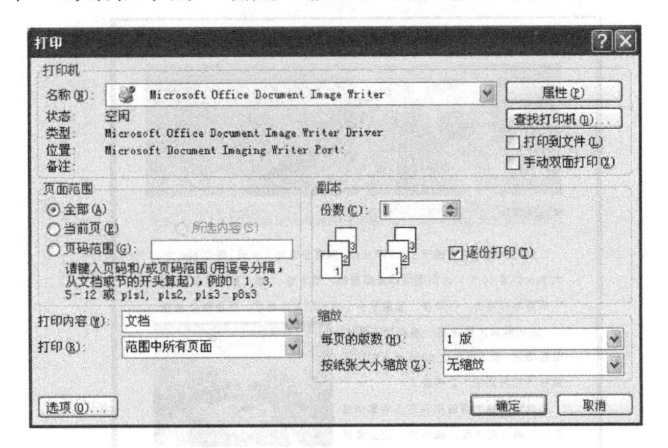

图 1.21　“打印”对话框

9. 后期处理及文件保存

（1）单击“快速访问”工具栏中的“保存”按钮，对文档进行保存。

（2）单击 Office 按钮，然后在打开的菜单中选择“退出 Word”命令，或单击 Word 窗口右上角的“关闭”控制按钮，退出并关闭 Word 2007 中文版。

本案例通过“世纪辉煌大酒店一月份工作计划”的拟定过程，主要学习了 Word 2007 中文版软件的启动和退出、文档的保存、文本的录入、选定、字体字号的设置、段落缩进效果的设置、行距的设置、打印预览和打印文档等操作的方法和技巧。其中关键之处在于，利用 Word 2007 的基本排版功能对文本格式进行设置，使之美观、大方。

利用类似本案例的方法，可以非常方便地完成各种计划、总结、报告、领导讲话、演讲稿等纯文字材料的录入和排版任务。

1.2 设计公司宣传页

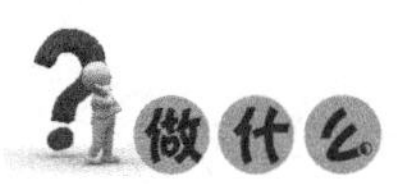

在日常工作中，为了更好地宣传公司的形象，经常需要设计一些公司宣传页。宣传页作

为一种代表公司形象的文档，一般应注意其视觉冲击效果，主题要突出，要想办法给受众留下深刻的印象，从而得到更好的宣传效果。在内容方面，公司宣传页一般应包括公司的概况介绍、业务范围、联系方式等，通常可以通过适当的插图来增强视觉冲击力，以提升宣传效果，但要注意处理好插图与文字内容的统一，要力求简洁明了，生动大方。

利用 Word 的基本排版和图文混排功能，可以非常方便地完成如图 1.22 所示的“世纪辉煌大酒店”宣传页效果。

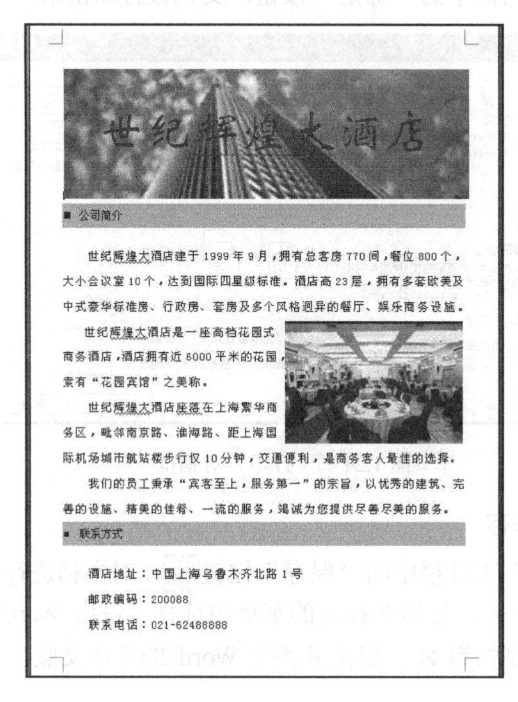
世纪辉煌大酒店

■ 公司简介

世纪辉煌大酒店建于 1999 年 9 月，拥有总客房 770 间，餐位 800 个，大小会议室 10 个，达到国际四星级标准。酒店高 23 层，拥有多套欧美及中式豪华标准房、行政房、套房及多个风格迥异的餐厅、娱乐商务设施。

世纪辉煌大酒店是一座高档花园式商务酒店，酒店拥有近 6000 平米的花园，素有“花园宾馆”之美称。

世纪辉煌大酒店座落在上海繁华商务区，毗邻南京路、淮海路、距上海国际机场城市航站楼步行仅 10 分钟，交通便利，是商务客人最佳的选择。

我们的员工秉承“宾客至上，服务第一”的宗旨，以优秀的建筑、完善的设施、精美的佳肴、一流的服务，竭诚为您提供尽善尽美的服务。

■ 联系方式

酒店地址：中国上海乌鲁木齐北路 1 号

邮政编码：200088

联系电话：021-62488888

图 1.22 “世纪辉煌大酒店”宣传页效果图

分组对案例进行讨论和分析，得出如下解题思路：

（1）创建一个新文档，并对其进行保存。

（2）设置宣传页的页面。

（3）插入宣传页顶端的图片，并调整其大小和位置。

（4）利用文本框添加公司名称文本。

（5）添加“公司简介”相关文本，并设置其格式。

（6）添加“联系方式”相关文本，并利用“格式刷”工具按钮设置其格式。

（7）插入其他图片，并调整其大小、环绕方式和位置。

（8）后期处理及文件保存。

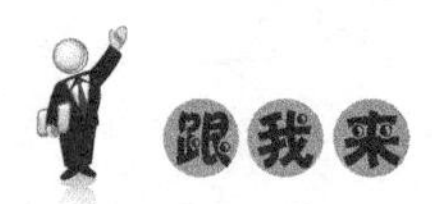

根据以上解题思路，设计和制作“世纪辉煌大酒店”宣传页的具体操作如下：

1．创建一个新文档，并对其进行保存

（1）单击桌面左下角的“开始”按钮，然后选择“新建 Microsoft Office 文档”命令，系统弹出“新建 Office 文档”对话框。

（2）在对话框中单击“常用”选项卡中的“空白文档”，如图 1.23 所示，然后单击“确定”按钮，关闭对话框，即可启动 Word 2007 中文版，并创建一个被命名为“文档 1”的空白 Word 文档。

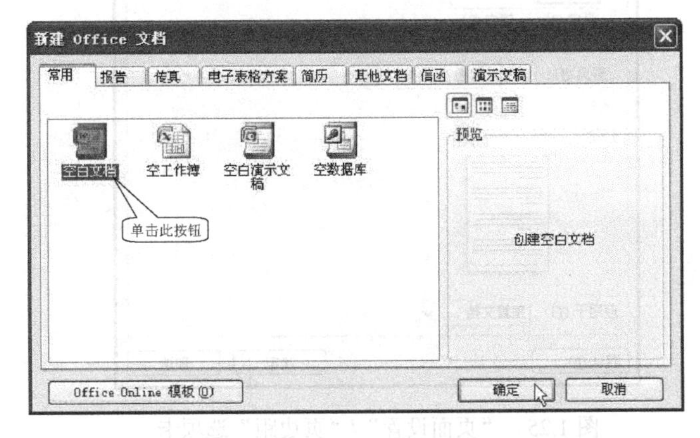

图 1.23　“新建 Office 文档”对话框

（3）保存文件为“世纪辉煌大酒店宣传页.docx”。

2．设置宣传页的页面

（1）在“页面布局”选项卡中单击“页面设置”组中的“对话框启动器”按钮，系统将弹出“页面设置”对话框。

（2）在该对话框中选择“纸张”选项卡，并在“纸张大小”选项组中单击 A4 右端的向下三角按钮，系统弹出纸张大小下拉列表，拖动列表右侧的垂直滚动条，单击选择“A4”选项，如图 1.24 所示。

（3）选择“页边距”选项卡，并在“页边距”选项组中单击 1.5 厘米 右端的向上/向下三角按钮，或在相应的文本输入框中直接输入参数，将“上”、“下”、“左”、“右”选项设置为“1.5 厘米”，如图 1.25 所示。

（4）其他选项保持不变，然后单击“确定”按钮，关闭对话框，即可完成页面的设置操作。

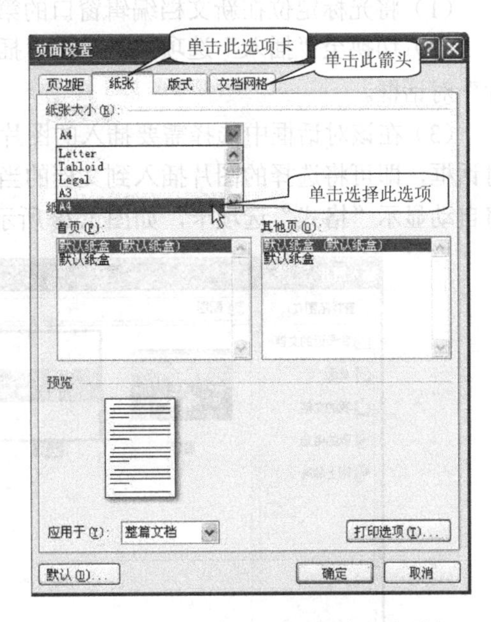

图 1.24　“页面设置”/“纸张”选项卡

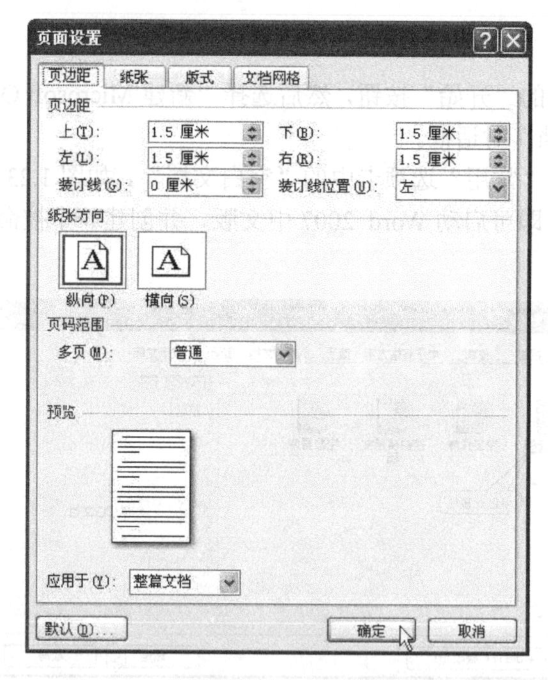

图 1.25　“页面设置”/“页边距”选项卡

3．插入宣传页顶端的图片，并调整其大小和位置

（1）将光标定位在新文档编辑窗口的第 1 行。

（2）切换至“插入”选项卡，单击“插图”组中的“图片”按钮，系统弹出“插入图片”对话框。

（3）在该对话框中选择需要插入的图片，如图 1.26 所示，然后单击“插入”按钮，关闭对话框，即可将选择的图片插入到文档的当前光标处，如图 1.27 所示。同时，Word 功能区将自动显示“格式”选项卡，如图 1.28 所示。

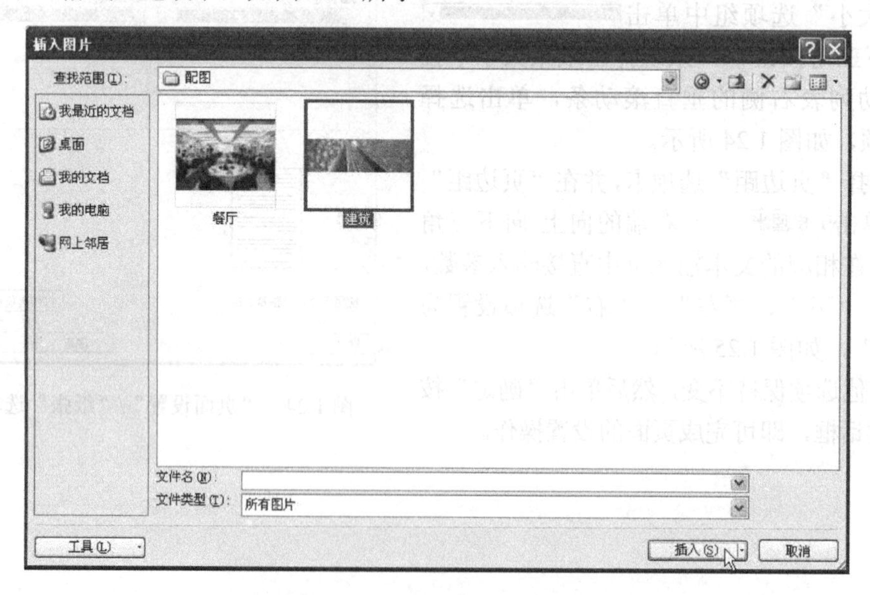

图 1.26　“插入图片”对话框

图 1.27 插入的图片

图 1.28 “图片工具”/“格式”选项卡

（4）显然，图片的位置和大小都不太合适，还需要进一步调整。在文档编辑窗口中单击选中插入的图片，然后单击“大小”组中的“对话框启动器”按钮 ，或右键单击插入的图片，在弹出的下拉列表中选择“设置图片格式”。

（5）在“设置图片格式”对话框中，选择“大小”选项卡，并设置其参数如图 1.29 所示。

（6）单击“确定”按钮，关闭对话框，即可完成图片大小的调整，效果如图 1.30 所示。

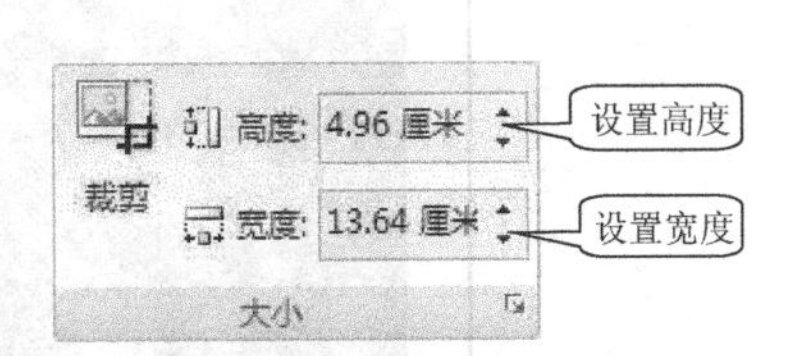

图 1.29 设置图片大小

图 1.30 设置格式后的图片效果

选中插入的图片，图片四周将出现一个选定框和一组控制点，将鼠标指针移动到这些控制点上，鼠标将呈↕、↖↘、↔、↗↙形状，拖曳鼠标，可以调整图片的大小，如图 1.31 所示。

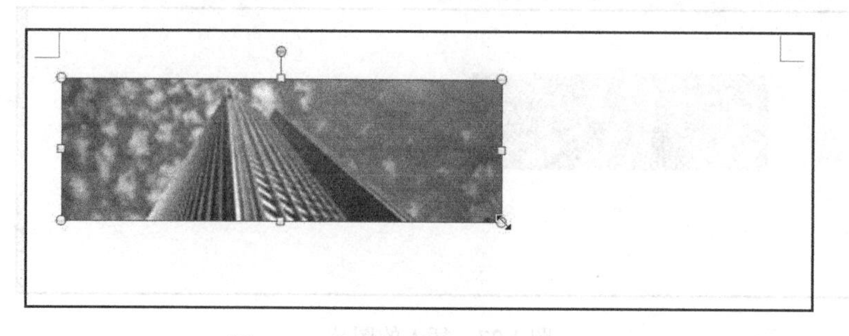

图 1.31　拖曳控制点调整图片大小

4．利用文本框添加公司名称文本

（1）取消选中图片。

（2）切换至“插入”选项卡，单击“文本”组中的“文本框”按钮，在弹出的下拉列表中选择“绘制文本框”命令，并向右下方拖曳鼠标指针，绘制一个文本框，如图 1.32 所示。

图 1.32　拖曳鼠标绘制文本框

（3）在绘制的文本框中单击鼠标，将光标定位在文本框中，并在其中输入文本“世纪辉煌大酒店”，效果如图 1.33 所示。

图 1.33　在文本框中输入文本并打开快捷菜单

（4）单击文本框，文本框周围出现一个选定框和一组控制点，将鼠标指针移动到选定框上，鼠标指针将变成形状，此时单击鼠标右键，系统弹出快捷菜单，选择“设置文本框格式”命令，如图1.33所示，或直接双击鼠标，系统弹出“设置文本框格式”对话框。

（5）在该对话框中，选择“颜色与线条”选项卡，并设置“填充”选项组中的“颜色”选项为“无颜色”，设置“线条”选项组中的“颜色”选项为“无颜色”，如图1.34所示。

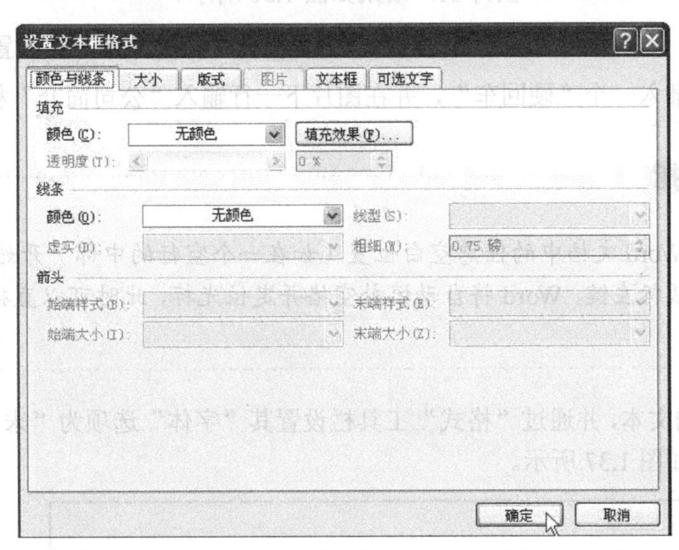

图1.34 “设置文本框格式”/“颜色与线条”选项卡

（6）选择“版式”选项卡，在“环绕方式”选项组中选择“浮于文字上方”图标，并在“水平对齐方式”选项组中选中“居中”单选按钮，如图1.35所示。

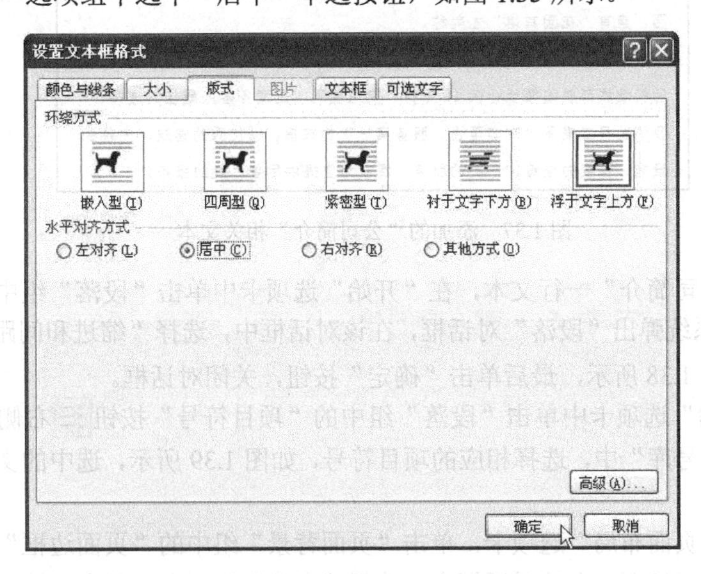

图1.35 “设置文本框格式”/“版式”选项卡

（7）选中文本框中的文本，在“开始”选项卡中设置其“字体”为“华文新魏”，“字号”为“60”，“颜色”为“红色”。

（8）选中文本框，文本框四周出现一个选定框和一组控制点，将鼠标指针移动到这些控

图 1.36　添加的公司名称文本框

制点上，鼠标呈↕、↘、↔、↗形状，拖曳鼠标，调整文本框的大小，使得文本框恰巧容纳其中的文本。

（9）将鼠标指针移动到文本框四周的选定框上，当鼠标指针变成✥形状时，拖曳鼠标，将文本框拖曳到页面顶端的图片上，效果如图 1.36 所示。

5. 添加“公司简介”相关文本，并设置其格式

（1）在图片后插入一个“硬回车”，并在图片下一行输入“公司简介”相关文本。

如果需要在 Word 文档中的任意空白位置（如在一个空行的中部）开始输入文字，只要在该处双击鼠标左键，Word 将自动填补空格并定位光标，此时可以直接在该位置输入文字。

（2）选中输入的文本，并通过“格式”工具栏设置其“字体”选项为“宋体”，“字号”选项为“四号”，如图 1.37 所示。

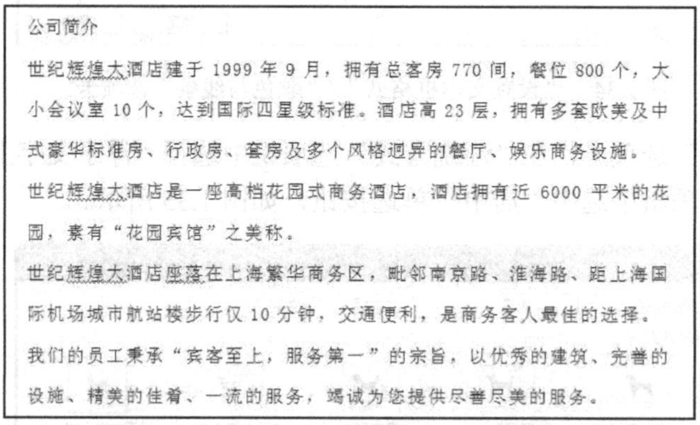

公司简介

世纪辉煌大酒店建于 1999 年 9 月，拥有总客房 770 间，餐位 800 个，大小会议室 10 个，达到国际四星级标准。酒店高 23 层，拥有多套欧美及中式豪华标准房、行政房、套房及多个风格迥异的餐厅、娱乐商务设施。

世纪辉煌大酒店是一座高档花园式商务酒店，酒店拥有近 6000 平米的花园，素有“花园宾馆”之美称。

世纪辉煌大酒店座落在上海繁华商务区，毗邻南京路、淮海路、距上海国际机场城市航站楼步行仅 10 分钟，交通便利，是商务客人最佳的选择。

我们的员工秉承“宾客至上，服务第一”的宗旨，以优秀的建筑、完善的设施、精美的佳肴、一流的服务，竭诚为您提供尽善尽美的服务。

图 1.37　添加的“公司简介”相关文本

（3）选中“公司简介”一行文本，在“开始”选项卡中单击“段落”组中的“对话框启动器”按钮，系统弹出“段落”对话框，在该对话框中，选择“缩进和间距”选项卡，并设置各选项，如图 1.38 所示，最后单击“确定”按钮，关闭对话框。

（4）在“开始”选项卡中单击“段落”组中的“项目符号”按钮右侧的下三角，在弹出的“项目符号库”中，选择相应的项目符号，如图 1.39 所示，选中的文本行即可应用相应的项目符号。

（5）切换至“页面布局”选项卡，单击“页面背景”组中的“页面边框”按钮，系统弹出“边框和底纹”对话框，在该对话框中，选择“底纹”选项卡，并在“填充”选项组中单击选择“白色，背景 1，深色 25%”色块，如图 1.40 所示，然后单击“确定”按钮，关闭对话框，即可选中的文本行添加灰色底纹，效果如图 1.41 所示。

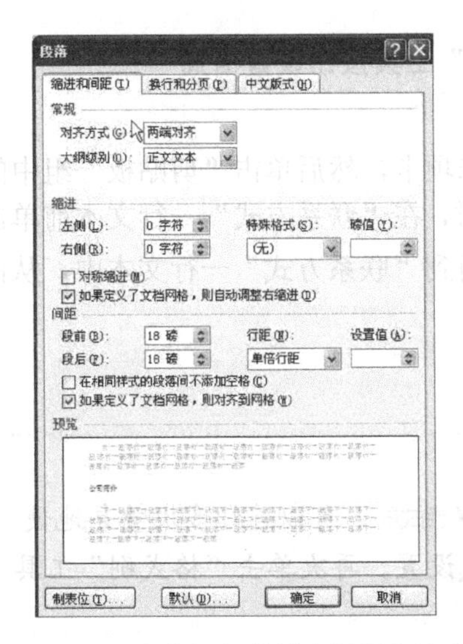

图 1.38 “段落”/“缩进和间距”选项卡

图 1.39 “项目符号”/“项目符号库”

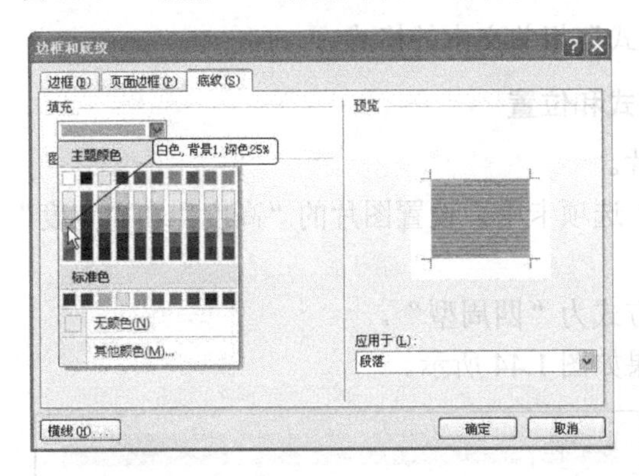

图 1.40 “边框和底纹”/“底纹”选项卡

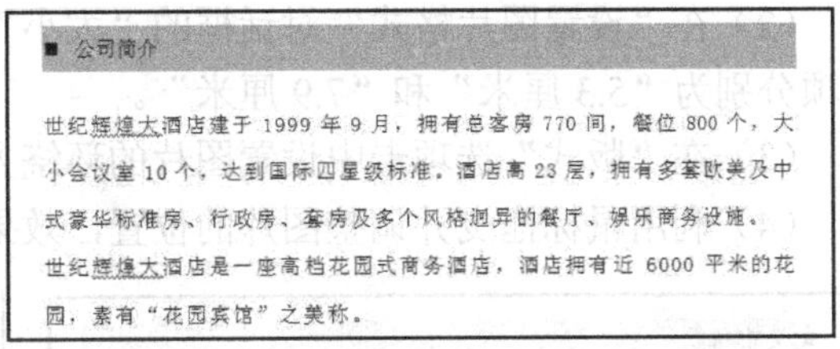

■ 公司简介

世纪辉煌大酒店建于 1999 年 9 月，拥有总客房 770 间，餐位 800 个，大小会议室 10 个，达到国际四星级标准。酒店高 23 层，拥有多套欧美及中式豪华标准房、行政房、套房及多个风格迥异的餐厅、娱乐商务设施。

世纪辉煌大酒店是一座高档花园式商务酒店，酒店拥有近 6000 平米的花园，素有“花园宾馆”之美称。

图 1.41 添加项目符号和底纹后的效果

（6）选中“公司简介”其他文本，单击“段落”组中的“对话框启动器”按钮，系统弹出“段落”对话框，在该对话框中，单击选择“缩进和间距”选项卡，并在“缩进”选项组中设置“特殊格式”选项为“首行缩进”“2 字符”，最后单击“确定”按钮，关闭对话框，得到的文本效果如图 1.42 所示。

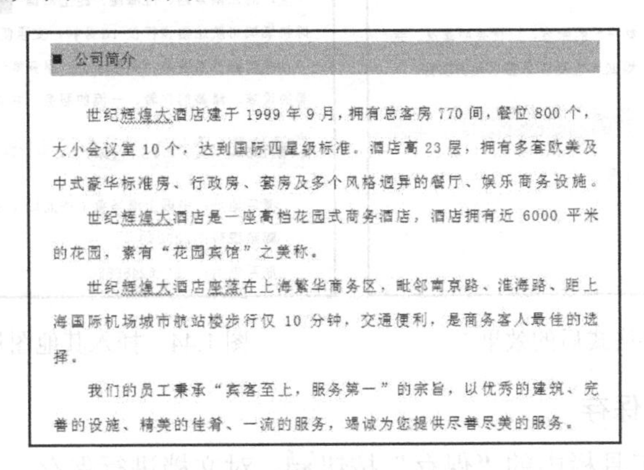

■ 公司简介

世纪辉煌大酒店建于 1999 年 9 月，拥有总客房 770 间，餐位 800 个，大小会议室 10 个，达到国际四星级标准。酒店高 23 层，拥有多套欧美及中式豪华标准房、行政房、套房及多个风格迥异的餐厅、娱乐商务设施。

世纪辉煌大酒店是一座高档花园式商务酒店，酒店拥有近 6000 平米的花园，素有“花园宾馆”之美称。

世纪辉煌大酒店座落在上海繁华商务区，毗邻南京路、淮海路、距上海国际机场城市航站楼步行仅 10 分钟，交通便利，是商务客人最佳的选择。

我们的员工秉承“宾客至上，服务第一”的宗旨，以优秀的建筑、完善的设施、精美的佳肴、一流的服务，竭诚为您提供尽善尽美的服务。

图 1.42 设置首行缩进后的文本效果

6．添加““联系方式”相关文本，并利用“格式刷”工具按钮设置格式

（1）在文档编辑窗口中输入“联系方式”相关文本。

（2）选中“公司简介”一行文字，切换至“开始”选项卡，然后单击“剪贴板”组中的“格式刷”工具按钮，鼠标指针变成状，此时，在“联系方式”一行文本前单击鼠标左键，即可将“公司简介”一行文本的所有格式应用到“联系方式”一行文本中，从而得到如图 1.43 所示的效果。

如果双击“剪贴板”组中的“格式刷”工具按钮，可以连续多次重复地使用“格式刷”工具对文档中的多个段落进行相同的格式设置，再次单击“格式刷”工具按钮，即可将其释放。

（3）利用步骤（2）的方法，设置“联系方式”相关文本的格式。

7．插入其他图片，并调整其大小、环绕方式和位置

（1）在文档编辑窗口中的相应位置插入图片。

（2）在“设置图片格式”对话框的“大小”选项卡中，设置图片的“高度”和“宽度”选项分别为“5.3 厘米”和“7.9 厘米”。

（3）在“版式”选项卡中设置图片的环绕方式为“四周型”。

（4）利用鼠标拖曳并调整图片的位置，效果如图 1.44 所示。

■ 公司简介

世纪辉煌大酒店建于 1999 年 9 月，拥有总客房 770 间，餐位 800 个，大小会议室 10 个，达到国际四星级标准。酒店高 23 层，拥有多套欧美及中式豪华标准房、行政房、套房及多个风格迥异的餐厅、娱乐商务设施。

世纪辉煌大酒店是一座高档花园式商务酒店，酒店拥有近 6000 平米的花园，素有“花园宾馆”之美称。

世纪辉煌大酒店座落在上海繁华商务区，毗邻南京路、淮海路、距上海国际机场城市航站楼步行仅 10 分钟，交通便利，是商务客人最佳的选择。

我们的员工秉承“宾客至上，服务第一”的宗旨，以优秀的建筑、完善的设施、精美的佳肴、一流的服务，竭诚为您提供尽善尽美的服务。

■ 联系方式

酒店地址：中国上海乌鲁木齐北路 1 号

邮政编码：200088

联系电话：021-62488888

图 1.43　设置文字格式后的效果

■ 公司简介

世纪辉煌大酒店建于 1999 年 9 月，拥有总客房 770 间，餐位 800 个，大小会议室 10 个，达到国际四星级标准。酒店高 23 层，拥有多套欧美及中式豪华标准房、行政房、套房及多个风格迥异的餐厅、娱乐商务设施。

世纪辉煌大酒店是一座高档花园式商务酒店，酒店拥有近 6000 平米的花园，素有“花园宾馆”之美称。

世纪辉煌大酒店座落在上海繁华商务区，毗邻南京路、淮海路、距上海国际机场城市航站楼步行仅 10 分钟，交通便利，是商务客人最佳的选择。

我们的员工秉承“宾客至上，服务第一”的宗旨，以优秀的建筑、完善的设施、精美的佳肴、一流的服务，竭诚为您提供尽善尽美的服务。

■ 联系方式

酒店地址：中国上海乌鲁木齐北路 1 号

邮政编码：200088

联系电话：021-62488888

图 1.44　插入其他图片加强宣传效果

8．后期处理及文件保存

（1）单击“常用”工具栏中的“保存”按钮，对文档进行保存。

（2）退出并关闭 Word 2007 中文版。

本案例通过“世纪辉煌大酒店” 宣传页的制作过程，主要学习了图片的插入、版式和大小、文本框的格式、版式和大小，以及文本的段落格式、项目符号和底纹等的设置方法和技巧。其中关键之处在于，利用 Word 2007 图文混排的功能巧妙地调整和设置文本与图片之间的大小和位置关系，以得到理想的图文混排效果。

利用类似本案例的方法，可以非常方便地完成各种文本和图片混排的任务。

1.3 制定重要事项备忘录

做什么

工作计划拟定后，需要逐一认真落实，由于每天工作繁忙，压力又很大，难免会出现丢三落四的现象。为了防止误办、漏办某些重要事项，我们不妨制定一个重要事项备忘录，来帮助我们解决健忘的问题。备忘录根据记载事项的期限可以分为长期备忘录和短期备忘录，例如，年备忘录、月备忘录、周备忘录、日备忘录等，具体情况可视实际需要酌定；备忘范围可以包括若干事项，也可以就某一项重要工作单独进行备忘，备忘的事项也是可大可小。备忘录一般应包括备忘时间、发件人、收件人、主题和具体备忘事项等内容，且格式一般相对较灵活。

利用 Word 2007 中文版软件提供的备忘录向导，我们可以对某段时期内的一些重要信息进行记录，图 1.45 所示的是根据世纪辉煌大酒店一月份工作计划制定的“世纪辉煌大酒店一月份重要事项备忘录”效果图。

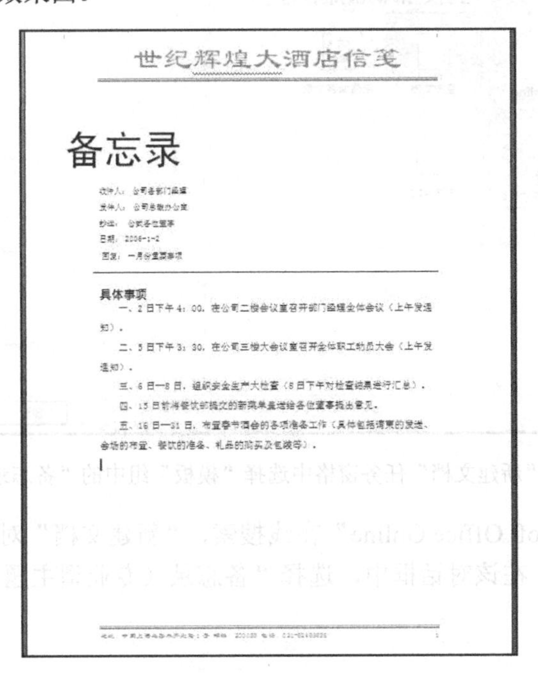
世纪辉煌大酒店信笺

备忘录

收件人：公司各部门经理
发件人：公司总经办公室
抄送：公司各位董事
日期：2006-1-2
回复：一月份重要事项

具体事项

一、2 日下午 4：00，在公司二楼会议室召开部门经理全体会议（上午发通知）。

二、5 日下午 3：30，在公司三楼大会议室召开全体职工动员大会（上午发通知）。

三、6 日—8 日，组织安全生产大检查（8 日下午对检查结果进行汇总）。

四、15 日前将餐饮部提交的新菜单呈送给各位董事提出意见。

五、16 日—31 日，布置春节酒会的各项准备工作（具体包括请柬的发送、会场的布置、餐饮的准备、礼品的购买及包装等）。

图 1.45 “世纪辉煌大酒店一月份重要事项备忘录”效果图

分组对案例进行讨论和分析，得出如下解题思路：

（1）利用模板创建一个新文档，并保存文档。

（2）修改并添加备忘录的首部信息，并设置其格式。

（3）添加备忘录具体内容，并设置其格式。

（4）添加并设置页眉、页脚信息。

（5）后期处理及文件保存。

根据以上解题思路，完成“世纪辉煌大酒店一月份重要事项备忘录”的具体操作如下：

1．利用模板创建一个新文档，并保存文档

（1）启动 Word 2007 中文版。

（2）Office 按钮，然后在打开的菜单中选择“新建”命令，系统弹出“新建文档”对话框，单击选择“模板”组中“Microsoft Office Online”的“备忘录”命令，如图 1.46 所示，（模板简单地说就是已经定义好一些格式和文字的文档，其扩展名为.docx，我们在创建自己的文档时，可以选择一个模板，然后仅在其中进行添加、修改、删除等简单字处理操作，即可快速创建一篇文档；也可以将某个文档另存为模板文件，供以后使用）。

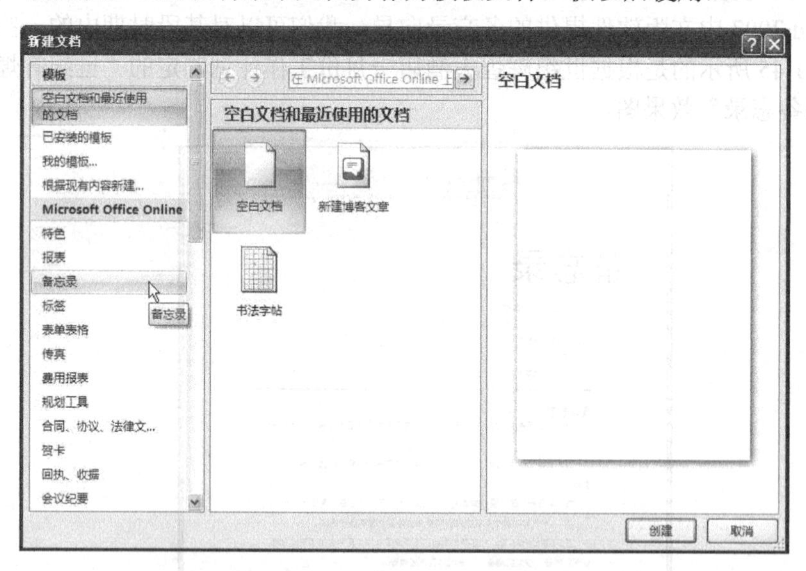

图 1.46　在“新建文档”任务窗格中选择“模板”组中的“备忘录”命令

（3）通过与“Microsoft Office Online”在线搜索，“新建文档”对话框将出现多个“备忘录”模板供用户使用，在该对话框中，选择“备忘录（专业型主题）”图标，如图 1.47 所示。

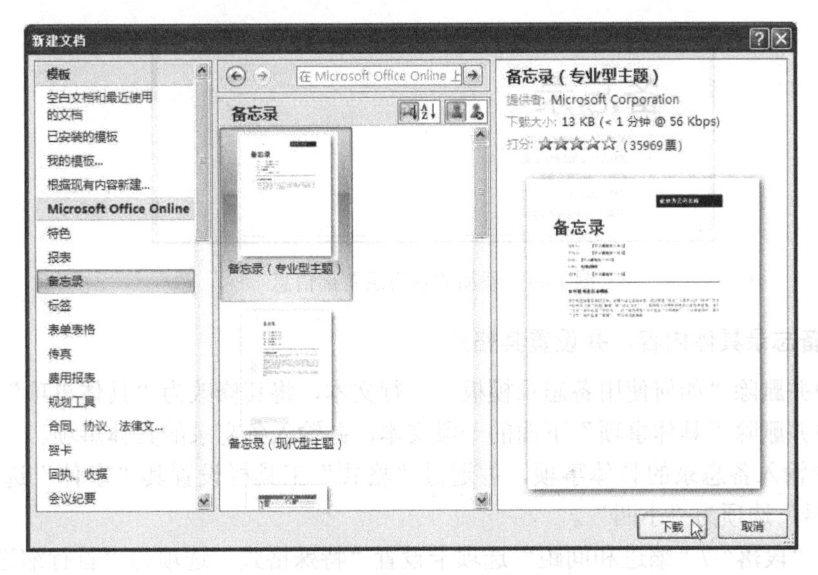

图 1.47 “模板”/“备忘录”

（4）单击“下载”按钮，关闭对话框，即可新建一个以备忘录模板内容为基础的文档，如图 1.48 所示。

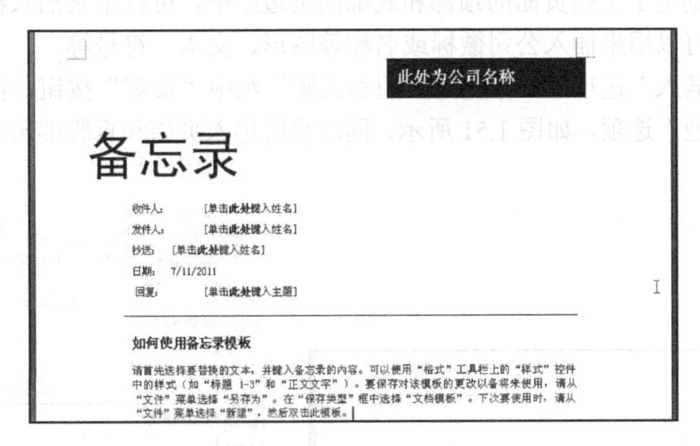
此处为公司名称

备忘录

收件人: [单击此处键入姓名]
发件人: [单击此处键入姓名]
抄送: [单击此处键入姓名]
日期: 7/11/2011
回复: [单击此处键入主题]

如何使用备忘录模板

请首先选择要替换的文本，并键入备忘录的内容。可以使用“格式”工具栏上的“样式”控件中的样式（如“标题 1-3”和“正文文字”）。要保存对该模板的更改以备将来使用，请从“文件”菜单选择“另存为”。在“保存类型”框中选择“文档模板”。下次要使用时，请从“文件”菜单选择“新建”，然后双击此模板。

图 1.48 新建的以备忘录模板内容为基础的文档

（5）保存文件为“世纪辉煌大酒店一月份重要事项备忘录.docx”。

2．修改并添加备忘录的首部信息，并设置其格式

（1）选中“公司名称”所在表格，切换到“布局”选项卡，单击“行和列”组中的“删除”按钮，在弹出的下拉列表中选择“删除表格”命令，将其删除。

（2）单击“收件人：”后的“[单击此处输入姓名] ”，然后输入“公司各部门经理”。

（3）利用步骤（2）的方法，在“发件人：”一栏中输入“公司总裁办公室”。

（4）利用步骤（2）的方法，在“抄送：”一栏中输入“公司各位董事”。

（5）利用步骤（2）的方法，在“时间：”一栏中输入“2006-1-2”。

（6）利用步骤（2）的方法，在“关于：”一栏中输入“一月份重要事项”，效果如图 1.49 所示。

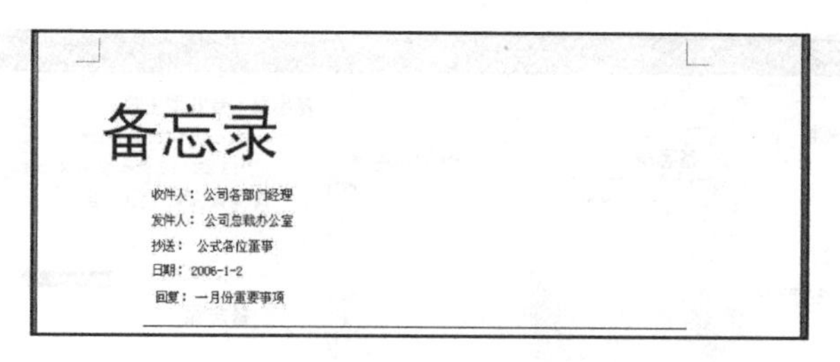

备忘录

收件人：公司各部门经理
发件人：公司总裁办公室
抄送： 公式各位董事
日期：2006-1-2
回复：一月份重要事项

图 1.49　添加的备忘录首部信息

3．添加备忘录具体内容，并设置其格式

（1）选中并删除“如何使用备忘录模板”一行文本，将其修改为“具体事项”。

（2）选中并删除“具体事项”下面的一段文本，并输入备忘录的具体事项。

（3）选中输入备忘录的具体事项，并通过“格式”工具栏设置其“字体”选项为“宋体”，“字号”选项为“小四”。

（4）通过“段落”/“缩进和间距”选项卡设置“特殊格式”选项为“首行缩进”“2 个字符”，“行距”选项设置为“1.5 倍行距”，效果如图 1.50 所示。

4．设置页眉、页脚信息

页眉和页脚分别位于文档页面的顶部和底部的页边距中，可以用来插入标题、页码、日期等文本信息，也可以用来插入公司徽标或名称等图形、文本、符号等。

（1）切换到“插入”选项卡，单击“页眉和页脚”组中“页脚”按钮，在弹出的下拉列表中选择“字母表型”选项，如图 1.51 所示，同时系统进入页眉和页脚编辑状态，效果如图 1.52 所示。

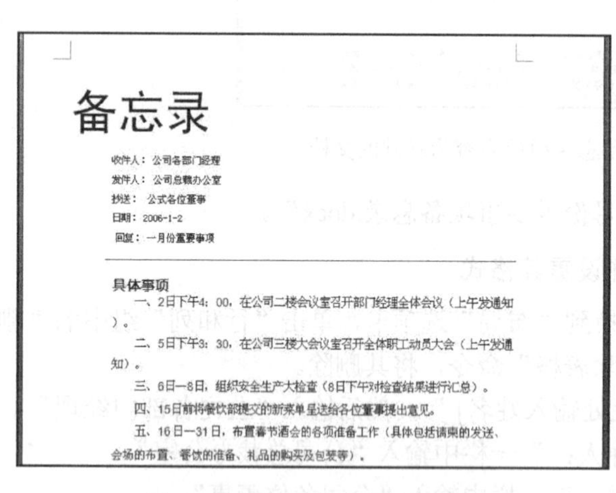

备忘录

收件人：公司各部门经理
发件人：公司总裁办公室
抄送： 公式各位董事
日期：2006-1-2
回复：一月份重要事项

具体事项

一、2日下午4：00，在公司二楼会议室召开部门经理全体会议（上午发通知）。

二、5日下午3：30，在公司三楼大会议室召开全体职工动员大会（上午发通知）。

三、6日—8日，组织安全生产大检查（8日下午对检查结果进行汇总）。

四、15日前将餐饮部提交的新菜单呈送给各位董事提出意见。

五、16 日—31 日，布置春节酒会的各项准备工作（具体包括请柬的发送、会场的布置、餐饮的准备、礼品的购买及包装等）。

图 1.50　添加的备忘录具体事项

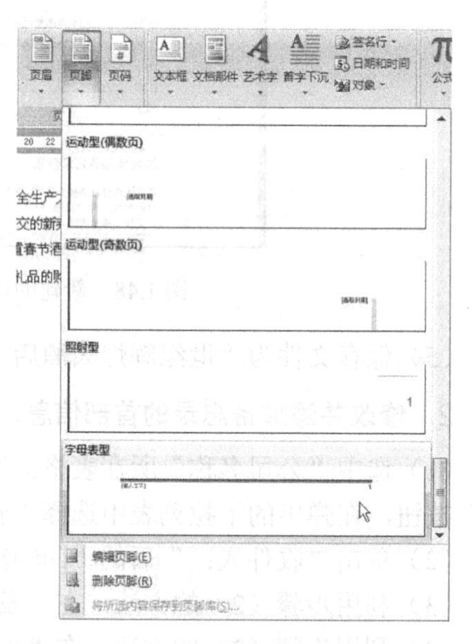

图 1.51　插入页脚

（2）选中页脚中的“输入文字”并将内容替换为“地址：中国上海乌鲁木齐北路 1 号 邮编：200088 电话：021-62488888”。

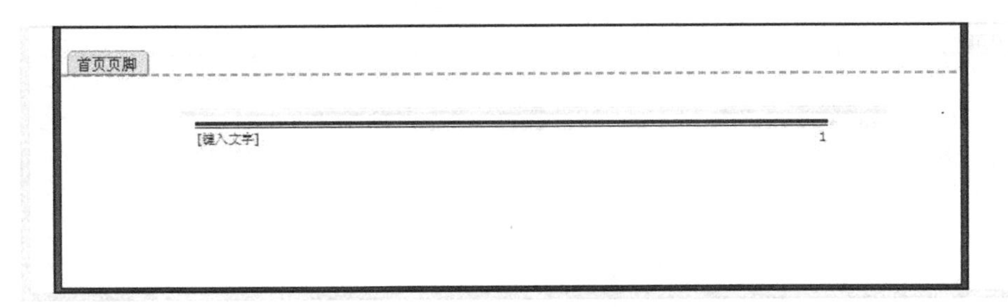

图 1.52 页眉、页脚编辑状态

（3）选中页脚中所有的文本，并通过“格式”工具栏设置其“字体”为“隶书”，“字号”为“小五”，效果如图 1.53 所示。

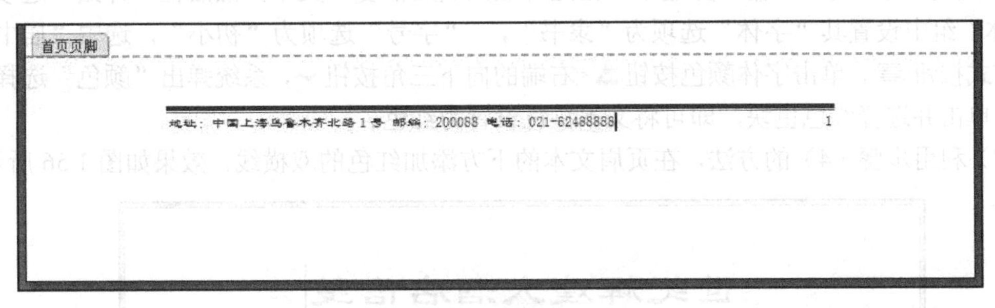

图 1.53 页脚的文本效果

（4）在选中文本的状态下，切换到“页面布局”选项卡，单击“页面背景”组中的“页面边框”按钮，系统弹出“边框和底纹”对话框，按照图 1.54 中标注的操作完成各选项的设置，即可将页脚文本上方的双横线修改为红色，效果如图 1.55 所示。

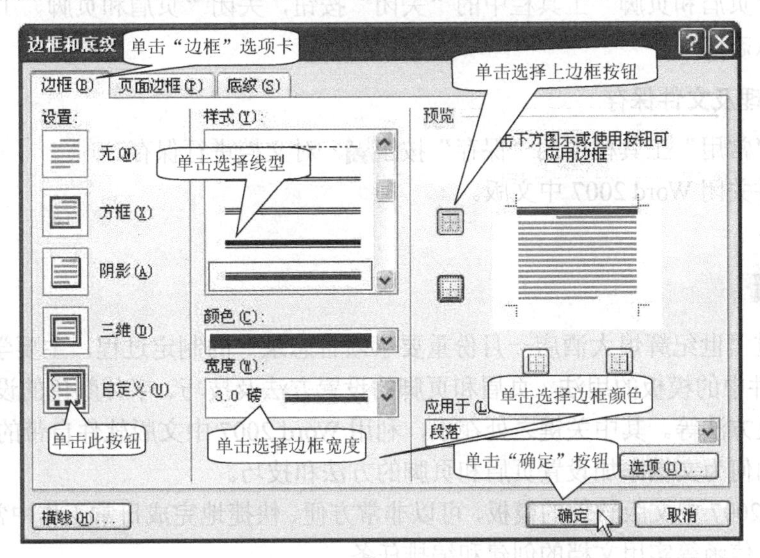

图 1.54 “边框和底纹”/“边框”选项卡及其参数设置

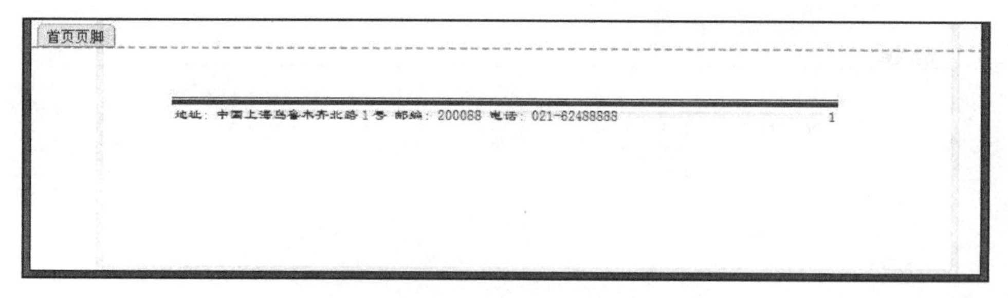

图 1.55 修改为红色双横线后的页脚效果

（5）单击“导航”组中的“转至页面”按钮，系统自动切换到“页眉”编辑状态。

（6）在页眉虚线框中输入并选中“世纪辉煌大酒店信笺”文本，然后在“开始”选项卡/“字体”组中设置其“字体”选项为“隶书”，“字号”选项为“初小”，选中“居中”对齐方式按钮，单击字体颜色按钮右端的向下三角按钮，系统弹出“颜色”选择对话框，单击并选择红色色块，即可将文本颜色设置为红色。

（7）利用步骤（4）的方法，在页眉文本的下方添加红色的双横线，效果如图 1.56 所示。

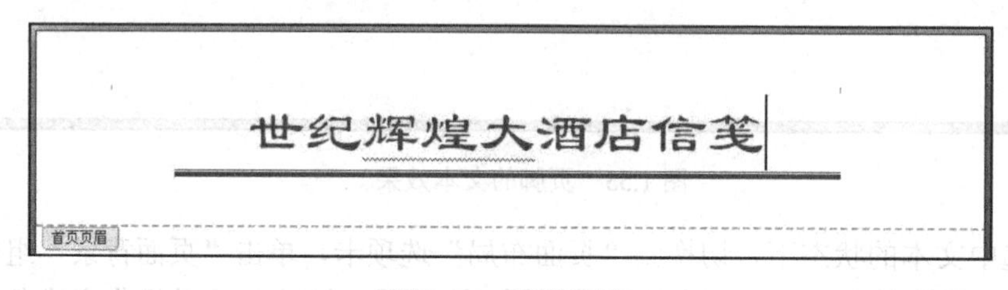

图 1.56 页眉效果

（8）单击“页眉和页脚”工具栏中的“关闭”按钮，关闭“页眉和页脚”工具栏，并返回到页面编辑状态。

5. 后期处理及文件保存

（1）单击“常用”工具栏中的“保存”按钮，对文档进行保存。

（2）退出并关闭 Word 2007 中文版。

本案例通过“世纪辉煌大酒店一月份重要事项备忘录”的制定过程，主要学习了 Word 2007 中文版软件中的模板的用法、页眉和页脚的设置方法及技巧、字体颜色的设置方法、边框的设置步骤及方法等。其中关键之处在于，利用 Word 2007 中文版软件自带的模板快速创建文档，以及如何为文档添加设置页眉和页脚的方法和技巧。

利用 Word 2007 中文版软件的模板，可以非常方便、快捷地完成日常工作中常见的报告、备忘录、传真、信函等实用文档的创建和编排任务。

1.4 设计个人名片

做什么

无论是在业务交往中，还是在日常工作和生活中，我们都需要了解对方，同时，也需要让对方认识自己，这就需要借助于名片来传达我们彼此的个人信息。名片中一般应记载姓名、职务职称、单位名称、联系方式（包括地址、邮编、电话、手机、传真、电子邮箱等）等信息。为了加大宣传力度，名片的背面一般还会印有公司的日常业务范围等信息。根据个人的身份不同，名片中的信息也会有所区别。如果是在涉外场合使用，还应在名片的另一面以不同的语种对某些重要信息进行标注，以利于对方辨识。

利用 Word 2007 中文版软件提供的名片模板，可以非常方便地设计出如图 1.57 所示的“世纪辉煌大酒店总裁个人名片”效果。

图 1.57 “世纪辉煌大酒店总裁个人名片”正面和背面效果图

指路牌

分组对案例进行讨论和分析，得出如下解题思路：

（1）利用模板创建一个新文档。

（2）选择名片的样式。

（3）设置名片正面显示的信息。

（4）设置名片背面显示的信息。

（5）调整名片信息的格式。

（6）后期处理及文件保存。

跟我来

根据以上解题思路，完成“世纪辉煌大酒店总裁个人名片”的具体操作如下：

1. 利用模板创建一个新文档

（1）启动 Word 2007 中文版。

（2）单击 Office 按钮，然后在打开的菜单中选择“新建”命令，系统将弹出“新建文档”对话框，选择“模板”组中“Microsoft Office Online”的“名片”命令，如图 1.58 所示。

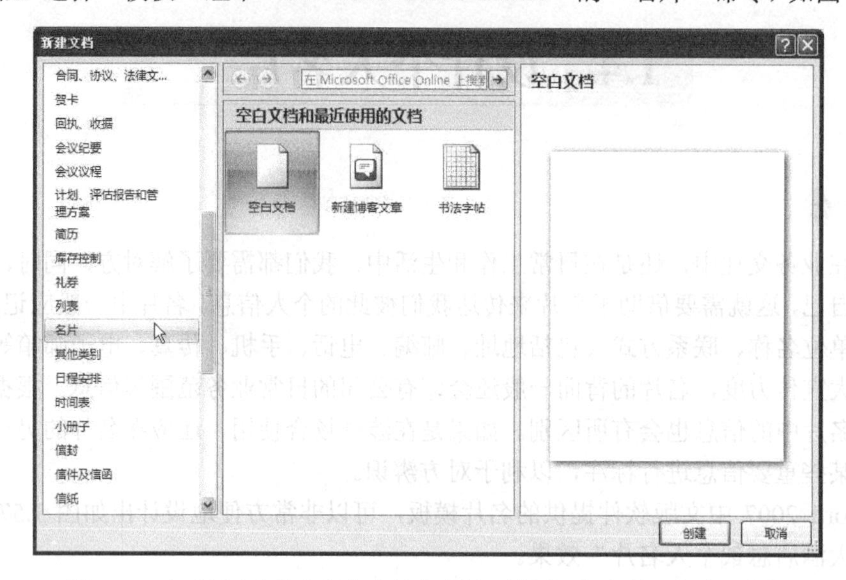

图 1.58　在“新建文档”任务窗格中选择“模板”组中的“名片”命令

（3）通过与“Microsoft Office Online”在线搜索，“新建文档”对话框将出现多个“名片”模板供用户使用，在该对话框中，单击选择“餐饮名片（模式）三”模板，如图 1.59 所示。

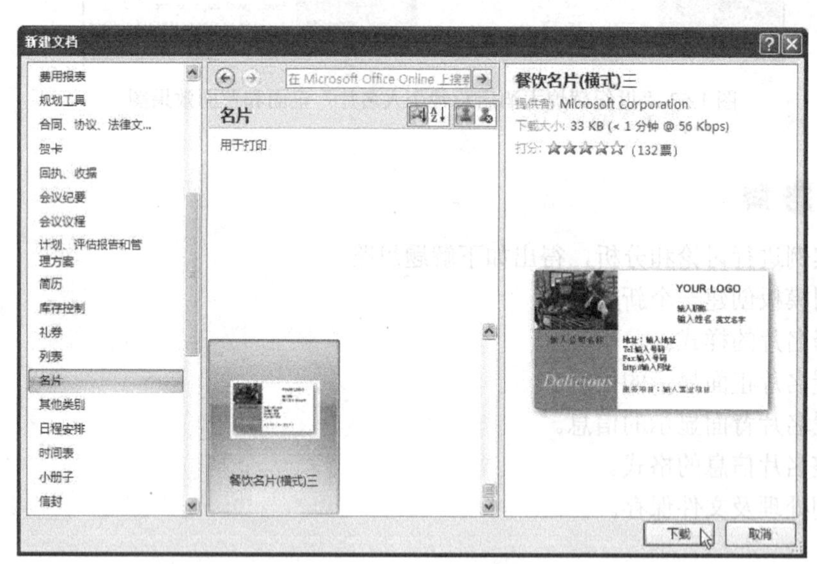

图 1.59　“模板”/“名片”

（4）单击“下载”按钮，关闭对话框，即可新建一个以餐饮名片模板内容为基础的文档，如图 1.60 所示。

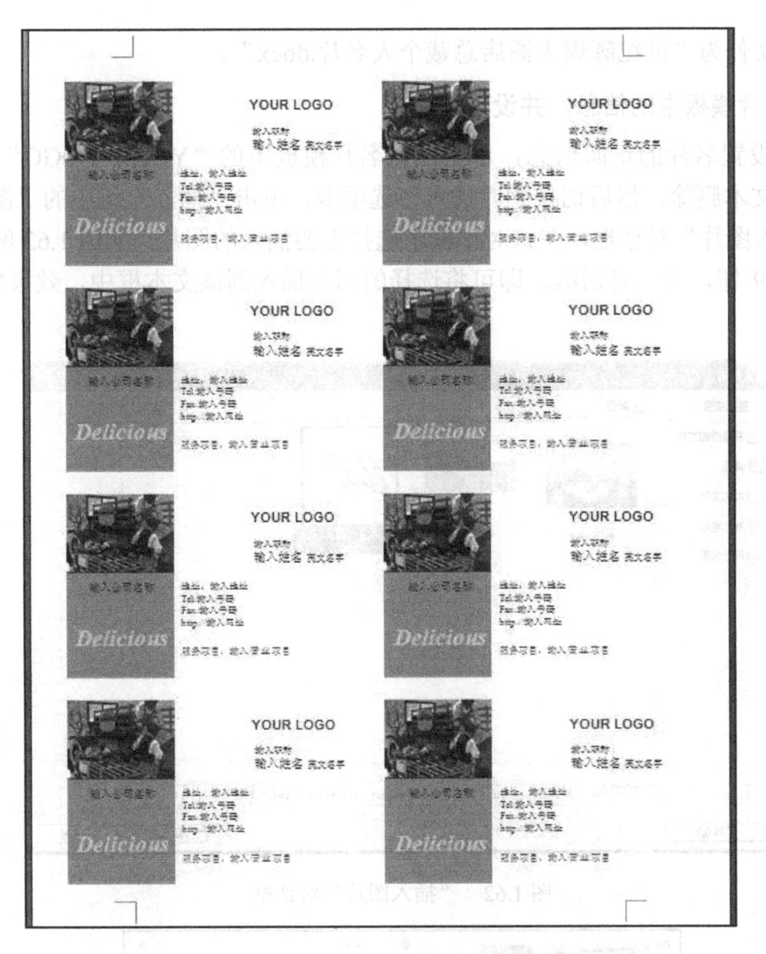

图 1.60　新建的以餐饮名片模板内容为基础的文档

（5）我们只需要制作名片的正面和背面，因此，将多余的名片模板删除，只留下两个备用，效果如图 1.61 所示。

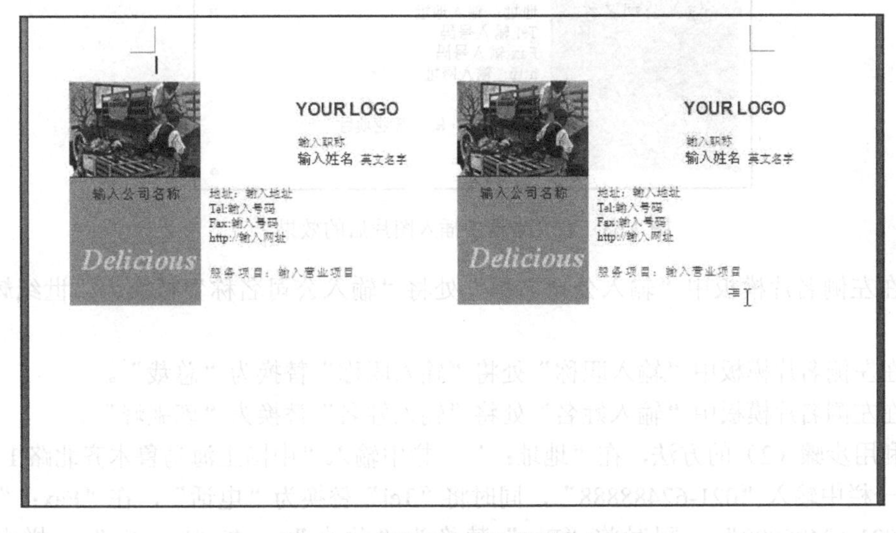

图 1.61　保留两个名片模板的效果

（6）保存文件为“世纪辉煌大酒店总裁个人名片.docx”。

2．修改名片模板中的信息，并设置其格式

（1）首先设置名片的正面信息，单击左侧名片模板中的“YOUR LOGO”文本框，将YOUR LOGO文本删除，然后切换到“插入”选项卡，单击“插入”组中的“图片”按钮，系统弹出“插入图片”对话框，在该对话框中选择需要插入的图片，如图1.62所示，然后单击“插入”6309钮，关闭对话框，即可将选择的图片插入到该文本框中，效果如图1.63所示。

图1.62 “插入图片”对话框

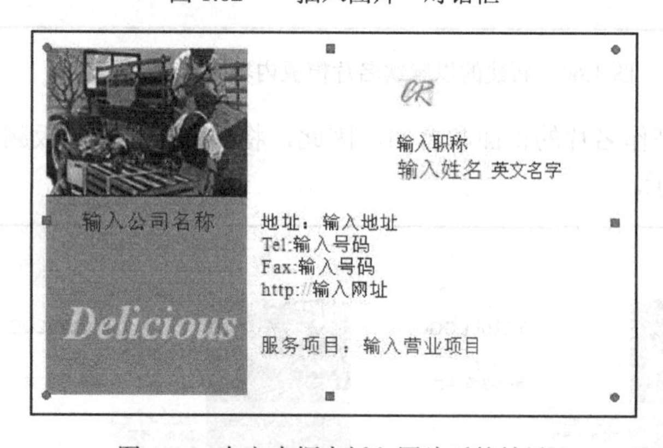

图1.63 在文本框中插入图片后的效果

（2）在左侧名片模板中“输入公司名称”处将“输入公司名称”替换为“世纪辉煌大酒店”。

（3）在左侧名片模板中“输入职称”处将“输入职称”替换为“总裁”。

（4）在左侧名片模板中“输入姓名”处将“输入姓名”替换为“郭驰峰”。

（5）利用步骤（2）的方法，在“地址：”一栏中输入“中国上海乌鲁木齐北路1号”，在“Tel”一栏中输入“021-62488888”，同时将“Tel”替换为“电话”，在“Fax：”一栏中输入“021-62488880”，同时将“Fax”替换为“传真”，在“http://”一栏中输入guochifeng@163.com，同时将“http://”替换为“电子邮件”。

（6）利用步骤（2）的方法，在“服务项目：”一栏中输入“酒店服务”，效果如图 1.64 所示。

图 1.64　设置名片的正面信息

（7）按照步骤（2）、（3）、（4）、（5）、（6）的方法，把右侧名片模板的背面信息也进行设置，设置内容如图 1.65 所示。

图 1.65　设置名片的背面信息

（8）选择“世纪辉煌大酒店”所在的文本框，并选中其中的文本，如图 1.66 所示，然后通过“开始”选项卡设置其“字体”为“华文新魏”，“字号”为“10 号”。

图 1.66　选中并设置文本框中文本的格式

（9）利用步骤（8）的方法，设置名片中其他各项目的格式，效果如图 1.67 所示。

图 1.67　名片中各项目的格式设置情况

3．后期处理及文件保存

（1）单击“快速访问”工具栏中的“保存”按钮。

（2）退出并关闭 Word 2007 中文版。

本案例通过“世纪辉煌大酒店总裁名片”的设计和制作过程，主要学习了 Word 2007 中文版软件通过 Microsoft Office Online 生成的名片模板的用法，以及根据实际情况对文档格式进行调整的技巧等，在本案例中，文本框被广泛应用，这有利于规范和调整文本的位置及格式。

本章主要介绍了 Word 在办公文秘领域的用途及利用 Word 完成具体案例任务的流程、方法和技巧。熟练掌握并灵活应用这些案例的制作过程，可以帮助我们解决日常办公过程中遇到的各种问题。

链接一　如何在启动 Word 2007 后创建和保存文档

当我们启动 Word 2007 中文版软件后，可以通过以下方法创建新文档：

1．通过“Office 按钮”创建文档

单击 Office 按钮，然后在打开的菜单中选择“新建”命令，在打开的“新建文档”对话框中直接单击“创建”按钮。可以创建空白文档。

2．通过“新建文档”按钮创建文档

这是创建新文档最简便、最快捷、最常用的方法，首先可以通过“自定义快速访问工具栏”将“新建文档”按钮显示在“快速访问”工具栏中，然后单击“快速访问”工具栏中的“新建文档”按钮，即可新建一个 Word 文档。

3．利用快捷键创建文档

直接按快捷键“Ctrl+N”，即可新建一个文档。

在利用 Word 2007 中文版软件进行文档编辑操作的过程中，文档内容只是暂时被存储在

计算机的随机存储器（RAM）中，当计算机关机、断电或死机时，文档内容就有可能丢失。因此，要养成随时保存文档的好习惯。当我们按照前面案例中介绍的步骤对文档进行第一次正式保存操作后，每次只需要直接单击“快速访问”工具栏中的“保存”按钮，即可用现有文档的内容替换原有文档内容，完成对文档内容的保存操作。

1）更名保存

我们可以通过选择“Office 按钮”/“另存为”命令，将现有的文档内容另取一个文件名进行保存，原有的文档将依然存在。

2）自动保存

Word 2007 中文版软件还提供了“自动保存”功能，即在编辑工作中每隔一段时间系统自动对文档进行一次保存。设置“自动保存”后，如果发生故障，当我们再次激活 Word 时，发生故障时所有打开的文档将以当时的状态显示在屏幕上，只是在标题中加上了“恢复”字样。此时，单击“快速访问”工具栏中的“保存”按钮，即可将文档重新存盘。设置“自动保存”的操作步骤如下：

（1）单击 Office 按钮，然后在打开的菜单中选择“Word 选项”按钮 Word 选项(I)，系统弹出“Word 选项”对话框。

（2）在该对话框中，选择“保存”选项卡，如图 1.68 所示。

（3）在“保存”选项卡中选中“自动保存时间间隔”复选框，并设置“自动保存时间间隔”参数。该参数最大可以为 120 分钟，我们可以根据需要进行设定。

（4）单击“确定”按钮，关闭对话框。在此后的编辑过程中，每隔设定的时间间隔，系统便自动对文档进行一次存盘操作。

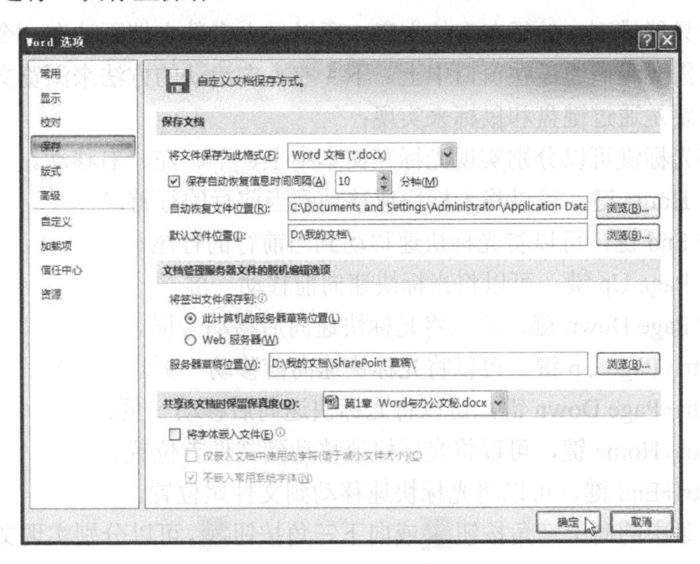

图 1.68 “Word 选项”/“保存”选项卡

3）保存备份

默认情况下，当我们对文档进行保存操作时，新版本的文档内容将覆盖老版本。如果我们在如图 1.68 所示的“Word 选项”/“高级”/“保存”选项卡中单击选中“始终创建备份副本”复选框，选择此选项可在每次保存文档时创建该文档的备份副本。每个备份副本都会替换以前的备份副本。Word 会向文件名添加短语“备份”，并对所有的备份副本应用文件扩

展名 .wbk。备份副本与原始文档保存在同一文件夹中。这样，当我们不满意修改后的文档而想找回老版本的文档内容时，只需要打开扩展名为.wbk 的备份文件，并将其另存为.docx 文件，即可恢复到保存前的文档内容。

链接二　常用的字体、字号、字形有何区别

在编辑文档的过程中，可以为选定的文本设置字体、字号和字形，这就必须要了解各种常用字体、字号、字形的具体效果，下面我们通过具体示例来帮助大家进行区分。

1．常见字体示例

宋体　仿宋体　**黑体**　楷体　隶书　幼圆

2．常见字号示例

初号 初小 一号 小一 二号 小二

三号　小三　四号　小四　五号　小五　六号　小六

3．常见字形效果示例

加粗　*倾斜*　下划线　边框　底纹

链接三　在 Word 文档中如何定位光标和浏览文档

由于文档窗口只能排列 15 行左右的文字，所以，大多数文档无法在一个文档窗口中全部显示出来，这就需要我们通过在窗口中上、下、左、右滚动的方法来浏览文档。在文本中移动和定位光标主要是通过键盘和鼠标来实现：

利用键盘中的光标键可以分别实现光标在文本中上、下、左、右移动。

按下键盘中的 Home 键，可以将光标快速移动到当前行的行首。

按下键盘中的 End 键，可以将光标快速移动到当前行的行尾。

按下键盘中的 Page Up 键，可以将光标快速向前移动一屏。

按下键盘中的 Page Down 键，可以将光标快速向后移动一屏。

按下快捷键 Ctrl+Page Up 键，可以将光标快速向前移动一页。

按下快捷键 Ctrl+Page Down 键，可以将光标快速向后移动一页。

按下快捷键 Ctrl+Home 键，可以将光标快速移动到文件首位置。

按下快捷键 Ctrl+End 键，可以将光标快速移动到文件尾位置。

单击垂直滚动条中的向上三角按钮或向下三角按钮，可以分别实现文档向上或向下滚动一行。

单击垂直滚动条中的向上双三角按钮或向下双三角按钮，可以分别实现文档向上或向下滚动一页。

单击垂直滚动条中滑块两侧的滚动条，可以实现文档向上或向下滚动。

向下或向上拖曳垂直滚动条中的矩形滑块，可以滚动到文档地指定页。

按住垂直滚动条中的向上三角按钮或向下三角按钮，可以分别实现文档向上或向下连续滚动，直至释放鼠标左键或遇到文件首或文件尾。

当然，利用鼠标拖动滚动条的方法只能实现文档的快速滚动浏览，如果要准确定位光标，还需要通过与键盘中的快捷键相配合。

链接四　如何选择矩形区域

要选中一个矩形性文本区域，可以通过如下操作完成：

（1）将 I 形状的鼠标指针定位到文本的一角。

（2）在按住 Alt 键的同时，拖曳鼠标到文本块的对角，即可选中该矩形区域内的文本，效果如图 1.69 所示。

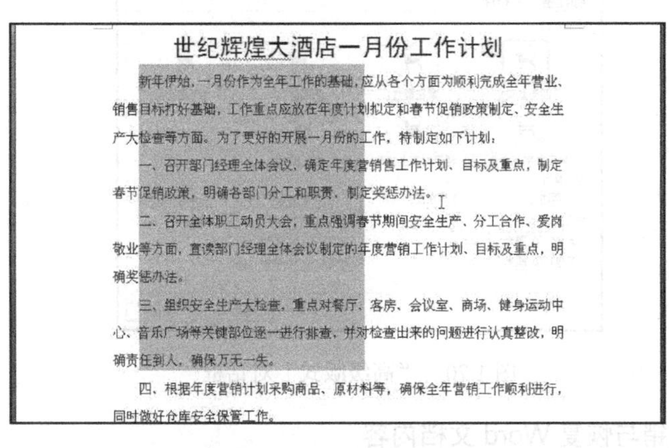

世纪辉煌大酒店一月份工作计划

新年伊始，一月份作为全年工作的基础，应从各个方面为顺利完成全年营业、销售目标打好基础，工作重点应放在年度计划拟定和春节促销政策制定、安全生产大检查等方面。为了更好的开展一月份的工作，特制定如下计划：

一、召开部门经理全体会议，确定年度营销售工作计划、目标及重点，制定春节促销政策，明确各部门分工和职责，制定奖惩办法。

二、召开全体职工动员大会，重点强调春节期间安全生产、分工合作、爱岗敬业等方面，宣读部门经理全体会议制定的年度营销工作计划、目标及重点，明确奖惩办法。

三、组织安全生产大检查，重点对餐厅、客房、会议室、商场、健身运动中心、音乐广场等关键部位逐一进行排查，并对检查出来的问题进行认真整改，明确责任到人，确保万无一失。

四、根据年度营销计划采购商品、原材料等，确保全年营销工作顺利进行，同时做好仓库安全保管工作。

图 1.69　选择矩形区域

链接五　如何设置插入与改写模式

根据需要，我们可以分别选择“插入”与“改写”两种模式对文本进行编辑。

1. 插入文字

具体操作方法如下：

（1）将 I 形状的鼠标指针移动到文本中需要插入文本的位置，并单击左键，或利用键盘上的方向键将不停闪烁的光标移动到需要插入文本的位置。

（2）直接输入所要插入的文本，即可将文本添加到相应的位置。

2. 改写文本

在输入文本的过程中，难免会因为各种原因输错文字，这时，我们可以选择改写文字。具体方法如下：

（1）将不停闪烁的光标定位到需要改写内容的左边。

（2）按一下键盘中的 Insert 键，或用鼠标双击状态栏中灰色的“改写”字样，使其变为黑色，此时进入“改写”编辑状态，之后所输入的内容将代替光标后面的字符。

当然我们也可以直接在“插入”模式下首先用鼠标选择所要修改的内容，其呈反色显示，之后所输入的内容将直接代替光标后面的字符。

链接六　如何控制图片在 Word 文档中的浮动效果

利用 Word 2007 中的图片浮动效果处理功能，可以非常便捷地使图片定位在 Word 文档中理想的位置上，具体操作步骤如下：

（1）选中图片，切换到“格式”选项卡，单击“排列”组中的“文字环绕”按钮，在弹出的下拉列表中选择“其他布局选项”命令，系统弹出“高级版式”对话框，如图 1.70 所示。

（4）选中“文字环绕”选项卡，并选择和设置“环绕方式”、“环绕文字”、“距正文”等选项。

（5）单击“确定”按钮，关闭对话框，返回到文档编辑窗口，图片将始终与其四周的文本保持稳定的位置关系。

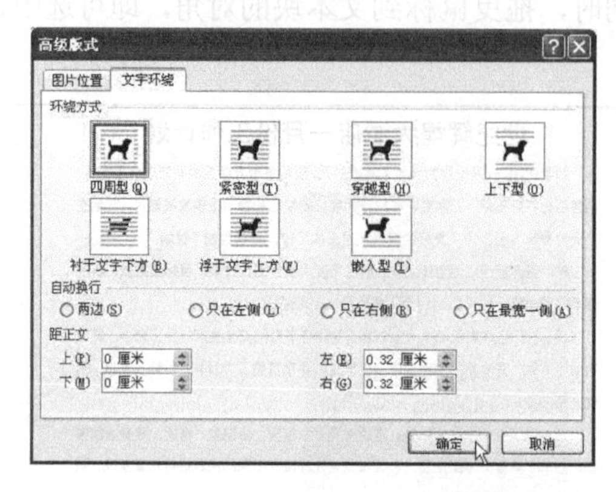

图 1.70　“高级版式”对话框

链接七　如何撤销与恢复 Word 文档内容

“撤销”与“恢复”操作与当前的操作密切相关。“撤销”操作可以逐步地取消上一次操作。“恢复”操作可以将撤销后的操作还原回来。

1．撤销操作

如果想要取消最近几次的操作，可以选择执行下列操作来实现：

单击“快速访问”工具栏中的“撤销”按钮。Word 提供多次撤销功能，可以通过多次单击“撤销”按钮来逐步取消上一次操作。

单击“快速访问”工具栏中“撤销”按钮右边的向下三角按钮，打开下拉式列表框，如图 1.71 所示，该列表中列出了所有可能撤销的操作步骤，单击选中需要返回的操作点，

即可直接恢复到选中操作点的状态。

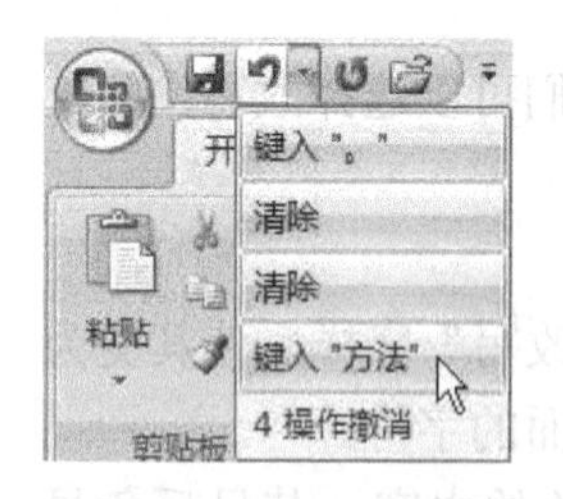

图 1.71　“快速访问”工具栏的撤销列表

2．恢复操作

单击“快速访问”工具栏中的“恢复”按钮。

3．重复操作

重复操作与撤销操作的作用恰恰相反，执行该操作将无条件地重复最后一次所做的操作，且与撤销操作一样，该操作将随着上次操作的不同而发生变化。单击“快速访问”工具栏中的“重复”按钮，即可执行重复操作。

链接八　Word 中提供了哪几种常见视图模式

视图模式就是屏幕上显示文档的方式。Word 提供的常见视图模式主要有普通视图模式、

页面视图模式、大纲视图模式、阅读版式视图模式及Web版式视图模式等。不同的视图模式可以对同一文档从不同角度、以不同的方式进行显示。我们可以根据具体需要，选择适当的视图模式，以进一步提高工作效率，通过“视图”菜单中的适当命令，或单击文档编辑窗口底部水平滚动条左侧的视图按钮（见图1.72），可以实现不同视图模式间的切换。

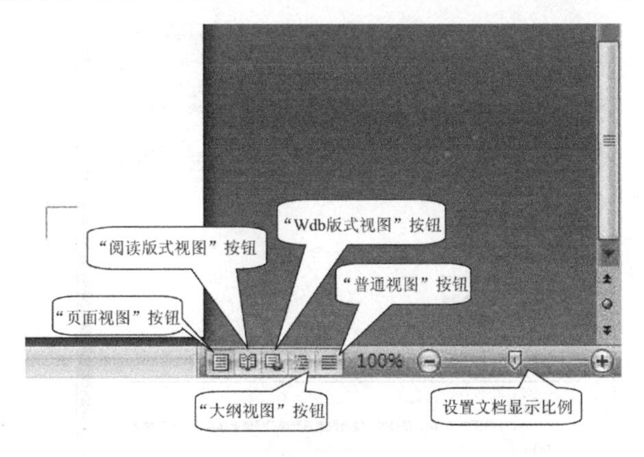

图1.72　文档编辑窗口底部的视图按钮

1．页面视图

页面视图是Word中最常用的视图模式之一，该模式下显示的文档具有“所见即所得”的效果，我们可以通过屏幕上的显示效果直观地观察文档中文字、图形、文本框、页眉和页脚、脚注、尾注等元素的实际打印效果。页面视图还能够显示水平标尺和垂直标尺，我们可以利用鼠标调整图形、表格的位置，也可以对页眉和页脚进行编辑。图1.73所示为本章1.3节中介绍的案例在页面视图模式下的效果。

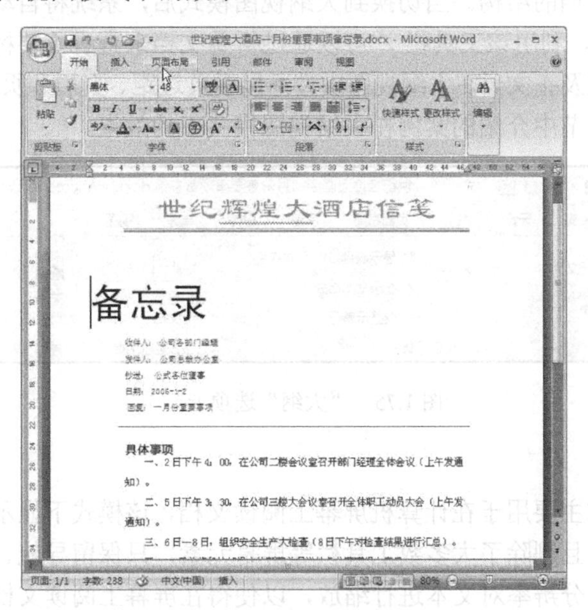

图1.73　页面视图模式

2．普通视图

普通视图也是Word中最常用的视图模式之一，该模式下显示的文档与其他模式相比，页面布局比较简单，只显示文本的字体、字号、字形、段落缩进，以及行间距等最基本的格式，不显示页边距、页眉和页脚、背景、图形、分栏等。在普通视图模式下，页与页之间只用一条虚线表示分页符，节与节之间用双行虚线表示分节符，这就保证了文档在阅读时的连贯性及选择文本的易操作性。图 1.74 所示为本章 1.3 节中介绍的案例在普通视图模式下的效果。

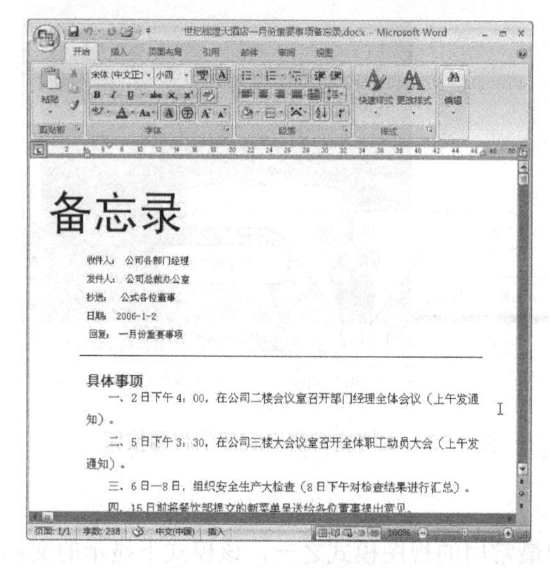

图 1.74　普通视图模式

3．大纲视图

大纲视图用缩进文档标题的形式来表示标题在文档结构中的级别。这种视图模式主要用于显示、创建和修改文档的结构。当切换到大纲视图模式后，系统将自动跳转到“大纲”选项卡，如图 1.75 所示，利用该工具栏，可以通过折叠文档来查看主要标题，也可以通过展开文档来查看所有标题及正文。在大纲视图中，不显示页边距、页眉和页脚、图形及背景等。图 1.76 所示为本章 1.3 节中介绍的案例在大纲视图模式下的效果。

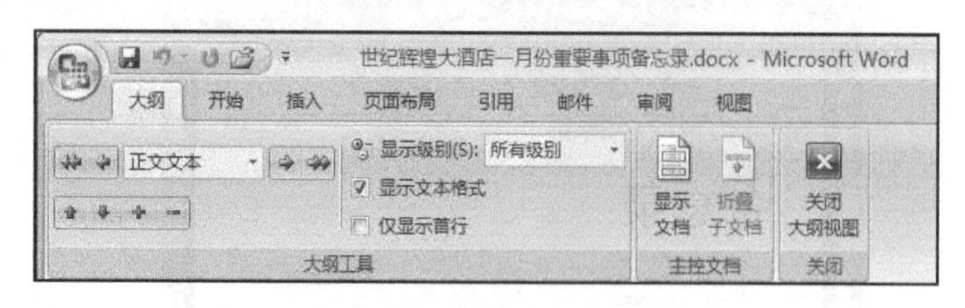

图 1.75　“大纲”选项卡

4．阅读版式视图

阅读版式视图模式主要用于在计算机屏幕上阅读文档，该模式下显示的文档大小将根据屏幕的大小进行调整，且删除了大多数工具栏等屏幕元素，只保留导航、批注和查找字词的命令，并根据计算机的分辨率对文本进行缩放，以使得在屏幕上阅读文档变得更加舒适。阅读版式视图模式下显示的文档与打印效果有所不同，且显示的文本可能比实际打印的文本要长。图 1.77 所示为本章 1.3 节中介绍的案例在阅读版式视图模式下的效果。

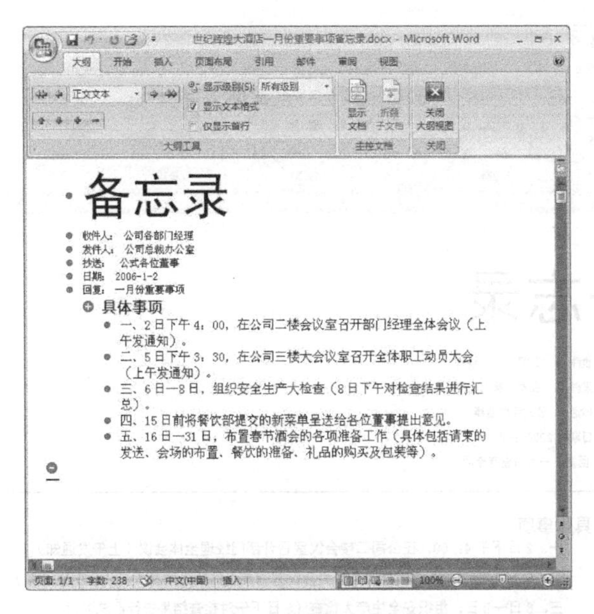

图 1.76　大纲视图模式

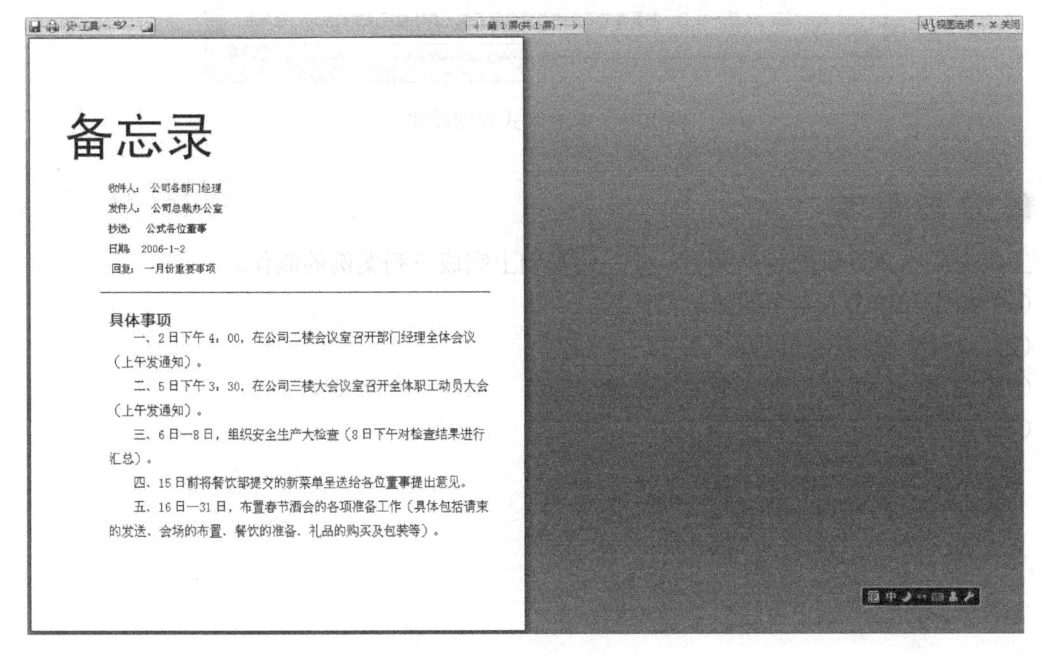

图 1.77　阅读版式视图模式

5. Web 版式视图

Web 版式视图主要用于编辑 Web 页，该模式下显示的文档与其在 Web 浏览器中的外观一致，文档将显示为一个不带分页符的长页，且文本和表格自动换行，以适应窗口的大小，图形位置及文档背景与其在 Web 浏览器中的位置及效果一致。图 1.78 所示为本章 1.3 节中介绍的案例在 Web 版式视图模式下的效果。

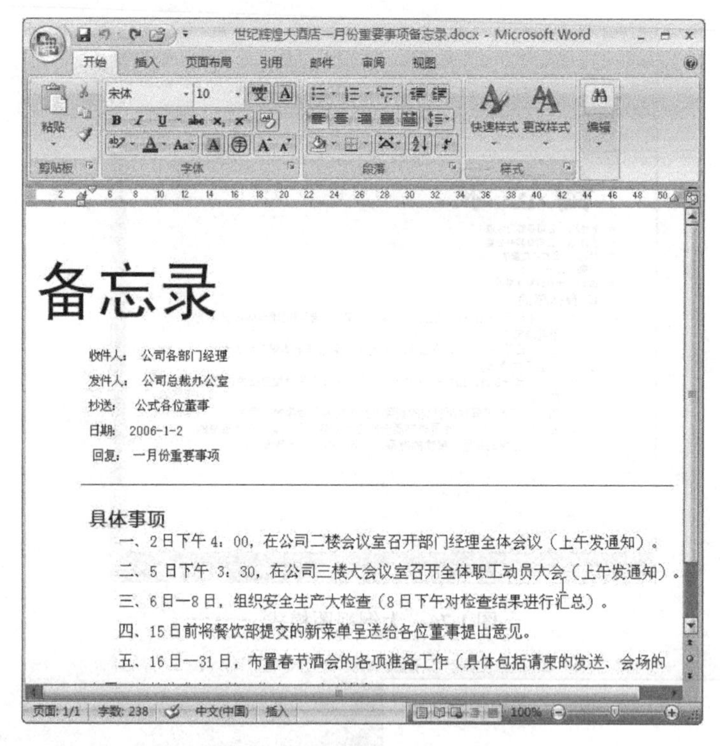

图 1.78　Web 版式视图模式

上机完成本章提供的各个案例，并在此基础上完成下列案例的制作。

（1）拟定一份个人本学期的学习计划。

（2）设计一份学校宣传页。

（3）制定一份班级周重要事项备忘录。

（4）为自己设计一张名片。

第2章

Word与财务表格

（1）了解Word在财务表格处理领域的用途及其具体应用方式。

（2）熟练掌握财务表格处理领域利用Word完成具体案例任务的流程、方法和技巧。

Word在财务表格处理领域的应用非常广泛，利用Word强大的表格处理功能，可以完成财务管理工作中的财务票据、员工工资表的制作、计算和排序等各项工作。

2.1 制作财务票据

做什么

在日常财务管理工作中，财务票据是非常重要的记账凭证和依据。作为一名财务人员，必然需要经常接触和使用各种各样的财务票据。这些票据有些可以买到，而有些特殊格式或包含特殊项目的票据只能由我们自己来设计和绘制。

利用Word 2007中文版软件的表格处理功能，可以非常方便快捷地制作完成如图2.1所示的“日常费用报销凭证”效果。

日常费用报销凭证

报销日期　　年　月　日　　附票据　　张

项目名称	类　别	金　额	负责人签字	
			审查意见	
			报销人签字	
报销金额合计		¥	原借金额	补借金额
报销金额（大写）　万　千　佰　拾　元　角　分			报销金额	应补金额

审核：　　　　出纳：

图2.1　“日常费用报销凭证”效果图

指路牌

分组对案例进行讨论和分析，得出如下解题思路：

（1）创建一个新文档，并保存文档。

（2）输入表格标题及相关文本。

（3）插入一个规则表格。

（4）设置表格的行高和列宽。

（5）利用“绘制表格”工具拆分单元格。

（6）利用“擦除”工具合并单元格。

（7）添加表格中的文字。

（8）设置单元格的对齐方式。

（9）设置表格标题及其他文本格式。

（10）后期处理及文件保存。

跟我来

根据以上解题思路，完成“日常费用报销凭证”的具体操作如下：

1．创建一个新文档，并保存文档

（1）启动 Word 2007 中文版，并创建一个新文档。

（2）保存文件为“日常费用报销凭证.docx”。

2．输入表格标题及相关文本

（1）选择自己习惯的输入法，在文档窗口的第 1 行输入表格标题文本“日常费用报销凭证”。

（2）在表格标题后输入两个“硬回车”键，使得不停闪烁的光标与标题间空出一行。

（3）输入文本“报销日期　　年　月　日　附票据 张”，效果如图 2.2 所示。

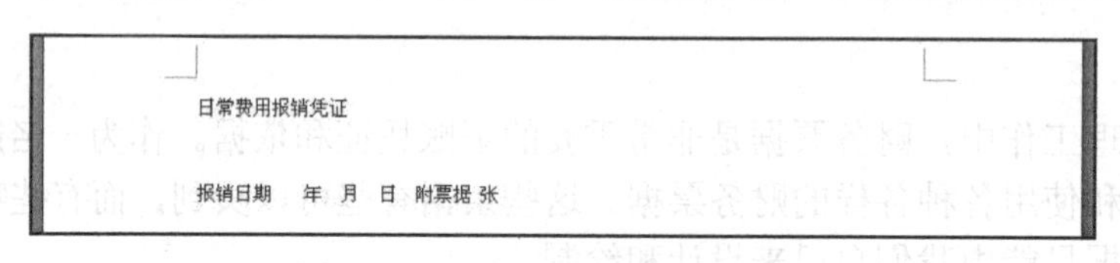

图 2.2　输入的表格标题及相关文本

3．插入一个规则表格

（1）输入一个“硬回车”键，将不停闪烁的光标定位到下一行。

（2）切换至“插入”选项卡，单击“表格”组中的“表格”按钮，在弹出的下拉列表中，单击“插入表格”，系统弹出“插入表格”对话框。

（3）在对话框中，设置“列数”和“行数”均为“5”，其他选项保持不变，如图 2.3 所示。

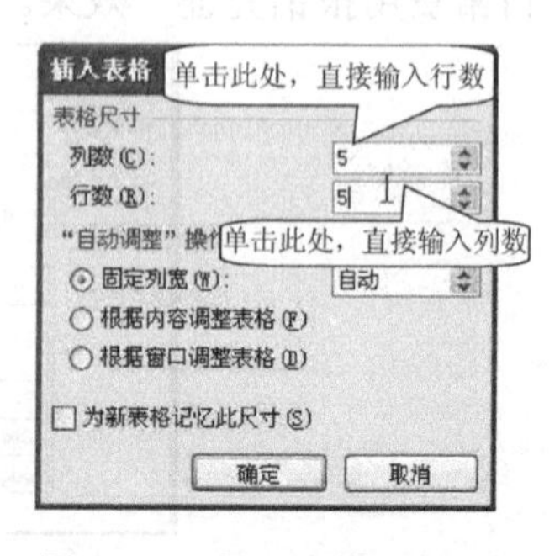

图 2.3　“插入表格”对话框

（4）单击“确定”按钮，即可在文档的当前光标处插入一个 5 行、5 列的规则表格，效果如图 2.4 所示。

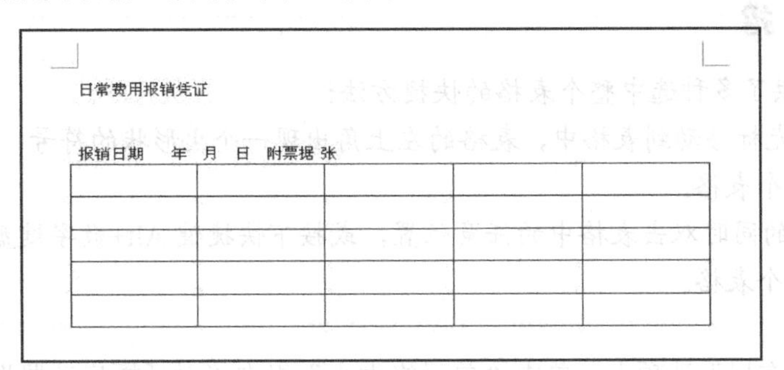

图 2.4 插入的规则表格

单击“插入”选项卡中的“表格”按钮，在弹出的下拉列表中会有一个网格显示框，其中，每个网格代表一个单元格。在网格显示框内向右、向下拖曳鼠标，选中的网格范围会随之扩大，并以橙色边框方格突出显示拟创建的表格的行数和列数，如图 2.5 所示。当突出显示的网格的行数和列数达到需要时，释放鼠标，Word 将自动而快速地在光标所在位置插入一个规则的空表。但这种方法只能用来创建行数小于等于 8，且列数小于等于 10 的规则表格。

4．设置表格的行高和列宽

（1）将鼠标指针移动到表格中的任一单元格（表格中行与列交叉形成的方格称为单元格，是存储数据和利用公式进行运算的基本单元），然后单击鼠标，即可将光标定位在该单元格中。

（2）切换至“布局”选项卡，单击“表”组中的“选择”按钮，在弹出的下拉列表中单击“选择表格”命令，选中整个表格，效果如图 2.6 所示。

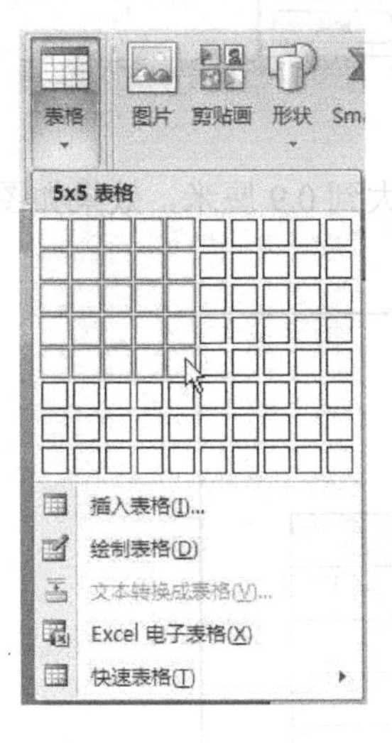

图 2.5 利用“表格”按钮创建表格

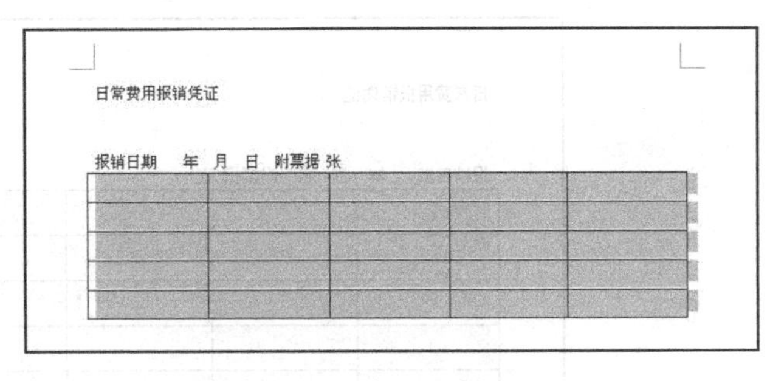

图 2.6 选中整个表格

Word 中提供了多种选中整个表格的快捷方法：

将Ｉ形状的光标移动到表格中，表格的左上角出现一个⊞形状的符号，单击该符号，可以快速选中整个表格。

按住 Alt 键的同时双击表格中的任意位置，或按下快捷键 Alt+数字键盘上的 5，都可以快速选中整个表格。

（3）切换至“布局”选项卡，单击“单元格大小”组中“对话框启动器”按钮，系统弹出“表格属性”对话框。

（4）在该对话框中，选择“行”选项卡，然后选中“行”选项组中的“指定高度”选项前的复选框，并将其参数设置为“0.9 厘米”，如图 2.7 所示。

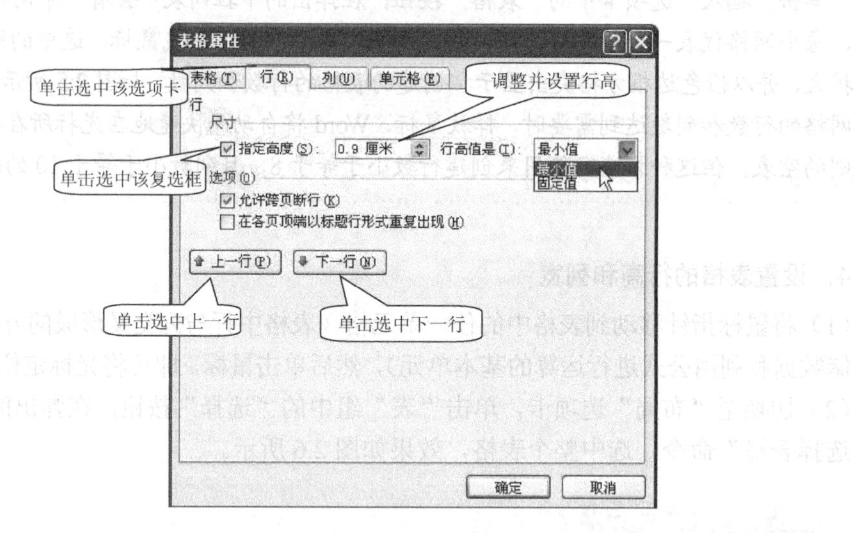

图 2.7　“表格属性”/“行”选项卡

（5）单击“确定”按钮，关闭对话框，即可将表格的行距加大到 0.9 厘米，效果如图 2.8 所示。

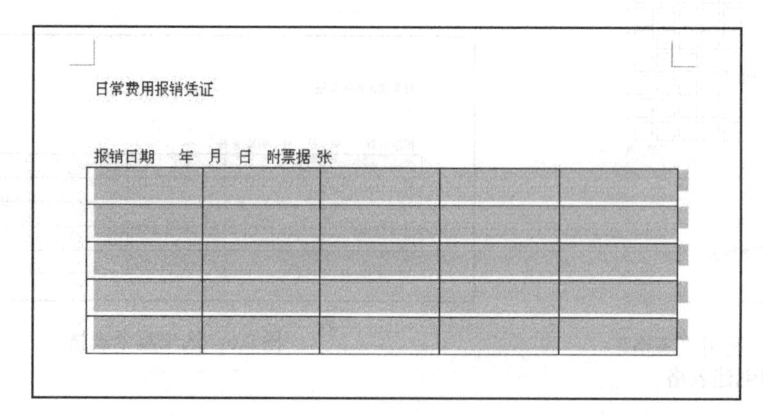

图 2.8　调整行距后的表格

（6）将光标定位到表格的第 1 行的第 1 个单元格中，然后在按住键盘中的 Shift 键的同时，单击表格第 3 行的最后一个单元格，即可选中表格的前 3 行，如图 2.9 所示。

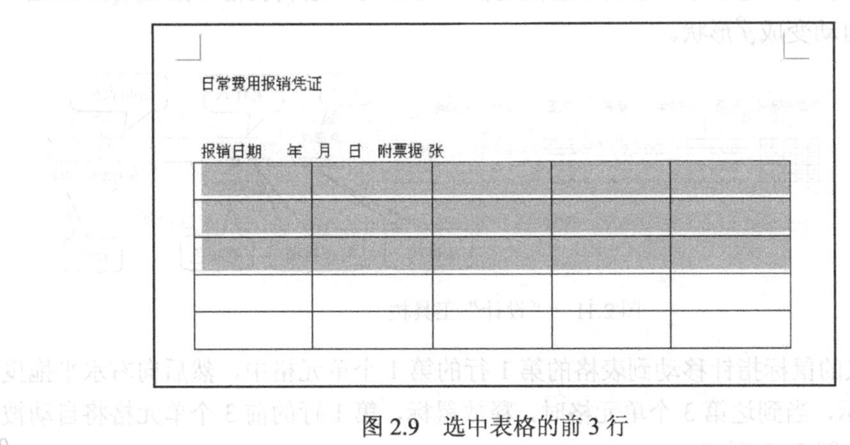

图 2.9 选中表格的前 3 行

利用鼠标和快捷键可以灵活地选择表格中的任意部分：

将鼠标指针移动至单元格与第 1 个字符之间，鼠标指针变成↗形状，单击鼠标左键，即可选中该单元格，双击则可以选中该单元格所在的整个行。

单击要选择的第 1 个单元格，然后将鼠标指针移动至要选择的最后一个单元格，在按住键盘中的 Shift 键的同时，单击鼠标，即可选中两次被单击的单元格间多个连续的单元格。

在按住键盘中的 Ctrl 键的同时，双击单元格，可以选中不连续的所有被双击的单元格。

将鼠标指针移动到表格左侧空白处或上边框处，鼠标指针变成↗或⬇形状，此时单击鼠标，即可选中鼠标指针所指向表格的当前行或当前列，如果此时按住鼠标左键并向上、向下或向左、向右拖曳鼠标，即可快速选中多行或多列表格。

（7）切换至“布局”选项卡，单击“表”组中的“属性”按钮，系统弹出“表格属性”对话框，单击“行”选项卡，选中“行”选项组中的“指定高度”选项前的复选框，并将其设置为“1.8 厘米”，然后单击“确定”按钮，即可将表格前 3 行的行距加大为 1.8 厘米，效果如图 2.10 所示。

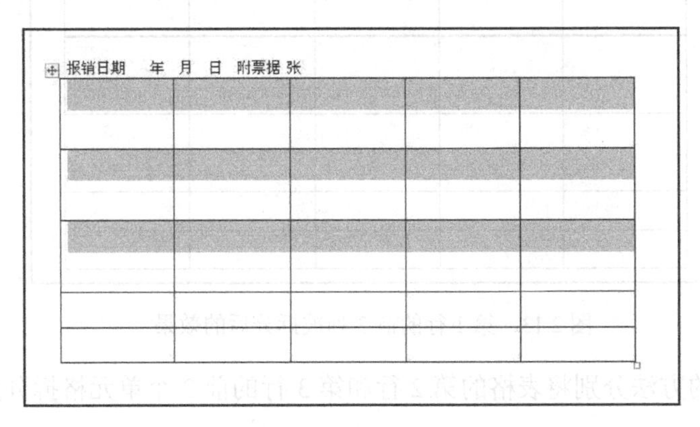

图 2.10 调整前 3 行行距后的效果

5. 利用“绘制表格”工具拆分单元格

（1）切换至“设计”选项卡，单击“绘图边框”组中的“绘制表格”按钮，如图 2.11 所示，鼠标指针自动变成形状。

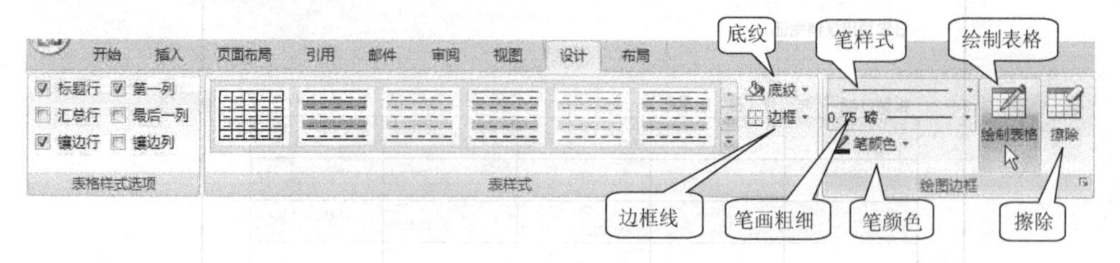

图 2.11　“设计”工具栏

（2）将形状的鼠标指针移动到表格的第 1 行的第 1 个单元格中，然后向右水平拖曳鼠标，如图 2.12 所示，当到达第 3 个单元格时，释放鼠标，第 1 行的前 3 个单元格将自动被拆分为两行，效果如图 2.13 所示。

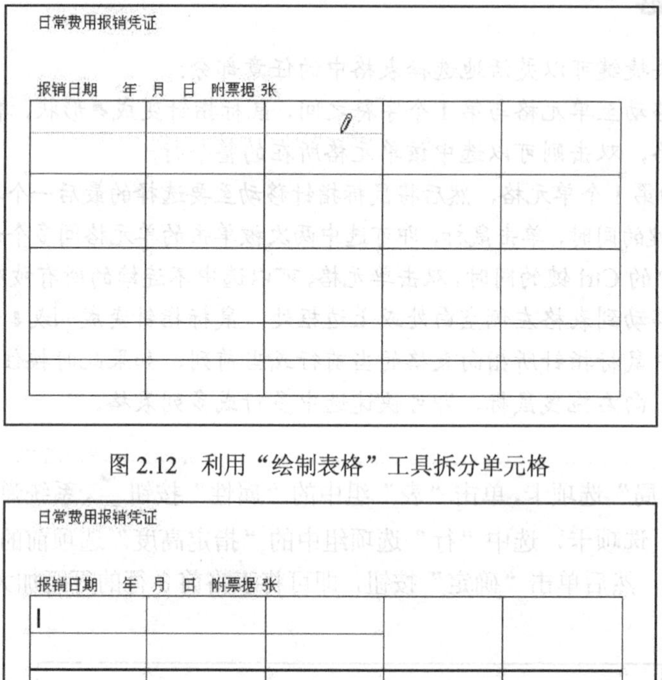

日常费用报销凭证

报销日期　年　月　日　附票据　张

图 2.12　利用“绘制表格”工具拆分单元格

日常费用报销凭证

报销日期　年　月　日　附票据　张

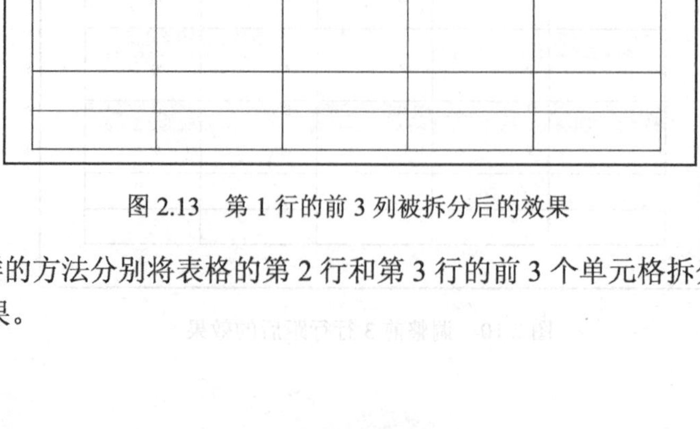

图 2.13　第 1 行的前 3 列被拆分后的效果

（3）利用同样的方法分别将表格的第 2 行和第 3 行的前 3 个单元格拆分为两行，得到如图 2.14 所示的效果。

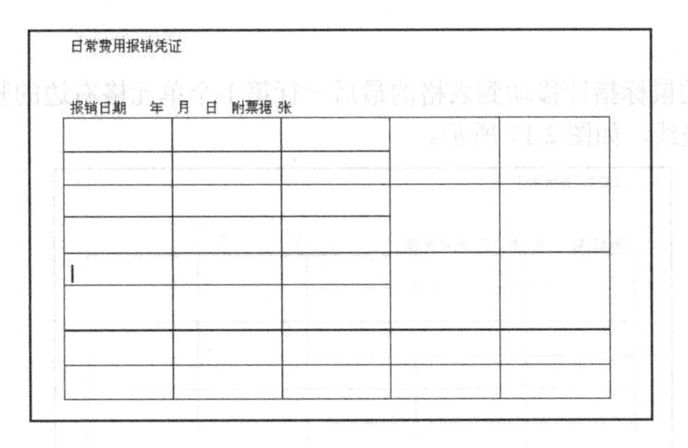

图 2.14 表格前 3 行被拆分后的效果

（4）单击“绘图边框”组中的“绘制表格”按钮，释放该工具按钮。

（5）通过仔细观察，我们发现各行的高度有所不同，还需要进一步调整各行的高度。将光标定位在第 1 行的第 1 个单元格中，然后向右、向下拖曳鼠标，选中前面刚刚被拆分的 6 行 3 列单元格，如图 2.15 所示。

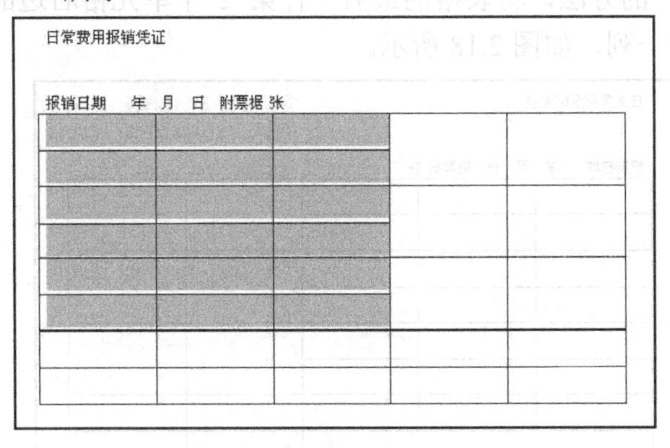

图 2.15 选中被拆分的单元格

（6）切换到“布局”选项卡，单击“单元格大小”组中的“分布行”按钮分布行，选中各行的高度将被自动平均分布，效果如图 2.16 所示。

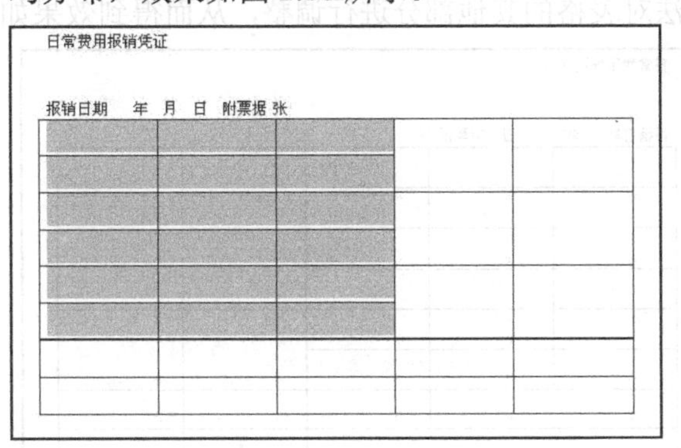

图 2.16 平均分布各行高度后的效果

6．利用“擦除”工具合并单元格

（1）切换到“设计”选项卡，单击“绘图边框”组中的“擦除”按钮擦除，鼠标指针自动变成形状。

（2）将形状的鼠标指针移动到表格的最后一行第 1 个单元格右边的竖线上，并在线上单击，即可删除该竖线，如图 2.17 所示。

图 2.17　利用“擦除”工具删除表线

（3）利用步骤（2）的方法，将表格的最后一行第 2 个单元格右边的竖线也擦除，从而将前 3 个单元格合并为一列，如图 2.18 所示。

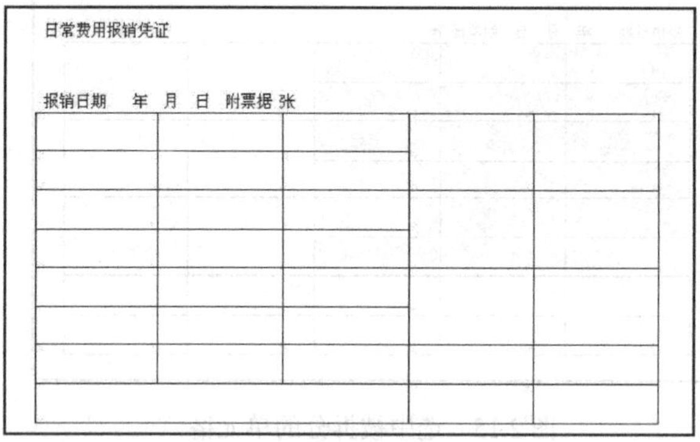

图 2.18　擦除表线后的效果

（4）利用同样的方法对表格的其他部分进行调整，从而得到效果如图 2.19 所示的表格。

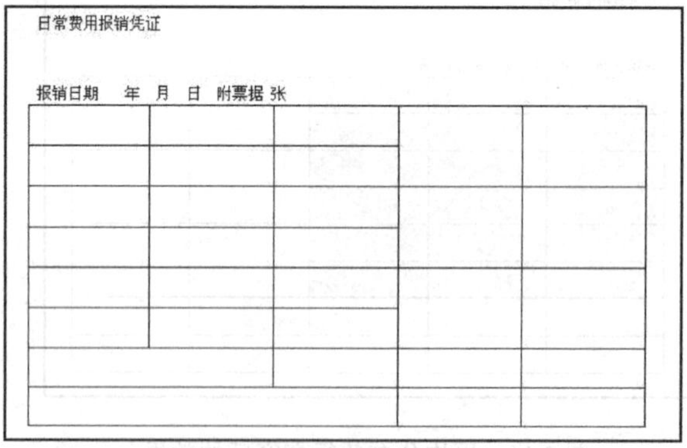

图 2.19　调整后的表格

（5）再次单击“绘图边框”组中的“擦除”按钮，释放该工具按钮。

7. 添加表格中的文字

（1）将鼠标指针移动到表格的相应单元格中，然后单击鼠标，即可将光标定位在该单元格中。

（2）选择自己习惯的输入法分别在相应的单元格中输入相应的文字。在单元格中输入文本后，可以使用键盘中的上、下、左、右键在表格的不同单元格间移动光标。当光标移动到一个单元格的开头或末尾时，再次按下左、右箭头键，光标将移动到前一个单元格或下一个单元格中。按下上、下键，光标将移动到表格的上一行或下一行。

在表格中移动光标的快捷键如下：

按下键盘中的 Tab 键，光标移动到同一行的下一个单元格中。

按下快捷键 Shift+Tab 键，光标移动到同一行的前一个单元格中。

按下快捷键 Alt+Home 键，光标移动到当前行的第一个单元格中。

按下快捷键 Alt+End 键，光标移动到当前行的最后一个单元格中。

按下快捷键 Alt+Page Up 键，光标移动到表格的首行。

按下快捷键 Alt+Page Down 键，光标移动到表格的最后一行。

（3）在向表格中输入文本时，需要输入人民币符号“￥”，操作方法为依次选择“插入”选项卡/“符号”组/“符号”命令，在下拉列表中选择“其他符号”，系统弹出“符号”对话框，如图 2.20 所示；选择“符号”窗口中的“符号”或“特殊字符”选项卡，然后选择“字体”及“子集”列表框中的不同选项，窗口中将显示不同的符号；单击选择人民币符号“￥”；单击“插入”按钮，即可将选择的符号插入到当前光标处；单击“关闭”按钮，关闭对话框。输入文字后的表格效果如图 2.21 所示。

8. 设置单元格的对齐方式

（1）选中整个表格。

（2）单击鼠标右键，并从快捷菜单中选择“单元格对齐方式”命令，然后从面板中单击“水平居中”对齐方式按钮，或切换到“布局”选项卡，单击“对齐方式”组中的“水平居中”对齐方式按钮，如图 2.22 所示，表格中的文字将自动以水平居中对齐方式显示在相应的单元格中，效果如图 2.22 所示。

图 2.20 “符号”对话框

日常费用报销凭证

报销日期　年　月　日　附票据 张

项目名称	类别	金额	负责人签字	
			审查意见	
			报销人签字	
报销金额合计		¥	原借金额	补借金额
报销金额（大写）　万　千　佰　拾　元　角　分			报销金额	应补金额

图 2.21　输入文字后的表格效果

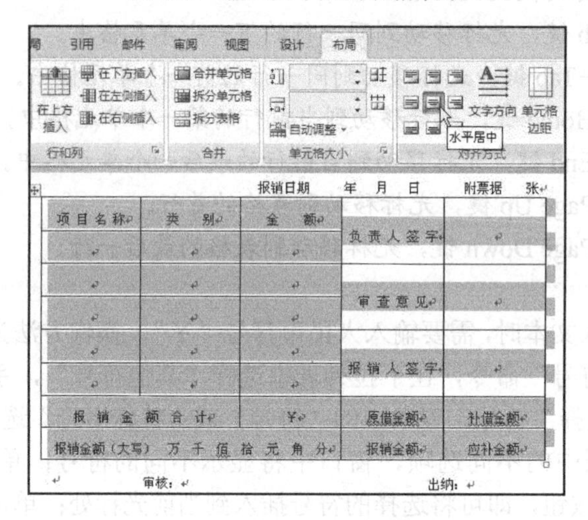

图 2.22　设置“水平居中”对齐方式后的表格文字效果

教你一招

当对一个或多个单元格中的文本设置对齐方式时，需要首先选中这些单元格；如果需要对整个表格设置对齐方式，就首先需要选中整个表格。

（3）调整表格部分单元格的对齐方式，并通过空格调整文字的间距，效果如图 2.23 所示。

日常费用报销凭证

报销日期　年　月　日　附票据 张

项 目 名 称	类　别	金　额	负 责 人 签 字	
			审 查 意 见	
			报 销 人 签 字	
报 销 金 额 合 计		¥	原借金额	补借金额
报销金额（大写）　万　千　佰　拾　元　角　分			报销金额	应补金额

图 2.23　调整对齐方式后的文字及表格效果

9．设置表格标题及其他文本格式

（1）选中标题文字，切换至“开始”选项卡，设置其字体为“宋体”，字号为“二号”，单击“加粗”按钮B、“下划线”按钮U和“居中”对齐方式按钮，并在每个文字间插入一个空格。

（2）调整文本“报销日期　　年　月　日　附票据 张”的位置。

（3）在表格的下方输入文本“审核：”与“出纳：”，并调整其位置，效果如图2.24所示，从而完成整个票据的制作过程。

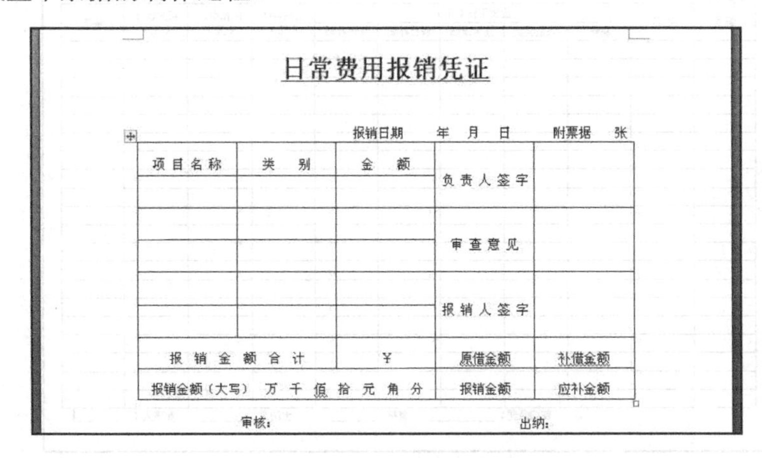

日常费用报销凭证

报销日期　　年　月　日　　附票据　　张

项目名称	类别	金额	负责人签字	
			审查意见	
			报销人签字	
报销金额合计		¥	原借金额	补借金额
报销金额（大写） 万 千 佰 拾 元 角 分			报销金额	应补金额

审核：　　　　　　出纳：

图2.24　标题及其他文字效果

10．后期处理及文件保存

（1）单击快速访问工具栏中的“保存”按钮，对文档进行保存。

（2）退出并关闭Word 2007中文版。

本案例通过“日常费用报销凭证”的制作过程，主要学习了Word 2007中文版软件提供的插入表格、调整和设置表格的行高、绘制表格、擦除表线、设置表中文字的对齐方式，以及表格标题格式的设置和调整、特殊符号的输入等操作的方法和技巧。其中关键之处在于，利用Word 2007的表格处理功能插入和调整表格，使得表格更加符合我们的习惯和要求。

利用类似本案例的方法，可以非常方便快捷地完成各种常见表格的插入、绘制和调整，从而制作出各种表格。

2.2 制作员工工资计算表

作为一名财务人员，工资表必然是需要经常接触和使用的表格之一。工资计算表大体包

括姓名、应发工资、应发合计、应扣小计和实发合计等项目。由于单位的性质和情况的不同，各单位的工资表涉及的项目也会有所差异。这就需要我们结合实际设计，制作符合要求的员工工资计算表。

利用 Word 2007 中文版软件的表格处理功能，可以非常方便、快捷地制作完成效果如图 2.25 所示的“世纪辉煌大酒店员工工资计算表”。

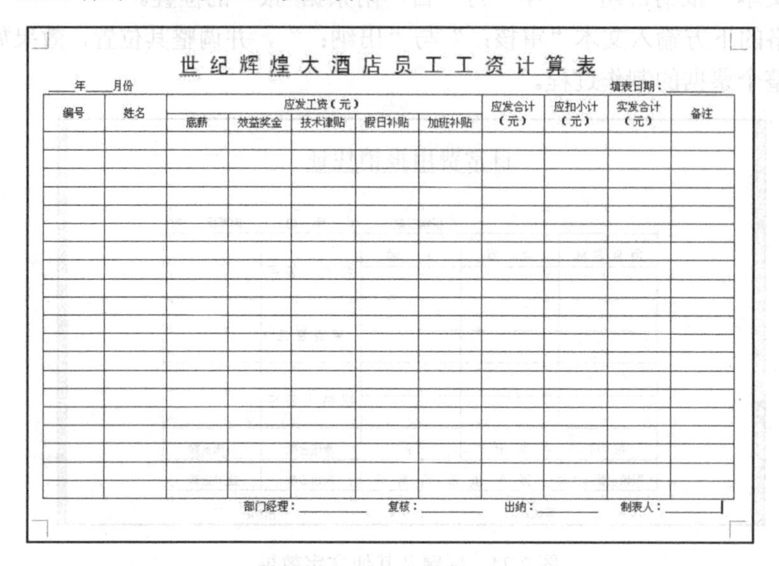

世纪辉煌大酒店员工工资计算表

____年____月份　　　　填表日期：______

编号	姓名	应发工资（元）					应发合计（元）	应扣小计（元）	实发合计（元）	备注
		底薪	效益奖金	技术津贴	假日补贴	加班补贴				

部门经理：________　复核：________　出纳：________　制表人：________

图 2.25　“世纪辉煌大酒店员工工资计算表”效果图

分组对案例进行讨论和分析，得出如下解题思路：

（1）创建一个新文档，并保存文档。

（2）设置计算表的页面。

（3）输入表格标题及相关文本，并设置其格式。

（4）插入一个规则表格。

（5）设置表格的行高。

（6）利用“拆分单元格”和“合并单元格”命令调整表格。

（7）设置表格边框。

（8）输入表格中的相关文字，并调整其对齐方式。

（9）输入表格下方的其他文字。

（10）后期处理及文件保存。

根据以上解题思路，完成“世纪辉煌大酒店员工工资计算表”制作的具体操作如下：

1．创建一个新文档，并保存文档

（1）启动 Word 2007 中文版，并创建一个新文档。

（2）保存文件为“世纪辉煌大酒店员工工资计算表.docx”。

2．设置计算表的页面

（1）切换到“页面布局”选项卡，单击“页面设置”组中的“页面设置”按钮，系统弹出“页面设置”对话框。

（2）在该对话框中选择“页边距”选项卡，将“上”、“下”、“左”、“右”边距均设置为“1.8厘米”，单击“横向”图标，如图2.26所示。

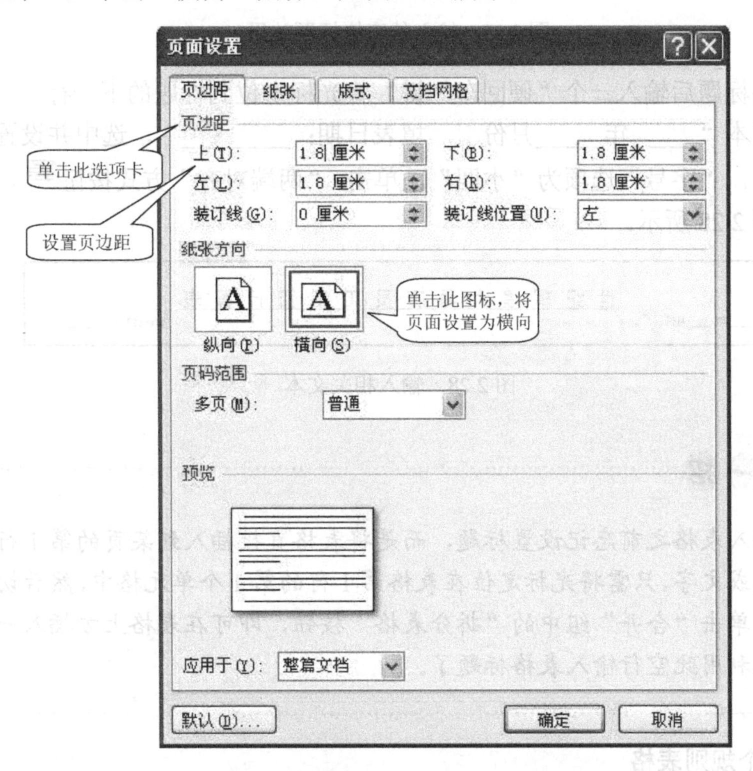

图2.26 “页面设置”/“页边距”选项卡

（3）其他选项保持不变，单击“确定”按钮，关闭对话框，即可完成页面的设置操作。

3．输入表格标题及相关文本，并设置其格式

（1）为了清晰地显示全部文档内容，可以对文档的显示比例进行调整。视图栏中可以设置文档的显示比例，单击显示比例中减号，调整比例“75%”选项显示文档，但文档内容的实际大小并没有任何变化。

为了清晰地显示和观察整个文档内容，我们利用“视图”工具栏中的“显示比例”的加号、减号随意调整文档的显示比例，而且这种调整并在不改变文档实际内容的大小。

（2）选择自己习惯的输入法，在文档窗口的第1行输入表格标题文本“世纪辉煌大酒店员工工资计算表”，并在每个文字间插入一个空格。

（3）选中表格标题，切换到“开始”选项卡，设置其“字体”选项为“黑体”，“字号”选项为“二号”，单击“下划线”按钮 U 和“居中”对齐方式按钮，标题效果如图 2.27 所示。

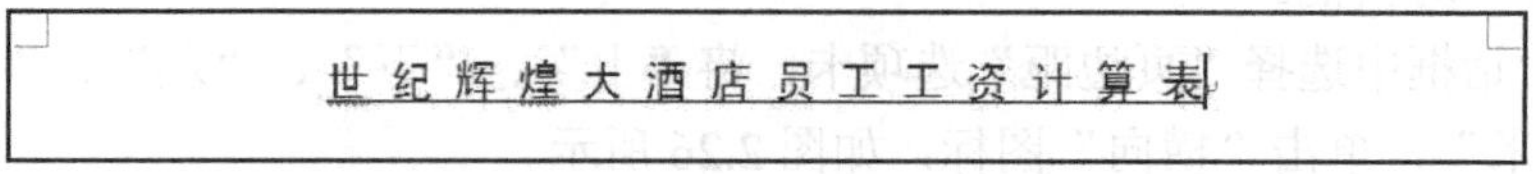

世 纪 辉 煌 大 酒 店 员 工 工 资 计 算 表

图 2.27　输入的表格标题效果

（4）在表格标题后输入一个“硬回车”键，将光标定位到标题的下一行。

（5）输入文本“_____年_____月份　　填表日期：________”，选中并设置其“字体”选项为“宋体”，“字号”选项为“小四”，单击“两端对齐”方式按钮，并调整文字间的距离，如图 2.28 所示。

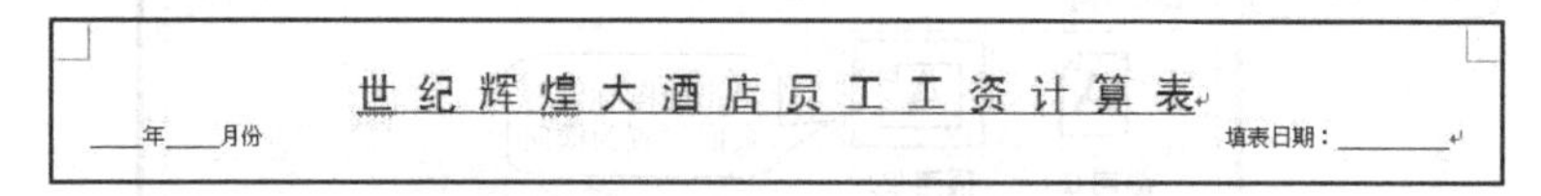

图 2.28　输入相关文本

如果在插入表格之前忘记设置标题，而是将表格直接插入到某页的第 1 行，要在表格前插入标题或文字，只需将光标定位在表格第 1 行的第 1 个单元格中，然后切换到“布局”选项卡，单击“合并”组中的“拆分表格”按钮，即可在表格上方插入一个空行，这样，就可以利用此空行输入表格标题了。

4．插入一个规则表格

（1）输入一个“硬回车”键，使得不停闪烁的光标定位到下一行。

（2）依次选择“插入”选项卡/“表格”按钮命令，在弹出的下拉列表中，单击“插入表格”，系统弹出“插入表格”对话框。

（3）在对话框中设置“列数”和“行数”选项分别为“11”和“21”，其他选项保持不变，然后单击“确认”按钮，即可在文档的当前光标处插入一个 21 行、11 列的规则表格，效果如图 2.29 所示。

5．设置表格的行高

（1）将I形状的光标移动到表格中，表格的左上角出现一个⊞形状的符号，单击该符号，快速选中整个表格。

（2）切换到“布局”选项卡，单击“单元格大小”组中的“对话框启动器”按钮，系统弹出“表格属性”对话框。

（3）在该对话框中，选择“行”选项卡，然后设置“指定行高”选项为“0.65 厘米”。

（4）单击“确定”按钮，关闭对话框，即可将表格的行距加大，效果如图 2.30 所示。

世纪辉煌大酒店员工工资计算表

____年____月份 填表日期：________

图 2.29 插入的规则表格效果

世纪辉煌大酒店员工工资计算表

____年____月份 填表日期：________

图 2.30 调整行距后的表格效果

6. 利用“拆分单元格”和“合并单元格”命令调整表格

（1）选中表格第 1 行的第 3 列至第 7 列的 5 个单元格。

（2）切换到“布局”选项卡，单击“合并”组中的“拆分单元格”按钮，或单击鼠标右键，在系统弹出的快捷菜单中选择“拆分单元格”命令，系统弹出“拆分单元格”对话框。

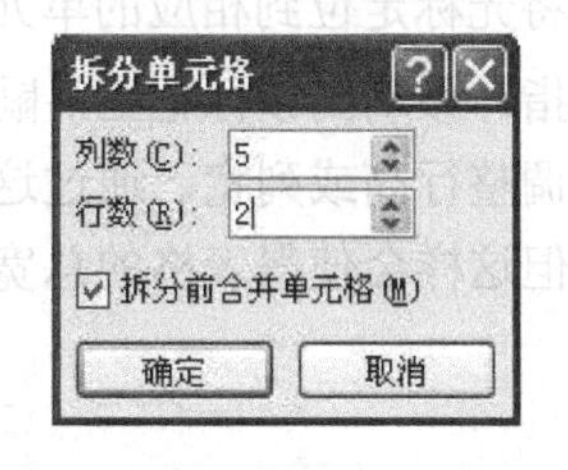

图 2.31 “拆分单元格”对话框

（3）在该对话框中设置“列数”选项为“5”，“行数”选项为“2”，选中“拆分前合并单元格”复选框，如图 2.31 所示，Word 首先将所有选中的单元格合并成一个单元格，然后再按照指定的行数和列数进行拆分（当取消该复选框时，Word 将对每个选中的单元格按照指定的行数和列数进行拆分），最后单击“确定”按钮，即可将这 5 个单元格拆分为 5 列 2 行共 10 个单元格，如图 2.32 所示。

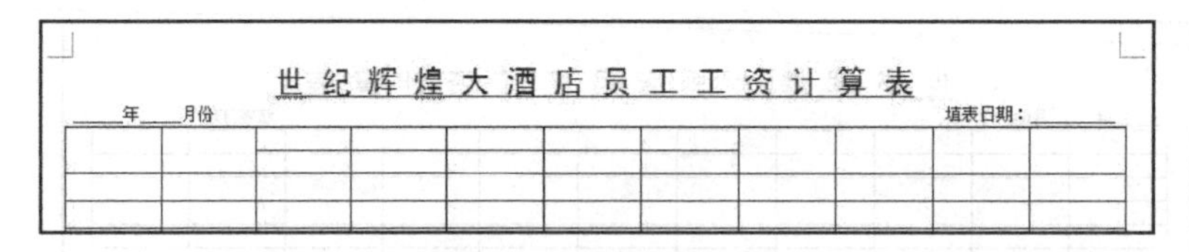

图 2.32　拆分单元格后的表格

（4）选中刚刚被拆分的 10 个单元格所在的行，并利用“表格属性”/“行”选项卡，将行高设置为“0.65 厘米”。

利用鼠标可以手动的快速调整行高或列宽。将鼠标指针移动到横向的表线上，鼠标指针变成÷形状，同时出现一条水平的虚线，此时向下或向上拖曳鼠标，如图 2.33 所示，可以加大或缩小行高。将鼠标指针移动到竖向的表线上，鼠标指针变成‖形状，同时出现一条垂直的虚线，此时向左或向右拖曳鼠标，如图 2.34 所示，可以缩小或加大列宽。通过这种方法调整列宽将在保持表格总宽度不变的前提下，加大或缩小当前列和下一列的列宽。

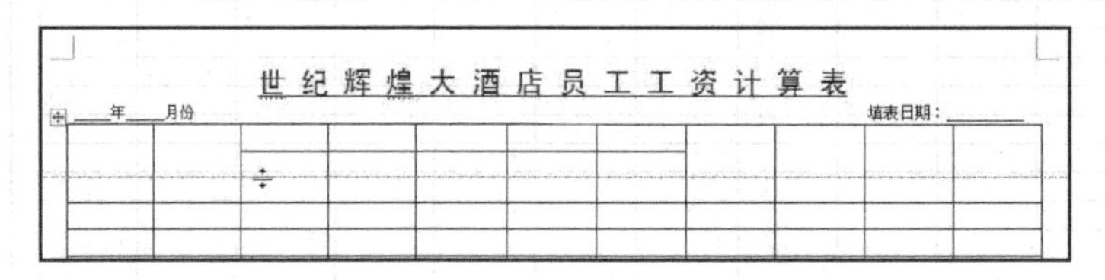

图 2.33　加大或缩小行高

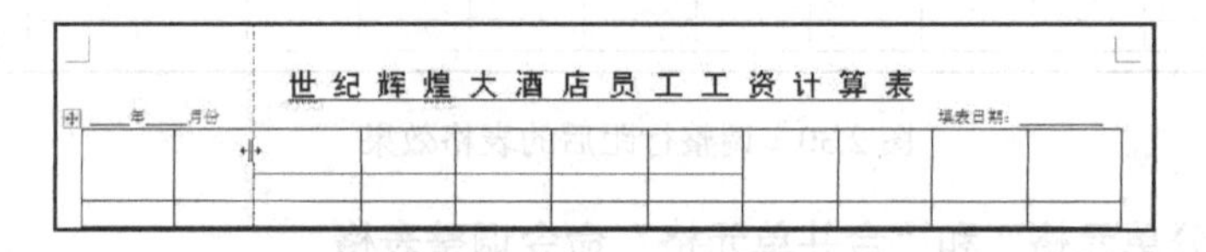

图 2.34　缩小或加大列宽

将光标定位到相应的单元格中，垂直和水平标尺上出现与表格行和列相对应的标记，将鼠标指针移动到该标记上，鼠标指针变成↕或↔形状，如图 2.35 所示，此时拖曳拽鼠标，也可以调整行高或列宽。通过这种方法调整列宽只影响光标所在的列宽，而不会影响相邻的列宽，但这样会使得表格的总宽度发生变化。

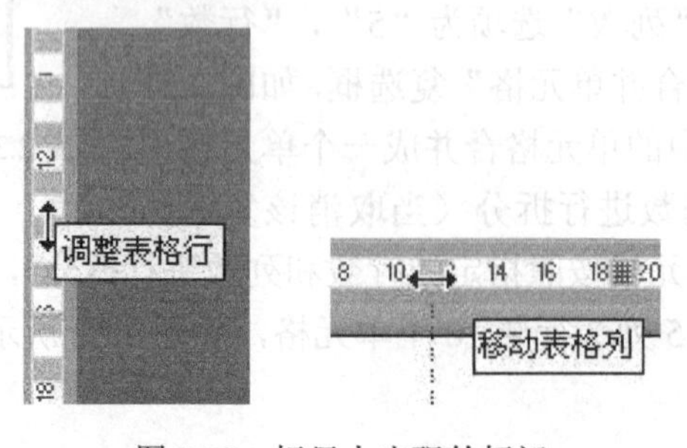

图 2.35　标尺上出现的标记

（5）选中刚刚被拆分的第1行的5个单元格。

（6）单击“合并”组中的“合并单元格”按钮，或单击鼠标右键，并在系统弹出的快捷菜单中选择“合并单元格”命令，即可将这5个单元格合并为一个单元格，如图2.36所示。

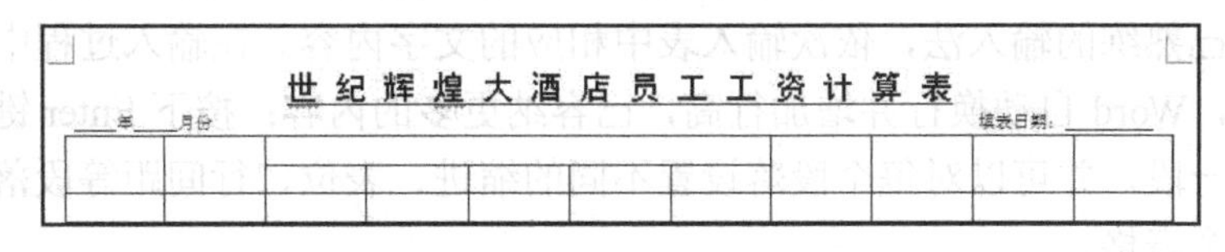

图2.36 合并单元格后的表格

7. 设置表格边框

（1）选中整个表格。

（2）在表格中单击鼠标右键，并在系统弹出的快捷菜单中选择“边框和底纹”命令，系统弹出“边框和底纹”对话框。

（3）在该对话框中，选择“边框”选项卡，然后选择“设置”选项组中的“网格”图标，接着单击“宽度”列表框右端的向下三角按钮，并在列表中选择“1.5磅”，如图2.37所示。

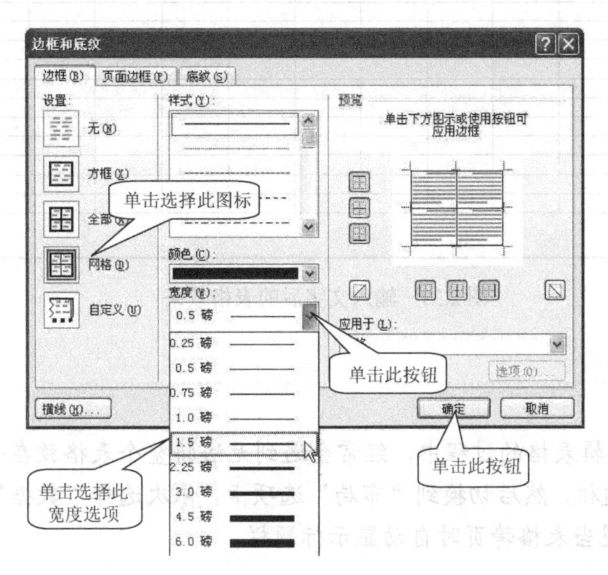

图2.37 设置表格的“边框和底纹”对话框

（4）单击“确定”按钮，即可为表格添加四周边框粗、中间表线细的表格边框，将显示比例调整为“100%”后的效果如图2.38所示。

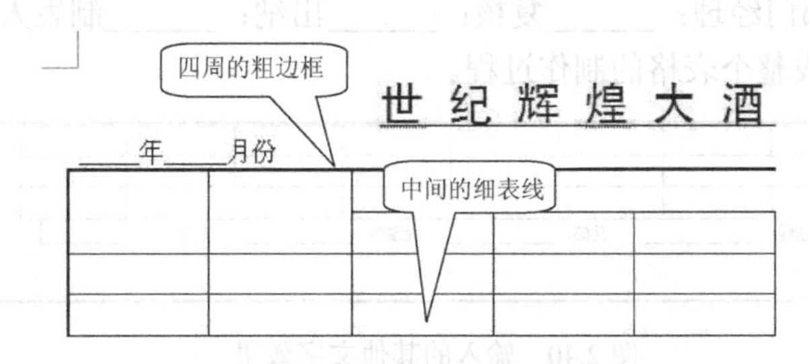

图2.38 设置和调整边框后的表格效果

8．输入表格中的相关文字，并调整其对齐方式

（1）再次将显示比例调整为“75%”。

（2）在表格第 1 列第 1 行的单元格中单击鼠标，将光标定位到该单元格中。

（3）选择自己熟练的输入法，依次输入表中相应的文字内容。在输入过程中，当遇到单元格的右边线时，Word 自动换行并增加行高，已容纳更多的内容；按下 Enter 键，可以在单元格中强制另起一段，并可以对每个段落设置不同的缩进、表位、行间距等段落格式。

（4）选中整个表格。

（5）设置其对齐方式为“中部居中”对齐方式▤，效果如图 2.39 所示。

世纪辉煌大酒店员工工资计算表

____年____月份　　　　填表日期：________

编号	姓名	应发工资（元）					应发合计（元）	应扣小计（元）	实发合计（元）	备注
		底薪	效益奖金	技术津贴	假日补贴	加班补贴				

图 2.39　输入文字后的表格效果

在利用 Word 编辑表格的过程中，经常会遇到无法将整个表格放在一页中的情况，此时，首先选中标题栏，然后切换到“布局”选项卡，依次选择“数据”组/“重复标题行”命令，即可实现当表格跨页时自动显示标题栏。

9．输入表格下方的其他文字

（1）将光标定位到表格底部的下一行。

（2）输入文字“部门经理：______复核：______出纳：______制表人：______”，效果如图 2.40 所示，以完成整个表格的制作过程。

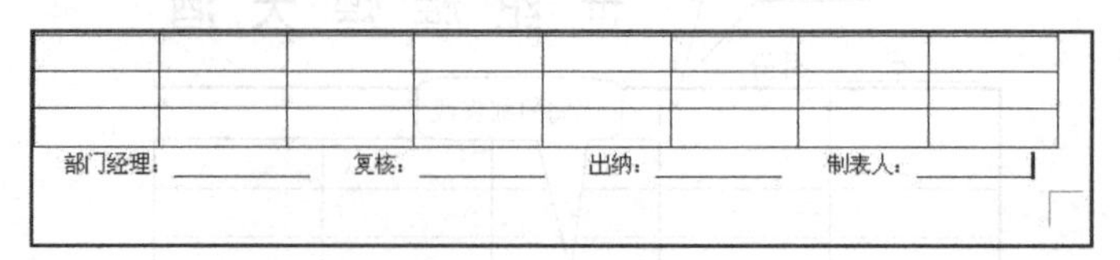

图 2.40　输入的其他文字效果

10. 后期处理及文件保存

（1）单击工具栏中的“保存”按钮，对文档进行保存。

（2）退出并关闭 Word 2007 中文版。

本案例通过“世纪辉煌大酒店员工工资计算表”的设计和制作过程，主要学习了 Word 2007 中文版软件提供的插入表格、调整和设置表格的行高、合并/拆分单元格、设置表中文字的对齐方式，以及表格边框的设置与调整等操作的方法和技巧。其中关键之处在于，利用 Word 2007 对单元格进行合并、拆分等操作调整表格，并为表格选择适当的边框，从而使得表格更加实用、美观。

利用类似本案例的方法，可以非常方便、快捷地完成各种常见表格的调整和制作任务。

2.3 计算员工工资

工资表设计和制作完成后，接下来要做的工作就是添加和计算每位员工的工资。计算每位员工的工资需要用到的公式为实发合计=应发合计−应扣小计。

利用 Word 2007 中文版软件的计算功能，可以非常方便快捷地完成如图 2.41 所示的“世纪辉煌大酒店员工工资计算表”中的相关计算任务。

世纪辉煌大酒店员工工资计算表

2006 年 01 月份　　　　填表日期：2005.1.31

编号	姓名	应发工资（元）					应发合计（元）	应扣小计（元）	实发合计（元）	备注
		底薪	效益奖金	技术津贴	假日补贴	加班补贴				
1.	王晓鹏	1600	1600	680	200	400	4480	310	4170	
2.	宁海峰	900	1200	520	200	440	3260	230	3030	
3.	周 鸿	800	1000	480	200	500	2980	230	2750	
4.	韩毅锋	800	1000	480	200	440	2920	210	2710	
5.	李 鑫	800	1000	480	200	400	2880	210	2670	
6.	刘晶晶	700	900	440	200	560	2800	190	2610	
7.	刘文庆	700	900	440	200	520	2760	190	2570	
8.	赵雅卉	700	900	420	200	520	2740	190	2550	
9.	周玉函	700	900	420	200	520	2740	190	2550	
10.	王永安	700	900	420	200	480	2700	190	2510	
11.	朱欣雨	700	900	440	200	400	2640	190	2450	
12.	陈彦平	700	900	420	200	400	2620	190	2430	
13.	王明明	700	900	420	200	400	2620	190	2430	
14.	李东晨	600	800	420	200	460	2480	170	2310	
15.	张辉智	600	800	420	200	440	2460	170	2290	
16.	程亚辉	600	800	380	200	460	2440	170	2270	
17.	顾天扬	600	800	400	200	440	2440	170	2270	
18.	陈树平	600	800	380	200	440	2420	170	2250	
19.										
20.	小计	13500	17000	8060	3600	8220	50380	3560	46820	

部门经理：王晓鹏　复核：李 鑫　出纳：刘晶晶　制表人：刘晶晶

图 2.41 “世纪辉煌大酒店员工工资计算表”效果图

分组对案例进行讨论和分析，得出如下解题思路：

（1）打开工资表文档。

（2）添加计算表中的基本数据。

（3）给表格中的行自动编号。

（4）利用公式完成表中“应发合计”栏目的计算工作。

（5）利用公式完成表中“实发合计”栏目的计算工作。

（6）利用公式完成表中“小计”栏目的计算工作。

（7）按照员工工资从高到低的顺序对表格中的数据进行排序。

（8）输入表格下方的其他项目。

（9）后期处理及文件保存。

根据以上解题思路，完成“世纪辉煌大酒店员工工资计算表”计算工作的具体操作如下：

1．打开工资表文档

（1）启动 Word 2007 中文版。

（2）单击 Office 按钮，然后在打开的菜单中选择“打开”命令，或单击“快速访问”工具栏中的“打开”按钮，系统弹出“打开”对话框，如图 2.42 所示。

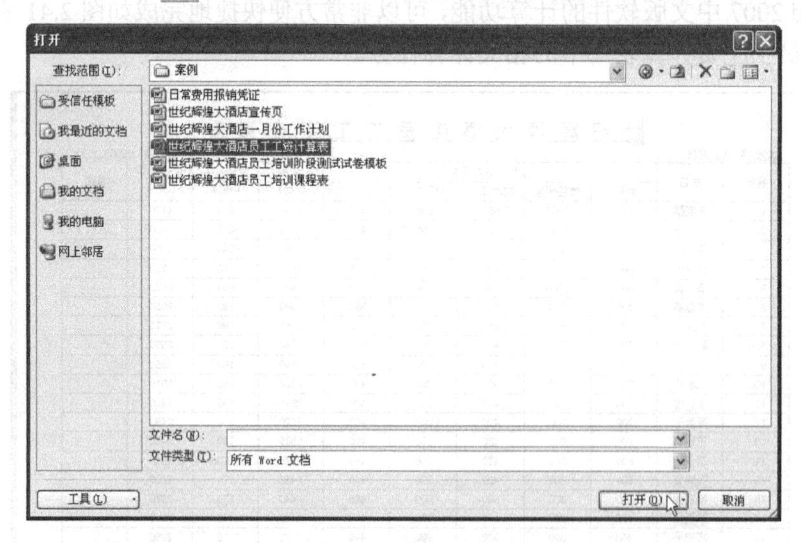

图 2.42　“打开”对话框

（3）通过对话框查找到“世纪辉煌大酒店员工工资计算表”所在的目录，选择“世纪辉煌大酒店员工工资计算表”，然后单击“打开”按钮，或直接双击“世纪辉煌大酒店员工工资计算表”，即可打开该文件。

单击桌面左下角的“开始”按钮，然后选择“打开 Microsoft Office 文档”命令，可以快速打开“打开 Microsoft Office 文档”对话框，通过该对话框，可以选择并打开相应的文档。

利用 Windows 操作系统的“资源管理器”查找到需要打开的 Word 文件所在的目录，然后双击该文档，可以快速启动 Word 软件，并打开该文档。

2．添加计算表中的基本数据

（1）在表格第 1 列第 2 行单元格中单击鼠标，将光标定位到该单元格中。

（2）选择自己熟练的输入法，依次输入表中的基本数据，如图 2.43 所示。

世纪辉煌大酒店员工工资计算表

2006 年 01 月份　　　　填表日期：2005.1.31

编号	姓名	应发工资（元）					应发合计（元）	应扣小计（元）	实发合计（元）	备注
		底薪	效益奖金	技术津贴	假日补贴	加班补贴				
	王晓鹏	1600	1600	680	200	400		310		
	张辉贺	600	800	420	200	440		170		
	陈彦平	700	900	420	200	400		190		
	李东晨	600	800	420	200	460		170		
	朱欣雨	700	900	440	200	400		190		
	程亚辉	600	800	380	200	460		170		
	王明明	700	900	420	200	400		190		
	赵雅卉	700	900	420	200	520		190		
	李　鑫	800	1000	480	200	400		210		
	周玉函	700	900	420	200	520		190		
	宁海峰	900	1200	520	200	440		230		
	刘晶晶	700	900	440	200	560		190		
	韩毅锋	800	1000	480	200	440		210		
	刘文庆	700	900	440	200	520		190		
	周　鸿	800	1000	480	200	500		230		
	陈树平	600	800	380	200	440		170		
	王永安	700	900	420	200	480		190		
	顾天扬	600	800	400	200	440		170		
	小计									

部门经理：________　复核：________　出纳：________　制表人：________

图 2.43　在表中输入基本数据

3．给表格中的行自动编号

（1）选中表格的第 1 列中从第 2 行至最后一行的所有单元格。

（2）切换到“开始”选项卡，单击“段落”组中的“编号”按钮右端的下三角按钮，然后单击选择需要的编号样式，如图 2.44 所示。

（3）单击“确定”按钮，关闭对话框，即可自动在选中的单元格中添加编号，如图 2.45 所示，这将有利于今后查找和定位数据。

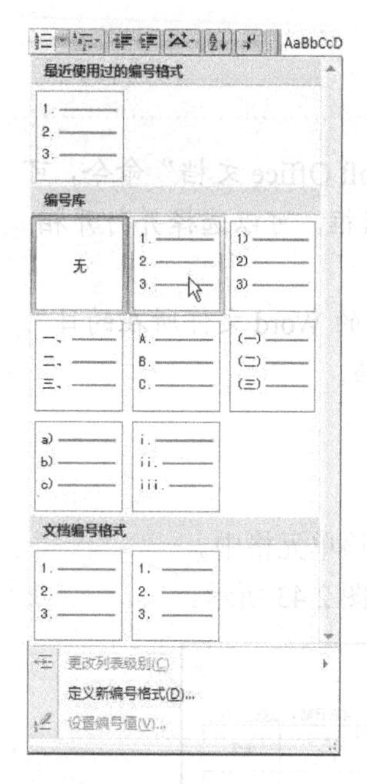

图 2.44 添加编号

世 纪 辉 煌 大 酒 店 员 工 工 资 计 算 表

2006 年 01 月份　　　　填表日期：2005.1.31

编号	姓名	应发工资（元）					应发合计（元）	应扣小计（元）	实发合计（元）	备注
		底薪	效益奖金	技术津贴	假日补贴	加班补贴				
1.	王晓鹏	1600	1600	680	200	400		310		
2.	张辉贺	600	800	420	200	440		170		
3.	陈彦平	700	900	420	200	400		190		
4.	李东晨	600	800	420	200	460		170		
5.	朱欣雨	700	900	440	200	400		190		
6.	程亚辉	600	800	380	200	460		170		
7.	王明明	700	900	420	200	400		190		
8.	赵雅卉	700	900	420	200	520		190		
9.	李　鑫	800	1000	480	200	400		210		
10.	周玉函	700	900	420	200	520		190		
11.	宁海峰	900	1200	520	200	440		230		
12.	刘晶晶	700	900	440	200	560		190		
13.	韩毅锋	800	1000	480	200	440		210		
14.	刘文庆	700	900	440	200	520		190		
15.	周　鸿	800	1000	480	200	500		230		
16.	陈树平	600	800	380	200	440		170		
17.	王永安	700	900	420	200	480		190		
18.	陨天扬	600	800	400	200	440		170		
19.										
20.	小计									

部门经理：______　复核：______　出纳：______　制表人：______

图 2.45 为行编号后的效果

教你一招

如果在“编号库”对话框中找不到需要的编号样式，可以单击“定义新编号格式”按钮，系统弹出“定义新编号格式”对话框，如图 2.46 所示，通过该对话框，可以设置需要的编号格式，单击“确定”按钮后，自定义的样式将出现在“编号库”列表中。

4. 利用公式完成表中“应发合计”栏目的计算工作

（1）为了便于描述和计算，Word 对表格中的每一个单元格都进行了编号，表格中的列从左至右用英文字母 A，B，C……表示，表格中的行自上而下用自然数 1，2，3……表示，每一个单元格的编号由它所在列的行和列的编号组合而成。将光标定位在编号为 H3（即表格中的第 3 行的第 8 列，也就是编号为 1 行的“应发合计”）的单元格中。

（2）切换到“布局”选项卡，单击“数据”组中的“公式”按钮，系统弹出“公式”对话框。

（3）在该对话框中的“粘贴函数”下拉列表框中选择“SUM”选项，“公式”文本框输入框中将自动出现“=SUM（）”，然后将光标定位在该文本框中的两个括号之间，并输入“LEFT”，或直接在文本输入框中输入“=SUM（LEFT）”，如图 2.47 所示。

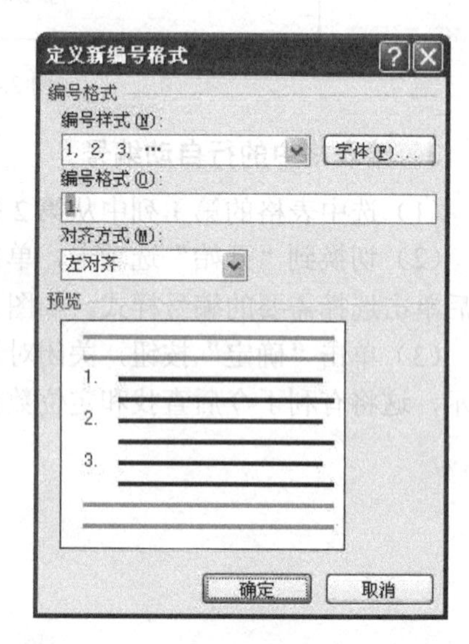

图 2.46 “定义新编号格式”对话框

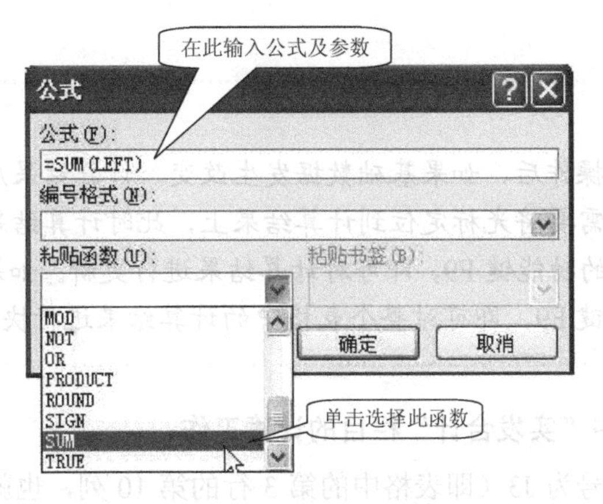

图 2.47 “公式”对话框

在利用“公式”对话框对表中的数据进行求和计算时，可以直接在“公式”文本输入框中输入“=A3+B3+C3+……+J3”，这等同于“=SUM（LEFT）”，也等同于“=SUM（A3:H3）”。

（4）单击“确定”按钮，关闭对话框，同时自动计算编号为“1”的行中H3左侧所有单元格中数据之和（非数值型数据将不参加计算），并将结果添加到H3单元格中。

（5）利用同样的方法完成其余每位员工“应发合计”列的数据计算，如图2.48所示。

世纪辉煌大酒店员工工资计算表

2006 年 01 月份　　　　填表日期：2005.1.31

编号	姓名	应发工资（元）					应发合计（元）	应扣小计（元）	实发合计（元）	备注
		底薪	效益奖金	技术津贴	假日补贴	加班补贴				
1.	王晓鹏	1600	1600	680	200	400	4480	310		
2.	张辉贺	600	800	420	200	440	2460	170		
3.	陈彦平	700	900	420	200	400	2620	190		
4.	李东晨	600	800	420	200	460	2480	170		
5.	朱欣雨	700	900	440	200	400	2640	190		
6.	程亚辉	600	800	380	200	460	2440	170		
7.	王明明	700	900	420	200	400	2620	190		
8.	赵雅卉	700	900	420	200	520	2740	190		
9.	李　鑫	800	1000	480	200	400	2880	210		
10.	周玉函	700	900	420	200	520	2740	190		
11.	宁海峰	900	1200	520	200	440	3260	230		
12.	刘晶晶	700	900	440	200	560	2800	190		
13.	韩毅锋	800	1000	480	200	440	2920	210		
14.	刘文庆	700	900	440	200	520	2760	190		
15.	周　鸿	800	1000	480	200	500	2980	230		
16.	陈树平	600	800	380	200	440	2420	170		
17.	王永安	700	900	420	200	480	2700	190		
18.	顾天扬	600	800	400	200	440	2440	170		
19.										
20.	小计									

部门经理：________　复核：________　出纳：________　制表人：________

图 2.48 利用公式计算每位员工的“应发合计”

教你一招

在完成数据的计算操作后，如果基础数据发生改变，计算结果应同步得到更新，为了更新计算结果，首先需要将光标定位到计算结果上，此时计算结果数据的底色将变成灰色，然后按下键盘中的功能键 F9，即可对计算结果进行更新。如果选定整个表格，然后再按下键盘中的功能键 F9，即可对整个表格中的计算结果进行快速更新。

5. 利用公式完成表中“实发合计”栏目的计算工作

（1）将光标定位在编号为 J3（即表格中的第 3 行的第 10 列，也就是编号为 1 行的“实发合计”）的单元格中。

（2）单击“数据”组中的“公式”按钮，系统将弹出“公式”对话框。

（3）在该对话框中的“公式”文本输入框中输入“=H3-I3”。

（4）单击“确定”按钮，关闭对话框，同时自动计算编号为“1”的行中 H3 与 J3 单元格中数据之差，并将结果添加到 H3 单元格中。

（5）利用同样的方法完成其余每位员工“实发合计”列的数据计算，如图 2.49 所示。

世纪辉煌大酒店员工工资计算表

2006 年 01 月份　　　　填表日期：2005.1.31

编号	姓名	应发工资（元）					应发合计（元）	应扣小计（元）	实发合计（元）	备注
		底薪	效益奖金	技术津贴	假日补贴	加班补贴				
1.	王晓鹏	1600	1600	680	200	400	4480	310	4170	
2.	张辉贺	600	800	420	200	440	2460	170	2290	
3.	陈彦平	700	900	420	200	400	2620	190	2430	
4.	李东晨	600	800	420	200	460	2480	170	2310	
5.	朱欣雨	700	900	440	200	400	2640	190	2450	
6.	程亚辉	600	800	380	200	460	2440	170	2270	
7.	王明明	700	900	420	200	400	2620	190	2430	
8.	赵雅卉	700	900	420	200	520	2740	190	2550	
9.	李　鑫	800	1000	480	200	400	2880	210	2670	
10.	周玉函	700	900	420	200	520	2740	190	2550	
11.	宁海峰	900	1200	520	200	440	3260	230	3030	
12.	刘晶晶	700	900	440	200	560	2800	190	2610	
13.	韩毅锋	800	1000	480	200	440	2920	210	2710	
14.	刘文庆	700	900	440	200	520	2760	190	2570	
15.	周　鸿	800	1000	480	200	500	2980	230	2750	
16.	陈树平	600	800	380	200	440	2420	170	2250	
17.	王永安	700	900	420	200	480	2700	190	2510	
18.	顾天扬	600	800	400	200	440	2440	170	2270	
19.										
20.	小计									

部门经理：＿＿＿＿　复核：＿＿＿＿　出纳：＿＿＿＿　制表人：＿＿＿＿

图 2.49　利用公式计算每位员工的“实发合计”

6. 利用公式完成表中“小计”栏目的计算工作

（1）将光标定位在编号为 C22（即表格中的第 22 行的第 3 列，也就是编号为 20 行的“底薪”）的单元格中。

（2）单击“数据”组中的“公式”按钮，系统将弹出“公式”对话框。

（3）在对话框中的“公式”文本输入框中输入“=SUM（ABOVE）”。

（4）单击“确定”按钮，关闭对话框，同时自动计算所用员工“底薪”一栏中的数据之和，并将结果添加到 C22 单元格中。

（5）利用同样的方法完成“小计”行中其余单元格的数据计算，如图 2.50 所示。

世纪辉煌大酒店员工工资计算表

2006 年 01 月份　　填表日期：2005.1.31

编号	姓名	应发工资（元）					应发合计（元）	应扣小计（元）	实发合计（元）	备注
		底薪	效益奖金	技术津贴	假日补贴	加班补贴				
1.	王晓鹏	1600	1600	680	200	400	4480	310	4170	
2.	张辉贺	600	800	420	200	440	2460	170	2290	
3.	陈彦平	700	900	420	200	400	2620	190	2430	
4.	李东晨	600	800	420	200	460	2480	170	2310	
5.	朱欣雨	700	900	440	200	400	2640	190	2450	
6.	程亚辉	600	800	380	200	460	2440	170	2270	
7.	王明明	700	900	420	200	400	2620	190	2430	
8.	赵雅卉	700	900	420	200	520	2740	190	2550	
9.	李　鑫	800	1000	480	200	400	2880	210	2670	
10.	周玉函	700	900	420	200	520	2740	190	2550	
11.	宁海峰	900	1200	520	200	440	3260	230	3030	
12.	刘晶晶	700	900	440	200	560	2800	190	2610	
13.	靳毅锋	800	1000	480	200	440	2920	210	2710	
14.	刘文庆	700	900	440	200	520	2760	190	2570	
15.	周　鸿	800	1000	480	200	500	2980	230	2750	
16.	陈树平	600	800	380	200	440	2420	170	2250	
17.	王永安	700	900	420	200	480	2700	190	2510	
18.	顾天扬	600	800	400	200	440	2440	170	2270	
19.										
20.	小计	13500	17000	8060	3600	8220	50380	3560	46820	

部门经理：＿＿＿＿　复核：＿＿＿＿　出纳：＿＿＿＿　制表人：＿＿＿＿

图 2.50　利用公式计算“小计”行的数据

7．按照员工工资从高到低的顺序对表格中的数据进行排序

（1）选中表格中编号为 1～19 的所有行。

（2）单击“数据”组中的“排序”按钮，系统弹出“排序”对话框。

（3）在该对话框中，从“主关键字”的列表中选择“列 10”选项，在“类型”列表中选择“数字”选项，并选中“降序”单选按钮；从“次要关键字”的列表中选择“列 2”选项，在“类型”列表中选择“拼音”选项，并选中“升序”单选按钮，如图 2.51 所示。

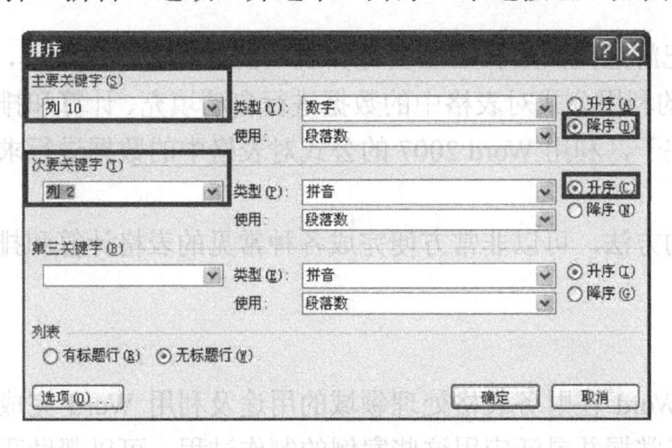

图 2.51　“排序”对话框

（4）单击“确定”按钮，关闭对话框，即可对表格中选中的行按照“实发工资”由高到低进行降序排列，同时对于工资相同的员工按照“姓名”由低到高进行升序排列，如图 2.52 所示。

8．输入表格下方的其他项目

（1）将光标定位到表格底部的相关项目位置。

（2）输入相关项目，以完成整个表格的制作过程，效果如图 2.53 所示。

9．后期处理及文件保存

（1）单击“快速访问”工具栏中的“保存”按钮，对文档进行保存。

（2）退出并关闭 Word 2007 中文版。

世纪辉煌大酒店员工工资计算表

2006 年 01 月份　　　　　　　　　　填表日期：2005.1.31

编号	姓名	应发工资（元）					应发合计（元）	应扣小计（元）	实发合计（元）	备注
		底薪	效益奖金	技术津贴	假日补贴	加班补贴				
1.	王晓鹏	1800	1600	680	200	400	4480	310	4170	
2.	宁海峰	900	1200	520	200	440	3280	230	3030	
3.	周　鸿	800	1000	480	200	500	2980	230	2750	
4.	郭毅锋	800	1000	480	200	440	2920	210	2710	
5.	李　鑫	800	1000	480	200	400	2880	210	2670	
6.	刘晶晶	700	900	440	200	580	2800	190	2610	
7.	刘文庆	700	900	440	200	520	2760	190	2570	
8.	赵雅卉	700	900	420	200	520	2740	190	2550	
9.	周玉函	700	900	420	200	520	2740	190	2550	
10.	王永安	700	900	420	200	480	2700	190	2510	
11.	朱欣刚	700	900	440	200	400	2640	190	2450	
12.	陈彦平	700	900	420	200	400	2620	190	2430	
13.	王明明	700	900	420	200	400	2620	190	2430	
14.	李东晨	600	800	420	200	460	2480	170	2310	
15.	张辉智	600	800	420	200	440	2460	170	2290	
16.	程亚辉	600	800	380	200	460	2440	170	2270	
17.	顾天扬	600	800	400	200	440	2440	170	2270	
18.	陈树平	600	800	380	200	440	2420	170	2250	
19.										
20.	小计	13500	17000	8060	3600	8220	50380	3560	46820	

部门经理：＿＿＿＿　复核：＿＿＿＿　出纳：＿＿＿＿　制表人：＿＿＿＿

图 2.52　排序后的表格

16.	程亚辉	600	800	380	200	460	2440	170	2270	
17.	顾天扬	600	800	400	200	440	2440	170	2270	
18.	陈树平	600	800	380	200	440	2420	170	2250	
19.										
20.	小计	13500	17000	8060	3600	8220	50380	3560	46820	

部门经理：王晓鹏　复核：李　鑫　出纳：刘晶晶　制表人：刘晶晶

图 2.53　输入表格下方相关文字后的效果

本案例通过“世纪辉煌大酒店员工工资计算表”的计算和排序过程，主要学习了 Word 2007 中文版软件提供的利用公式对表格中的数据进行自动填充、计算和排序等操作的方法和技巧。其中关键之处在于，利用 Word 2007 的公式对表格中的数据进行求和、求差和排序等操作。

利用类似本案例的方法，可以非常方便完成各种常见的表格计算和排序任务。

本章主要介绍了 Word 在财务表格处理领域的用途及利用 Word 完成具体案例任务的流程、方法和技巧。熟练掌握并灵活应用这些案例的制作过程，可以帮助我们解决财务管理过程中遇到的常见问题。

链接一　如何插入或删除单元格、行、列和表格

1．在表格中插入单元格

在要插入单元格处的右侧或上方的单元格内单击。然后切换至“表格工具”下的“布局”选项卡，单击“行和列”对话框启动器，系统弹出“插入单元格”对话框，在该对话框中选择相应的命令（详见表 2.1）即可完成插入操作。

表 2.1 插入单元格

单 击	执行的操作
活动单元格右移	插入单元格，并将该行中所有其他的单元格右移。 注释：Word 不会插入新列。这可能会导致该行的单元格比其他行的多
活动单元格下移	插入单元格，并将现有单元格下移一行。表格底部会添加一新行
整行插入	在单击的单元格上方插入一行。
整列插入	在单击的单元格左侧插入一列。

2. 在表格中插入一行

在要添加行处的上方或下方的单元格内单击，然后切换至“表格工具”下的“布局”选项卡，执行下列操作之一，即可完成相对应操作：

（1）要在单元格上方添加一行，单击“行和列”组中的“在上方插入”。

（2）要在单元格下方添加一行，单击“行和列”组中的“在下方插入”。

3.在左侧或右侧添加一列

在要添加列处左侧或右侧的单元格内单击，然后切换至“表格工具”下的“布局”选项卡，执行下列操作之一，即可完成相对应操作：

（1）要在单元格左侧添加一列，单击“行和列”组中的“在左侧插入”。

（2）要在单元格右侧添加一列，单击“行和列”组中的“在右侧插入”。

4. 删除单元格

单击要删除的单元格的左边缘来选择该单元格，切换至“表格工具”下的“布局”选项卡，在“行和列”组中，单击“删除”，在弹出的下拉列表中单击“删除单元格”，系统会自动弹出“删除单元格”对话框，在该对话框中选择相应的命令（详见表 2.2）即可完成删除操作。

表 2.2 删除单元格

单 击	执行的操作
右侧单元格左移	删除单元格，并将该行中所有其他的单元格左移。 注释：Word 不会插入新列。使用该选项可能会导致该行的单元格比其他行的少
下方单元格上移	删除单元格，并将该列中剩余的现有单元格每个上移一行。该列底部会添加一个新的空白单元格
删除整行	删除包含单击的单元格在内的整行
删除整列	删除包含单击的单元格在内的整列

5. 删除行

单击要删除的行的左边缘来选择该行，切换至“表格工具”下的“布局”选项卡，在“行和列”组中，单击“删除”，再单击“删除行”。

6. 删除列

单击要删除的列的上网格线或上边框来选择该列，切换至“表格工具”下的“布局”选项卡，在“行和列”组中，单击“删除”，再单击“删除列”。

链接二　如何拆分表格

表格设计完成后，可以通过拆分表格将一个大表拆分为两个小表，这样就可以在表格之间插入文本了，拆分表格的具体操作步骤如下：

（1）将光标定位在拆分后将成为第 2 个表格首行的任一单元格中。

（2）切换至“表格工具”下的“版式”选项卡，单击“合并”组中的“拆分表格”命令，即可将原表格拆分为两个新表，如图 2.54 所示。

世 纪 辉 煌 大 酒 店 员 工 工 资 计 算 表

2006 年 01 月份　　　　填表日期：2005.1.31

编号	姓名	应发工资（元）					应发合计（元）	应扣小计（元）	实发合计（元）	备注
		底薪	效益奖金	技术津贴	假日补贴	加班补贴				
1.	王晓鹏	1600	1600	680	200	400	4480	310	4170	
2.	宁海峰	900	1200	520	200	440	3260	230	3030	
3.	周　鸿	800	1000	480	200	500	2980	230	2750	
4.	韩毅锋	800	1000	480	200	440	2920	210	2710	
5.	李　鑫	800	1000	480	200	400	2880	210	2670	
6.	刘晶晶	700	900	440	200	560	2800	190	2610	
7.	刘文庆	700	900	440	200	520	2760	190	2570	
8.	赵雅卉	700	900	420	200	520	2740	190	2550	
9.	周玉函	700	900	420	200	520	2740	190	2550	
10.	王永安	700	900	420	200	480	2700	190	2510	

11.	朱欣雨	700	900	440	200	400	2640	190	2450	
12.	陈彦平	700	900	420	200	400	2620	190	2430	
13.	王明明	700	900	420	200	400	2620	190	2430	
14.	李东晨	600	800	420	200	460	2480	170	2310	
15.	张辉智	600	800	420	200	440	2460	170	2290	
16.	程亚辉	600	800	380	200	460	2440	170	2270	
17.	顾天扬	600	800	400	200	440	2440	170	2270	
18.	陈树平	600	800	380	200	440	2420	170	2250	
19.										
20.	小计	13500	17000	8060	3600	8220	50380	3560	46820	

图 2.54　将一个表格拆分为两个表格

链接三　如何为表格自动套用格式

Word 中提供了多种预置的表格格式，可以通过“表格样式”功能对新建的空白表格或已包含数据的表格进行快速格式化，具体操作步骤如下：

（1）将光标定位在需要设置格式的表格中的任意位置。

（2）切换至“表格工具”下的“设计”选项卡，在“表格样式”组中，将指针停留在每个表格样式上，直至找到要使用的样式为止。要查看更多样式，请单击“其他”箭头 ，如图 2.55 所示。

（3）在对话框的“表格样式”列表框中单击选择需要的表格样式，如果对选择的样式不满意，可以单击“新建表格样式”，打开“根据格式设置创建新样式”对话框，如图 2.56 所示，并利用该对话框创建新的表格样式；或单击“修改表格样式”，打开“修改样式”对话框，如图 2.57 所示，并利用该对话框对表格样式进行修改。

（4）根据需要在对话框底部的“将特殊格式应用于”选项组中设置应用特殊格式的范围。

（5）单击“应用”按钮，即可对表格应用选定样式，图 2.58 显示的是对本章案例“世纪辉煌大酒店员工工资计算表”应用“列表样式”为“列表型 7”后的效果，这显然比应用列表样式前显得既专业，又清晰。

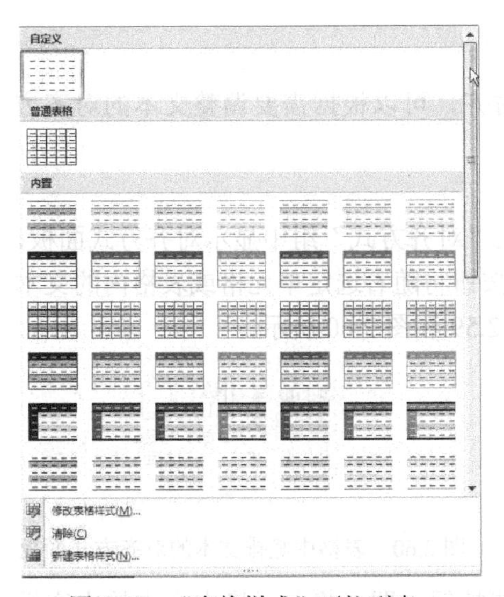

图 2.55　“表格样式”下拉列表

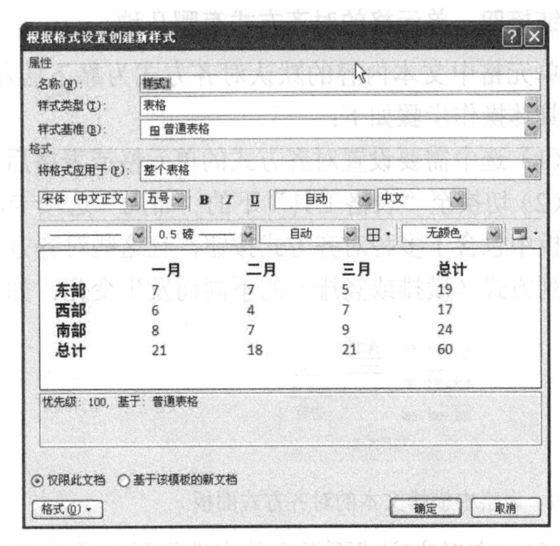

图 2.56　利用“根据格式设置创建新样式”对话框创建表格样式

图 2.57　利用“修改样式”对话框修改表格样式

世纪辉煌大酒店员工工资计算表

2006 年 01 月份　　　　填表日期：2005.1.31

编号	姓名	应发工资（元）					应发合计（元）	应扣小计（元）	实发合计（元）	备注
		底薪	效益奖金	技术津贴	假日补贴	加班补贴				
1.	王晓鹏	1600	1600	680	200	400	4480	310	4170	
2.	宁海峰	900	1200	520	200	440	3260	230	3030	
3.	周　鸿	800	1000	480	200	500	2980	230	2750	
4.	郝靓锋	800	1000	480	200	440	2920	210	2710	
5.	李　鑫	800	1000	480	200	400	2880	210	2670	
6.	刘晶晶	700	900	440	200	560	2800	190	2610	
7.	刘文庆	700	900	440	200	520	2760	190	2570	
8.	赵雅卉	700	900	420	200	520	2740	190	2550	
9.	周玉涵	700	900	420	200	520	2740	190	2550	
10.	王永安	700	900	420	200	480	2700	190	2510	
11.	朱欣雨	700	900	440	200	400	2640	190	2450	
12.	陈彦平	700	900	420	200	400	2620	190	2430	
13.	王明明	700	900	420	200	400	2620	190	2430	
14.	李东晨	600	800	420	200	460	2480	170	2310	
15.	张辉智	600	800	420	200	440	2460	170	2290	
16.	程亚辉	600	800	380	200	460	2440	170	2270	
17.	顾天扬	600	800	400	200	440	2440	170	2270	
18.	陈树平	600	800	380	200	440	2420	170	2250	
19.										
20.	小计	13500	17000	8060	3600	8220	50380	3560	46820	

部门经理：王晓鹏　复核：李　鑫　出纳：刘晶晶　制表人：刘晶晶

图 2.58　应用列表样式后的“世纪辉煌大酒店员工工资计算表”

链接四　单元格的对齐方式有哪几种

单元格中文本内容的默认对齐方式为靠下居左对齐，可以根据需要调整文本的对齐方式。具体操作步骤如下：

（1）选中需要设置对齐方式的单元格或表格后。

（2）切换至“表格工具”下的“布局”选项卡，在“对齐方式”组中显示对齐方式面板，该面板中包含了多种对齐方式按钮，且这些对齐方式按钮将随着选定单元格或表格内的文本的排列方式（横排或竖排）的不同而发生变化，如图 2.59 和图 2.60 所示。

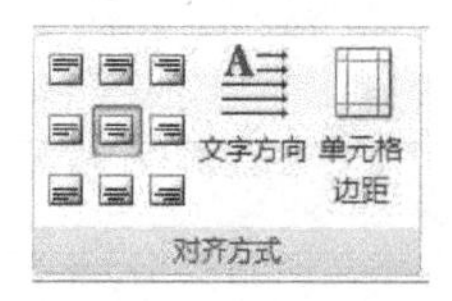

图 2.59　表格中横排文本的对齐方式面板

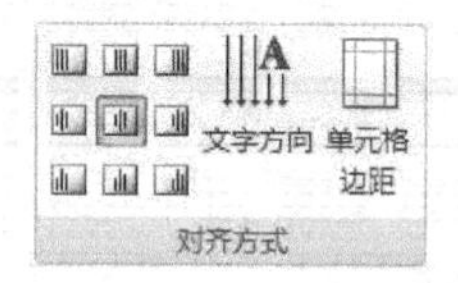

图 2.60　表格中竖排文本的对齐方式面板

（3）在对齐方式面板中单击选择需要的对齐方式按钮，即可将单元格中文本的内容设置为选定的对齐方式。图 2.61 给出了文本应用各种对齐方式的具体效果。

<table>
<tr><th colspan="10">表格中的文本对齐方式效果对比</th></tr>
<tr><td rowspan="3">横排文本</td><td colspan="3">靠上两端对齐</td><td colspan="3">靠上居中对齐</td><td colspan="3">靠上右对齐</td></tr>
<tr><td colspan="3">中部两端对齐</td><td colspan="3">水平居中</td><td colspan="3">中部右对齐</td></tr>
<tr><td colspan="3">靠下两端对齐</td><td colspan="3">靠下居中对齐</td><td colspan="3">靠下右对齐</td></tr>
<tr><td>竖排文本</td><td>靠左两端对齐</td><td>中部两端对齐</td><td>靠右两端对齐</td><td>中部左对齐</td><td>中部居中</td><td>中部右对齐</td><td>靠下左对齐</td><td>靠下居中</td><td>靠下右对齐</td></tr>
</table>

图 2.61　表格中文本应用各种对齐方式的具体效果

连接五　如何控制表格与文字的环绕

在实际工作中，经常遇到表格与文字混排的情况，通过“表格属性”对话框，可以非常轻松地控制表格与文字的环绕效果，具体操作步骤如下：

（1）将光标定位在表格中的任意单元格中。

（2）右键单击“表格属性”命令，系统弹出“表格属性”对话框。

（3）在该对话框中，选择“表格”选项卡。

（4）在“文字环绕”选项组中选择“环绕”选项。

（5）在“对齐方式”选项组中选择需要的对齐方式，如图 2.62 所示。

（6）单击“确定”按钮，关闭对话框，即可完成对表格的环绕设置，Word 按照选定的环绕方式将文本内容与表格进行环绕。之后，我们还可以通过拖动表格控制标志⊞的方法来随意调整文字环绕表格的效果，文本将随着表格位置的变化而变化，如图 2.63～图 2.65 所示。

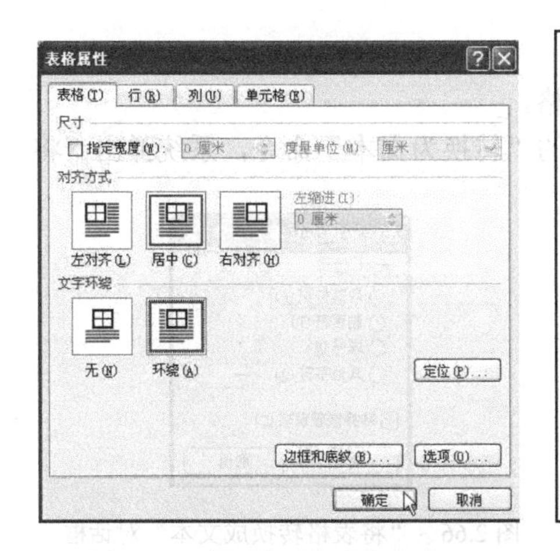

图 2.62 选择需要的对齐方式

在要插入单元格处的右侧或上方的单元格内单击。然后切换至"表格工具"下的"布局"选项卡，单击"行和列"对话框启动器，系统将弹出"插入单元格"对话框，在该对话框中选择相应的命令（详见表 2.1）即可完成插入操作。

单击	目的
"活动单元格右移"	插入单元格，并将该行中所有其他的单元格右移。 注释：Word 不会插入新列。这可能会导致该行的单元格比其他行的多。
"活动单元格下移"	插入单元格，并将现有单元格下移一行。表格底部会添加一新行。
"整行插入"	在您单击的单元格上方插入一行。
"整列插入"	在您单击的单元格左侧插入一列。

表 2.1

2、在表格中插入一行

在要添加行处的上方或下方的单元格内单击，然后切换至"表格工具"下的"布局"选项卡，执行下列操作之一，即可完成相对应操作：

（1）要在单元格上方添加一行，单击"行和列"组中的"在上方插入"。

（2）要在单元格下方添加一行，单击"行和列"组中的"在下方插入"。

3.在左侧或右侧添加一列

在要添加列处左侧或右侧的单元格内单击，然后切换至"表格工具"下的"布局"选项卡，执行下列操作之一，即可完成相对应操作：

图 2.63 表格与文本的环绕方式选择"左对齐"

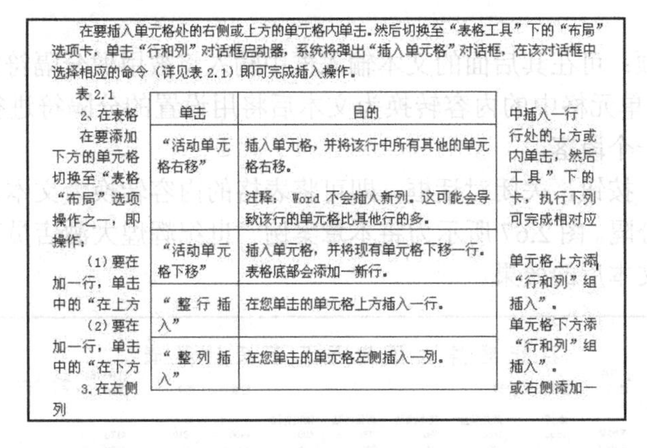
在要插入单元格处的右侧或上方的单元格内单击。然后切换至"表格工具"下的"布局"选项卡，单击"行和列"对话框启动器，系统将弹出"插入单元格"对话框，在该对话框中选择相应的命令（详见表 2.1）即可完成插入操作。

表 2.1

2、在表格 在要添加 下方的单元格 切换至"表格 "布局"选项 操作之一，即 操作：（1）要在 加一行，单击 中的"在上方 （2）要在 加一行，单击 中的"在下方 3.在左侧 列

单击	目的
"活动单元格右移"	插入单元格，并将该行中所有其他的单元格右移。 注释：Word 不会插入新列。这可能会导致该行的单元格比其他行的多。
"活动单元格下移"	插入单元格，并将现有单元格下移一行。表格底部会添加一新行。
"整行插入"	在您单击的单元格上方插入一行。
"整列插入"	在您单击的单元格左侧插入一列。

中插入一行 行处的上方或 内单击，然后 工具"下的 卡，执行下列 可完成相对应 单元格上方添 "行和列"组 插入"。 单元格下方添 "行和列"组 插入"。 或右侧添加一

图 2.64 表格与文本的环绕方式选择"居中"

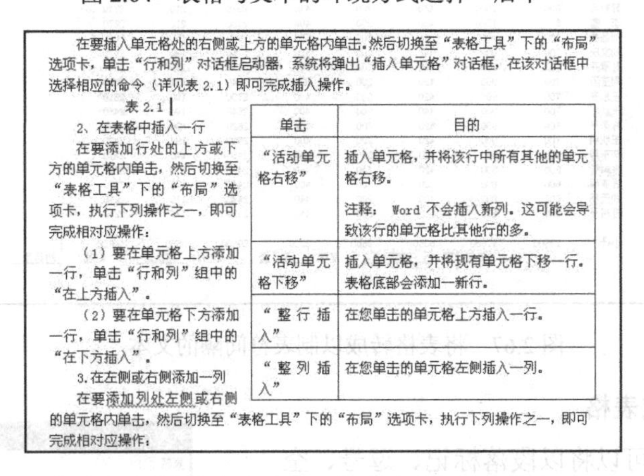
在要插入单元格处的右侧或上方的单元格内单击。然后切换至"表格工具"下的"布局"选项卡，单击"行和列"对话框启动器，系统将弹出"插入单元格"对话框，在该对话框中选择相应的命令（详见表 2.1）即可完成插入操作。

表 2.1

2、在表格中插入一行

在要添加行处的上方或下方的单元格内单击，然后切换至"表格工具"下的"布局"选项卡，执行下列操作之一，即可完成相对应操作：

（1）要在单元格上方添加一行，单击"行和列"组中的"在上方插入"。

（2）要在单元格下方添加一行，单击"行和列"组中的"在下方插入"。

3.在左侧或右侧添加一列

在要添加列处左侧或右侧

单击	目的
"活动单元格右移"	插入单元格，并将该行中所有其他的单元格右移。 注释：Word 不会插入新列。这可能会导致该行的单元格比其他行的多。
"活动单元格下移"	插入单元格，并将现有单元格下移一行。表格底部会添加一新行。
"整行插入"	在您单击的单元格上方插入一行。
"整列插入"	在您单击的单元格左侧插入一列。

的单元格内单击，然后切换至"表格工具"下的"布局"选项卡，执行下列操作之一，即可完成相对应操作：

图 2.65 表格与文本的环绕方式选择"右对齐"

链接六 表格与文字间如何互相转换

在 Word 中，可以根据需要轻松地实现表格与文本之间的相互转换。

1. 将表格转换成文本

可以根据需要将表格中的内容转换为以段落标记、逗号、制表符或其他特定字符分隔的

文本，具体操作步骤如下：

（1）选中需要转换为文本的移行单元格或整个表格。

（2）切换至“布局”选项卡，单击“数据”组中的“转换为文本”命令，系统弹出“将表格转换成文本”对话框，如图 2.66 所示。

（3）在对话框中选择将被作为文本分隔符的选项。

“段落标记”选项：选中的每个单元格中的内容将被转换为一个文本段落。

“制表符”选项：选中的每个单元格中的内容转换为文本后将用制表符进行分隔，且每行文本框的内容将被转换一个段落。

“逗号”选项：选中的每个单元格中的内容转换为文本后将用逗号进行分隔，且每行文本框的内容将被转换一个段落。

图 2.66 “将表格转换成文本”对话框

“其他字符”选项：可在其后面的文本输入框中输入将被用做分隔符的字符（必须为半角字符），选中的每个单元格中的内容转换为文本后将用设置的分隔符进行分隔，且每行文本框的内容将被转换一个段落。

（4）单击“确定”按钮，关闭对话框，即可将表格的内容转换为文本，且各单元格的内容以选定分隔符进行分隔。图 2.67 所示为将本章案例“世纪辉煌大酒店员工工资计算表”转换为以制表符分隔的文本后的效果。

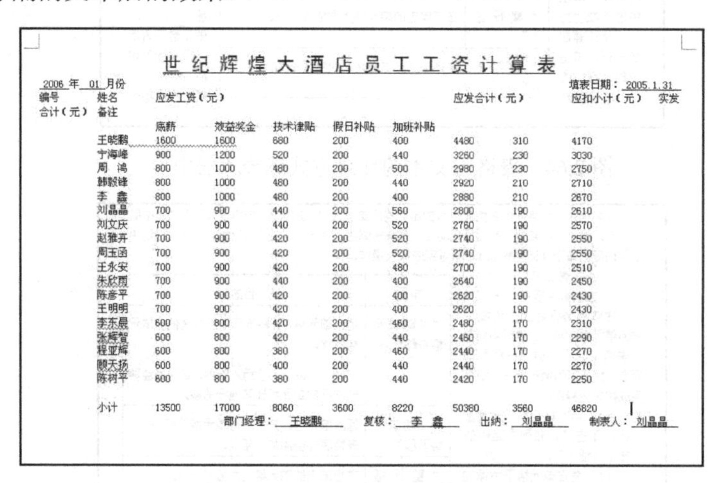

世 纪 辉 煌 大 酒 店 员 工 工 资 计 算 表

2006 年 01 月份　　填表日期：2005.1.31

编号　姓名　应发工资（元）　应发合计（元）　应扣小计（元）　实发合计（元）　备注

	底薪	效益奖金	技术津贴	假日补贴	加班补贴			
王晓鹏	1600	1600	680	200	400	4480	310	4170
宁海峰	900	1200	520	200	440	3260	230	3030
周 鸿	800	1000	480	200	500	2980	230	2750
韩毅锋	800	1000	480	200	440	2920	210	2710
李 鑫	800	1000	480	200	400	2880	210	2670
刘晶晶	700	900	440	200	560	2800	190	2610
刘文庆	700	900	440	200	520	2760	190	2570
赵雅卉	700	900	420	200	520	2740	190	2550
周玉函	700	900	420	200	520	2740	190	2550
王永安	700	900	420	200	480	2700	190	2510
朱欣雨	700	900	440	200	400	2640	190	2450
陈彦平	700	900	420	200	400	2620	190	2430
王明明	700	900	420	200	400	2620	190	2430
李东晨	600	800	420	200	460	2480	170	2310
张辉智	600	800	420	200	440	2460	170	2290
程亚辉	600	800	380	200	460	2440	170	2270
顾天扬	600	800	400	200	440	2440	170	2270
陈树平	600	800	380	200	440	2420	170	2250
小计	13500	17000	8060	3600	8220	50380	3560	46820

部门经理：王晓鹏　复核：李 鑫　出纳：刘晶晶　制表人：刘晶晶

图 2.67 将表格转成以制表符间隔的文本

2. 将文本转换成表格

在 Word 中，还可以将以段落标记、逗号、空格、制表符或其他特定字符分隔的文本转换为表格，具体操作步骤如下：

（1）选择要转换的文本。在“插入”选项卡上的“表格”组中，单击“表格”，然后单击“文本转换成表格”，系统将弹出“将文字转换成表格”对话框，如图 2.68 所示。

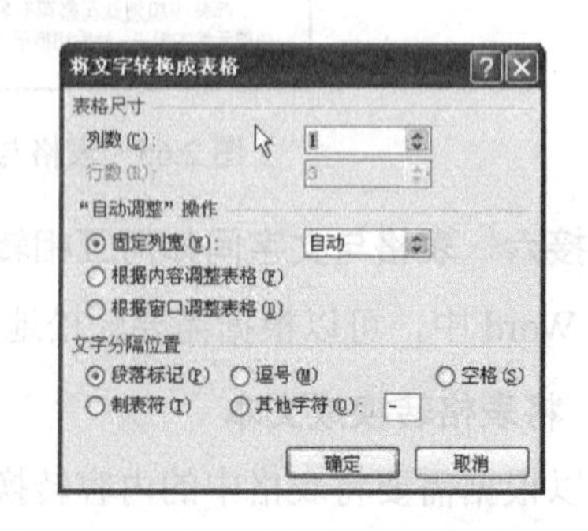

图 2.68 “将文字转换成表格”对话框

（2）在对话框中的“表格尺寸”选项组中设置转换后表格的列数。当设置的列数比选定文本的实际需要大时，多余的单元格中将为空。

（3）在对话框中的“‘自动调整’操作”选项组中选择表格的列宽选项。

（4）单击对话框中的“自动套用格式”按钮，系统弹出“自动套用格式”对话框，选择并设置表格的格式。

（5）在对话框中的“文字分隔位置”选项组中选择作为文本间的分隔符的选项。

“段落标记”选项：选中的文本的每个段落将成为一个单元格的内容，文本的段落数即为表格的行数。

“制表符”选项：选中文本的每个段落将成为表格的一行单元格，用制表符分隔的每项内容都将成为该行中的一个单元格的内容，且转换后的表格列数为选中的各段落文本中制表符的最大个数加 1。

“逗号”选项：选中文本的每个段落将成为表格的一行单元格，用逗号分隔的每项内容都将成为该行中的一个单元格的内容，且转换后的表格列数为选中的各段落文本中逗号的最大个数加 1。

“空格”选项：选中文本的每个段落将成为表格的一行单元格，用空格分隔的每项内容都将成为该行中的一个单元格的内容，且转换后的表格列数为选中的各段落文本中空格的最大个数加 1。

“其他字符”选项：可在其后面的文本输入框中输入将被用做分隔符的字符（必须为半角字符），选中文本的每个段落将成为表格的一行单元格，用指定分隔符隔开的每项内容都将成为该行中的一个单元格的内容。

（6）单击“确定”按钮，即可将选定文本的内容转换为表格。

链接七　如何去除表格后面出现的空白页

在 Word 中，如果某文档最后以一个表格结束，且该表格恰巧占满了整页，系统就会在表格后面自动产生一个只包含一个段落标记的空白页，且该段落标记无法被删除，为了节省打印纸张和提高效率，通过如下操作即可将这张空白页去除。

（1）将光标定位到最后的空白页中。

（2）在“开始”选项卡中单击“段落”组中的“对话框启动器”按钮，系统弹出“段落”对话框。

（3）在该对话框中，选中“缩进和间距”选项卡，并在“间距”选项组中将“行距”选项设置为“固定值”，并将其“设置值”调整为“1 磅”，如图 2.69 所示。

（4）单击“确定”按钮，关闭对话框。

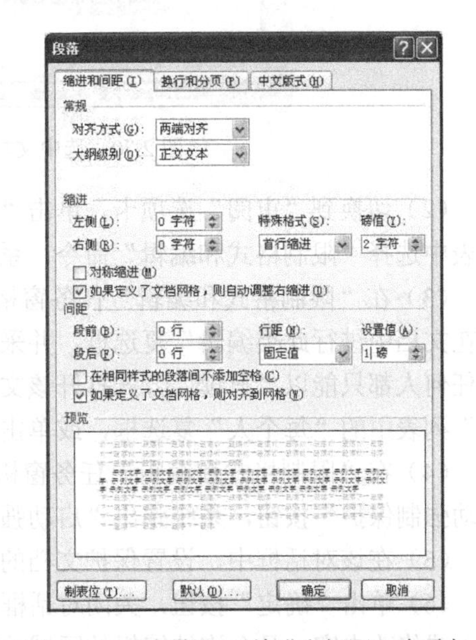

图 2.69　“段落”/“缩进和间距”选项卡

链接八　如何保护 Word 文档内容

在完成 Word 文档编辑后，可以对其进行有效地保护，这种保护既可以只是保证文档的局部内容不被任意修改，也可以是保证整篇文档不被他人修改，甚至可以使未被授权的人员无法打开文档。

1．保护文档的局部内容

要保证 Word 文档的局部内容不被修改，可以通过如下操作实现：

（1）在 Word 文档中，选中所有不需要保护（即允许别人修改）的部分内容（按住键盘中的 Ctrl 键的同时，拖曳鼠标，可以选中不连续的文本内容），如图 2.70 所示。

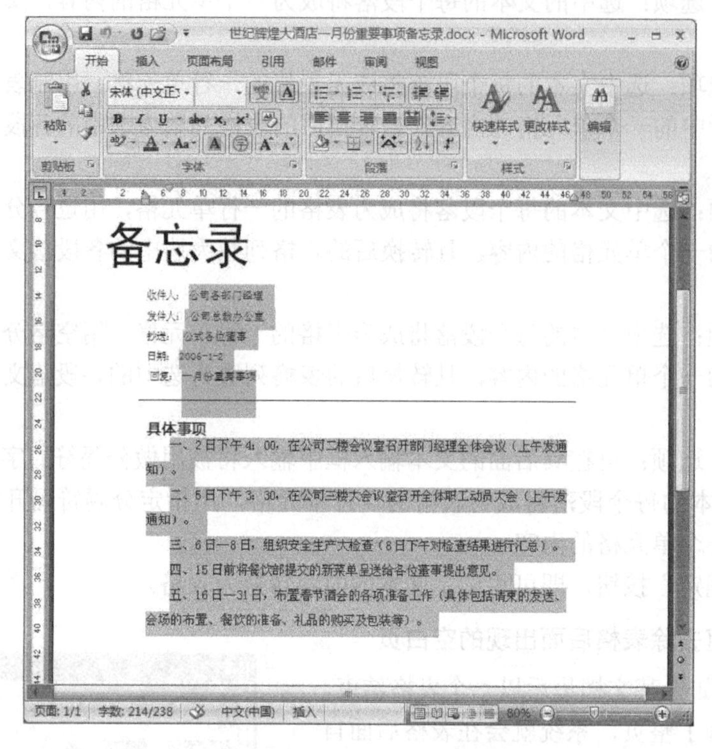

图 2.70　选中文档中允许别人修改的部分内容

（2）切换到“审阅”选项卡，单击“保护”组中的“保护文档”按钮，在弹出的下拉列表中选择“限制格式和编辑”命令，系统弹出“限制格式和编辑”任务窗格。

（3）在“限制格式和编辑”任务窗格中，单击选中“2．编辑限制”选项组中的“仅允许在文档中进行此类编辑”复选框，并采用默认的“不允许任何更改（只读）”选项，这表示任何人都只能以“只读”方式打开该文档，而不能修改文档的内容，然后单击选中“例外项”列表中的“每个人”复选框，或单击“更多用户”，指定个别用户，如图 2.71 所示。

（4）在“限制格式和编辑”任务窗格中，单击“3．启动强制保护”选项组中的“是，启动强制保护”按钮，系统弹出“启动强制保护”对话框。

（5）在该对话框中，设置保护文档的密码，并予以确认，如图 2.72 所示。

（6）单击“确定”按钮，关闭对话框，这样任何人在打开该文档时，都只能在指定位置输入或修改内容，且允许被编辑的区域被默认地突出显示出来，如图 2.73 所示。

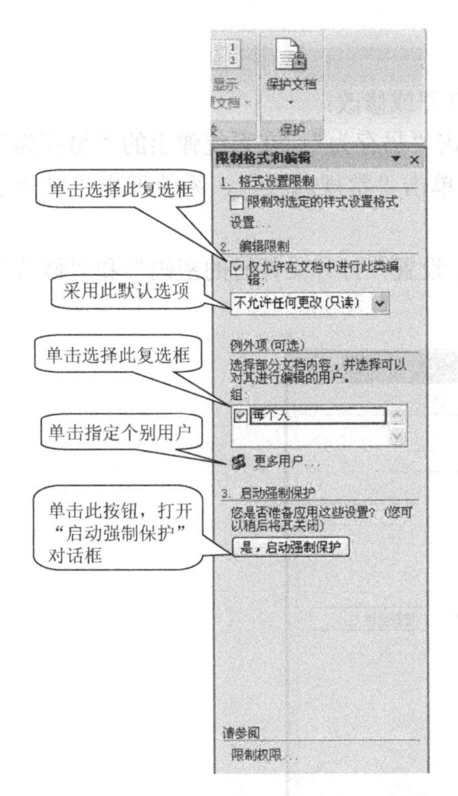

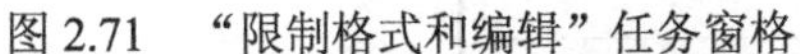

图 2.71 “限制格式和编辑”任务窗格

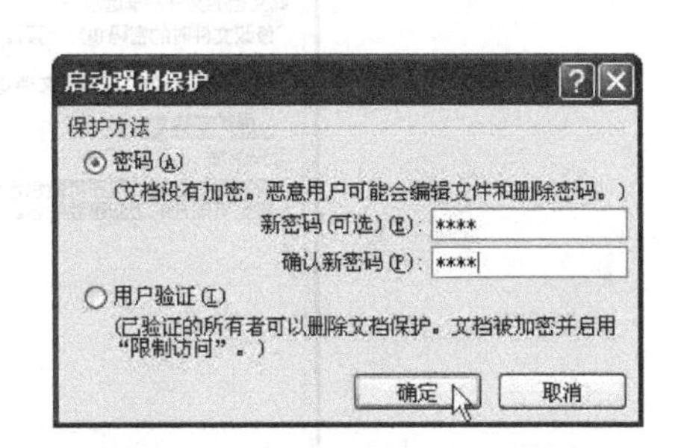

图 2.72 “启动强制保护”对话框

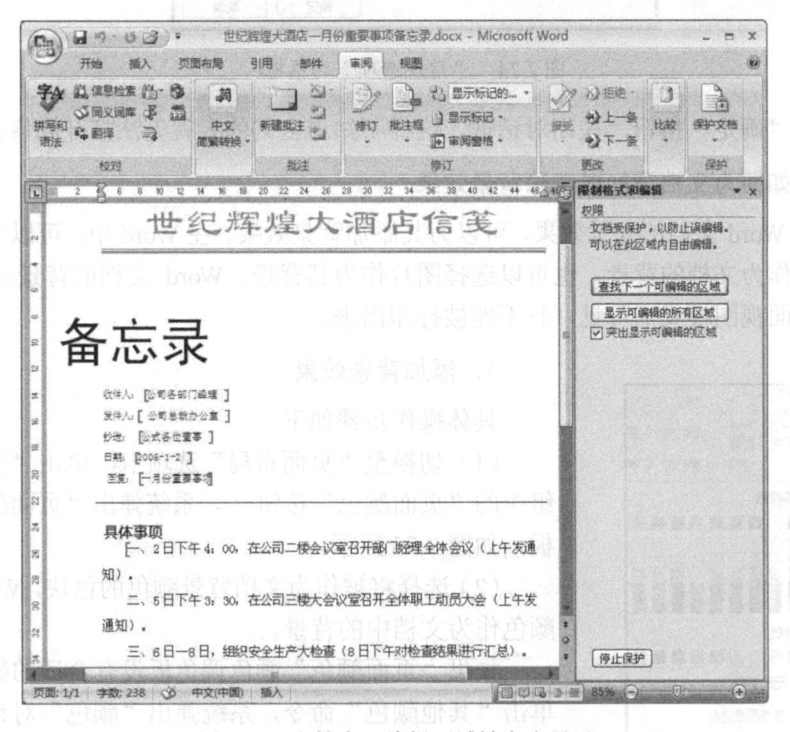

图 2.73 文档中可编辑区域被突出显示

如果单击“保护文档”任务窗格中的“停止保护”按钮，并正确地输入保护密码后，即可解除这种保护设置。

2. 保护整篇文档

通过如下设置，可以有效地保护整篇文档不被打开或修改：

(1)单击“Microsoft Office 按钮”，然后单击“另存为”，在系统弹出的“另存为”对话框中单击“工具”，然后在弹出的下拉列表中单击“常规选项”，系统弹出“常规选项”对话框。

(2) 在该对话框中，选择“安全性”选项卡，并设置“打开文件时的密码”和“修改文件时的密码”，如图 2.74 所示。

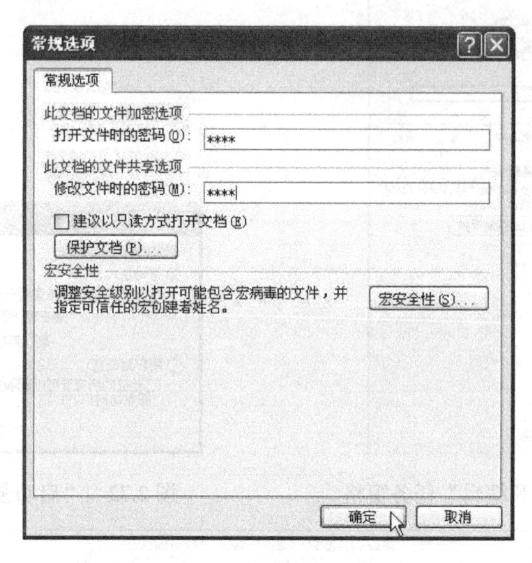

图 2.74 “常规选项”对话框

(3) 单击“确定”按钮，关闭对话框，这样不知道密码的人就无法打开和修改文档了。

链接九 如何为文档添加或删除背景效果

为了增加 Word 文档的视觉效果，可以为其添加背景效果。在 Word 中，可以采用某种颜色或渐变效果作为文档的背景，也可以选择图片作为其背景。Word 文档的背景只有在 Web 版式视图和页面视图模式下可见，且不能被打印出来。

1. 添加背景效果

具体操作步骤如下：

(1) 切换至“页面布局”选项卡，单击“页面背景”组中的“页面颜色”按钮，系统弹出“页面颜色”调色板，如图 2.75 所示。

(2) 选择将被作为文档背景颜色的色块，Word 将以该颜色作为文档中的背景。

如果“页面颜色”颜色调色板没有合适的颜色，可以单击“其他颜色”命令，系统弹出“颜色”对话框，如图 2.76 所示，通过该对话框，可以具体设置背景颜色，效果如图 2.77 所示。

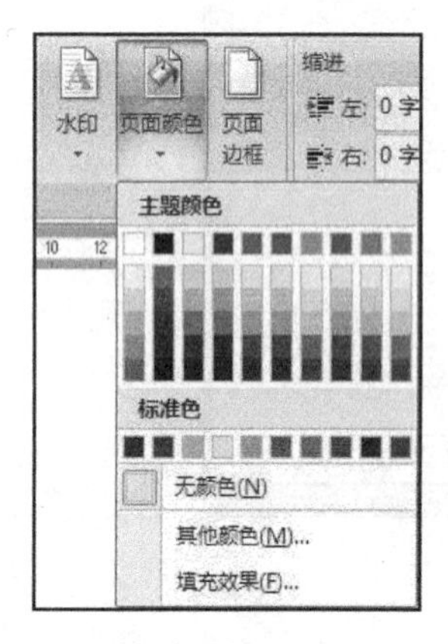

图 2.75 “页面颜色”调色板

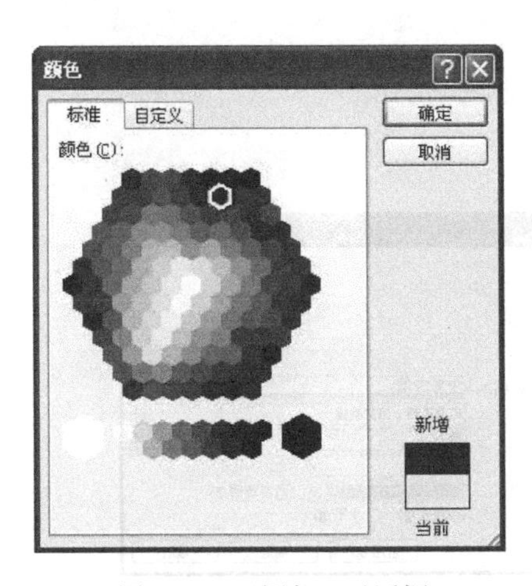

图 2.76 “颜色”对话框

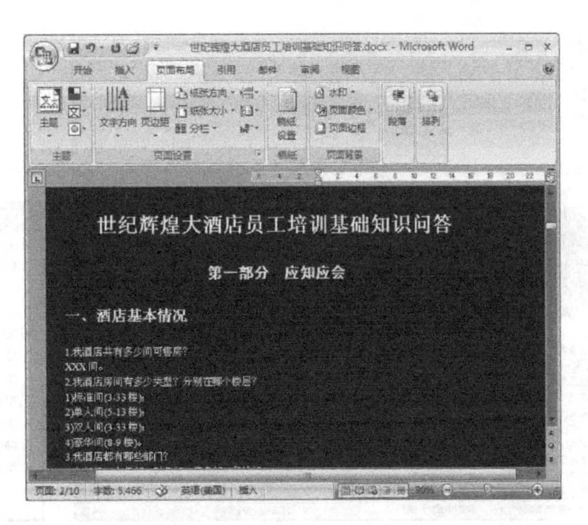

图 2.77 以蓝色为背景的 Word 文档

如果单击选择“填充效果”命令，系统将弹出“填充效果”对话框，如图 2.78 所示，通过该对话框中的“渐变”、“纹理”、“图案”、“图片”四个选项卡，可以设置更加丰富多彩的背景效果，如图 2.79～图 2.82 所示。

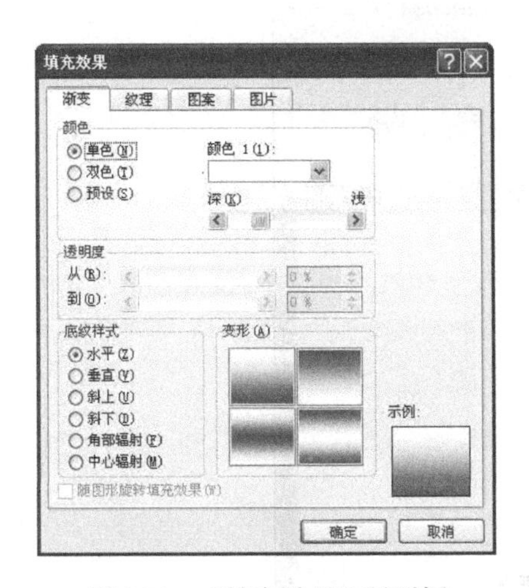

图 2.78 “填充效果”对话框

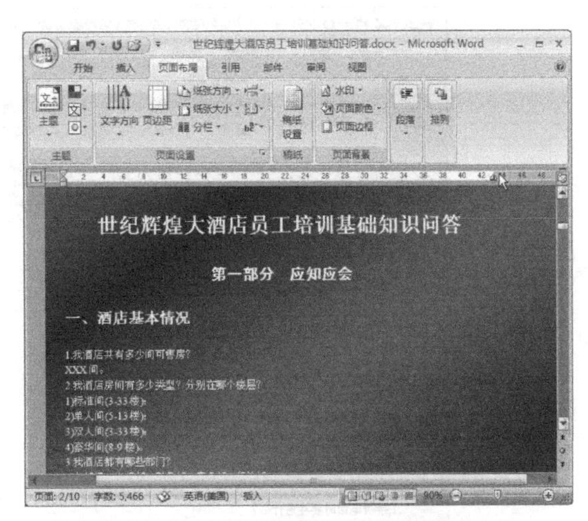

图 2.79 以渐变效果为背景的 Word 文档

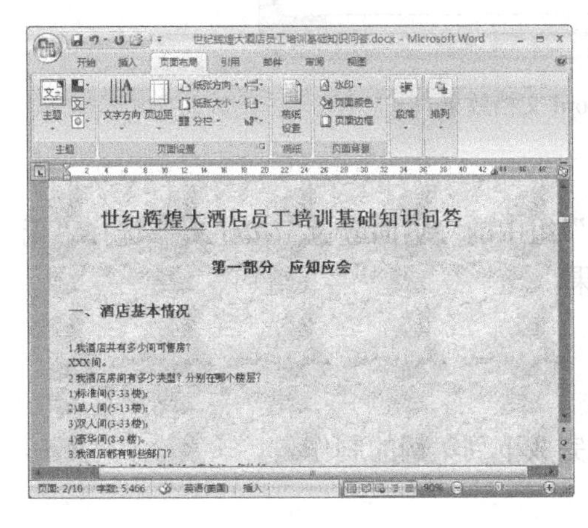

图 2.80 以纹理效果为背景的 Word 文档

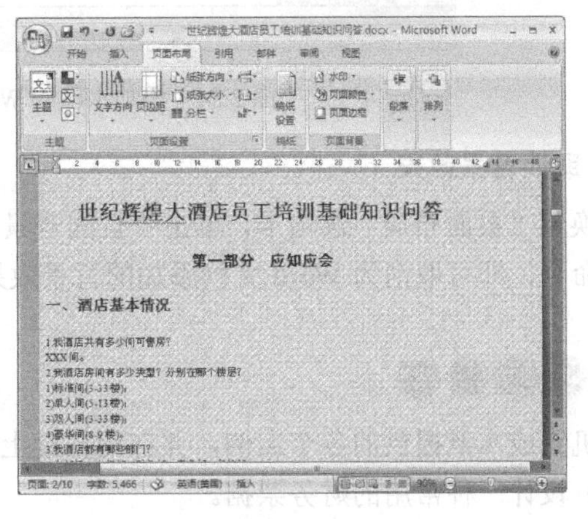

图 2.81 以图案效果为背景的 Word 文档

图 2.82 以图片效果为背景的 Word 文档

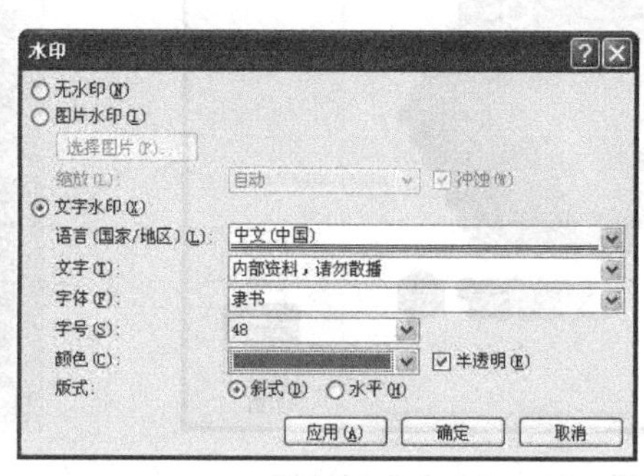

图 2.83 “水印”对话框

如果单击“页面背景”组中的“水印”命令，系统将弹出“水印”对话框，如图 2.83 所示，通过该对话框，可以具体设置和取消水印，效果如图 2.84 所示。

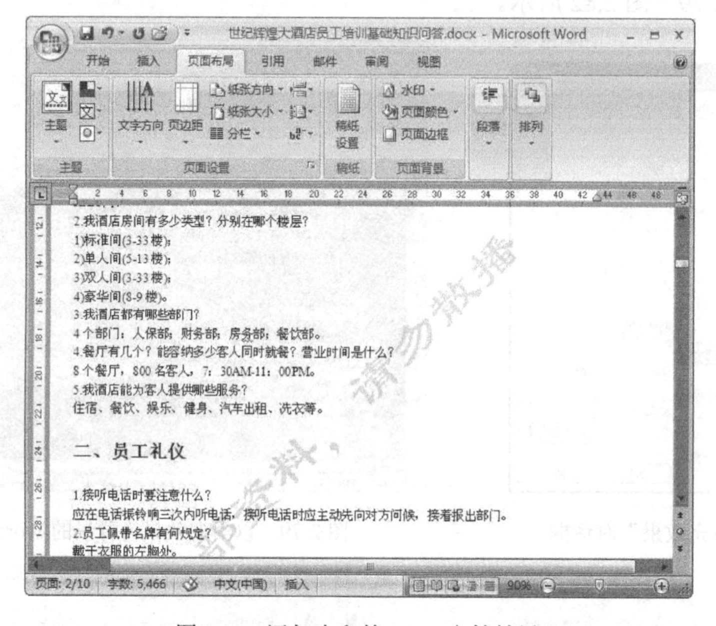

图 2.84 添加水印的 Word 文档效果

2. 取消背景效果

切换至“页面布局”选项卡，单击“页面背景”组中的“页面颜色”按钮，选择“无颜色”命令，即可取消为 Word 文档添加的背景效果。

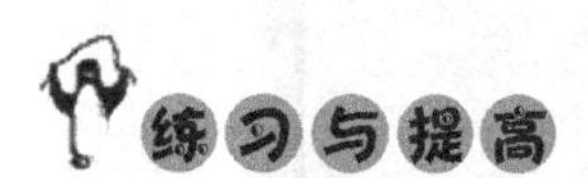

上机完成本章提供的各个案例，并在此基础上完成下列案例的制作。

（1）设计一种常用的财务票据。

（2）模拟设计本学校教职工工资表，并计算每位教职工的工资。

第3章

Word与员工教育

学习目标

（1）了解 Word 在教育培训领域的用途及其具体应用方式。

（2）熟练掌握教育培训领域利用 Word 完成具体案例任务的流程、方法和技巧。

Word 在教育教学领域的应用非常广泛，利用 Word 强大的表格处理及文字处理功能，可以完成教育培训管理工作中的课程表、培训教程、考试试卷的设计、制作、保存和打印等各项工作。

3.1 设计员工教训课程表

做什么

在公司管理工作中，员工的教育培训是不容忽视的重要工作之一，而培训内容的选择和安排将直接影响教育培训效果。作为一名负责员工教育培训的管理人员，首先需要根据员工的知识水平及工作需要，制定精密的培训计划，精选合适的教材教具，选择适当的教学方式，邀请教学水平高、经验丰富的教师，然后才能组织教育教学工作的具体实施。在这系列工作中，我们必须要做的一项工作就是在合理安排培训内容的基础上，设计和制定一份合理的员工培训课程表，以帮助教师和学员做好一天或更长时间的准备工作。

利用 Word 2003 中文版软件的表格处理功能，可以非常方便快捷地制作完成效果如图 3.1 所示的“世纪辉煌大酒店员工培训课程表”。

世纪辉煌大酒店员工培训课程表

周次 / 月份	第一周	第二周	第三周	第四周	备注
一月份	酒店介绍	基础礼仪	餐饮常识	客房管理	月末小结
二月份	自我修养	基础礼仪	客房管理	文化基础	月末小结
三月份	团队合作	餐饮常识	客房管理	基础礼仪	季末考试
四月份	酒店介绍	基础礼仪	餐饮常识	客房管理	月末小结
五月份	自我修养	基础礼仪	客房管理	文化基础	月末小结
六月份	团队合作	餐饮常识	客房管理	基础礼仪	季末考试
七月份	酒店介绍	基础礼仪	餐饮常识	客房管理	月末小结
八月份	自我修养	基础礼仪	客房管理	文化基础	月末小结
九月份	团队合作	餐饮常识	客房管理	基础礼仪	季末考试
十月份	酒店介绍	基础礼仪	餐饮常识	客房管理	月末小结
十一月份	自我修养	基础礼仪	客房管理	文化基础	月末小结
十二月份	团队合作	餐饮常识	客房管理	基础礼仪	季末考试
具体时间	下午 3：00-5：00，第一组星期三、第二组星期四				

图 3.1 “世纪辉煌大酒店员工培训课程表”效果图

分组对案例进行讨论和分析，得出如下解题思路：

（1）创建一个新文档，并保存文档。

（2）设置课程表的页面。

（3）插入一个自动套用格式的表格。

（4）设置表格的行高、列宽和单元格属性。

（5）输入标题栏文字。

（6）在表格中插入一行。

（7）利用复制的方法输入表格的主体文字，并调整其格式。

（8）利用插入艺术字的方法添加表格标题。

（9）添加页面边框。

（10）后期处理及文件保存。

根据以上解题思路，完成“世纪辉煌大酒店员工培训课程表”的具体操作如下：

1．创建一个新文档，并保存文档

（1）启动 Word 2007 中文版，并创建一个新文档。

（2）保存文件为“世纪辉煌大酒店员工培训课程表.docx”。

2．设置课程表的页面

（1）依次选择“页面布局”选项卡/“页面设置”组，单击按钮，系统弹出 “页面设置”对话框。

（2）在对话框中选择“页边距”选项卡，将“上”、“下”、“左”、“右”边距均设置为“2 厘米”。

（3）其他选项保持不变，单击“确定”按钮，关闭对话框，即可完成页面的设置操作。

3．插入一个自动套用格式的表格

（1）切换至 “插入”选项卡，单击“表格”按钮，并在弹出的下拉列表中单击“插入表格”，系统弹出“插入表格”对话框。

（2）在该对话框中，设置“列数”和“行数”选项分别为“6”和“13”，如图 3.2 所示。单击 “确定”按钮，关闭对话框，即可在文档的当前光标处快速插入一个 13 行、6 列的表格。

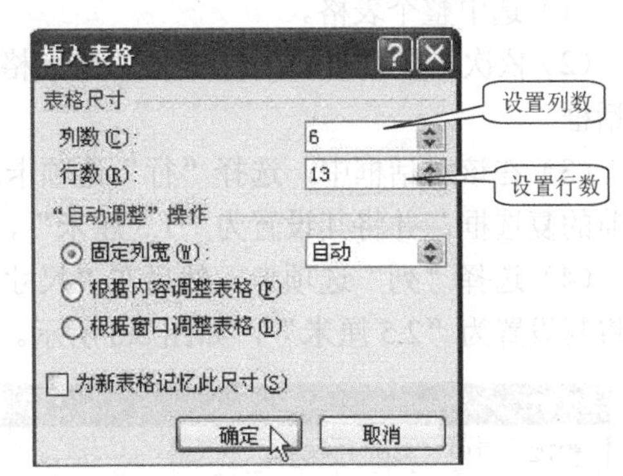

图 3.2 “插入表格”对话框

（3）选中整个表格，系统会自动跳转到“设计”选项卡，在“表样式”组中单击“其他”按钮，在打开的快捷菜单中选择“修改表格样式”命令，系统弹出“修改样式”对话框。

（4）在该对话框中，选择“样式基准”列表中的“网格型 7”选项，如图 3.3 所示，然后单击“确定”按钮，关闭该对话框。即可在文档的当前光标处快速插入一个 13 行、6 列、具有斜线标题栏的及自动套用格式的表格，效果如图 3.4 所示。

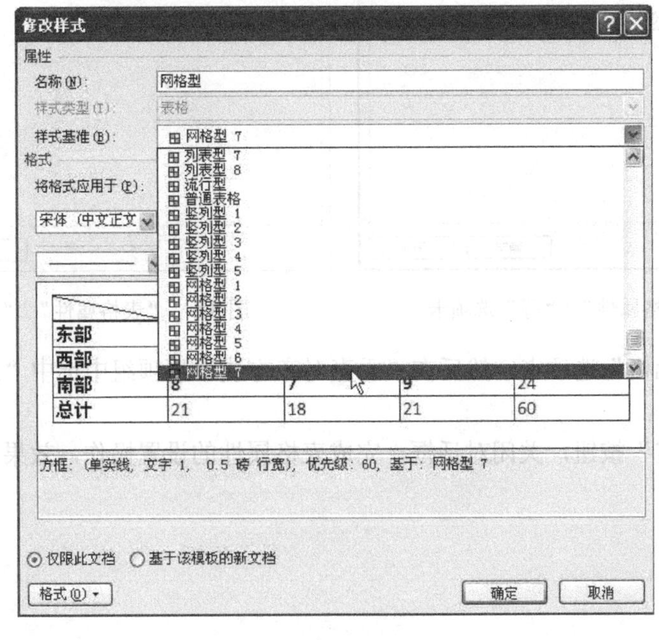

图 3.3 “修改样式”对话框

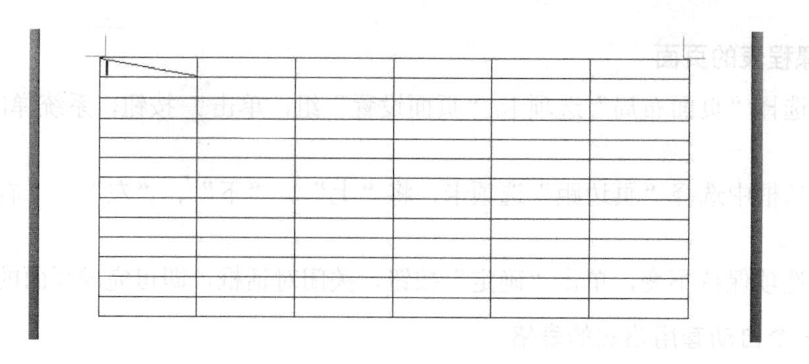

图 3.4　插入的自动套用格式的表格

4．设置表格的行高、列宽和单元格属性

（1）选中整个表格。

（2）依次选择“布局”选项卡/“单元格大小”组，单击 按钮，系统弹出“表格属性”对话框。

（3）在该对话框中，选择“行”选项卡，然后在“尺寸”选项组中选中“指定高度”选项前的复选框，并将其设置为“1.5 厘米”，如图 3.5 所示。

（4）选择“列”选项卡，然后在“尺寸”选项组中选中“指定宽度”选项前的复选框，并将其设置为“2.5 厘米”，如图 3.6 所示。

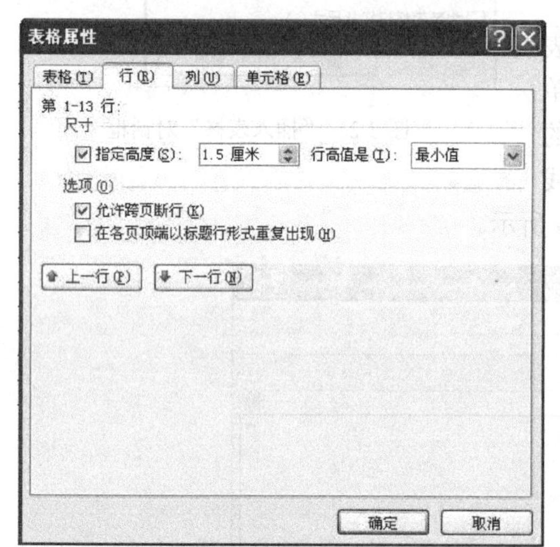

图 3.5　“表格属性”/“行”选项卡

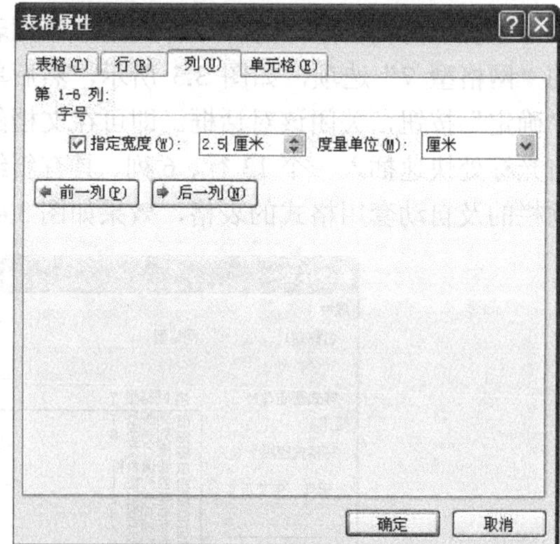

图 3.6　“表格属性”/“列”选项卡

（5）选择“单元格”选项卡，然后在“垂直对齐方式”选项组中选中“居中”图标，如图 3.7 所示。

（6）单击“确定”按钮，关闭对话框，完成表格属性的设置操作，效果如图 3.8 所示。

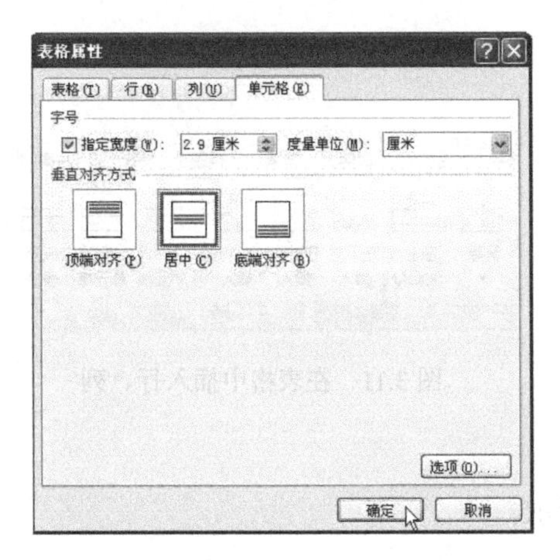

图 3.7 “表格属性”/“单元格”选项卡

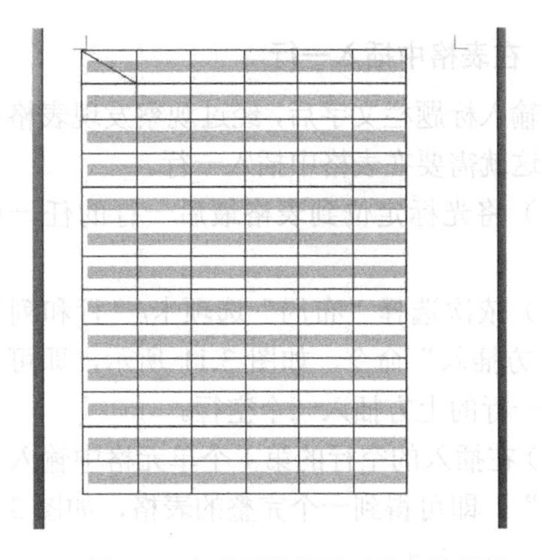

图 3.8 完成属性设置后的表格效果

5. 输入标题栏文字

（1）选择自己熟悉的输入法，在表格的第 1 个单元格中输入文字“周次”，并调整其位置，输入一个换行符，然后输入文字“月份”，并调整其位置，效果如图 3.9 所示。

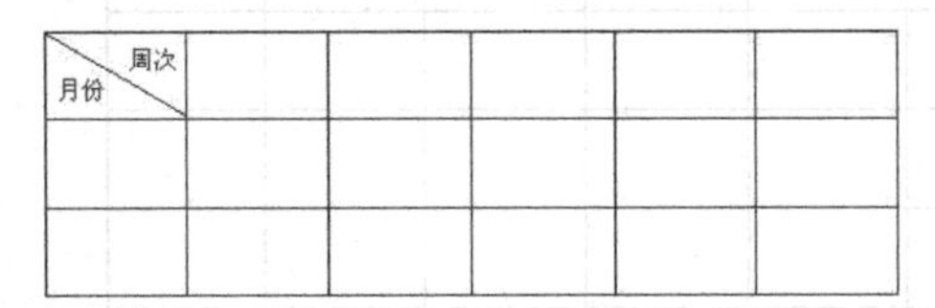

图 3.9 在第 1 个单元格中输入的文字效果

（2）输入表格的行标题栏文字。

（3）在第 2 行第 1 个单元格中输入文字“一月份”，然后在该单元格中双击鼠标，选中该单元格中的文字，按下快捷键 Ctrl+C；将光标定位分别定位到第 1 列的其他单元格中，并按下快捷键 Ctrl+V，将剪贴板中内容复制到这些单元格中；对这些复制得到的单元格的内容进行修改、调整，效果如图 3.10 所示。

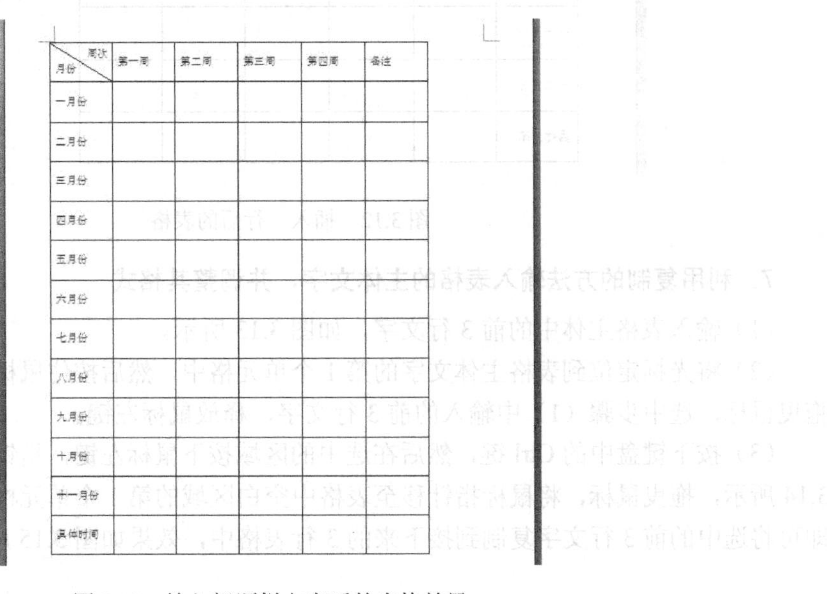

图 3.10 输入标题栏文字后的表格效果

6. 在表格中插入一行

当输入标题栏文字后，经过观察发现表格少了一行，这就需要在表格中插入一行。

（1）将光标定位到表格最后一行的任一单元格中。

（2）依次选择“布局”选项卡/“行和列”组/“在上方插入”命令，如图 3.11 所示，即可在表格最后一行的上方插入一个空行。

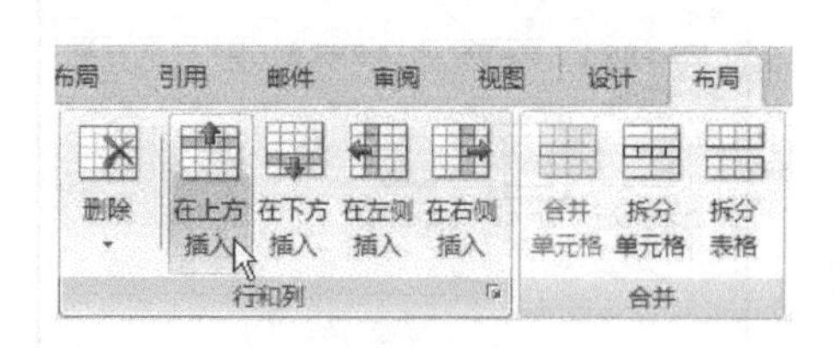

图 3.11　在表格中插入行、列

（3）在插入的空行的第 1 个单元格中输入“十二月份”，即可得到一个完整的表格，如图 3.12 所示。

周次／月份	第一周	第二周	第三周	第四周	备注
一月份					
二月份					
三月份					
四月份					
五月份					
六月份					
七月份					
八月份					
九月份					
十月份					
十一月份					
十二月份					
具体时间					

图 3.12　插入一行后的表格

7. 利用复制的方法输入表格的主体文字，并调整其格式

（1）输入表格主体中的前 3 行文字，如图 3.13 所示。

（2）将光标定位到表格主体文字的第 1 个单元格中，然后按住鼠标左键，并向右、向下拖曳鼠标，选中步骤（1）中输入的前 3 行文字，释放鼠标左键。

（3）按下键盘中的 Ctrl 键，然后在选中的区域按下鼠标左键，指针将变成形状，如图 3.14 所示，拖曳鼠标，将鼠标指针移至表格中空白区域的第 1 个单元格中，释放鼠标左键，即可将选中的前 3 行文字复制到接下来的 3 行表格中，效果如图 3.15 所示。

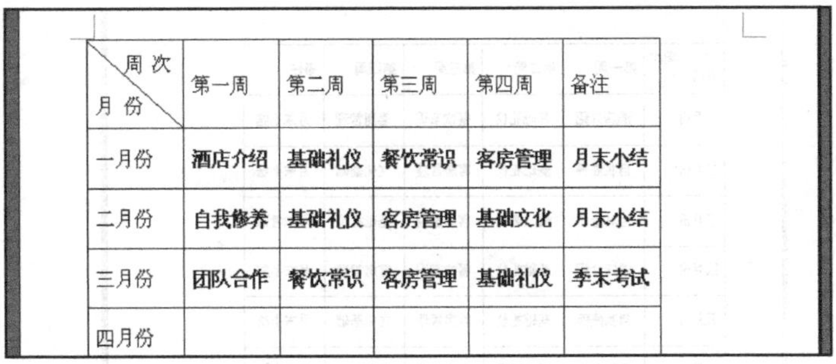

周次 月份	第一周	第二周	第三周	第四周	备注
一月份	**酒店介绍**	**基础礼仪**	**餐饮常识**	**客房管理**	**月末小结**
二月份	**自我修养**	**基础礼仪**	**客房管理**	**基础文化**	**月末小结**
三月份	**团队合作**	**餐饮常识**	**客房管理**	**基础礼仪**	**季末考试**
四月份					

图 3.13 输入表格主体前 3 行文字后的效果

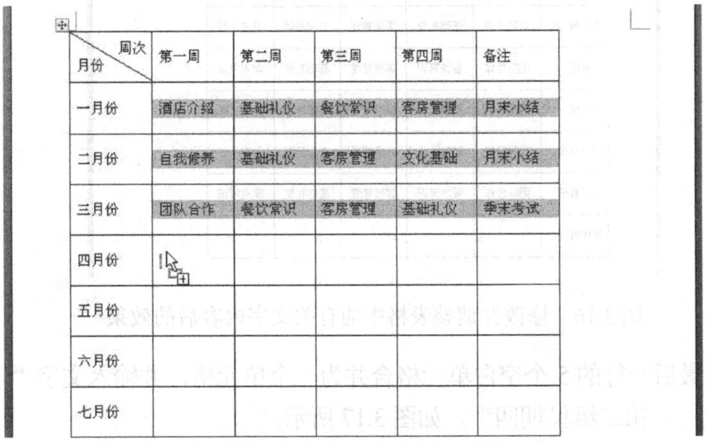

周次 月份	第一周	第二周	第三周	第四周	备注
一月份	酒店介绍	基础礼仪	餐饮常识	客房管理	月末小结
二月份	自我修养	基础礼仪	客房管理	文化基础	月末小结
三月份	团队合作	餐饮常识	客房管理	基础礼仪	季末考试
四月份					
五月份					
六月份					
七月份					

图 3.14 复制表格中的内容

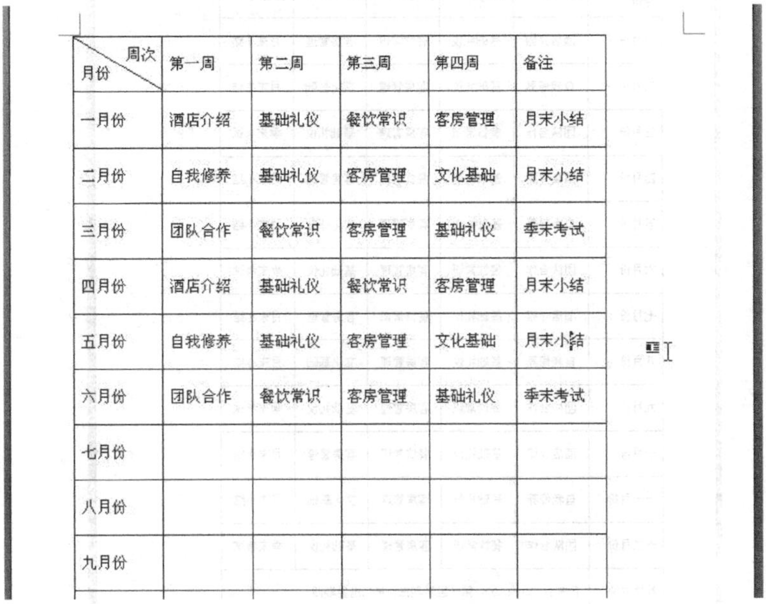

周次 月份	第一周	第二周	第三周	第四周	备注
一月份	酒店介绍	基础礼仪	餐饮常识	客房管理	月末小结
二月份	自我修养	基础礼仪	客房管理	文化基础	月末小结
三月份	团队合作	餐饮常识	客房管理	基础礼仪	季末考试
四月份	酒店介绍	基础礼仪	餐饮常识	客房管理	月末小结
五月份	自我修养	基础礼仪	客房管理	文化基础	月末小结
六月份	团队合作	餐饮常识	客房管理	基础礼仪	季末考试
七月份					
八月份					
九月份					

图 3.15 利用复制的方法向表格中填充数据

（4）利用同样的方法，复制得到表格中的其他文字。

（5）修改和调整表格中的有关文字内容，效果如图 3.16 所示。

周次 月份	第一周	第二周	第三周	第四周	备注
一月份	酒店介绍	基础礼仪	餐饮常识	客房管理	月末小结
二月份	自我修养	基础礼仪	客房管理	文化基础	月末小结
三月份	团队合作	餐饮常识	客房管理	基础礼仪	季末考试
四月份	酒店介绍	基础礼仪	餐饮常识	客房管理	月末小结
五月份	自我修养	基础礼仪	客房管理	文化基础	月末小结
六月份	团队合作	餐饮常识	客房管理	基础礼仪	季末考试
七月份	酒店介绍	基础礼仪	餐饮常识	客房管理	月末小结
八月份	自我修养	基础礼仪	客房管理	文化基础	月末小结
九月份	团队合作	餐饮常识	客房管理	基础礼仪	季末考试
十月份	酒店介绍	基础礼仪	餐饮常识	客房管理	月末小结
十一月份	自我修养	基础礼仪	客房管理	文化基础	月末小结
十二月份	团队合作	餐饮常识	客房管理	基础礼仪	季末考试
具体时间					

图 3.16　修改并调整表格中的有关文字内容后的效果

（6）将表格中最后一行的 5 个空白单元格合并为一个单元格，并输入文字“下午 3：00-5：00，第一组星期三、第二组星期四”，如图 3.17 所示。

周次 月份	第一周	第二周	第三周	第四周	备注
一月份	酒店介绍	基础礼仪	餐饮常识	客房管理	月末小结
二月份	自我修养	基础礼仪	客房管理	文化基础	月末小结
三月份	团队合作	餐饮常识	客房管理	基础礼仪	季末考试
四月份	酒店介绍	基础礼仪	餐饮常识	客房管理	月末小结
五月份	自我修养	基础礼仪	客房管理	文化基础	月末小结
六月份	团队合作	餐饮常识	客房管理	基础礼仪	季末考试
七月份	酒店介绍	基础礼仪	餐饮常识	客房管理	月末小结
八月份	自我修养	基础礼仪	客房管理	文化基础	月末小结
九月份	团队合作	餐饮常识	客房管理	基础礼仪	季末考试
十月份	酒店介绍	基础礼仪	餐饮常识	客房管理	月末小结
十一月份	自我修养	基础礼仪	客房管理	文化基础	月末小结
十二月份	团队合作	餐饮常识	客房管理	基础礼仪	季末考试
具体时间	下午 3：00-5：00，第一组星期三、第二组星期四				

图 3.17　合并表格最后一行并输入相关文字

（7）将表格中除第 1 个单元格以外的其他单元格中的文字设置为“中部居中”对齐方式，效果如图 3.18 所示。

周次 月份	第一周	第二周	第三周	第四周	备注
一月份	酒店介绍	基础礼仪	餐饮常识	客房管理	月末小结
二月份	自我修养	基础礼仪	客房管理	文化基础	月末小结
三月份	团队合作	餐饮常识	客房管理	基础礼仪	季末考试
四月份	酒店介绍	基础礼仪	餐饮常识	客房管理	月末小结
五月份	自我修养	基础礼仪	客房管理	文化基础	月末小结
六月份	团队合作	餐饮常识	客房管理	基础礼仪	季末考试
七月份	酒店介绍	基础礼仪	餐饮常识	客房管理	月末小结
八月份	自我修养	基础礼仪	客房管理	文化基础	月末小结
九月份	团队合作	餐饮常识	客房管理	基础礼仪	季末考试
十月份	酒店介绍	基础礼仪	餐饮常识	客房管理	月末小结
十一月份	自我修养	基础礼仪	客房管理	文化基础	月末小结
十二月份	团队合作	餐饮常识	客房管理	基础礼仪	季末考试
具体时间	下午3：00-5：00，第一组星期三、第二组星期四				

图 3.18　设置“中部居中”对齐方式后的表格文字

8. 利用插入艺术字的方法添加表格标题

（1）选中整个表格。

（2）按住鼠标左键的同时，向右、向下拖曳鼠标，将表格移动到页面的中部，释放鼠标左键。

（3）将光标定位到页面的首行。

（4）依次选择“插入”选项卡/“文本”组/“艺术字”命令，系统弹出“艺术字库”对话框。

（5）在该对话框中，选择一种艺术字样式，如图 3.19 所示。

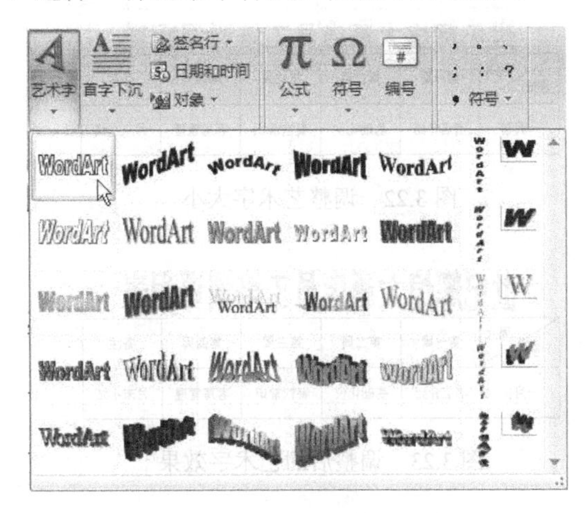

图 3.19　“艺术字库”对话框

（6）单击“确定”按钮，关闭对话框，同时系统弹出“编辑艺术字文字”对话框。

（7）在该对话框中输入文字“世纪辉煌大酒店员工培训课程表”，并设置“字体”为“宋体”，“字号”为“24”，选中“加粗”按钮 **B**，如图 3.20 所示。

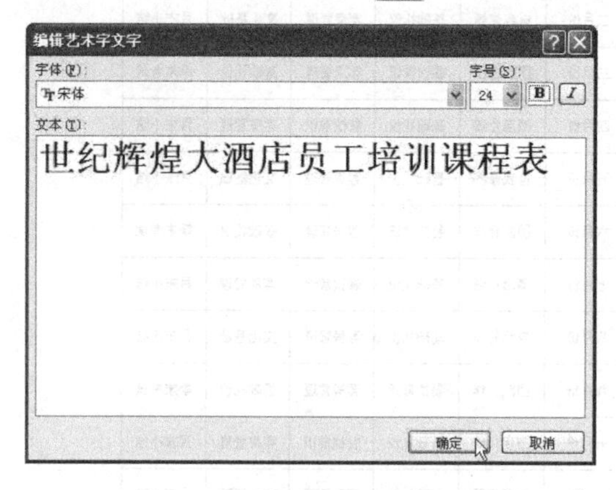

图 3.20 “编辑艺术字文字”对话框

（8）单击“确定”按钮，关闭对话框，即可在标题栏位置插入艺术字，效果如图 3.21 所示。

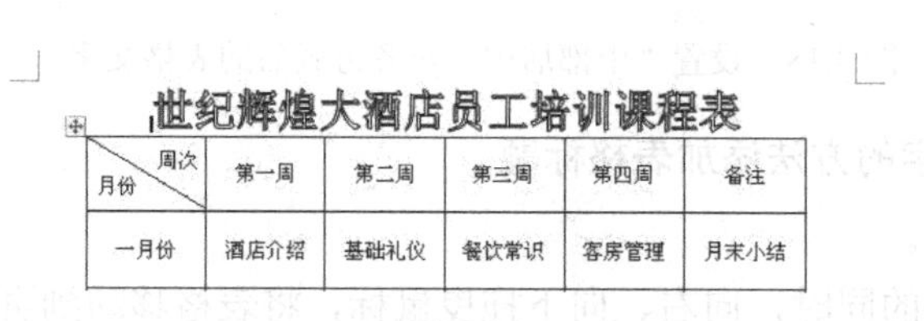

图 3.21 添加的艺术字标题效果

（9）单击艺术字效果的标题，艺术字周围出现黑色的方框和控制点，将鼠标指针移动到中下部的一个控制点上，向下拖曳鼠标，如图 3.22 所示，当调整到合适的位置时，释放鼠标，即可得到如图 3.23 所示的艺术字效果。

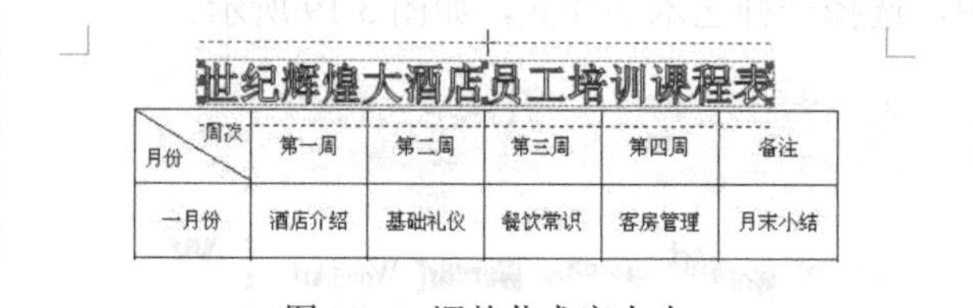

图 3.22 调整艺术字大小

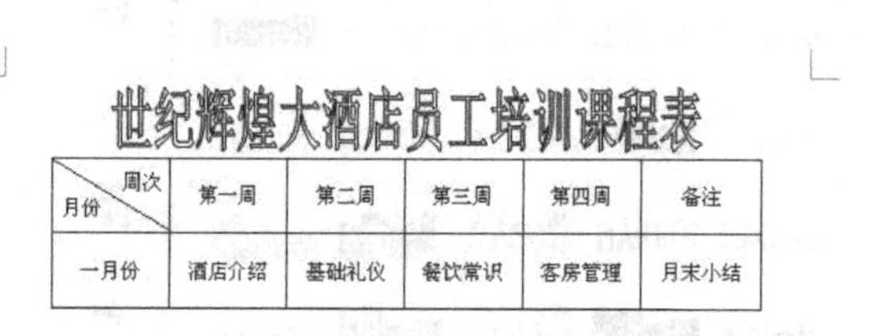

图 3.23 调整后的艺术字效果

9．添加页面边框

（1）依次选择“页面布局”选项卡/“页面背景”组/“页面边框”命令，系统弹出“边框和底纹”对话框。

（2）在该对话框中，选择“页面边框”选项卡，然后在“艺术型”下拉列表框中选择如图 3.24 所示的图案。

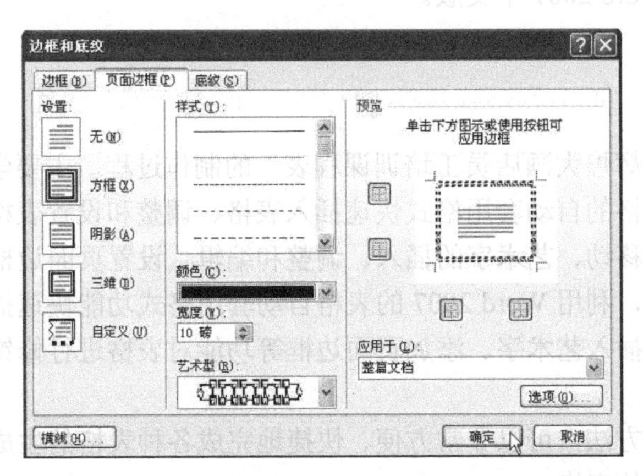

图 3.24 “边框和底纹”/“页面边框”对话框

（3）单击“确定”按钮，关闭对话框，即可为页面添加效果如图 3.25 所示的边框，从而完成整个课程表的设计和制作过程。

世纪辉煌大酒店员工培训课程表

周次 / 月份	第一周	第二周	第三周	第四周	备注
一月份	酒店介绍	基础礼仪	餐饮常识	客房管理	月末小结
二月份	自我修养	基础礼仪	客房管理	文化基础	月末小结
三月份	团队合作	餐饮常识	客房管理	基础礼仪	季末考试
四月份	酒店介绍	基础礼仪	餐饮常识	客房管理	月末小结
五月份	自我修养	基础礼仪	客房管理	文化基础	月末小结
六月份	团队合作	餐饮常识	客房管理	基础礼仪	季末考试
七月份	酒店介绍	基础礼仪	餐饮常识	客房管理	月末小结
八月份	自我修养	基础礼仪	客房管理	文化基础	月末小结
九月份	团队合作	餐饮常识	客房管理	基础礼仪	季末考试
十月份	酒店介绍	基础礼仪	餐饮常识	客房管理	月末小结
十一月份	自我修养	基础礼仪	客房管理	文化基础	月末小结
十二月份	团队合作	餐饮常识	客房管理	基础礼仪	季末考试
具体时间	下午 3：00-5：00，第一组星期三、第二组星期四				

图 3.25 添加页面边框后的效果

10．后期处理及文件保存

（1）单击“快速访问工具栏”中的“保存”按钮，对文档进行保存。

（2）退出并关闭 Word 2007 中文版。

本案例通过“世纪辉煌大酒店员工培训课程表”的制作过程，主要学习了 Word 2007 中文版软件提供的应用表格的自动套用格式快速插入表格、调整和设置表格的行高、列宽、表格数据的复制、表格的移动、艺术字的插入、调整和编辑、设置页面边框等操作的方法和技巧。其中关键之处在于，利用 Word 2007 的表格自动套用格式功能快速插入一个具有斜线标题栏的表格，然后利用插入艺术字、添加页面边框等功能对表格进行修饰，使得表格更加专业、美观。

利用类似本案例的方法，可以非常方便、快捷地完成各种表格的生成和调整操作，从而制作出各种专业性较强的表格。

3.2 制作培训教材

做什么

在公司员工的教育培训过程中，往往需要根据员工的知识水平及培训工作需要编辑和制作一系列的培训教材、辅导材料等。这些教材、材料通常都会很长，为了帮助阅读和查找，除了要求具有清晰的层次外，还应生成一个目录，以便于教师或员工快速翻阅。

利用 Word 2007 中文版软件的样式和自动提取目录的功能，可以非常方便快捷地编排出层次清晰的如图 3.26 所示的“世纪辉煌大酒店员工培训基础知识问答”教材。

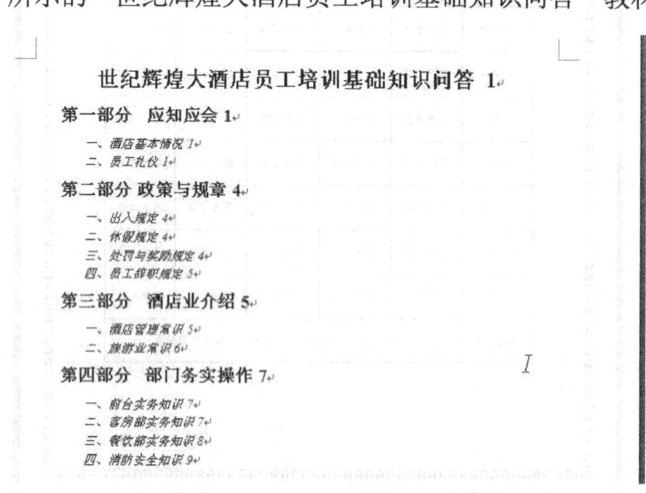

世纪辉煌大酒店员工培训基础知识问答 1

第一部分 应知应会 1

一、酒店基本情况 1

二、员工礼仪 1

第二部分 政策与规章 4

一、出入规定 4

二、休假规定 4

三、处罚与奖励规定 4

四、员工辞职规定 5

第三部分 酒店业介绍 5

一、酒店管理常识 5

二、旅游业常识 6

第四部分 部门务实操作 7

一、前台实务知识 7

二、客房部实务知识 7

三、餐饮部实务知识 8

四、消防安全知识 9

图 3.26 “世纪辉煌大酒店员工培训基础知识问答”教材效果图（部分）

指路牌

分组对案例进行讨论和分析，得出如下解题思路：

（1）创建一个新文档，并保存文档。

（2）设置文档的页面。

（3）输入知识问答文本。

（4）利用“样式”设置标题格式。

（5）利用“样式”及“格式刷”工具设置各部分标题的格式。

（6）利用“样式”及“格式刷”工具设置三级标题的格式。

（7）为文档插入页码，并设置其格式。

（8）为文档插入目录，并修改其样式。

（9）利用超级链接定位文档。

（10）后期处理及文件保存。

根据以上解题思路，完成“世纪辉煌大酒店员工培训基础知识问答”制作的具体操作如下：

1. 创建一个新文档，并保存文档

（1）启动 Word 2007 中文版，并创建一个新文档。

（2）保存文件为“世纪辉煌大酒店员工培训基础知识问答.docx”。

2. 设置文档的页面

（1）依次选择“页面布局”选项卡/“页面设置”组，单击按钮，系统弹出“页面设置”对话框。

（2）在该对话框中，选择“页边距”选项卡，并将“上”、“下”、“左”、“右”边距均设置为“2.5 厘米”，单击“纵向”图标。

（3）其他选项保持不变，然后单击“确定”按钮，关闭对话框，完成页面的设置操作。

3. 输入知识问答文本

（1）选择自己习惯的输入法。

（2）在文档窗口中输入“世纪辉煌大酒店员工培训基础知识问答”的所有文本，如图 3.27 所示。

4. 利用“样式”设置标题格式

（1）将光标定位在文档窗口的第 1 行文档标题“世纪辉煌大酒店员工培训基础知识问答”中。

（2）在“样式”组中单击样式列表框右端的其他按钮，打开样式下拉列表框（样式就是预设好的具有特定字体、字号、字型、字符颜色、段落格式、编号等格式的组合，可分为字符样式和段落样式），并在列表中单击选择“标题 1”，如图 3.28 所示，即可将标题行设

置为“标题 1”预设好的格式，效果如图 3.29 所示。

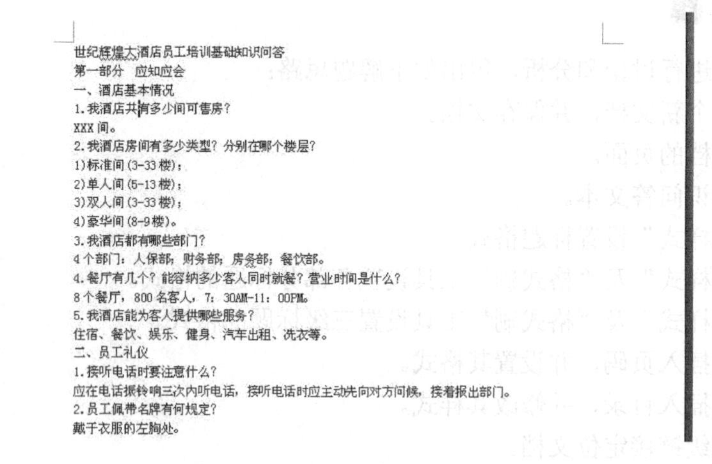

图 3.27　输入的文本（部分）

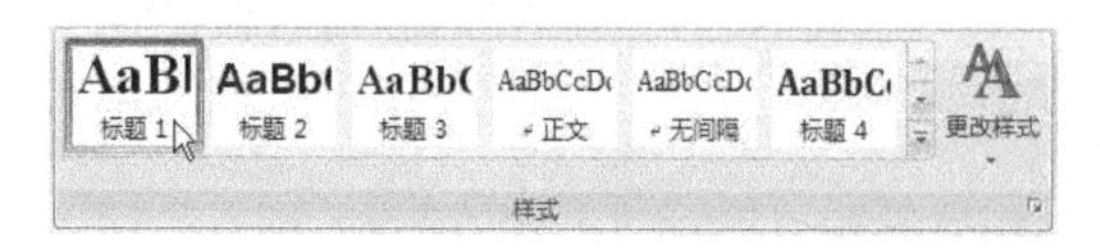

图 3.28　“样式”列表

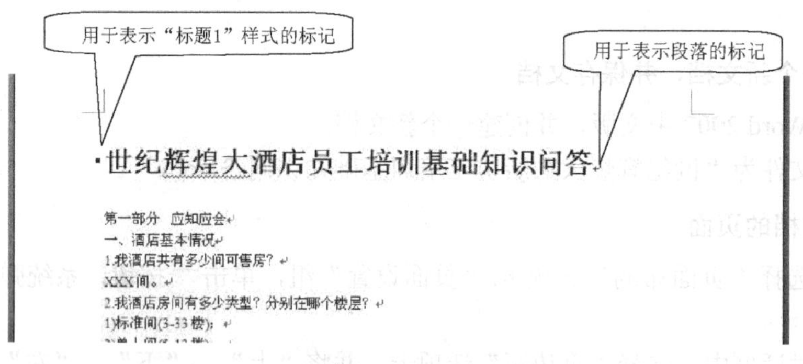

图 3.29　应用“标题 1”样式后的标题效果（部分）

单击 Office 按钮，然后在打开的菜单中选择“Word 选项”命令，在弹出的对话框中选择“显示”选项卡，在“始终在屏幕上显示这些格式标记”中的“段落标记”前选中标记，文档编辑窗口中也将显示段落标记，如图 3.29 所示；再次选择该命令，菜单命令前的选中标记将消失，文档编辑窗口中的段落标记也将被隐藏。

（3）切换至“开始”选项卡，单击“段落”组中的“居中”对齐方式按钮，标题即可被居中放置，效果如图 3.30 所示，此时可以将所选内容保存为新快速样式，如图 3.31 所示。

世纪辉煌大酒店员工培训基础知识问答

第一部分　应知应会
一、酒店基本情况
1.我酒店共有多少间可售房？
XXX间。
2.我酒店房间有多少类型？分别在哪个楼层？
1)标准间(3-33楼)；
2)单人间(5-13楼)；
3)双人间(3-33楼)；

图 3.30　居中后的标题效果（部分）

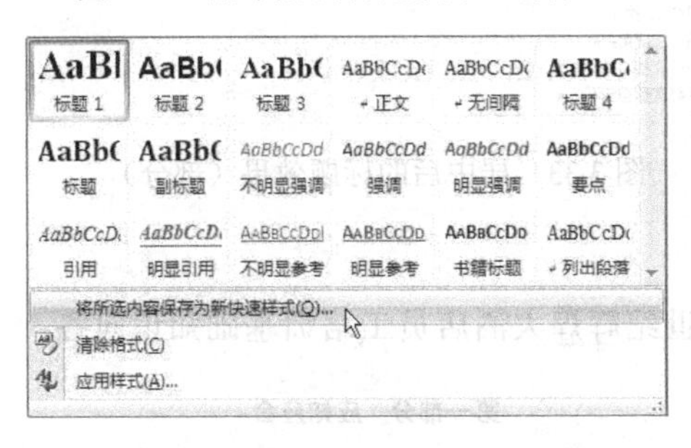

图 3.31　增加选项后的样式列表

5．利用“样式”及“格式刷”工具设置各部分标题的格式

（1）将光标定位在文档窗口的第 2 行文本“第一部分　应知应会”中。

（2）单击“样式”组中样式列表框中的“标题 2”，即可将标题行设置为“标题 2”预设好的格式，效果如图 3.32 所示。

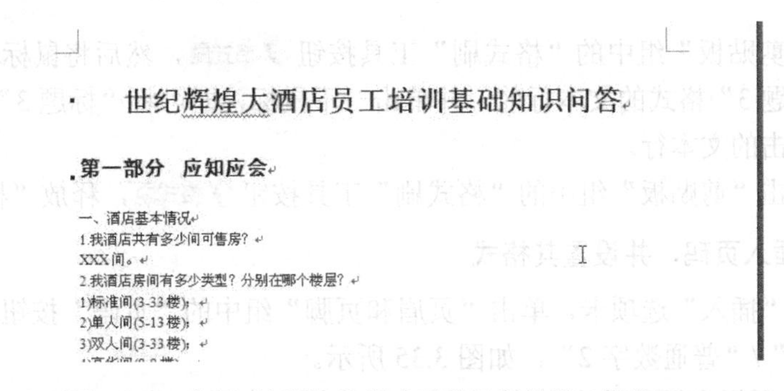
世纪辉煌大酒店员工培训基础知识问答

第一部分　应知应会

一、酒店基本情况
1.我酒店共有多少间可售房？
XXX间。
2.我酒店房间有多少类型？分别在哪个楼层？
1)标准间(3-33楼)；
2)单人间(5-13楼)；
3)双人间(3-33楼)；

图 3.32　应用“标题 2”样式后的标题效果（部分）

（3）单击“段落”组中的“居中”对齐方式按钮，标题即可被居中放置，效果如图 3.33 所示。

（4）双击“剪贴板”组中的“格式刷”工具按钮 格式刷，然后将鼠标移动至其他每个需要设置为“标题 2”格式的文本行前，并单击一下鼠标，即可将“标题 2”预设好的格式应用到所有被单击的文本行。

（5）再次单击“剪贴板”组中的“格式刷”工具按钮 格式刷，释放“格式刷”工具。

6．利用“样式”及“格式刷”工具设置三级标题的格式

（1）将光标定位在文档窗口的第 3 行文本“一、酒店基本情况”中。

（2）在“样式”组中单击样式列表框右端的其他按钮，打开样式下拉列表框，并在列表中选择“标题 3”，即可将标题行设置为“标题 3”预设好的格式，效果如图 3.34 所示。

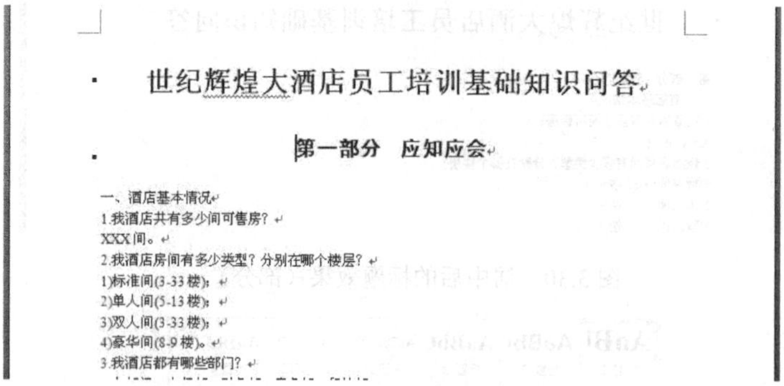

世纪辉煌大酒店员工培训基础知识问答

第一部分　应知应会

一、酒店基本情况
1.我酒店共有多少间可售房？
XXX 间。
2.我酒店房间有多少类型？分别在哪个楼层？
1)标准间(3-33 楼)；
2)单人间(5-13 楼)；
3)双人间(3-33 楼)；
4)豪华间(8-9 楼)。
3.我酒店都有哪些部门？

图 3.33　居中后的标题效果（部分）

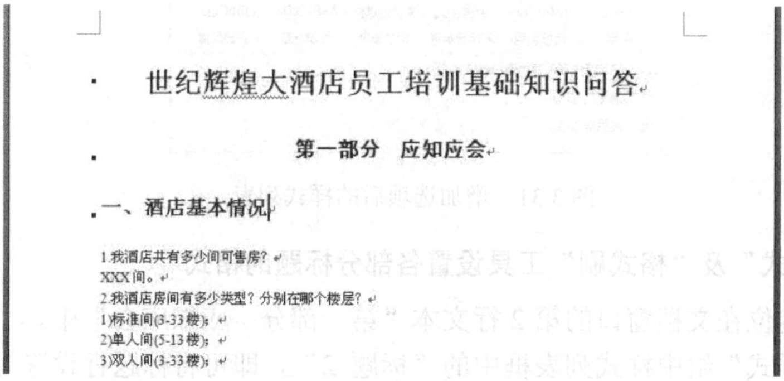

世纪辉煌大酒店员工培训基础知识问答

第一部分　应知应会

一、酒店基本情况

1.我酒店共有多少间可售房？
XXX 间。
2.我酒店房间有多少类型？分别在哪个楼层？
1)标准间(3-33 楼)；
2)单人间(5-13 楼)；
3)双人间(3-33 楼)；

图 3.34　应用“标题 3”样式后的标题效果（部分）

（3）双击“剪贴板”组中的“格式刷”工具按钮 格式刷，然后将鼠标移动至其他每个需要设置为“标题 3”格式的文本行前，并单击一下鼠标，即可将“标题 3” 预设好的格式应用到所有被单击的文本行。

（4）再次单击“剪贴板”组中的“格式刷”工具按钮 格式刷，释放“格式刷”工具。

7．为文档插入页码，并设置其格式

（1）切换至“插入”选项卡，单击“页眉和页脚”组中的“页码”按钮，在弹出菜单中选择“页面底端”/“普通数字 2”，如图 3.35 所示。

（3）单击“页眉和页脚”组中的“页码”按钮，在弹出菜单中单击“设置页码格式(F)…”命令，系统弹出“页码格式”对话框，单击调整“页码编排”选项组中的“起始页码”选项为“0”，如图 3.36 所示，然后单击“确定”按钮，关闭对话框。即可为文档插入从“0”页开始的页码，如图 3.37 所示，这就为插入目录后正文的页码从第 1 页开始编排做好了准备。

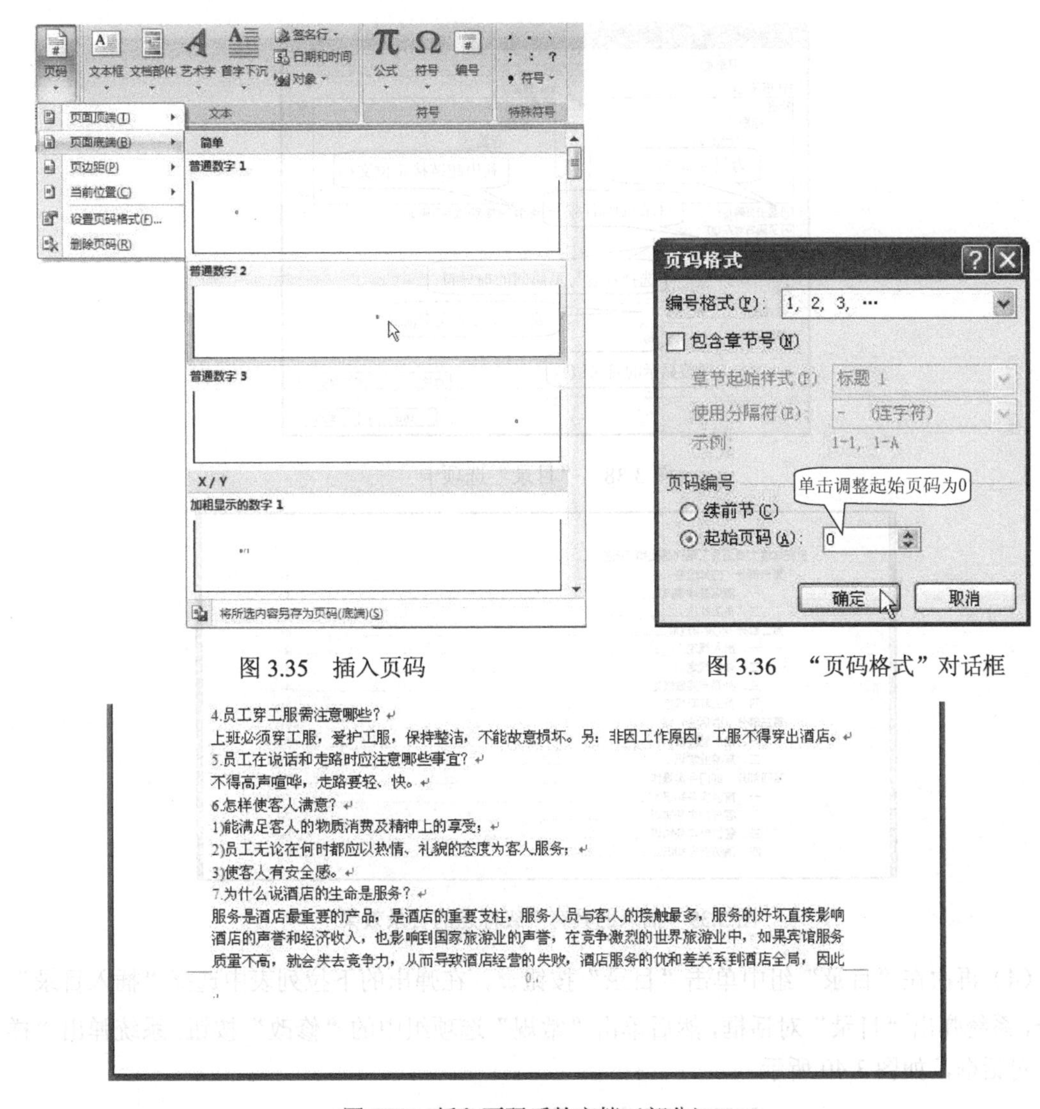

图 3.35 插入页码

图 3.36 “页码格式”对话框

4.员工穿工服需注意哪些？

上班必须穿工服，爱护工服，保持整洁，不能故意损坏。另：非因工作原因，工服不得穿出酒店。

5.员工在说话和走路时应注意哪些事宜？

不得高声喧哗，走路要轻、快。

6.怎样使客人满意？

1)能满足客人的物质消费及精神上的享受；

2)员工无论在何时都应以热情、礼貌的态度为客人服务；

3)使客人有安全感。

7.为什么说酒店的生命是服务？

服务是酒店最重要的产品，是酒店的重要支柱，服务人员与客人的接触最多，服务的好坏直接影响酒店的声誉和经济收入，也影响到国家旅游业的声誉，在竞争激烈的世界旅游业中，如果宾馆服务质量不高，就会失去竞争力，从而导致酒店经营的失败，酒店服务的优和差关系到酒店全局，因此

0

图 3.37 插入页码后的文档（部分）

8．为文档插入目录，并修改其样式

（1）按下快捷键 Ctrl+Home，将光标定位到文档的起始位置。

（2）切换到“页面布局”选项卡，在“页面设置”组中单击“分隔符”按钮 分隔符，在弹出的下拉菜单中选择“分页符”，即可在文档的起始位置插入一个分页符，这样可以保证将目录与正文分隔开。

（3）切换到“引用”选项卡，在“目录”组中单击“目录”按钮 目录，在弹出的下拉列表中选择“插入目录”命令，系统弹出“目录”对话框，设置各选项如图 3.38 所示，然后单击“确定”按钮，关闭对话框，即可在文档起始位置插入一个具有三级标题的目录，效果如图 3.39 所示。

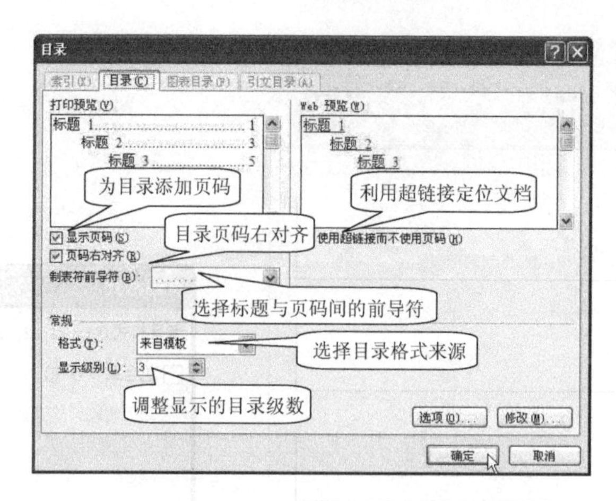

图 3.38 “目录”选项卡

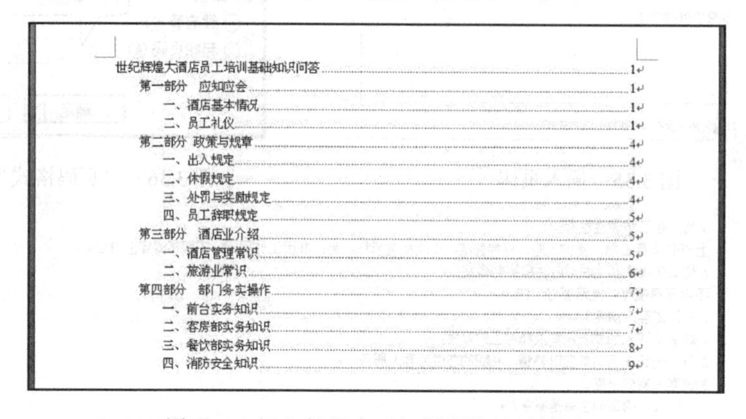

世纪辉煌大酒店员工培训基础知识问答......1
第一部分 应知应会......1
一、酒店基本情况......1
二、员工礼仪......1
第二部分 政策与规章......4
一、出入规定......4
二、休假规定......4
三、处罚与奖励规定......4
四、员工辞职规定......5
第三部分 酒店业介绍......5
一、酒店管理常识......5
二、旅游业常识......6
第四部分 部门务实操作......7
一、前台实务知识......7
二、客房部实务知识......7
三、餐饮部实务知识......8
四、消防安全知识......9

图 3.39 插入的具有三级标题的目录效果

（4）再次在“目录”组中单击“目录”按钮，在弹出的下拉列表中选择“插入目录”命令，系统弹出“目录”对话框，然后单击“常规”选项组中的“修改”按钮，系统弹出“样式”对话框，如图 3.40 所示。

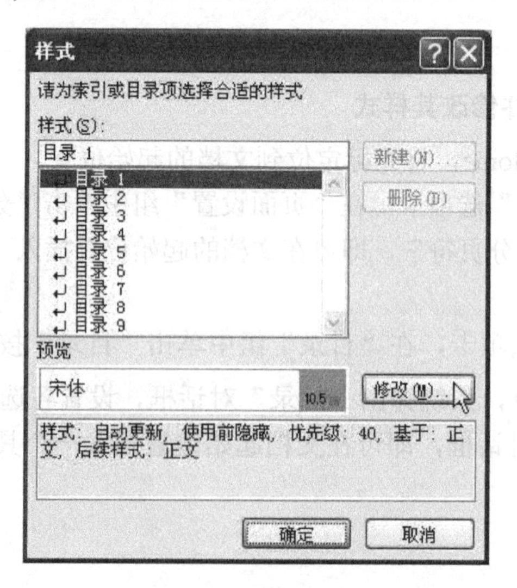

图 3.40 “样式”对话框

（5）在“样式”对话框中，选择“样式”列表框中的“目录1”选项，然后单击“修改”按钮，系统弹出“修改样式”对话框。

（6）在“修改样式”对话框中，设置“格式”选项组中的“字体”选项为“宋体”，“字号”选项为“小二”，单击“加粗”按钮 B 和“居中”对齐方式按钮，其他选项保持不变，如图3.41所示，然后单击“确定”按钮，关闭“修改样式”对话框，即可完成目录中一级标题样式的修改，并返回“样式”对话框。

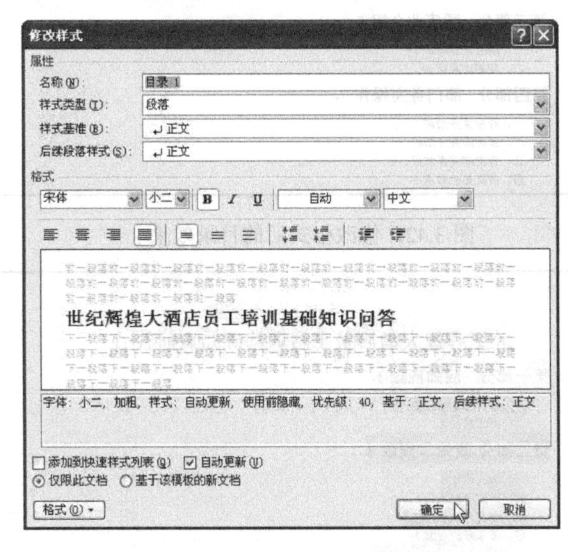

图3.41 “修改样式”对话框

（7）在“样式”对话框中，选择“样式”列表框中的“目录2”选项，然后单击“修改”按钮，并在“修改样式”对话框的“格式”选项组中设置“字体”为“宋体”，“字号”为“小三”，选择“加粗”按钮 B，其他选项保持不变，然后单击“确定”按钮，关闭对话框，即可完成目录中二级标题样式的修改，并返回“样式”对话框。

（8）在“样式”对话框中，单击“样式”列表框中的“目录3”选项，然后单击“修改”按钮，并在“修改样式”对话框的“格式”选项组中设置“字体”为“宋体”，“字号”为“五号”，单击 “倾斜”按钮 I，其他选项保持不变，然后单击“确定”按钮，关闭对话框，即可完成目录中三级标题样式的修改，并返回“样式”对话框。

（9）依次单击“样式”及“目录”对话框中的“确定”按钮，关闭这两个对话框，完成目录格式的修改操作，修改后的目录效果如图3.42所示。

9．利用超级链接定位文档

由于在如图3.38所示的“目录”对话框中选中了“使用超链接而不使用页码”复选框，将鼠标指针移动到目录上时，屏幕上将显示“当前文档 按住 Ctrl 并单击可访问链接”（超链接就是带有颜色和下划线的文字或图形，单击后可以转向文件内、本机其他文件或互联网中的某个文件或网页的某个位置），如果按照屏幕提示按住键盘中的 Ctrl 键时，鼠标指针将变成状，如图 3.43 所示，此时单击鼠标，即可利用超链接快速将光标定位到文档中的标题位置。

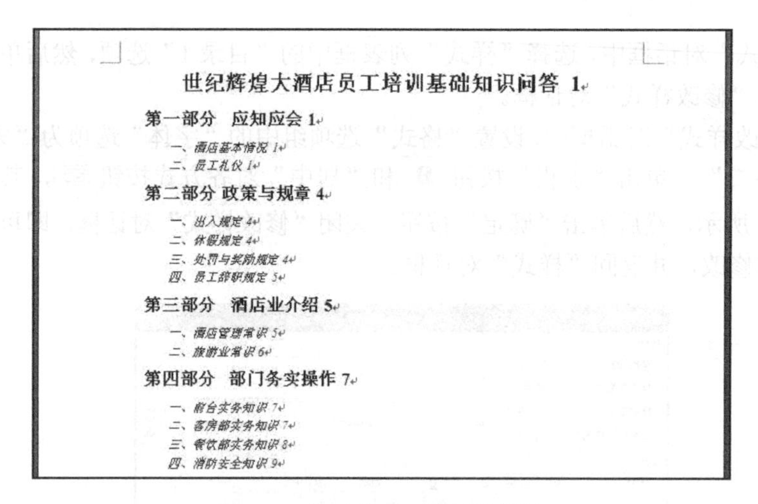

世纪辉煌大酒店员工培训基础知识问答 1

第一部分 应知应会 1

一、酒店基本情况 1

二、员工礼仪 1

第二部分 政策与规章 4

一、出入规定 4

二、休假规定 4

三、处罚与奖励规定 4

四、员工辞职规定 5

第三部分 酒店业介绍 5

一、酒店管理常识 5

二、旅游业常识 6

第四部分 部门务实操作 7

一、前台实务知识 7

二、客房部实务知识 7

三、餐饮部实务知识 8

四、消防安全知识 9

图 3.42 修改格式后的目录效果

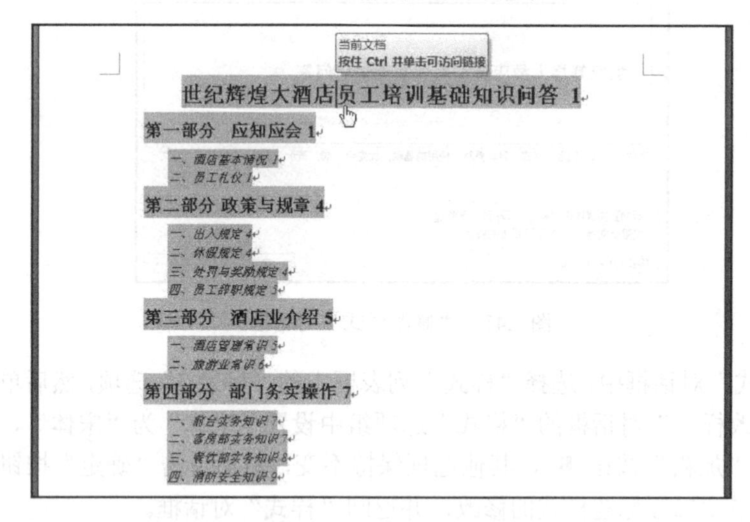

世纪辉煌大酒店员工培训基础知识问答 1

第一部分 应知应会 1

一、酒店基本情况 1

二、员工礼仪 1

第二部分 政策与规章 4

一、出入规定 4

二、休假规定 4

三、处罚与奖励规定 4

四、员工辞职规定 5

第三部分 酒店业介绍 5

一、酒店管理常识 5

二、旅游业常识 6

第四部分 部门务实操作 7

一、前台实务知识 7

二、客房部实务知识 7

三、餐饮部实务知识 8

四、消防安全知识 9

图 3.43 文档中的超链接

10. 后期处理及文件保存

（1）单击工具栏中的“保存”按钮，对文档进行保存。

（2）退出并关闭 Word 2007 中文版。

本案例通过“世纪辉煌大酒店员工培训基础知识问答”的设计和制作过程，主要学习了 Word 2007 中文版软件提供的利用样式设置文本格式、插入和修改页码、插入和修改目录样式等操作的方法和技巧。其中关键之处在于，利用 Word 2007 的样式设置文本格式，并为文档插入目录。

利用类似本案例的方法，可以非常方便地完成各种长文档及其目录的编辑和设置任务。

3.3 制作考试试卷

经过一段时间的培训和学习，往往需要借助于考试这种我们再熟悉不过的手段来检验培训和学习的效果，同时考试也有利于及时发现不足之处。那么，教师就需要根据教学和培训的进度、情况来编排难度和水平适中的考试卷。各类试卷的格式大致相近，一般都包括以下几部分：卷头、试卷的名称和试卷的内容等。试卷内容除了包括一些文字、数字、字母信息外，一般还会包括各种公式、图形图像等特殊信息。

利用 Word 2007 中文版软件的模板、分栏、插入公式和绘图等功能，可以非常方便、快捷地制作完成如图 3.44 所示的“世纪辉煌大酒店员工培训阶段测试试卷”效果。

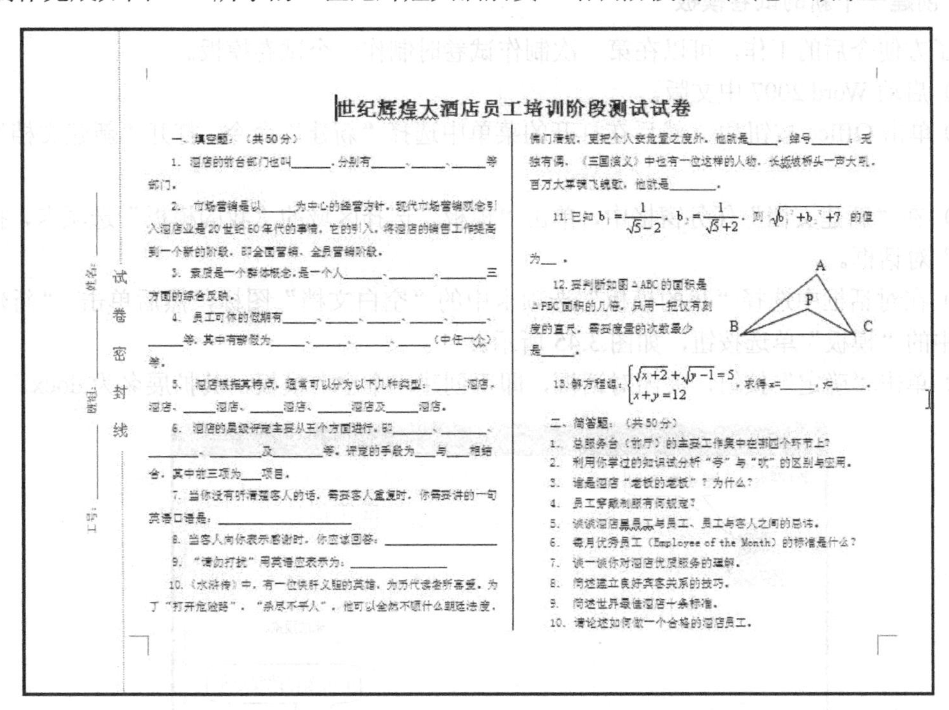

姓名：______ 班级：______ 工号：______

试卷密封线

世纪辉煌大酒店员工培训阶段测试试卷

一、填空题：（共50分）

1. 酒店的前台部门也叫______，分别有______、______、______等部门。

2. 市场营销是以______为中心的经营方针，现代市场营销观念引入酒店业是20世纪60年代的事情，它的引入，将酒店的销售工作提高到一个新的阶段，即全面营销、全员营销阶段。

3. 素质是一个群体概念，是一个人______、______、______三方面的综合反映。

4. 员工可休的假期有______、______、______、______、______、______等，其中有薪假为______、______、______、______（中任一个）等。

5. 酒店根据其特点，通常可以分为以下几种类型：______酒店、______酒店、______酒店、______酒店、______酒店及______酒店。

6. 酒店的星级评定主要从三个方面进行，即______、______、______、______及______等，评定的手段为___与___相结合，其中前三项为___项目。

7. 当你没有听清楚客人的话，需要客人重复时，你需要讲的一句英语口语是：______________

8. 当客人向你表示感谢时，你应该回答：______________

9. “请勿打扰”用英语应表示为：______________

10. 《水浒传》中，有一位侠肝义胆的英雄，为历代读者所喜爱。为了“打开危险路”，“杀尽不平人”，他可以全然不顾什么朝廷法度，佛门清规，更把个人安危置之度外，他就是______，绰号______；无独有偶，《三国演义》中也有一位这样的人物，长坂坡桥头一声大吼，百万大军吓飞魂散，他就是______。

11. 已知 $b_1=\frac{1}{\sqrt{5}-2}$，$b_2=\frac{1}{\sqrt{5}+2}$，则 $\sqrt{b_1^2+b_2^2+7}$ 的值为___。

12. 要判断如图 △ABC 的面积是 △PBC 面积的几倍，只用一把仅有刻度的直尺，需要度量的次数最少是______。

13. 解方程组：$\begin{cases}\sqrt{x+2}+\sqrt{y-1}=5\\ x+y=12\end{cases}$，求得 x=______，y=______。

二、简答题：（共50分）

1. 总服务台（前厅）的主要工作集中在哪四个环节上？
2. 利用你学过的知识试分析“夸”与“吹”的区别与应用。
3. 谁是酒店“老板的老板”？为什么？
4. 员工穿戴制服有何规定？
5. 谈谈酒店员工与员工、员工与客人之间的忌讳。
6. 每月优秀员工（Employee of the Month）的标准是什么？
7. 谈一谈你对酒店优质服务的理解。
8. 简述建立良好宾客关系的技巧。
9. 简述世界最佳酒店十条标准。
10. 请论述如何做一个合格的酒店员工。

图 3.44 “世纪辉煌大酒店员工培训阶段测试试卷”效果图

分组对案例进行讨论和分析，得出如下解题思路：

（1）创建一个新的试卷模板。

（2）设置试卷模板的页面。

（3）对页面进行分栏。

（4）利用绘图工具及文本框绘制黑色点线状密封线。

（5）利用文本框添加密封线内的文字信息。

（6）输入试卷标题文本，并设置其格式。

（7）输入试卷题目，并设置其格式。

（8）保存试卷模板。

（9）利用试卷模板生成一份试卷。

（10）利用“公式”工具栏输入数学常用符号。

（11）利用绘图工具和文本框绘制数学图形。

（12）后期处理及文件保存。

根据以上解题思路，完成“世纪辉煌大酒店员工培训阶段测试试卷”制作的具体操作如下：

1．创建一个新的试卷模板

为了方便今后的工作，可以在第一次制作试卷时制作一个试卷模板。

（1）启动 Word 2007 中文版。

（2）单击 Office 按钮，然后在打开的菜单中选择“新建”命令，打开“新建文档”任务窗格。

（3）在“新建文档”任务窗格中，单击“模板”选择区域的“我的模板”选项卡，打开“新建”对话框。

（4）在对话框中选择“我的模板”选项卡中的“空白文档”图标，然后单击 “新建”选项组中的“模板”单选按钮，如图 3.45 所示。

（5）单击“确定”按钮，关闭对话框，即可创建一个空白模板，其扩展名为.docx。

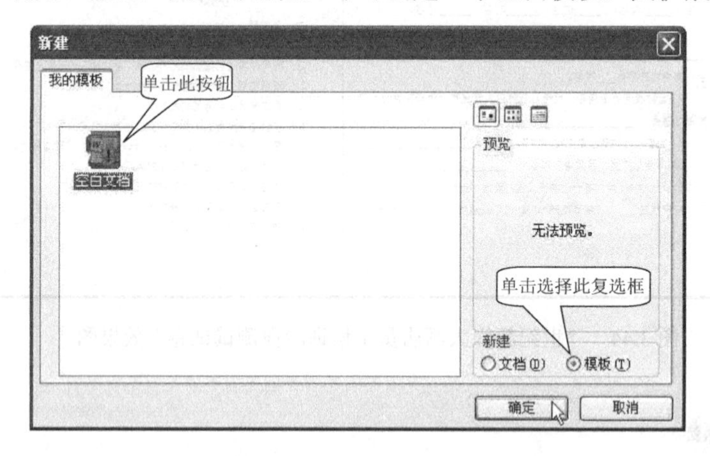

图 3.45 “新建”对话框

2．设置试卷模板的页面

（1）切换至“页面布局”选项卡，单击“页面设置”组中的“对话框启动器”按钮，系统弹出 “页面设置”对话框。

（2）在该对话框中，选择“页边距”选项卡，然后将“上”、“下”、“右”边距均设置为“1.8 厘米”，“左”边距设置为“4 厘米”（左边用于放置卷头信息，所以左边距需要稍宽一些），单击“横向”图标，如图 3.46 所示。

（3）其他选项保持不变，然后单击“确定”按钮，关闭对话框，完成页面的设置操作。

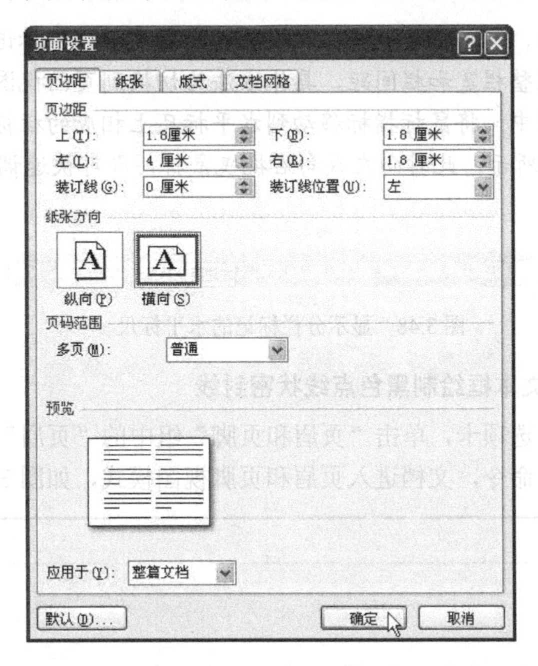

图 3.46　“页面设置”/“页边距”选项卡及其选项设置

3. 对页面进行分栏

（1）单击“页面设置”组中的“分栏”按钮，然后在弹出的下拉列表中选择“更多分栏”命令，系统弹出“分栏”对话框。

（2）在该对话框中，选择“预设”选项组中的“两栏”图标，或单击“栏数”列表框右侧的向上/向下三角按钮，将数字调整为“2”，然后单击“宽度和间距”选项组中“1栏”“间距”列表框右侧的向上/向下三角按钮，将其调整为“3 字符”，“宽度”列表框中的数值将随之自动调整，最后选中“分隔线”复选框，如图 3.47 所示。

（3）单击“确定”按钮，关闭对话框，即可将页面分为两栏。

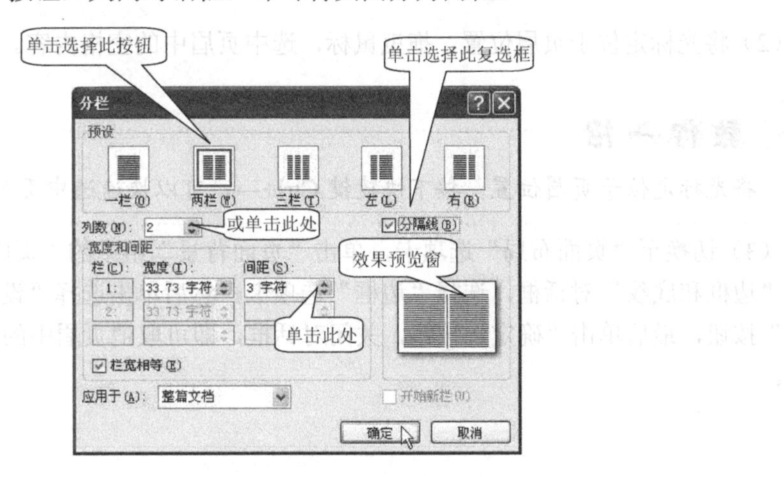

图 3.47　“分栏”对话框及其选项设置

对页面进行分栏后，水平标尺也将按照设置的栏数显示分栏标记，可以通过这些分栏标记快速而直观地调整栏宽和栏间距，具体方法为切换到页面视图模式下；将光标定位在需要进行调整的栏中；将鼠标指标移动到水平标尺上相应的栏标记上，鼠标指针变成↔形状，如图 3.48 所示，此时向左或向右拖曳鼠标，即可快速调整栏宽和栏间距。

图 3.48　显示分栏标记的水平标尺

4．利用绘图工具及文本框绘制黑色点线状密封线

（1）切换至“插入”选项卡，单击“页眉和页脚”组中的“页眉”按钮，在弹出的下拉列表中选择“编辑页眉”命令，文档进入页眉和页脚视图模式，如图 3.49 所示。

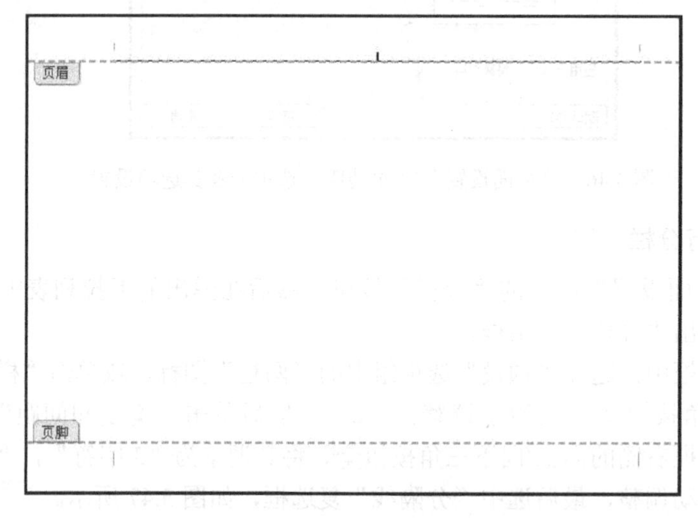

图 3.49　页眉和页脚视图模式

（2）将光标定位于页眉位置，拖曳鼠标，选中页眉中的空格内容。

将光标定位于页眉位置，按下快捷键 Ctrl+→，可以快速选中页眉中的空格内容。

（3）切换至“页面布局”选项卡，单击“页面背景”组中的“页面边框”按钮，系统弹出“边框和底纹”对话框，选择“边框”选项卡，然后单击选择“设置”选项组中的“无”按钮，最后单击“确定”按钮，关闭对话框，即可取消页眉中的横线，效果如图 3.50 所示。

图 3.50 删除页眉中的横线

（4）使文档继续处于页眉和页脚视图模式，切换至“插入”选项卡，单击“插图”组中的“形状”按钮，系统弹出“形状”下拉列表，如图 3.51 所示。

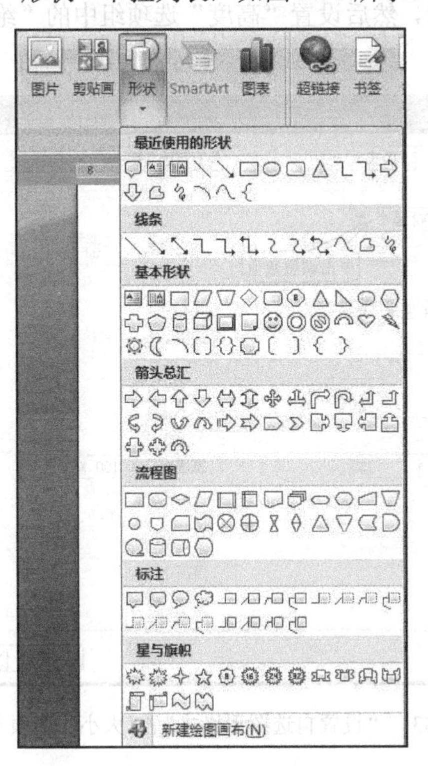

图 3.51 “形状”下拉列表

（5）单击“绘图”工具栏中的“直线”按钮＼，在页面左侧从上向下拖曳鼠标，绘制一条垂直直线。

（6）选中直线，切换至“绘图工具”下的“格式”选项卡，单击“形状样式”组中的“对话框启动器”按钮，系统弹出“设置自选图形格式”对话框。

（7）在该对话框中，选择“颜色与线条”选项卡，然后设置“线条”选项组的“颜色”

为黑色，“虚实”为圆点，“粗细”为“1 磅”，如图 3.52 所示。

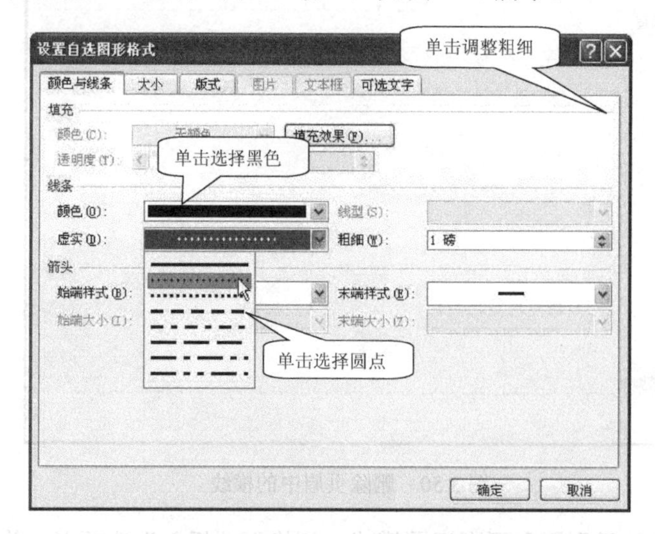

图 3.52 “设置自选图形格式”/“颜色与线条”选项卡

（8）选择“大小”选项卡，然后设置“高度”选项组中的“绝对值”为“21 厘米”，如图 3.53 所示。

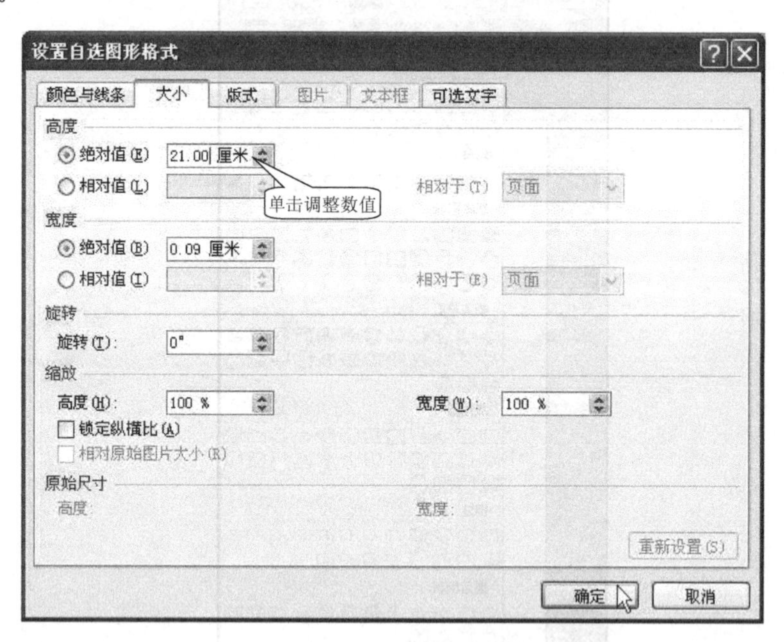

图 3.53 “设置自选图形格式”/“大小”选项卡

（9）单击“确定”按钮，关闭对话框，即可在页面左侧添加一条黑色点线。

（10）使绘制的黑的点线处于选中状态，然后利用鼠标将其拖曳到合适的位置，效果如图 3.54 所示。

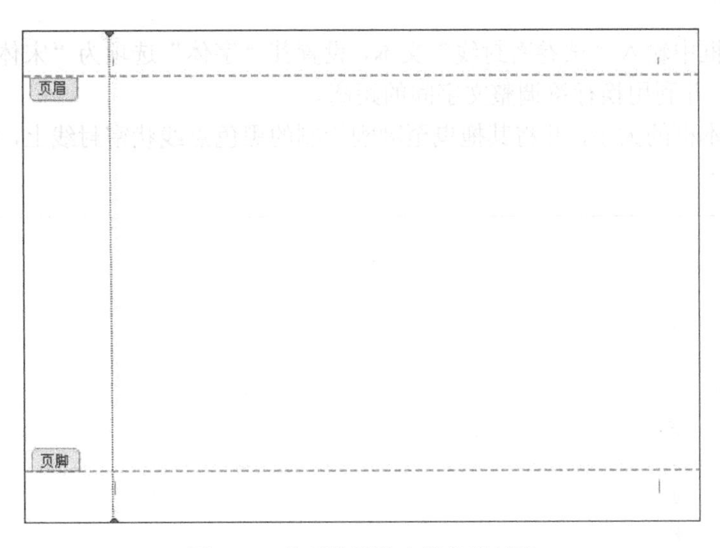

图 3.54 绘制的黑色点线状密封线

选中图形后，利用键盘中的光标键可以快速调整图形的位置。

（11）切换到“插入”选项卡，单击“文本”组中的“文本框”按钮，并在打开的下拉列表中选择“绘制文本框”，然后在页面中拖曳鼠标绘制一个横排文本框，选中该文本框，接着单击鼠标右键，并从快捷菜单中选择“设置文本框格式”命令，系统弹出“设置文本框格式”对话框。

（12）在该对话框中，选择“颜色与线条”选项卡，然后设置“填充”选项组中的“颜色”选项为白色，设置“线条”选项组中的“颜色”为“无线条颜色”，如图 3. 55 所示。

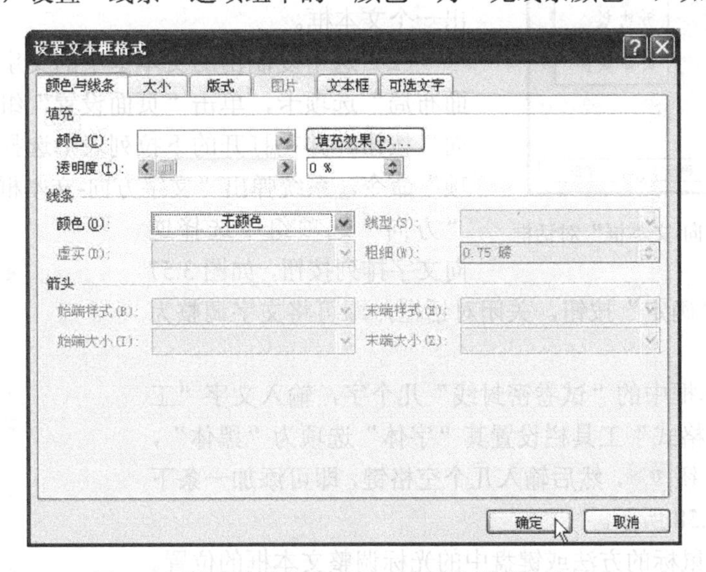

图 3.55 “设置文本框格式”/“颜色与线条”选项卡

（13）单击“确定”按钮，关闭“设置文本框格式”对话框。

（14）在文本框中输入“试卷密封线”文本，设置其“字体”选项为“宋体”，“字号”选项为“四号”，并利用换行符调整文字间的距离。

（15）调整文本框的大小，并将其拖曳至刚刚绘制的黑色点线状密封线上，效果如图 3.56 所示。

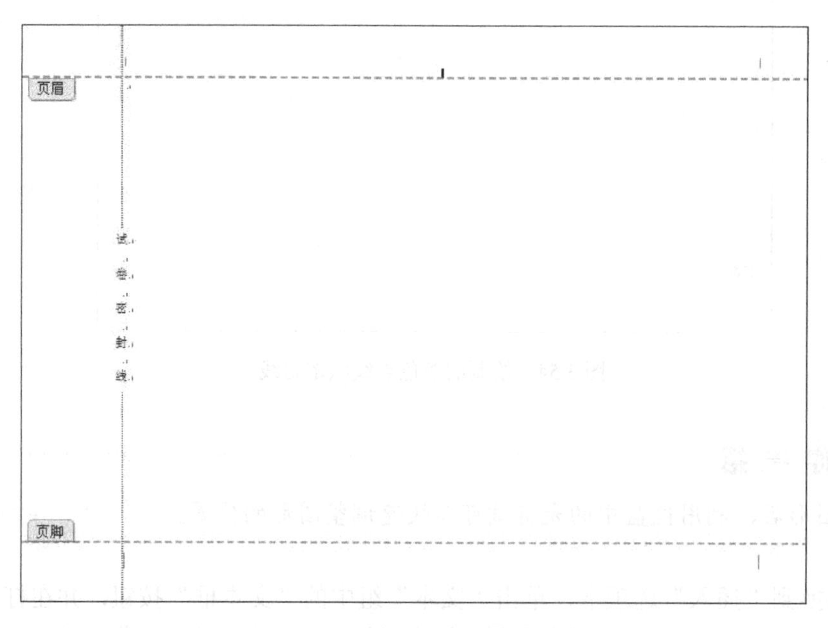

图 3.56　添加文字后的密封线

5．利用文本框添加密封线内的文字信息

（1）继续使刚刚插入的文本框处于选中状态，并在按住键盘中的 Ctrl 键的同时，拖曳鼠标，即可复制出一个文本框。

（2）选中复制出的文本框中的文字，切换至“页面布局”选项卡，单击“页面设置”组中的“文字方向”按钮，并在打开的下拉列表中选择“文字方向选项”命令，系统弹出“文字方向-文本框”对话框，在“方向”选项组中选择逆向文字排列按钮，如图 3.57 所示，然后单击“确定”按钮，关闭对话框，即可将文字调整为逆向排列效果。

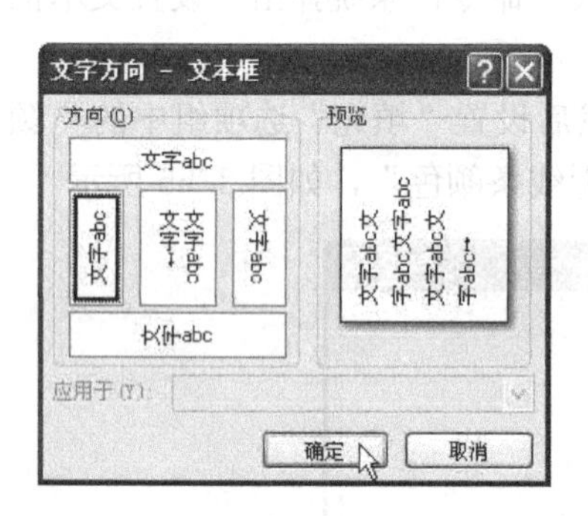

图 3.57　“文字方向-文本框”对话框

（3）删除文本框中的“试卷密封线”几个字，输入文字“工号：”，并通过“格式”工具栏设置其“字体”选项为“黑体”，选中“下划线”按钮 U ，然后输入几个空格键，即可添加一条下划线，效果如图 3.58 所示。

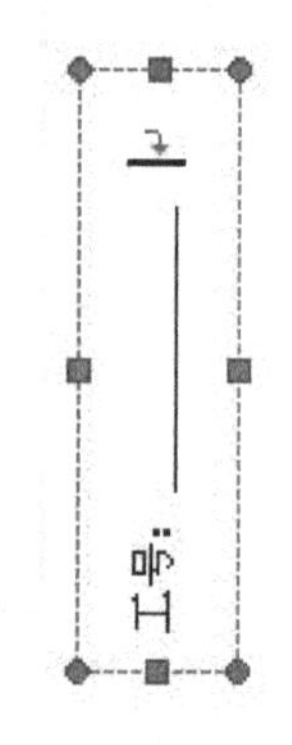

图 3.58　逆向排列的文本框

（4）利用拖曳鼠标的方法或键盘中的光标调整文本框的位置。

（5）选中刚刚插入的“工号”文本框，然后在按住键盘中的 Ctrl 键的同时，拖曳鼠标，复制出两个文本框，并将其中的文本修改为“班组”和“姓名”。

（6）调整3个文本框的位置，使其处于一条垂直直线上，效果如图3.59所示。

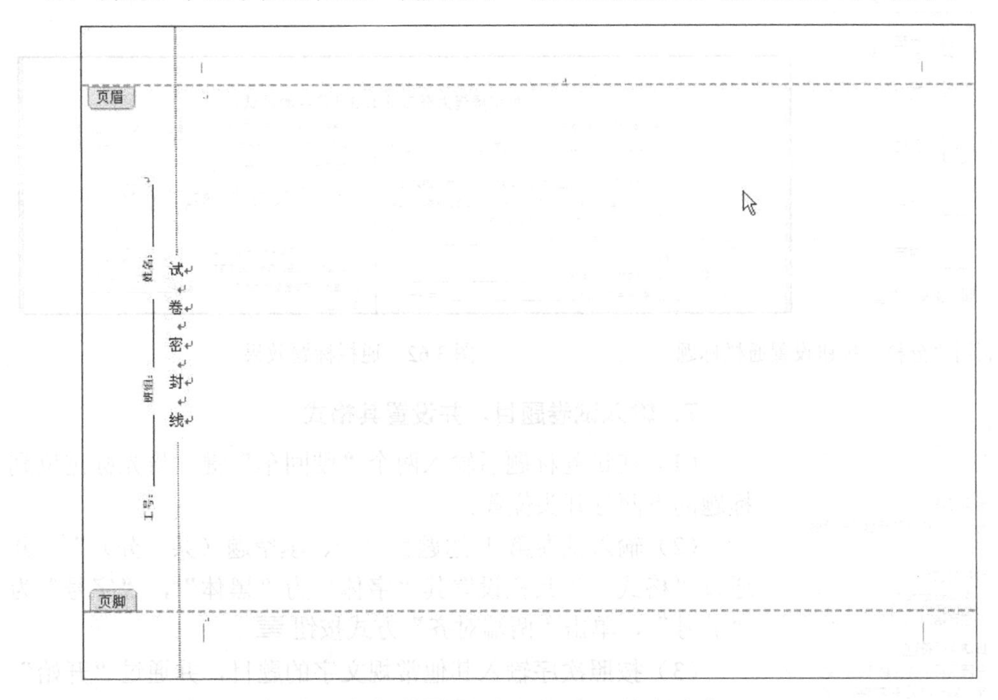

图3.59 利用文本框添加的密封线内的文本

6. 输入试卷标题文本，并设置其格式

（1）在“页眉页脚工具”下，单击“设计”选项卡中的“关闭页眉页脚”按钮，或切换至“视图”选项卡，单击“文档视图”组中的“页面视图”按钮，切换至页面视图模式。

（2）选择自己习惯的输入法，在文档窗口的第1行输入试卷标题文本“世纪辉煌大酒店员工培训阶段测试试卷”，并通过“格式”工具栏设置其“字体”为“宋体”，“字号”为“小二”，单击“加粗”按钮 B 和“居中”对齐方式按钮 ≡，如图3.60所示。

世纪辉煌大酒店员工培训阶段测试试卷

图3.60 输入试卷标题，并设置其格式

将标题设置为通栏标题的操作为，首先切换到页面视图模式，然后选中标题，切换至“页面布局”选项卡，单击“页面设置”组中的 “分栏”按钮，系统弹出“分栏控制面板”，选择“1栏”，如图3.61所示，即可将标题设置为通栏效果，如图3.62所示。

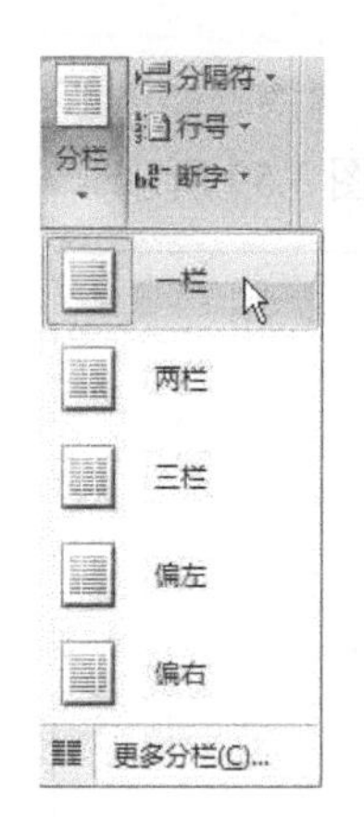

图 3.61　利用“分栏”按钮设置通栏标题

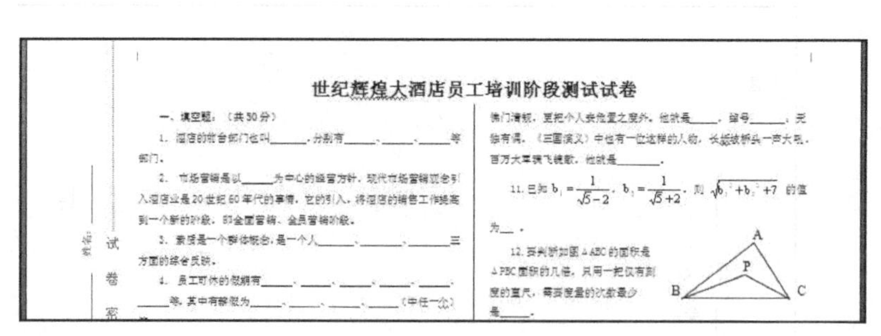
世纪辉煌大酒店员工培训阶段测试试卷

图 3.62　通栏标题效果

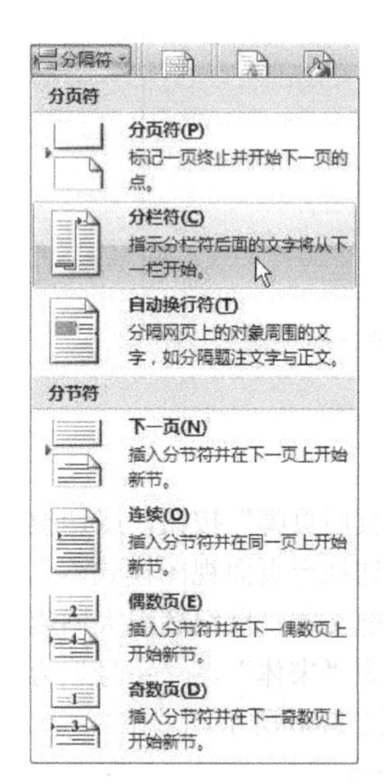

图 3.63　“分栏符”对话框

7．输入试卷题目，并设置其格式

（1）在试卷标题后输入两个“硬回车”键，将光标定位到标题的下两行开头位置。

（2）输入试卷第 1 题题目“一、填空题（共　分）”，并通过“格式”工具栏设置其“字体”为“黑体”，“字号”为“五号”，单击“两端对齐”方式按钮。

（3）按照次序输入其他常规文字的题目，并通过“开始”选项卡中的“字体”组设置其“字体”为“宋体”，“字号”为“五号”。

（4）通常情况下，在分栏版式中输入文本总是按照自动从左至右的顺序依次填充各栏，如果需要强行地使某段文本从新的一栏开始，可以借助分栏符实现：将光标定位在需要插入分栏符的位置，然后切换至“页面布局”选项卡，单击“页面设置”组中的“分隔符”按钮分隔符，在打开的下拉列表中选择“分栏符”命令，如图 3.63 所示，即可在文本中光标所在位置强行插入一个分栏符。至此，已完成了试卷模板的制作，效果如图 3.64 所示。

将光标定位在需要插入分栏符的位置，然后按下快捷键 Ctrl+Shift+Enter，即可在光标所在位置快速强行地插入一个分栏符。

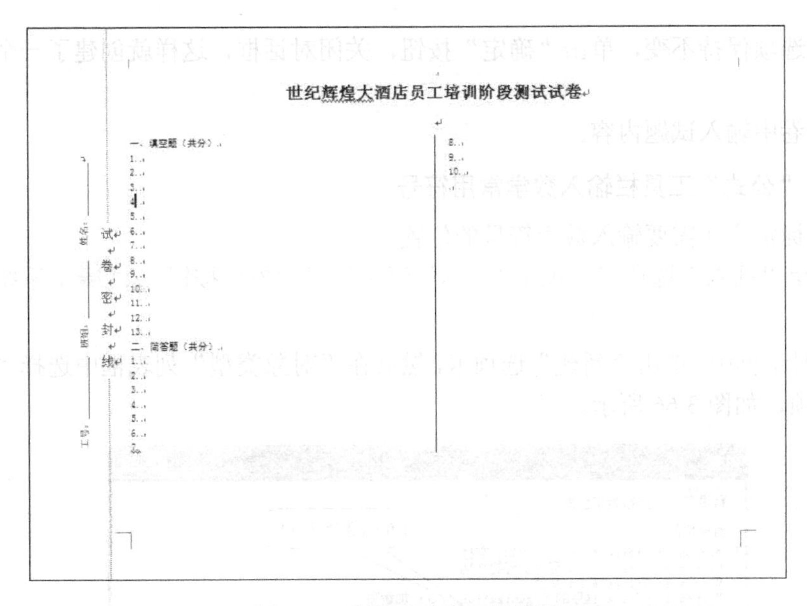

图 3.64 制作完成的试卷模板

8. 保存试卷模板

（1）单击“快速访问”工具栏中的“保存”按钮，系统弹出“另存为”对话框。

（2）在对话框的“文件名”文本输入框中输入“世纪辉煌大酒店员工培训测试试卷模板”，并从“保存类型”下拉列表框中选择“Word 模板”选项。

（3）单击“确定”按钮，关闭对话框，即可将该试卷模板保存为“世纪辉煌大酒店员工培训测试试卷模板.docx”。

（4）单击“标题栏”右侧的“关闭”按钮 x ，关闭试卷模板文件。

9. 利用试卷模板生成一份试卷

（1）单击 Office 按钮，然后在打开的菜单中选择“新建”命令，系统打开“新建文档”任务窗格。

（2）在“新建文档”任务窗格单击“模板”选择区域的“我的模板”选项，打开“新建”对话框。

（3）在该对话框中，选择“世纪辉煌大酒店员工培训测试试卷模板”图标，如图 3.65 所示。

图 3.65 “新建”/“我的模板”选项卡

（4）其他选项保持不变，单击“确定”按钮，关闭对话框，这样就创建了一个基于该模板的文档。

（5）在试卷中输入试题内容。

10．利用“公式”工具栏输入数学常用符号

（1）将光标定位在需要输入数学符号的位置。

（2）切换至“插入”选项卡，单击“文本”组中的“对象”按钮 对象，系统弹出“对象”对话框。

（3）在该对话框中，单击“新建”选项卡，然后在“对象类型”列表框中选择“Microsoft 公式 3.0”选项，如图 3.66 所示。

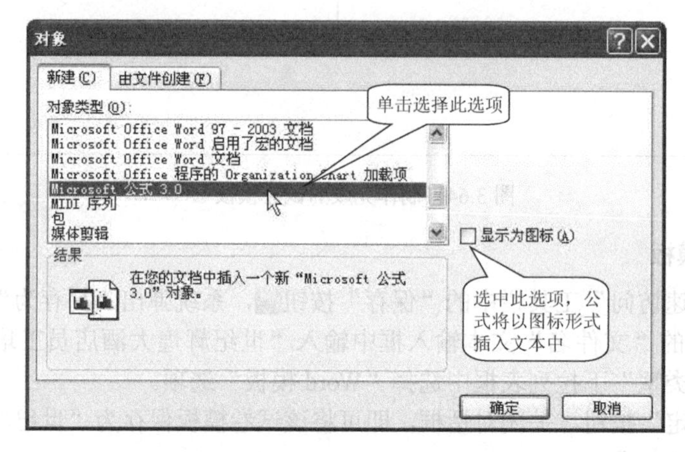

图 3.66　“对象”/“新建”选项卡

（4）其他选项保持不变，单击“确定”按钮，关闭对话框，屏幕上出现一个浮动的“公式”工具栏，如图 3.67 所示，同时菜单也随之发生变化，如图 3.68 所示。

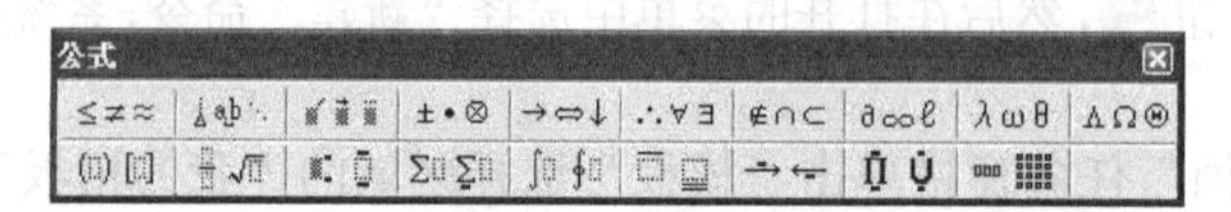

图 3.67　“公式”工具栏

文件(F)　编辑(E)　视图(V)　格式(T)　样式(S)　尺寸(Z)　窗口(W)　帮助(H)

图 3.68　公式编辑状态下的菜单状态

（5）在“公式”工具栏中几乎包括了所有的数学公式符号，以输入 $\frac{1}{\sqrt{5}-2}$ 为例，具体介绍一下利用“公式”工具栏输入数学公式的方法：首先单击“公式”工具栏中“分式和根号模板”按钮，并在弹出的面板中单击按钮，如图 3.69 所示，光标所在位置将出现公式编辑框，接着在分子位置单击输入数字“1”，并在分母位置单击输入“-2”，然后将光标定位到“-2”的前面，并单击面板中的按钮，最后在公式编辑框相应位置输入数字“5”，主要过程如图 3.70 所示。

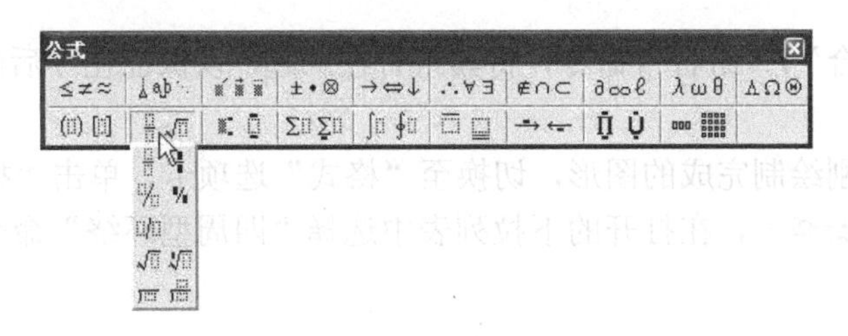

图 3.69 “公式”工具栏及其弹出式面板

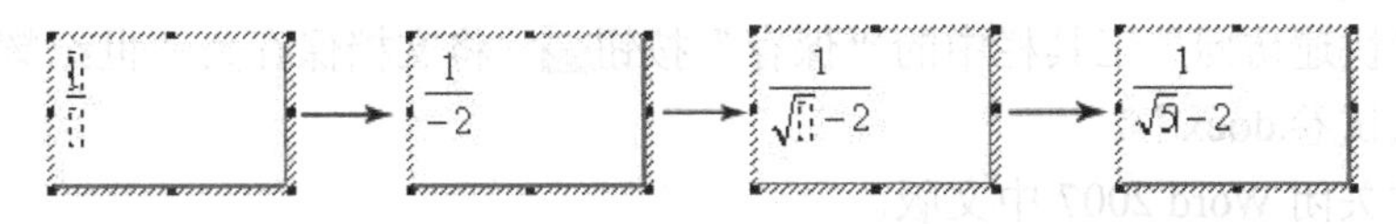

图 3.70 分式及根式的输入过程示例

（6）如果公式的大小不合适，可以通过菜单中的“尺寸”及其子菜单选项，来具体调整公式文字的大小。

11．利用插入选项卡中的形状和文本框绘制数学图形

（1）切换至“插入”选项卡，单击“插图”组中的“形状”按钮，在打开的下拉列表中系统提供了多种多样的图形，便于用户使用。

（2）以绘制三角形为例，具体介绍一下利用“形状”中的工具按钮绘制图形的方法：在下拉列表中先后3次单击“线条”/“直线”按钮，然后拖曳鼠标，绘制3条相交成三角形的直线。

（3）先后2次单击“线条”/“直线”按钮，然后拖曳鼠标，在三角形内部添加两条直线，这样就可以绘制两个同底的三角形。

（4）单击“文本”组中的“文本框”按钮，在打开的下拉列表中选择“绘制文本框”命令，在页面中拖曳鼠标绘制一个横排文本框，并通过“设置文本框格式”/“颜色与线条”选项卡设置文本框的填充颜色为“无填充颜色”，并设置文本框的线条颜色为“无线条颜色”，然后在文本框中输入字母“A”，并通过“格式”工具栏设置其“字体”选项为“宋体”，“字号”选项为“四号”，最后利用拖曳鼠标的方法或键盘中的光标键调整文本框的位置。

（5）继续使文本框处于选中状态，在按住键盘中的Ctrl键的同时，拖曳鼠标，复制出一个文本框，将其中的字母修改为“B”。

（6）利用同样的方法添加其他字母，具体过程如图3.71所示。

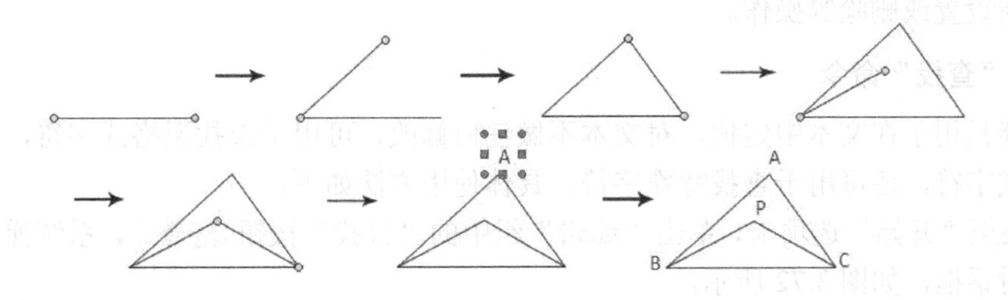

图 3.71 利用绘图工具和文本框绘制数学图形过程示例

（7）按住键盘中的Ctrl键的同时依次单击各条直线和各文本框，然后单击鼠标右键，在快捷菜单中选择“组合”/“组合”命令，将其组合在一起，以保证在今后的编辑过程中，将其作为一个整体处理。

（8）单击选中刚刚绘制完成的图形，切换至“格式”选项卡，单击“排列”组中的“文字环绕”按钮 文字环绕，在打开的下拉列表中选择“四周型环绕”命令，完成图形环绕方式的设置操作。

12. 后期处理及文件保存

（1）单击“快速访问”工具栏中的“保存”按钮，将文档保存为“世纪辉煌大酒店员工培训阶段测试试卷.docx”。

（2）退出并关闭 Word 2007 中文版。

本案例通过“世纪辉煌大酒店员工培训阶段测试试卷”的设计和制作过程，主要学习了 Word 2007 中文版软件提供的模版的创建和使用、页眉和页脚视图模式的编辑、分栏、公式编辑和绘图工具等的操作方法和技巧。其中关键之处在于，利用 Word 2007 的模板功能创建模板、利用页眉和页脚视图模式添加试卷密封线，并利用分栏功能对页面进行分隔，以及利用公式编辑器编辑公式等。

利用类似本案例的方法，可以非常方便地完成各种考试试卷的设计和制作任务，利用 Word 2007 的模板功能，还可以创建各种模板，以提高工作效率。

本章主要介绍了 Word 在员工培训教育领域的用途及利用 Word 完成具体案例任务的流程、方法和技巧。熟练掌握并灵活应用这些案例的制作过程，可以帮助我们解决员工培训教育工作中遇到的各种常见问题。

链接一　如何使用“查找”和“替换”命令

Word 提供了包括文字甚至文档格式在内的强大的查找和替换功能，利用查找和替换功能，可以快速定位文本、格式、特殊字符及其组合、特定的格式和样式等，并对其进行统一的替换、重新设置或删除等操作。

1. 使用“查找”命令

查找功能只用于在文本中定位，对文本不做任何修改，可用于查找无格式字符，也可用于查找带格式字符，还可用于查找特殊字符。具体使用方法如下：

（1）切换至“开始”选项卡，单击“编辑”组中的“查找”按钮 查找，系统弹出“查找和替换”对话框，如图 3.72 所示。

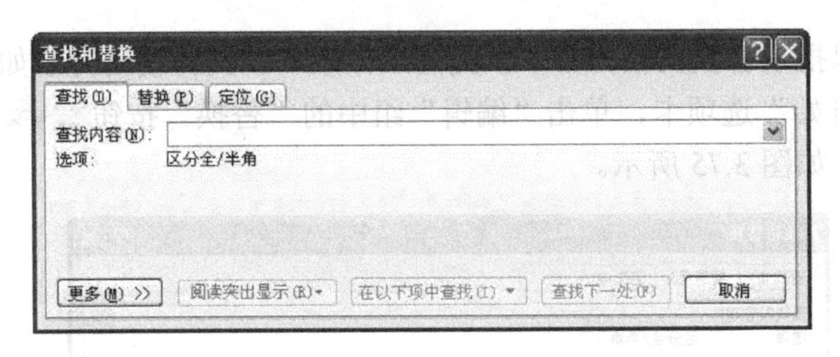

图 3.72 “查找和替换”/“查找”选项卡

（2）在该对话框中，单击“更少”按钮，将对话框的折叠部分展开，如图 3.73 所示。

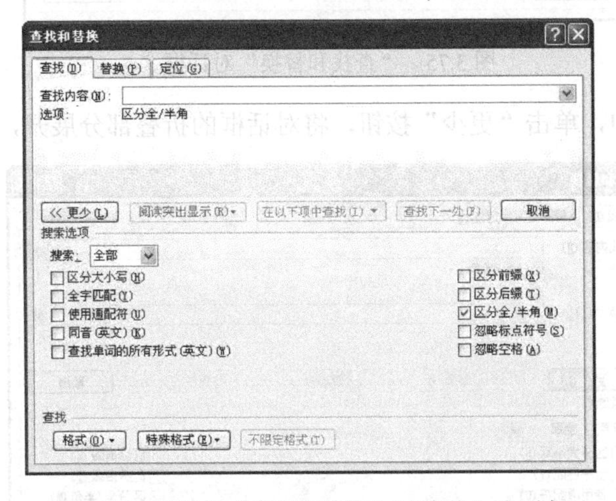

图 3.73 展开的“查找和替换”/“查找”选项卡

（3）在“查找内容”组合列表框中选择或输入查找内容，并在“搜索选项”选项组中的“搜索”下拉列表中选择搜索范围，并根据需要设置搜索复选框。

（4）如果只是查找无格式字符，此时单击对话框中的“查找下一处”按钮，Word 将按照设定的查找规则查找指定的文本，并反白显示所找到的第一个符合条件的文本内容，再次单击“查找下一处”按钮，可以继续查找。

（5）如果要查找有格式的文本，单击“格式”按钮，系统将弹出快捷菜单，如图 3.74 所示，从快捷菜单中选择“字体”命令，系统弹出“查找字体”对话框，在该对话框中设置“字体”、“字形”、“字号”、“字体颜色”等选项，最后单击“确定”按钮，返回到“查找和替换”对话框，此时，单击对话框中的“查找下一处”按钮，Word 将只查找文档中与查找内容及设置格式均相同的文本。

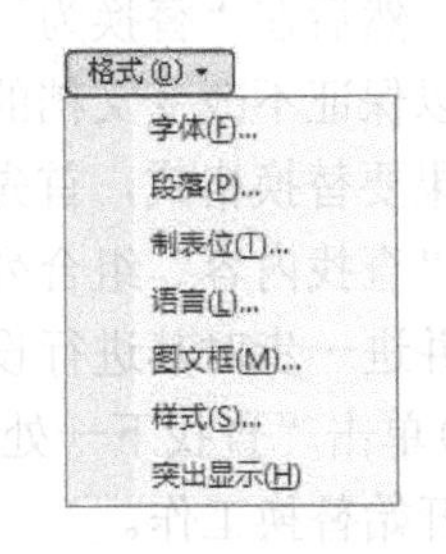

图 3.74 单击“格式”按钮弹出的快捷菜单

利用查找命令，还可以查找段落、制表位、语言、图文框、样式及特殊字符。

（6）单击“取消”按钮，关闭对话框，并返回文档编辑窗口。

2．使用“替换”命令

替换操作实际上是首先找到并删除符合条件的内容，并用新内容替代原有内容，利用

“替换”命令，可以批量替换文档内容，以提高工作效率。具体使用方法如下：

（1）切换至“开始”选项卡，单击“编辑”组中的“替换”按钮替换，系统弹出“查找和替换”对话框，如图 3.75 所示。

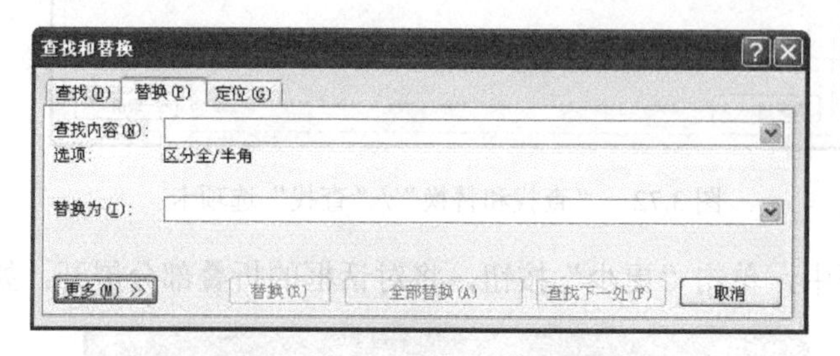

图 3.75　“查找和替换”对话框

（2）在该对话框中，单击“更少”按钮，将对话框的折叠部分展开，如图 3.76 所示。

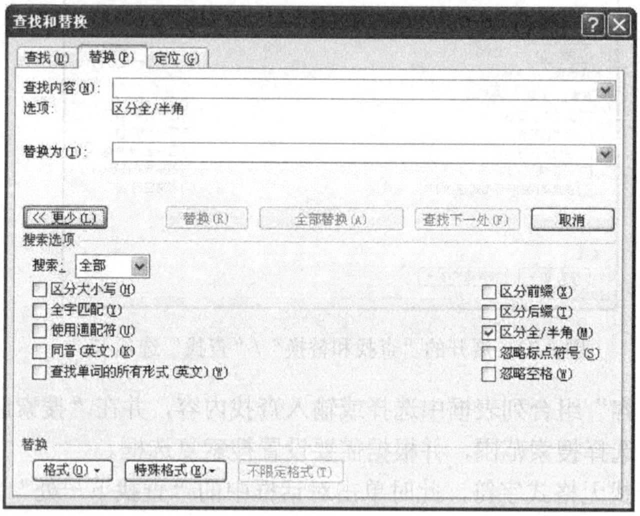

图 3.76　展开的“查找和替换”/“替换”选项卡

（3）如果要替换无格式的文本或字符，首先在“查找内容”组合列表框中选择或输入查找内容，然后在“替换为”组合列表框中选择或输入要替换的内容，并单击“不限定格式”按钮，以保证不改变文档的格式或样式。

如果要替换格式，首先清除“查找内容”和“替换为”组合列表框中的内容，并将光标定位在“查找内容”组合列表框中，然后单击“格式”按钮，从快捷菜单中选择需要替换的格式，并进一步对其进行设置。

（4）单击“查找下一处”按钮，找到第一个查找对象，然后单击“替换”或“全部替换”按钮，开始替换工作。

（5）单击“取消”按钮，关闭对话框，并返回文档编辑窗口。

Word 的“查找和替换”对话框属于伴随对话框，与普通对话框不同的是，当打开该对话框时，只要在文档中单击，即可在不关闭该对话框的情况下编辑和滚动文档。

链接二　如何控制文档的分页与分节

通常情况下，Word 会对文档进行自动分页，我们可以根据需要利用插入分页符的方法对文档进行强制分页，也可以通过插入分节符的方式，将文档分成多个节，并对不同的节应用不同的页眉/页脚、页面方向、文字方向或分栏版式等格式，从而使得文档的编排更加灵活、方便，以得到更加美观的版面效果。

1. 插入分页符或分节符

具体方法如下：

（1）将光标定位在文档中需要插入分页符或分节符的位置。

（2）切换至“页面版式”选项卡，单击“页面设置”组中的“分隔符”按钮，系统打开 “分页符”、“分节符”下拉列表，如图 3.77 所示。

（3）在下拉列表中选择需要插入的分隔符类型。

“分页符”： 在光标所在位置插入一个分页符，从而将光标之后的文本从新的一页开始。

“下一页”： 在光标所在位置插入一个分节符，从而将光标之后的文本从新的一页开始。

“连续”： 在光标所在位置插入一个分节符，并使得新节与其前面的一节共同处于当前页。

“偶数页”： 在光标所在位置插入一个分节符，并使得新节的文本显示或打印在下一偶数页上，如果该分节符位于偶数页上，则其下面的奇数页为一个空页。

“奇数页”： 在光标所在位置插入一个分节符，并使得新节的文本被显示或打印在下一奇数页上，如果该分节符位于奇数页上，则其下面的偶数页为一个空页。

（4）单击选择相对应命令，即可在光标所在位置插入选定的分隔符，并自动对文档重新进行编排。

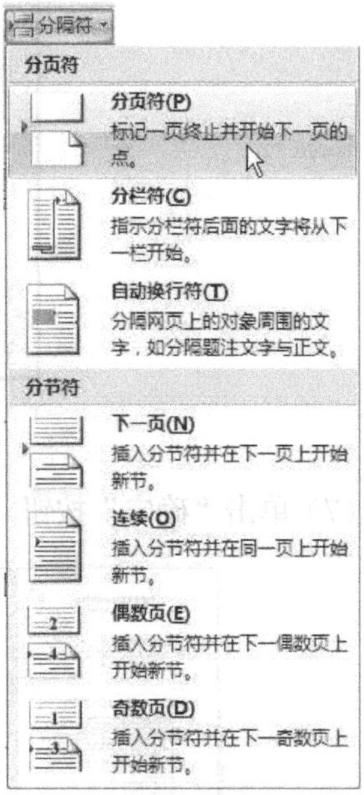

图 3.77 单击“分隔符”按钮后打开的下拉列表

2. 删除分页符或分节符

选中需要删除的分页符或分节符，然后按下 Delete 键，即可将其删除。

3. 利用分节符改变页面方向

在 Word 中，节是文档格式化的最大单元，利用将文档分隔成不同的节的方法，可以非常灵活地改变文档的页面方向，具体操作步骤如下：

（1）将光标定位在文档中需要改变页面方向的位置。

（2）切换至“页面版式”选项卡，单击“页面设置”组中的“分隔符”按钮，在打开的下拉列表中选择“下一页”命令，这样就在光标所在位置插入一个分节符，且分节符之后的文本被显示在了一个新页中。

（3）将光标定位在本节的结尾处，并重复步骤（2），插入另一个分节符。

（4）将光标定位在两个分节符之间的位置。

（5）切换至“页面布局”选项卡，单击“页面设置”组中“对话框启动器”按钮，系统弹出“页面设置”对话框。

（6）在该对话框中，单击选择“页边距”选项卡，并单击 “方向”选项组中的“横向”

按钮，然后在“预览”选项组中的“应用于”下拉列表中选择“本节”选项，如图 3.78 所示。

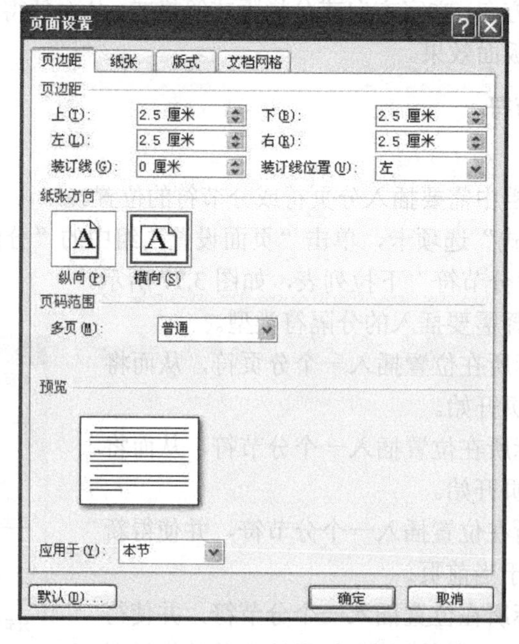

图 3.78 “页面设置”/“页边距”选项卡

（7）单击“确定”按钮，关闭对话框，即可完成页面方向的设置操作，效果如图 3.79 所示。

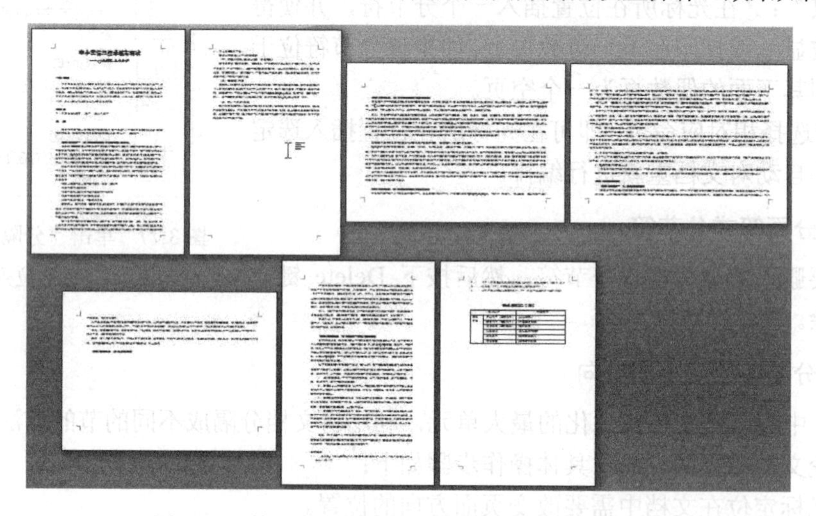

图 3.79 利用插入分节符的方法改变页面方向示例

链接三 在 Word 中可以设置哪几种中文格式

在 Word 中，首先选中需要设置中文版式的文本，然后依切换至“开始”选项卡，并分别选择“字体”组中的相应命令和“段落”组中的相应命令，可以对选定的文本应用为相应的中文版式。下面通过具体效果示例来逐一认识 Word 中可以设置的中文格式。

pīnyīn

1．拼音版式示例：拼音

2．带圈字符示例：带 圈 字 符

3．纵横混排效果示例：纵横混排

4．合并字符效果示例：合并字符

5．双行合一效果示例：[双行合一]

链接四　如何控制文字的排列方向及每页的行数和每行的字数

通过“页面设置”对话框中的“文档网格”选项卡，可以有效地控制应用范围内文字的排列方向及每页的行数和每行的字数，具体操作步骤如下：

（1）切换至“页面布局”选项卡，单击“页面设置”组中“对话框启动器”按钮，系统弹出“页面设置”对话框。

（2）在该对话框中，选择“文档网格”选项卡，如图3.80所示。

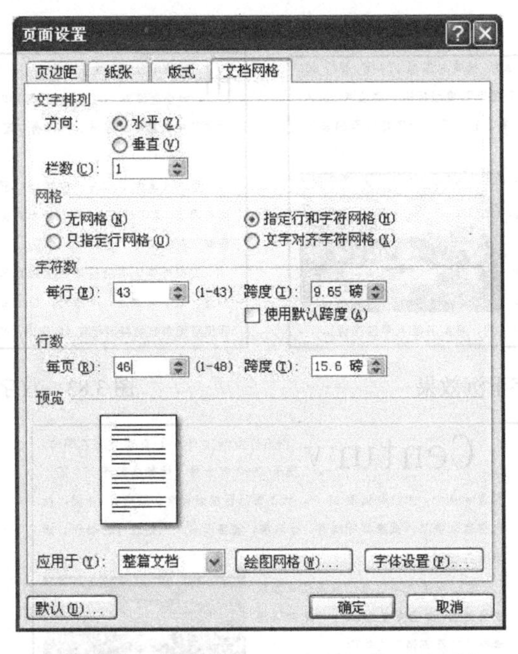

图3.80　“页面设置”/“文档网格”选项卡

（3）通过“文档网格”选项卡，可以具体设置文字的排列方向、网格、每行字符数、每页行数及其应用范围等。

（4）单击“确定”按钮，关闭对话框，即可完成设置操作。

链接五　如何设置和取消首字下沉效果

在报刊排版过程中，有时可以将段落开头的第一个或若干个字母、文字变成大号，并以下沉或悬挂方式改变文档的版面效果，以引起读者的注意，这被称为首字下沉，又称花式首字母。

1．设置首字下沉

具体操作步骤如下：

（1）将文档切换到页面视图模式。

（2）将光标定位在需要设置首字下沉的段落中，或选中段落开头的几个字母。

(3) 切换至“插入”选项卡，单击“文本”组中的“首字下沉”按钮，在打开的下拉列表中选择“首字下沉选项”命令，系统弹出“首字下沉”对话框，如图 3.81 所示。

(4) 在对话框中设置首字下沉的位置、字体、下沉行数和距正文的距离等选项。

(5) 单击“确定”按钮，关闭对话框，即可完成首字下沉的设置操作，效果如图 3.82～3.88 所示。被设置为首字下沉的文字或字母实际上已被转换成一个文本框。

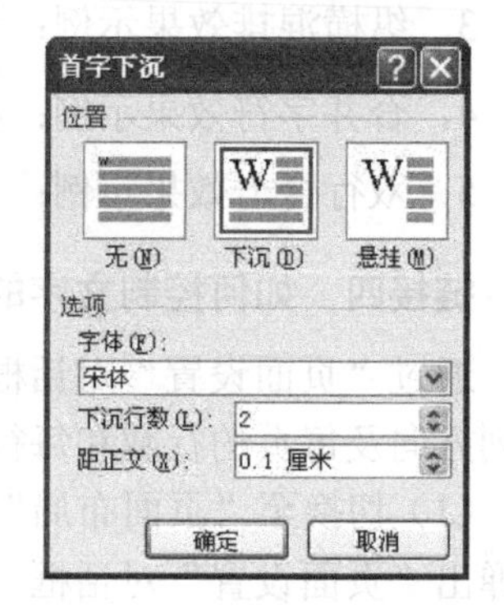

图 3.81　“首字下沉”对话框

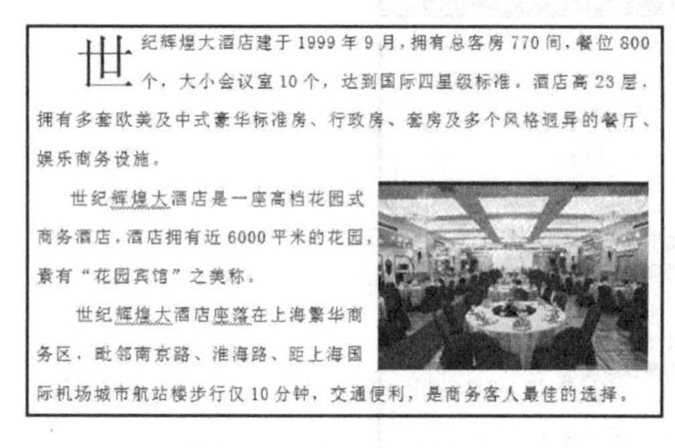

图 3.82　首字下沉效果

图 3.83　首字悬挂效果

图 3.84　多字母下沉效果

2. 取消首字下沉

具体操作步骤如下：

(1) 选中设置为首字下沉的文字。

(2) 切换至“插入”选项卡，单击“文本”组中的“首字下沉”按钮，在打开的下拉列表中选择“首字下沉选项”命令，系统弹出“首字下沉”对话框，

(3) 在对话框中的“位置”选项组中单击“无”按钮。

(4) 单击“确定”按钮，关闭对话框，即可取消所设置的首字下沉样式。

链接六　如何改变文本框的形状

默认情况下，在 Word 中插入的文本框的形状都是矩形的，通过执行如下操作步骤，可以改变文本框的形状：

（1）切换至“插入”选项卡，单击“文本”组中的“文本框”按钮，在打开的下拉列表中选择“绘制文本框”命令，在Word文档中绘制一个矩形文本框，并在文本框中输入文本，如图3.85所示。

（2）将鼠标指针移动到文本框的边框上，当鼠标指针 形状时，单击鼠标左键，即可选中文本框，如图3.86所示。

改变文本框的形状示例

图3.85 插入的矩形横排文本框

图3.86 选中的文本框

（3）切换至“文本框工具”下的“格式”选项卡，单击“文本框样式”组中的“改变形状”按钮 更改形状 ，然后在打开的下拉列表中选择需要的图形形状，如图3.87所示，即可将矩形文本框转换成选中的形状，如图3.88所示。

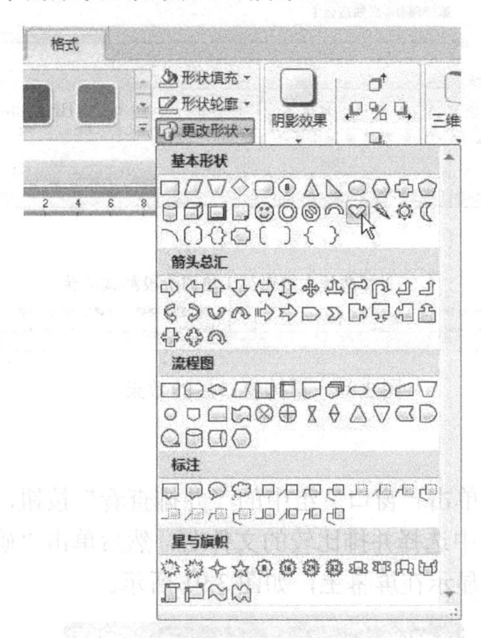

图3.87 利用“改变形状”改变文本框的形状

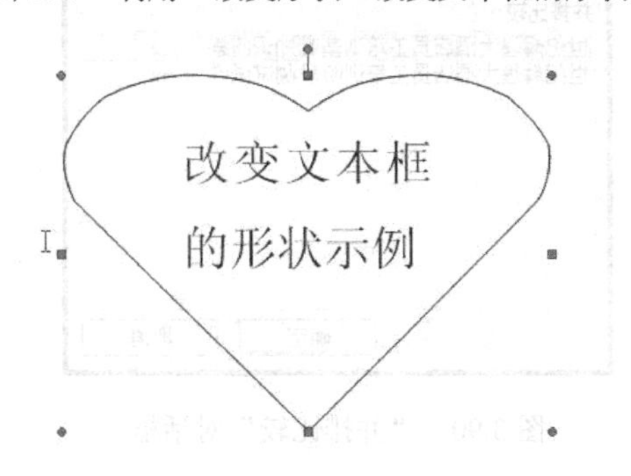

图3.88 改变形状后的文本框

链接七 如何对窗口进行重排、并排比较和拆分

有时可能需要同时打开多个文档编辑窗口，并对多个文档进行编辑操作，以便于对文档中的文本或图片进行复制、移动或粘贴等操作。

1. 重排窗口

切换至“视图”选项卡，单击“窗口”组中的“全部重排”按钮，多个文档窗口将同时排列在屏幕上，如图 3.89 所示。

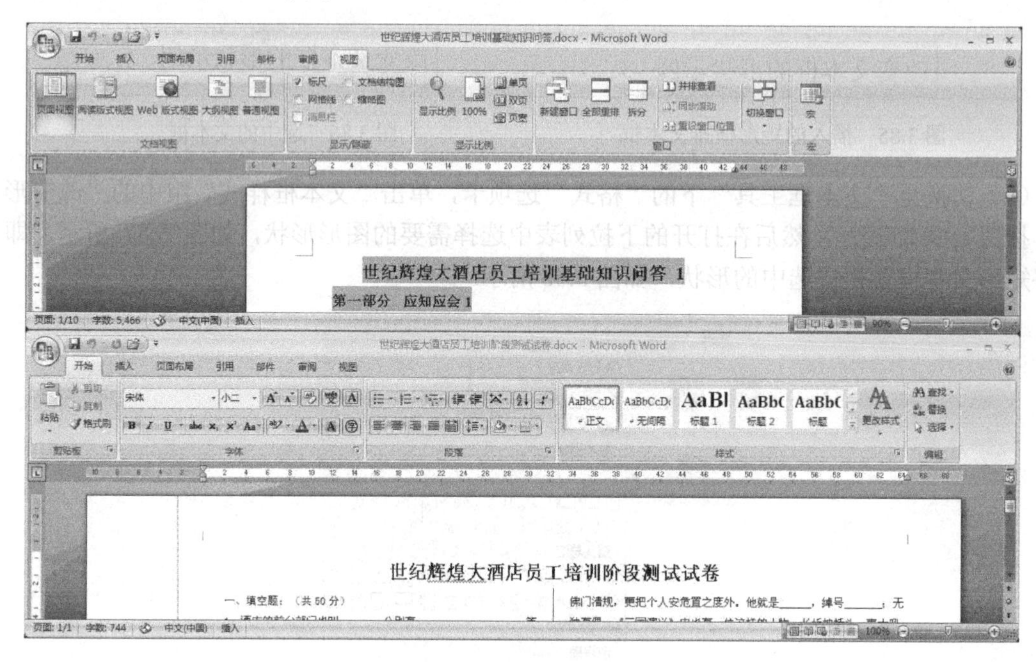

图 3.89 重排窗口后的效果

2. 并排比较与取消

在“视图”选项卡中，单击“窗口”组中的“并排查看”按钮，系统弹出“并排比较”对话框，如图 3.90 所示，从中选择并排比较的文件名，然后单击“确定”按钮，选中的文档窗口将与当前文档窗口并排显示在屏幕上，如图 3.91 所示。

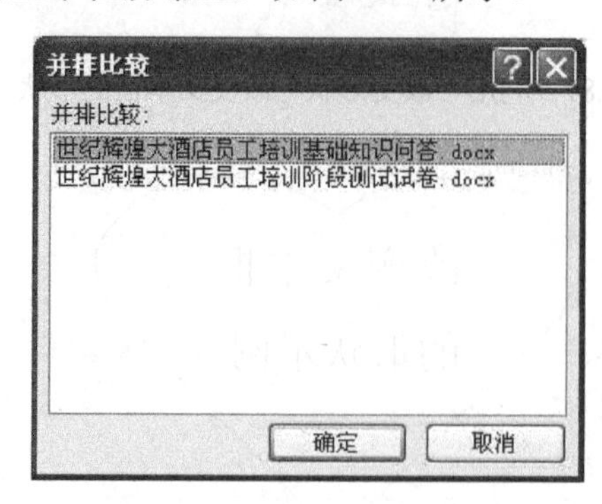

图 3.90 “并排比较”对话框

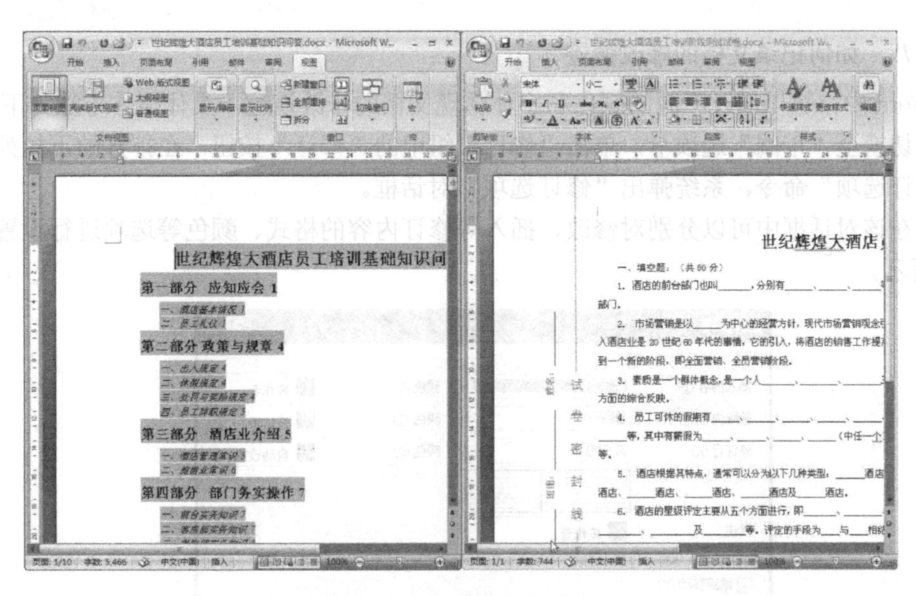

图 3.91 被并排后的窗口效果

再次单击“窗口”组中的“并排查看”按钮，即可关闭并排比较窗口。

3. 拆分窗口与取消

当编辑一个较长的文档时，往往需要同时查看文档的不同部分，或对文档的前后内容进行复制、粘贴或移动等编辑操作，为了提高效率，可以将窗口拆分成上、下两个独立的工作区。

切换至“视图”选项卡，单击“窗口”组中的“拆分”按钮，当鼠标指针变成 ≑ 形状时，向下拖曳拆分条，如图 3.92 所示，到适当位置时释放鼠标，即可将屏幕窗口拆分为上、下两个完全独立的工作区，且这两个工作区显示的内容也完全相同。

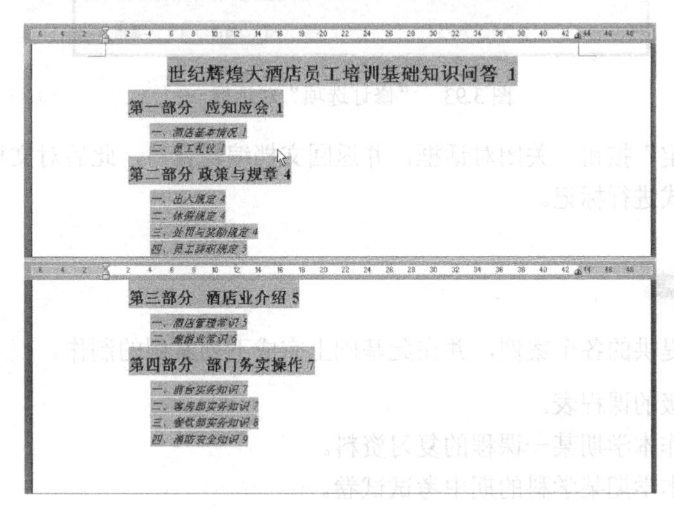

图 3.92 拆分窗口

单击“窗口”组中的“取消拆分”按钮命令，即可取消拆分窗口，并返回原来的文档编辑窗口。

链接八　如何记录文档的修改痕迹

在 Word 中，可以通过不同的颜色和字体体现文档的修改痕迹，具体操作方法如下：

（1）切换至“审阅”选项卡，单击“修订”组中的“修订”按钮，在打开的下拉列表中选择“修订选项”命令，系统弹出“修订选项”对话框。

（2）在该对话框中可以分别对修改、插入等修订内容的格式、颜色等选项进行设置，如图 3.93 所示。

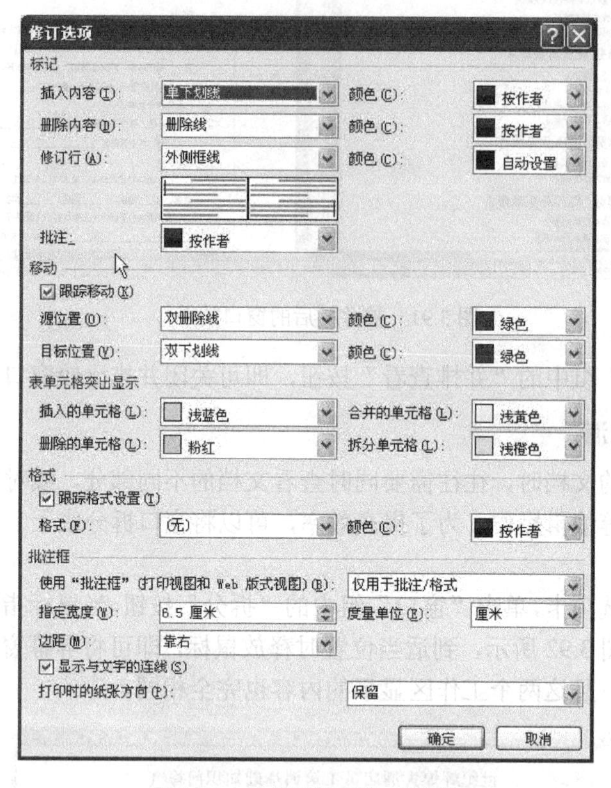

图 3.93　“修订选项”对话框

（3）单击“确定”按钮，关闭对话框，并返回文档编辑窗口，此后对文档的修订操作将以设置的颜色和格式进行标记。

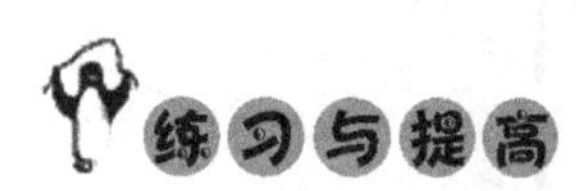

上机完成本章提供的各个案例，并在此基础上完成下列案例的制作。

（1）设计本班级的课程表。

（2）编辑并制作本学期某一课程的复习资料。

（3）模拟制作本学期某学科的期中考试试卷。

第 4 章

Excel 与进货管理

学习目标

（1）了解 Excel 在商品进货管理领域的用途及其具体应用方式。

（2）熟练掌握商品进货管理领域利用 Excel 完成具体案例任务的流程、方法和技巧。

Excel 在商品进货管理领域的应用非常广泛，利用 Excel 强大的表格处理功能，可以完成商品进货管理工作中的进货登记表、进货厂商登记表和商品订货登记单的设计、制作、保存和打印等各项工作。

4.1 设计进货登记表

做什么

在从事销售业务的企业管理工作中，商品的购进是所有销售工作的基础，是企业盈亏的关键因素之一。作为企业的业务员，在进货之前，设计和制作一份进货登记表是必不可少的工作。进货登记表一般应包括进货日期、商品名、生产厂家、进货数量、供货方式、联系人等项目。

利用 Excel 2007 中文版软件的表格处理功能，可以非常方便、快捷地制作完成如图 4.1 所示的“盛祥超市进货登记表”效果。

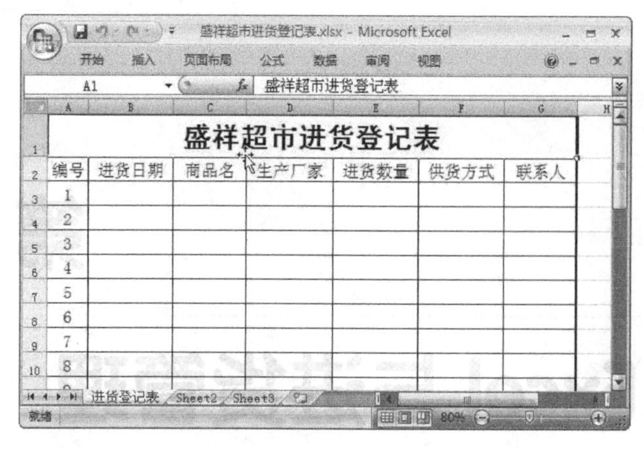

图 4.1 “盛祥超市进货登记表”效果图（部分）

分组对案例进行讨论和分析，得出如下解题思路：

（1）创建一个新工作簿，并对其进行保存。

（2）输入标题行数据。

（3）利用自动填充输入“编号”。

（4）设置工作表中数据的格式。

（5）调整工作表的列宽。

（6）调整工作表的行高。

（7）设置工作表的对齐方式及边框。

（8）添加工作表标题，并设置其格式。

（9）为工作表重命名。

（10）打印预览和调整页边距。

（11）打印工作表。

（12）后期处理及文件保存。

根据以上解题思路，完成“盛祥超市进货登记表”的具体操作如下：

1．创建一个新文档，并保存文档

（1）单击桌面左下角的“开始”按钮，并选择“新建 Microsoft Office 文档”命令，并从“新建 Office 文档”窗口的“常用”选项卡中双击“空工作簿”按钮（或单击该按钮后，单击“确定”按钮），如图 4.2 所示，即可启动 Excel 2007 中文版，并打开 Excel 工作窗口，同时创建一个被命名为“Book1”的空白 Excel 工作簿（用于保存表格内容的文件，其扩展名为.xlsx）。该工作簿可包含若干个工作表（又称电子表格，是存储和处理数据的最主要文档），默认情况下只包括标签分别为“Sheet1”、“Sheet2”和“Sheet3”的 3 个工作表，“Sheet1”为默认的当前工作表，如图 4.3 所示。

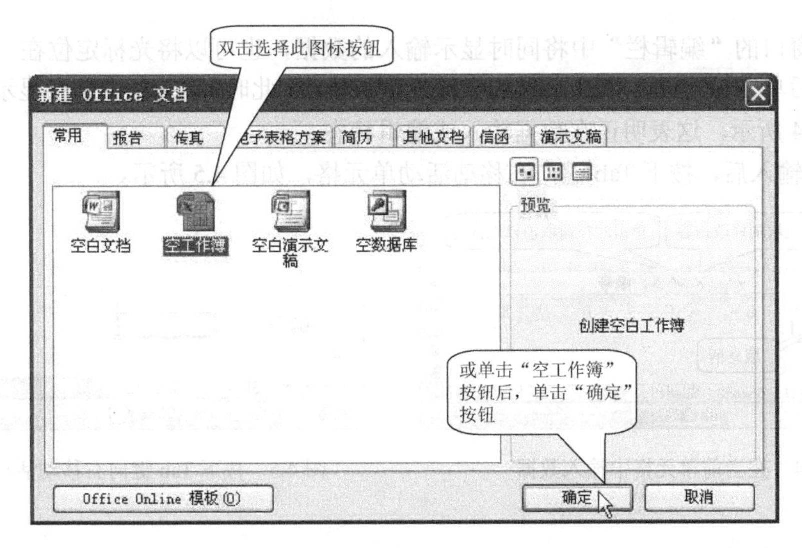

图 4.2 “新建 Office 文档”对话框

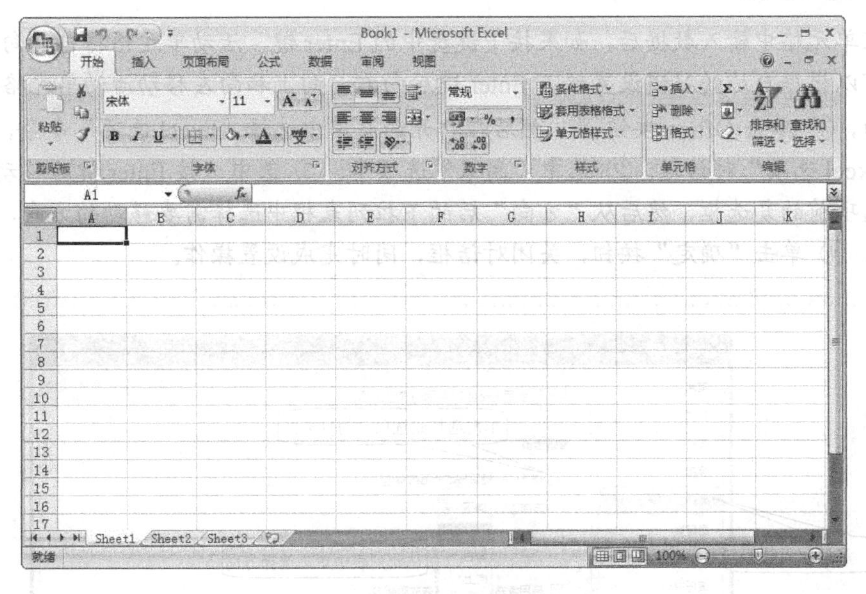

图 4.3 Excel 工作窗口

（2）单击 Office 按钮，然后在打开的菜单中选择“保存”命令（快捷键为 Ctrl+S），或直接单击“快速访问”工具栏中的“保存”按钮，系统弹出“另存为”对话框，在该对话框中，单击“保存位置”框右边的，选择和设置文件保存位置，然后在“文件名”后的文本输入框中输入“盛祥超市进货登记表”，最后单击“保存”按钮，关闭对话框，即可完成对文件的保存操作，并返回工作窗口。

2．输入标题行数据

（1）在 A1 单元格（列标为 A，行号为 1 的单元格）中单击一下，即可将 A1 单元格作为活动单元格，状态栏中同时显示“就绪”字样，如图 4.3 所示，这表示可以在该单元格中输入数据了。

（2）选择自己熟练的输入法，在 A1 单元格中直接输入“编号”（光标将出现在该单元格中），工作窗口的“编辑栏”中将同时显示输入的数据，也可以将光标定位在“编辑栏”中，输入数据后单击✓按钮，确认所做的修改或输入操作，此时，状态栏中同时显示“编辑”字样，如图 4.4 所示，这表明正在数据输入或编辑状态。

（3）完成输入后，按下 Tab 键向右移动活动单元格，如图 4.5 所示。

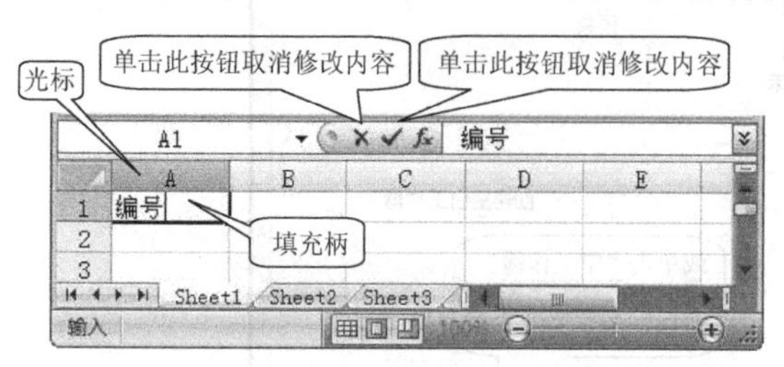

图 4.4　在当前单元格中输入数据

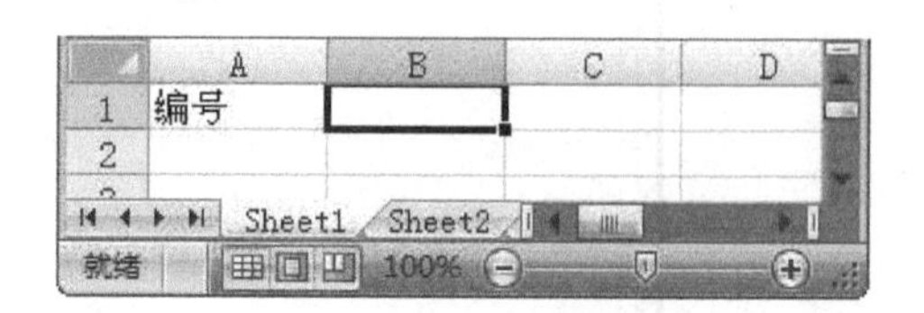

图 4.5　按下 Tab 键向右移动活动单元格

当在单元格中输入数据后，如果按下键盘中的 Enter 键，活动单元格将自动向下移动，也可以根据自己的习惯设置按下 Enter 键后向右、向上和向左移动活动单元格，具体方法为，① 单击 Office 按钮，然后在打开的菜单中选择“Excel 选项”命令，系统弹出“Excel 选项”对话框；② 选中“高级”选项卡；③ 选中“按 Enter 键后移动所选内容”选项前的复选框，然后从“方向”后的下拉列表框中选择需要移动的方向，如图 4.6 所示。④ 单击“确定”按钮，关闭对话框，同时完成设置操作。

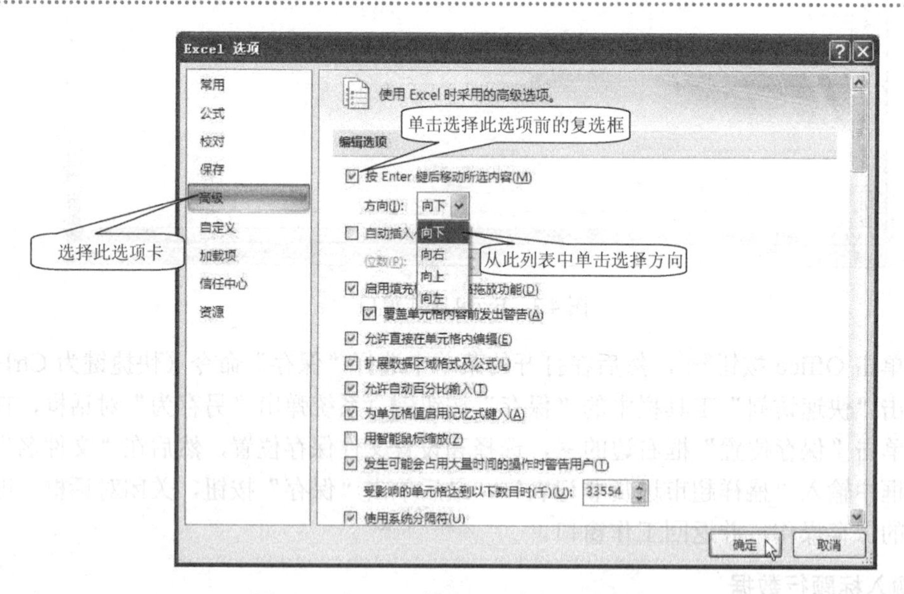

图 4.6　“Excel 选项”/“高级”选项卡

（4）按照同样的方法在 B1、C1、D1、E1、F1 和 G1 单元格中分别输入“进货日期”、“商品名”、“生产厂家”、“进货数量”、“供货方式”、“联系人”，如图 4.7 所示。

图 4.7 输入的标题行数据

在输入数据时，如果发现错误，按下键盘中的 Delete 键可以删除光标后的一个字符，按下 Backspace 键可以删除光标前的一个字符。

如果输入完某单元格的内容后，发现输入有错误，可以先将鼠标移动到该单元格上，并双击该单元格，光标也将出现在该单元格中，借助键盘上的箭头键调整光标的位置，就可以对错误字符进行修改和编辑了。单击该单元格，然后按下键盘中的 Delete 键，可以将该单元格中的内容全部删除。

3. 利用自动填充输入“编号”

自动填充实际上就是将选中的起始单元格的数据复制或按照某种序列规律填充到当前行或列的其他单元格中的过程。

（1）首先选中 A2 单元格，然后输入数据“1”，如图 4.8 所示。

（2）将鼠标指针移动到 A2 单元格右下角的填充柄上，鼠标指针由✚形状变成＋形状，向下拖曳填充控制柄，如图 4.9 所示。

	A	B	C
1	编号	进货日期	商品名
2	1		
3			
4			
5			
6			

图 4.8 在 A2 单元格输入数据

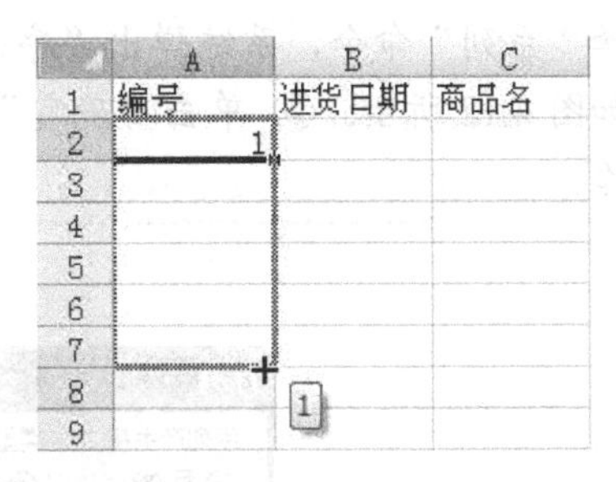

图 4.9 拖曳填充控制柄向下填充单元格

除了可以利用填充控制柄向下填充数据外，也可以向工作表中的其他方向（上方、左方、右方）拖曳并填充数据。

（3）当填充虚线框到达 A31 单元格时，释放鼠标，单元格区域 A2：A31（A2～A31）将全部被填充为数据“1”，同时右下角出现“自动填充选项”按钮，单击该按钮，可以打开选项列表，如图 4.10 所示。

（4）选择选项列表中的“填充序列”选项，单元格区域 A2:A31 将会被 1～30 的等差数列填充，如图 4.11 所示。

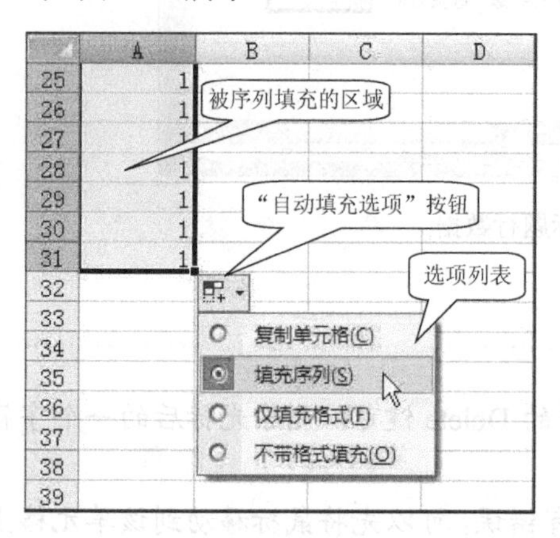

图 4.10 被序列填充的单元格区域（部分）及选项列表

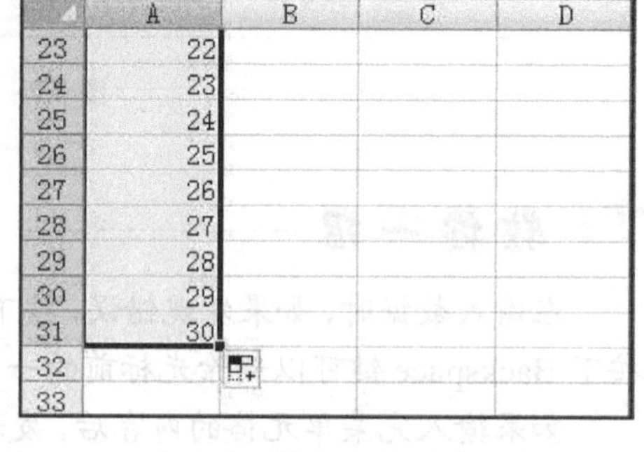

图 4.11 被等差数列填充的单元格区域（部分）

我们也可以利用鼠标右键和快捷菜单进行序列填充，具体方法为，① 在起始单元格中输入数据；② 按住鼠标右键不放的同时拖曳填充控制柄；③ 到达需要填充的结束单元格位置后，释放鼠标右键；④ 在快捷菜单中选择"填充序列"选项。

还可以利用"填充"命令进行复杂的序列填充，具体方法为，① 在起始单元格中输入数据；② 将鼠标指针移动到需要填充的结束单元格位置，在按住键盘中的 Shift 键的同时，在该单元格中单击鼠标左键，即可选中起始单元格与结束单元格间的连续单元格；③ 单击"开始"选项卡中"编辑"组中的"填充"按钮 填充，在打开的下拉列表中选择"系列"命令，系统弹出"序列"对话框；④ 对话框中选择和设置序列的变化规律如图 4.12 所示；⑤ 单击"确定"按钮，关闭对话框，即可完成选中区域的序列填充操作。

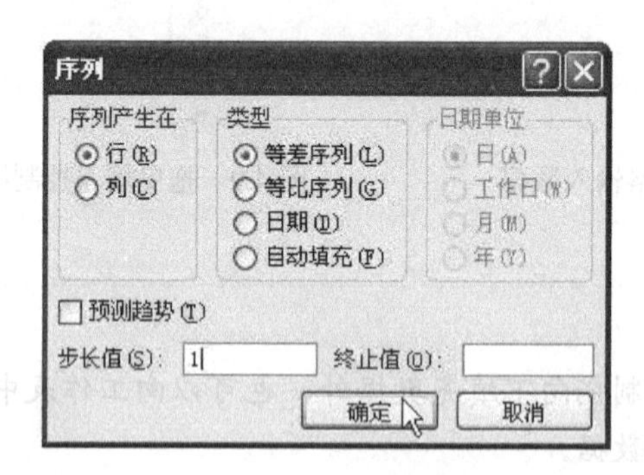

图 4.12 "序列"对话框

4．设置工作表中数据的格式

（1）将鼠标指针移动到工作窗口左上角的"全选"按钮上，单击鼠标，即可选中整个工作表。

按下快捷键 Ctrl+Home，可以快速跳转至工作表的第 1 个单元格。

按下快捷键 Ctrl+End，可以快速跳转至工作表的最后一个单元格。

按下快捷键 Shift+Ctrl+Home，可以快速选中工作表中从光标所在行至第 1 行的所有行。

按下快捷键 Shift+Ctrl+End，可以快速选中工作表中光标所在单元格右下方的所有单元格。

如果要准确而快速地选择大范围的单元格区域（如 A2:G25），可以在“名称栏”中输入该区域的范围，如图 4.13 所示，然后按下键盘中的 Enter 键，即可快速选中以这两个单元格为对角的矩形区域。

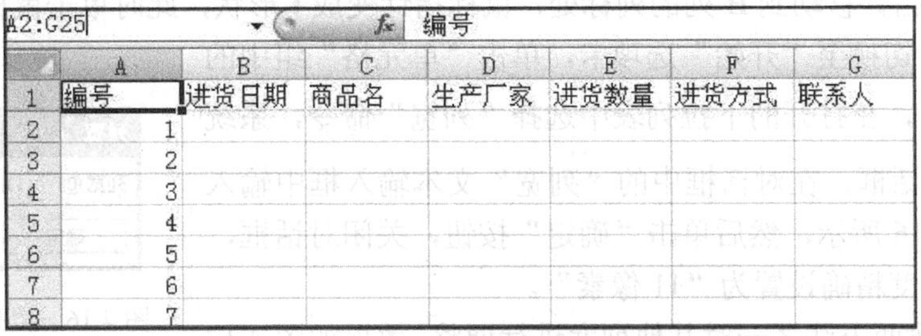

A2:G25　　fx　编号

	A	B	C	D	E	F	G
1	编号	进货日期	商品名	生产厂家	进货数量	进货方式	联系人
2	1						
3	2						
4	3						
5	4						
6	5						
7	6						
8	7						

图 4.13　利用在“名称框”中输入范围选中单元格区域

（2）通过“开始”选项卡设置“字体”选项为“宋体”，“字号”选项为“16”，并单击选中“居中”对齐方式按钮，效果如图 4.14 所示，这时行高自动增加了，但有些列的数据已无法全部显示出来。

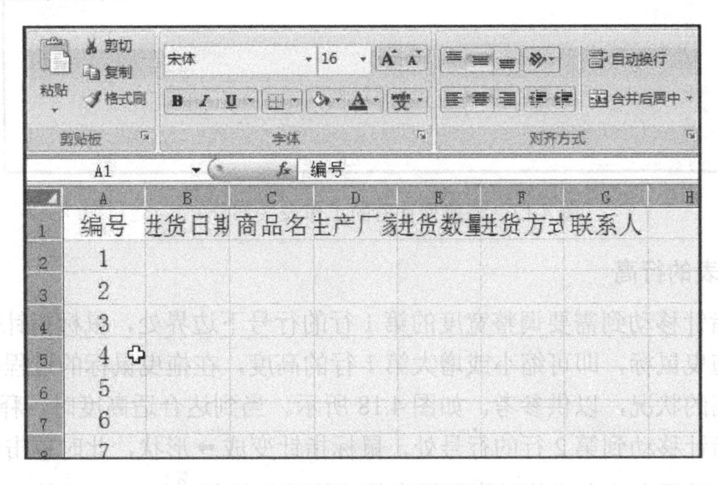

图 4.14　设置工作表数据的格式

5. 调整工作表的列宽

（1）在工作表中的任意位置单击鼠标左键，取消全选。

（2）将鼠标指针移动到需要调整宽度的 A 列列标的右边界处，鼠标指针变成✛形状，此时向左或向右拖曳鼠标，即可缩小或增大 A1 单元格的列宽，在拖曳鼠标的过程中，列号上方还将显示当前列宽的状况，以供参考，如图 4.15 所示。当到达合适宽度时，释放鼠标。

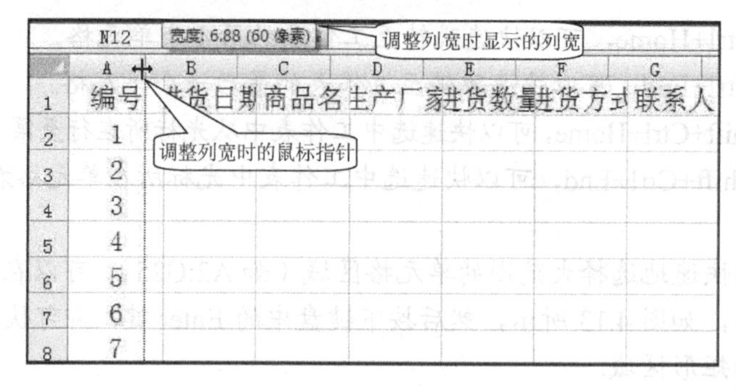

图 4.15　调整工作表的列宽

（3）将鼠标指针移动到 B 列的列标处，鼠标指针变成⬇形状，此时单击鼠标左键，可以选中 B 列，然后切换至“开始”选项卡，单击“单元格”组中的“格式”按钮，在打开的下拉列表中选择“列宽”命令，系统弹出“列宽”对话框，在对话框中的“列宽”文本输入框中输入“11”，如图 4.16 所示，然后单击“确定”按钮，关闭对话框，即可将 B 列的宽度精确设置为“11 像素”。

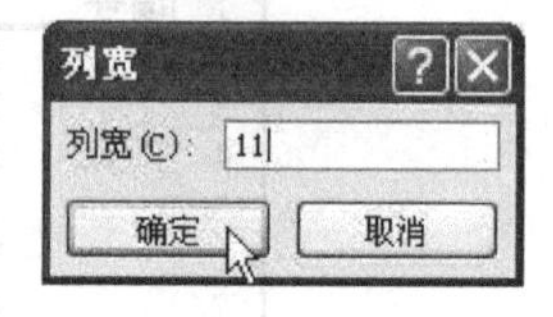

图 4.16　“列宽”对话框

（4）利用上述两方法之一对其他列宽进行调整，效果如图 4.17 所示。

	A	B	C	D	E	F	G
1	编号	进货日期	商品名	生产厂家	进货数量	进货方式	联系人
2	1						
3	2						
4	3						
5	4						
6	5						
7	6						
8	7						

图 4.17　调整列宽后的工作表（部分）

6. 调整工作表的行高

（1）将鼠标指针移动到需要调整宽度的第 1 行的行号下边界处，鼠标指针变成✛形状，此时向上或向下拖曳鼠标，即可缩小或增大第 1 行的高度，在拖曳鼠标的过程中，行号上方还将显示当前行高的状况，以供参考，如图 4.18 所示。当到达合适高度时，释放鼠标。

（2）将鼠标指针移动到第 2 行的行号处，鼠标指针变成➡形状，此时单击鼠标左键，可以选中第 2 行，然后再次单击“单元格”组中的“格式”按钮，在打开的下拉列表中选择“行高”命令，系统将弹出“行高”对话框，在对话框中“行高”文本输入框中输入“23”，如图 4.19 所示，然后单击“确定”按钮，关闭对话框，即可将第 2 行的高度精确设置为“23 像素”。

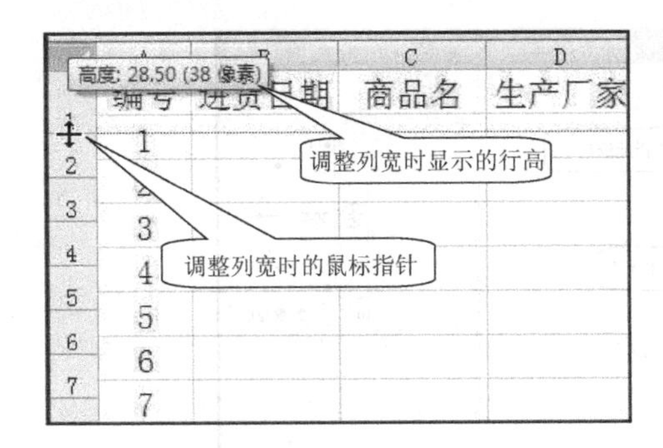

图 4.18　调整工作表的行高

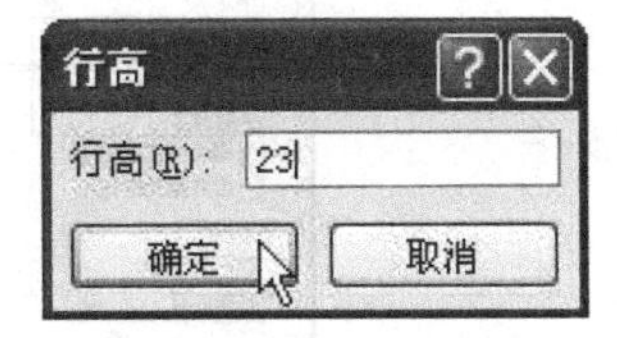

图 4.19　“行高”对话框

选中某单元格后，鼠标指针移动到其他单元格处，在按住键盘中的 Shift 键的同时单击鼠标，可以选中两次单击位置间的所有单元格；如果在按住键盘中的 Ctrl 键的同时单击鼠标，可以选中多个不连续的单元格。

选中某列（行）后，将鼠标指针移动到其他列（行）的列（行）号处，在按住键盘中的 Shift 键的同时单击鼠标左键，可以选中两次单击位置间的所有列（行）；如果在按住键盘中的 Ctrl 键的同时单击鼠标左键，可以选中两次被单击的两列（行），而且这两行可以是不连续的。

（3）利用上述两种方法之一对其他行高进行调整，效果如图 4.20 所示。

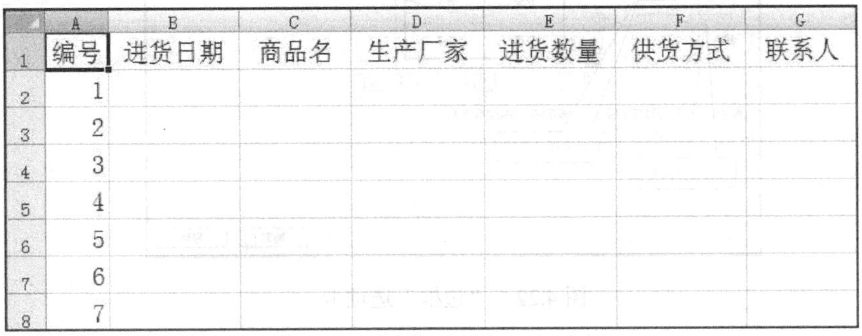

	A	B	C	D	E	F	G
1	编号	进货日期	商品名	生产厂家	进货数量	供货方式	联系人
2	1						
3	2						
4	3						
5	4						
6	5						
7	6						
8	7						

图 4.20　调整行高后的工作表（部分）

7．设置工作表的对齐方式及边框

（1）将鼠标指针移动到 A1 单元格中，然后向右、向下拖曳鼠标至 G31 单元格，释放鼠标左键，即可选中 A1：G31 间的所有单元格。

（2）在选择区域内单击鼠标右键，并从快捷菜单中选择“设置单元格格式”选项，系统弹出“设置单元格格式”对话框。

（3）在该对话框中，单击选择“对齐”选项卡，然后从“文本对其方式”选项组中的“垂直对齐”下拉列表中选择“居中”选项，如图 4.21 所示。

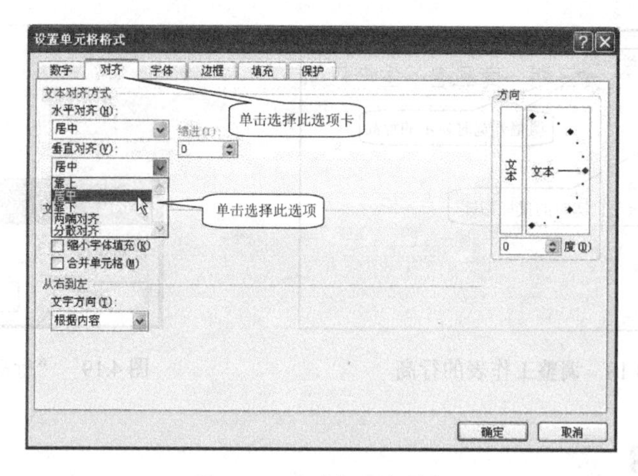

图 4.21 “对齐”选项卡

(4) 单击选择“边框”选项卡，并从“线条”选项组中选择▬▬样式，然后单击“预置”选项组中的“外边框”按钮，接着从“线条”选项组中单击选择▬▬样式，然后单击“预置”选项组中的“内部”按钮，如图 4.22 所示，最后单击“确定”按钮，关闭对话框，即可完成工作表对齐方式及边框的设置操作，效果如图 4.23 所示。

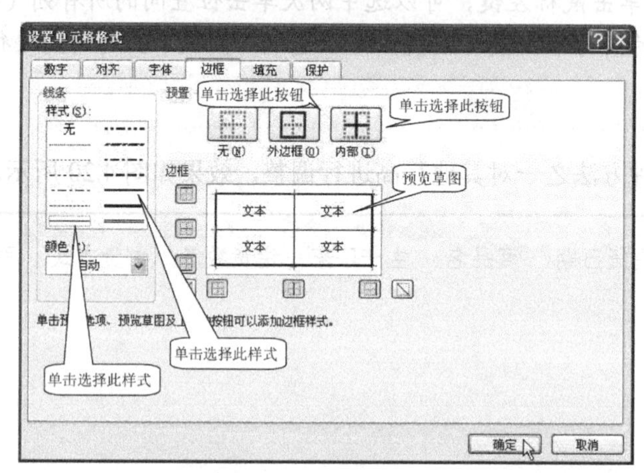

图 4.22 “边框”选项卡

	A	B	C	D	E	F	G
1	编号	进货日期	商品名	生产厂家	进货数量	供货方式	联系人
2	1						
3	2						
4	3						
5	4						
6	5						
7	6						
8	7						

图 4.23 设置工作表的对齐方式及边框后的效果（部分）

8．添加工作表标题，并设置其格式

(1) 选中当前工作表的第 1 行，然后在选择区域内单击鼠标右键，并从快捷菜单中选择“插入”选项，或在第 1 行的任意单元格内单击鼠标左键，然后切换至“开始”选项卡，单击“单元格”组中的“插入”按钮，在打开的下拉列表中选择“插入工作表行”命令，均可在工作表的最上方新增一行，同时显示“插入选项”按钮，单击此按钮，弹出“插入选项”列表，如图 4.24 所示，利用该列表中的选项可以非常方便地对新增行的格式进行设置。

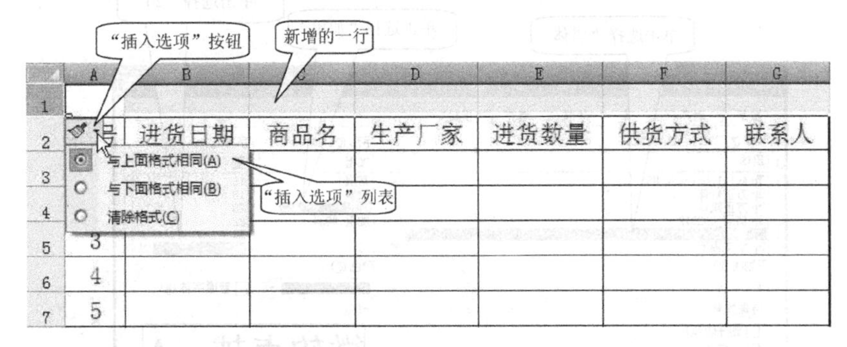

图 4.24 插入行后的工作表（部分）

如果选中多行，或选中位于多行的多个单元格，然后单击“单元格”组中的“插入”按钮，在打开的下拉列表中选择“插入工作表行”命令，就可以同时插入多行。

（2）在新增的 A1 单元格中输入“盛祥超市进货登记表”，如图 4.25 所示。

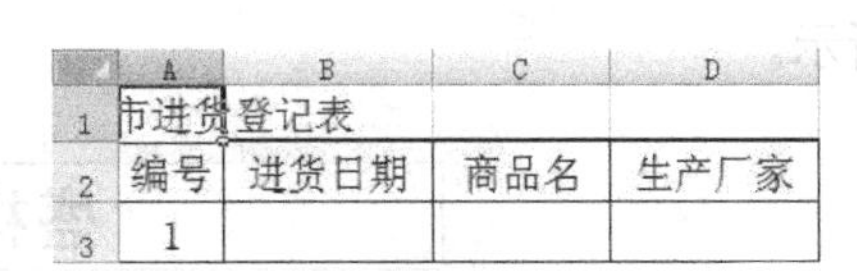

图 4.25 输入工作表标题

（3）选中新增的行，然后单击“单元格”组中的“格式”按钮，在打开的下拉列表中选择“行高”命令，在“行高”对话框中设置“行高”为“40”。

（4）选中 A1：G1 单元格，并在选择区域内单击鼠标右键，然后从快捷菜单中选择“设置单元格格式”选项，系统弹出“设置单元格格式”对话框。

（5）在该对话框中，单击选择“对齐”选项卡，然后将“水平对齐”和“垂直对齐”选项均设置为“居中”，并单击选中“文本控制”选项组中的“合并单元格”复选框，如图 4.26 所示。

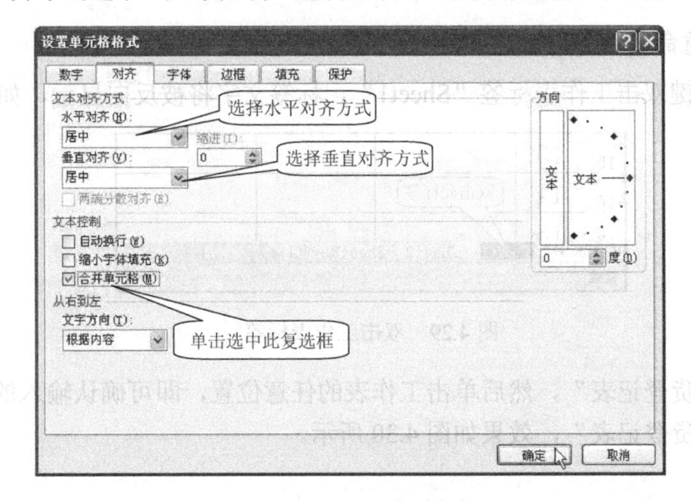

图 4.26 “对齐”选项卡

（6）单击选择“字体”选项卡，然后在“字体”列表中选择“黑体”，在“字形”列表中选择“加粗”，在“字号”列表中选择“26”，如图 4.27 所示。

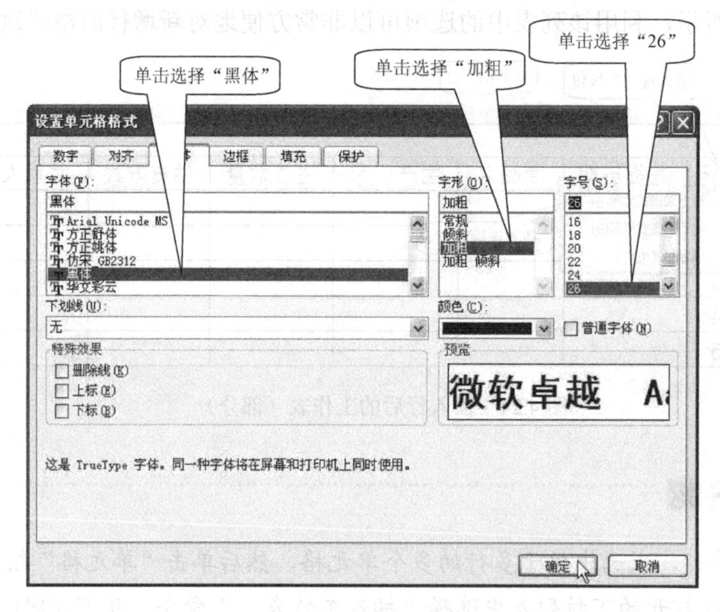

图 4.27 “字体”选项卡

（7）单击“确定”按钮，关闭对话框，并完成选中单元格的格式设置操作，效果如图 4.28 所示。

	A	B	C	D	E	F	G
1	盛祥超市进货登记表						
2	编号	进货日期	商品名	生产厂家	进货数量	供货方式	联系人
3	1						
4	2						
5	3						
6	4						

图 4.28 设置格式后的标题效果

9．为工作表重命名

（1）用鼠标左键双击工作表标签“Sheet1”，标签文字将被反向显示，如图 4.29 所示。

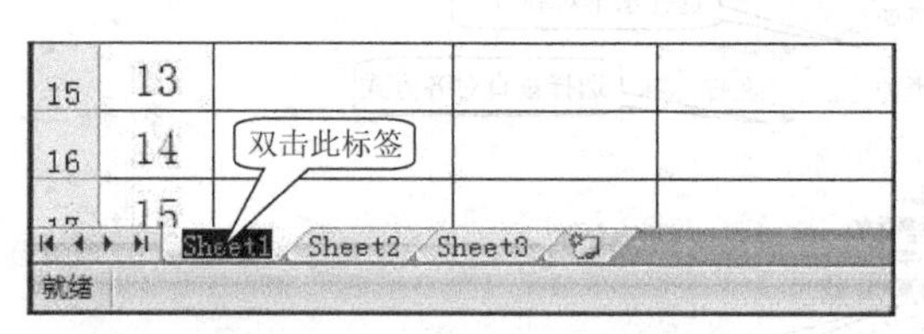

图 4.29 双击工作表标签

（2）输入“进货登记表”，然后单击工作表的任意位置，即可确认输入的文字，并将工作表重命名为“进货登记表”，效果如图 4.30 所示。

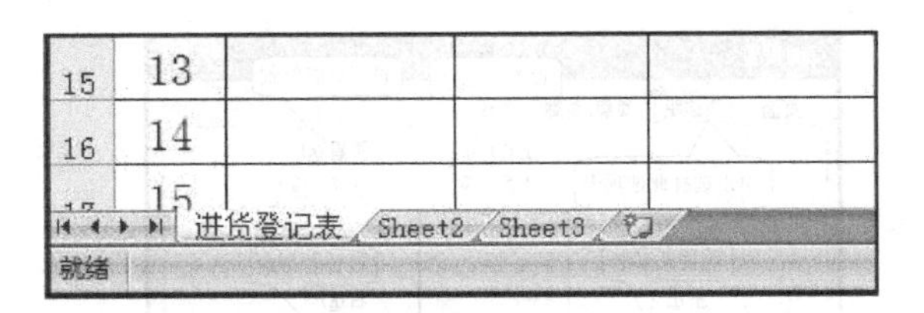

图 4.30　输入工作表标签名

10．打印预览和调整页边距

（1）单击 Office 按钮，然后在打开的菜单中选择“打印/打印预览”命令，文档进入打印预览窗口模式，如图 4.31 所示，可以直接或利用工具栏中的相应按钮对工作表进行设置。

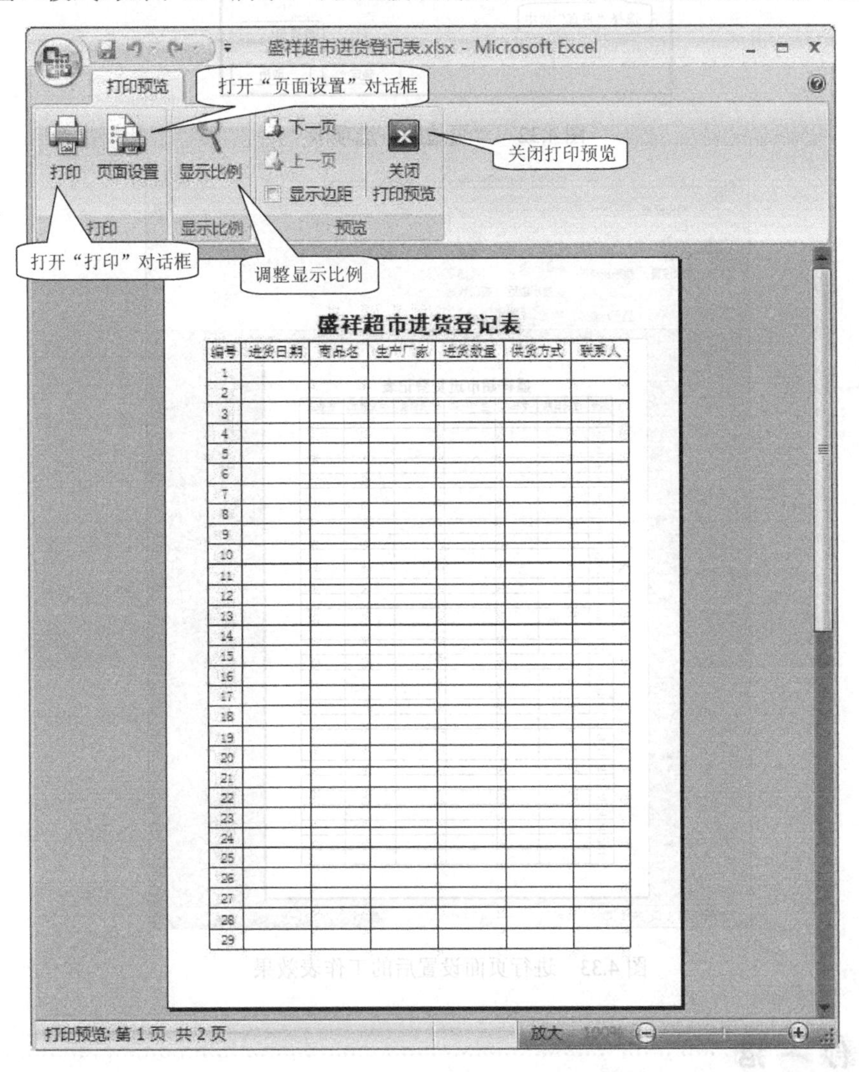

图 4.31　“打印预览”窗口中的文档效果

（2）单击“打印”组中的“页面设置”按钮，打开“页面设置”对话框，选择“页边距”选项卡，如图 4.32 所示，对工作表的页边距及“居中方式”进行具体设置，效果如图 4.33 所示。

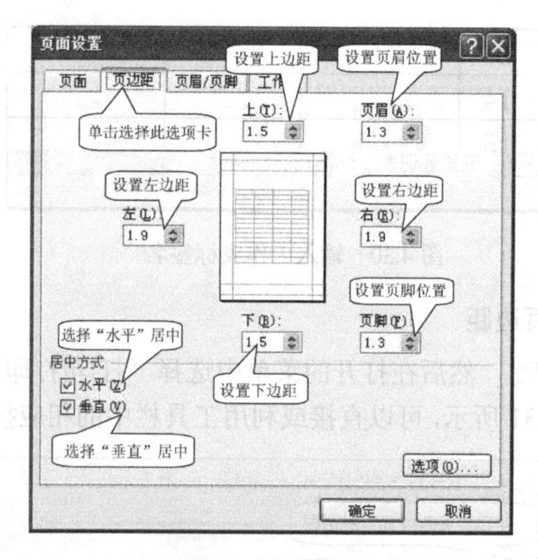

图 4.32　“页边距”选项卡

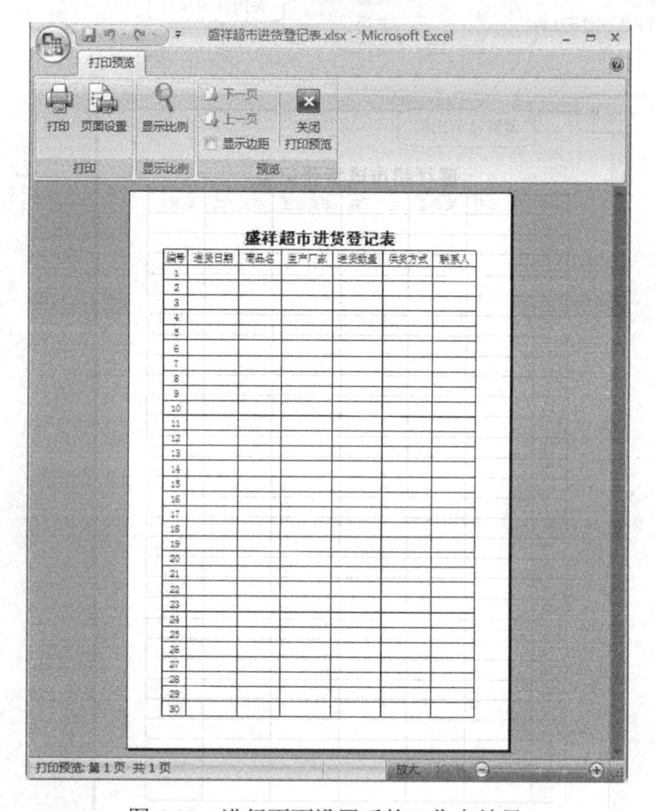

图 4.33　进行页面设置后的工作表效果

在“预览”组中选中“显示边距”复选框，进入页边距设置模式，页面周围出现用于调整工作表页边距、页眉页脚和列宽的控制点，如图 4.34 所示，拖曳这些控制点可以非常直观地对工作表进行调整。

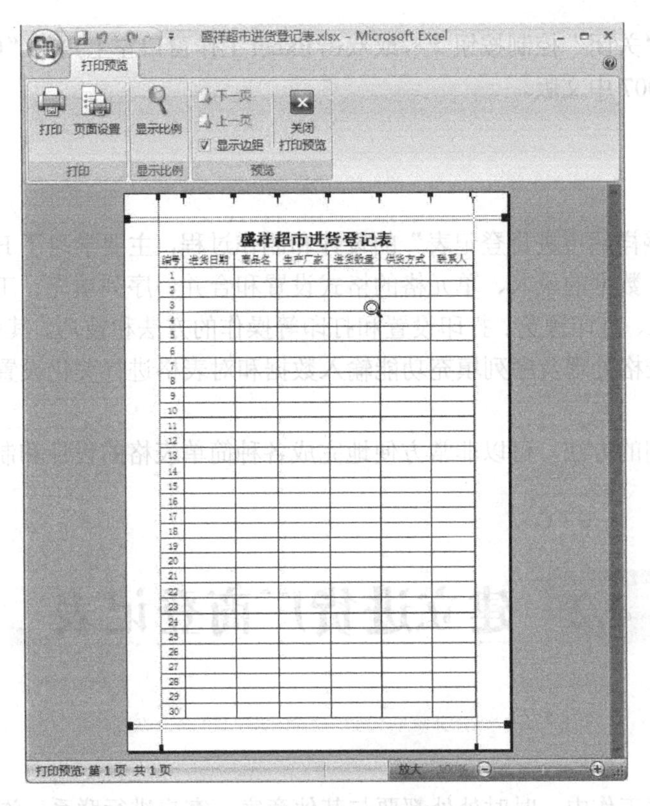

图 4.34　页边距设置模式

11．打印工作表

（1）单击工具栏中的“打印”按钮，系统弹出 “打印”对话框，如图 4.35 所示。

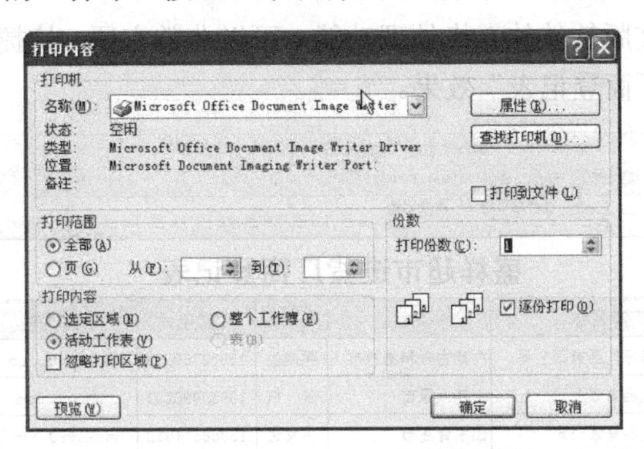

图 4.35　“打印”对话框

（2）根据实际需要在“打印”对话框中设置打印参数。

（3）接通打印机电源，并在打印机中放置好打印纸。

（4）单击“打印”对话框中的“确定”按钮，工作表被打印出来。

12．后期处理及文件保存

（1）单击“快速访问”工具栏中的“保存”按钮，对文档进行保存。

（2）单击 Office 按钮，然后在打开的菜单中选择“退出 Excel”命令，或单击 Excel

工作窗口右上角的“关闭”控制按钮 × ，或双击Excel工作窗口左上角的“Office按钮”，退出并关闭 Excel 2007 中文版。

本案例通过“盛祥超市进货登记表”的设计和制作过程，主要学习了 Excel 2007 中文版软件的启动和退出、数据的录入、单元格的格式设置和合并、序列填充、工作表的选定、边框的设置、行的插入、打印预览、打印设置和打印等操作的方法和技巧。其中关键之处在于，利用 Excel 2007 的表格处理及序列填充功能输入数据和对表格进行美化设置，使之更加美观、大方。

利用类似本案例的方法，可以非常方便地完成各种简单表格的设计和制作任务。

4.2 建立进货厂商登记表

做什么

在企业经营管理工作中，时时处处都要与其他商家、客户进行联系、沟通，进货工作更是如此。为了进到廉价高质的商品，必须在进货之前对各厂家的商品质量和价格等进行认真的比较、分析，进行“货比三家”，为了便于工作，需要设计和制作一份有关进货厂商的登记表。

利用 Excel 2003 中文版软件的表格处理功能，可以非常方便、快捷地制作完成如图 4.36 所示的“盛祥超市进货厂商登记表”效果。

盛祥超市进货厂商登记表

编号	厂商名称	地址	联系人	移动电话	电子邮件	厂商介绍
1	内蒙古大草原乳品有限公司	内蒙古呼和浩特市	栗鸿生	13833569878	lhs@dcyrp.com	单击查看
2	山西世鸿乳品有限公司	山西太原市	张 桐	13935890203	zt@shrp.com	单击查看
3	山东齐维乳品有限公司	山东青岛市	王文进	13866571812	wwj@qwrp.com	单击查看
4	河北中发奶制品有限公司	河北保定市	程源源	13333218819	cyy@hbzf.com	单击查看
5	成都基汇乳品厂	四川成都市	周立方	13030145387	zlf@jhrp.com	单击查看
6	上海益同奶制品厂	上海市	赵晨旭	13533595957	zcx@shyt.com	单击查看
7	北京素锦乳品有限公司	北京通县	董丽萍	13833217714	dlp@sjrp.com	单击查看
8	天津奥奥奶制品有限公司	天津市	齐 芳	13696802543	qf@tjaa.com	单击查看
9	河北鹿维乳品有限公司	河北石家庄市	王晓钟	13313033253	wxz@hblw.com	单击查看
10	河南双峰乳品厂	河南郑州市	杜 犁	13043692543	dl@hnsf.com	单击查看

图 4.36 “盛祥超市进货厂商登记表”效果图

指路牌

分组对案例进行讨论和分析，得出如下解题思路：

（1）创建一个新工作簿，并对其进行保存。

（2）设置登记表的页面。

（3）输入标题行数据，并设置其格式。

（4）利用自动填充输入“编号”。

（5）输入表中其他数据，并设置其格式。

（6）调整工作表的列宽。

（7）调整工作表的行高。

（8）为“厂商介绍”列的数据添加超级链接。

（9）设置工作表的边框。

（10）添加工作表标题，并设置其格式。

（11）为工作表重命名，并设置工作表标签的颜色。

（12）利用剪贴板建立“速冻食品”工作表。

（13）利用“移动或复制工作表”命令建立“蔬菜水果”工作表。

（14）删除多余的“Sheet3”工作表。

（15）保护工作表和工作簿。

（16）打印整个工作簿。

（17）后期处理及文件保存。

根据以上解题思路，完成“盛祥超市进货厂商登记表”的具体操作如下：

1. 创建一个新工作簿，并对其进行保存

（1）双击桌面上的快捷图标，或单击桌面左下角的“开始”按钮，并依次选择“程序”/“Microsoft Office”/“Microsoft Office Excel 2007”命令，均可启动Excel 2007中文版，打开Excel工作窗口，同时创建一个被命名为“Book1”的空白Excel工作簿。

（2）保存文件为“盛祥超市进货厂商登记表.xlsx”。

2. 设置登记表的页面

（1）切换至“页面布局”选项卡，单击“页面设置”组中的“对话框启动器”按钮，系统弹出“页面设置”对话框。

（2）在该对话框中，单击选择“页面”选项卡，然后选中“方向”选项组中“横向”单选按钮，如图4.37所示。

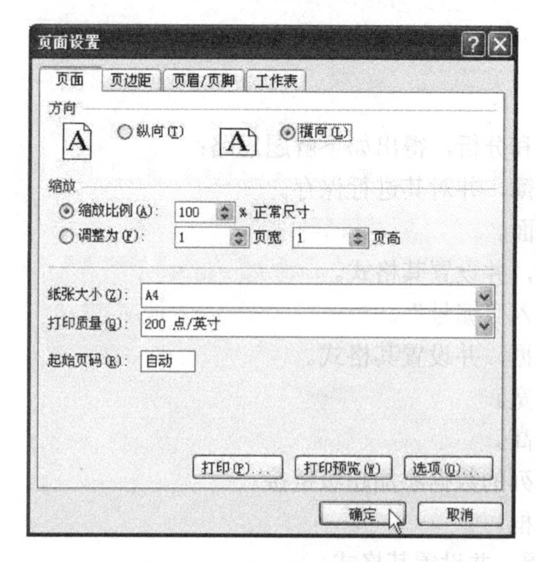

图 4.37 “页面”选项卡

(3)选择“页边距”选项卡,将“上”、“下”、“左”、“右”选项均设置为“2.5”,然后选中“居中方式”选项组中的“水平”和“垂直”复选框，如图 4.38 所示。

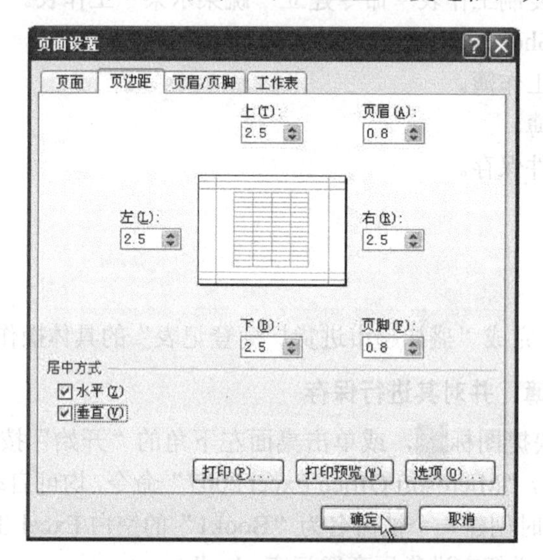

图 4.38 “页边距”选项卡

(4) 最后单击“确定”按钮，关闭对话框，即可完成工作表页面的设置操作，同时工作表中将显示用于标注页面的虚线，如图 4.39 所示，供我们在设计工作表和录入数据时参照。

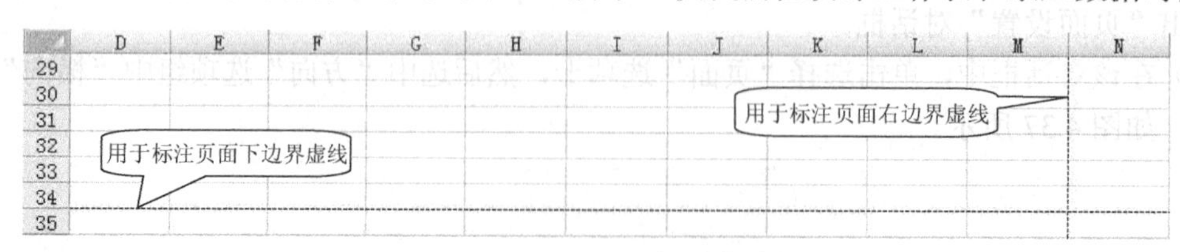

图 4.39 工作表中显示的页面标注虚线

3．输入标题行数据，并设置其格式

（1）选择自己熟练的输入法，在工作表第 2 行的各单元格中分别输入“编号”、“厂商名称”、“地址”、“联系人”、“移动电话”、“电子邮件”、“厂商介绍”，如图 4.40 所示。

	A	B	C	D	E	F	G	H
1								
2	编号	厂商名称	地址	联系人	移动电话	电子邮件	厂商介绍	
3								
4								
5								

图 4.40　输入的标题行数据

（2）选中工作表中 A2：G2 间的所有单元格。

（3）在选择区域内单击鼠标右键，并从快捷菜单中选择“设置单元格格式”选项，系统弹出“单元格格式”对话框。

（4）在对话框中，选择“对齐”选项卡，然后将“文本对齐方式”选项组中的“水平对齐”和“垂直对齐”选项均设置为“居中”。

（5）选择“字体”选项卡，然后在“字体”列表中选择“黑体”，在“字形”列表中选择“常规”，在“字号”列表中选择“16”。

（6）选择“图案”选项卡，然后在“填充”选项卡的色板中选择“白色，背景 1，深色 25%”色块，如图 4.41 所示。

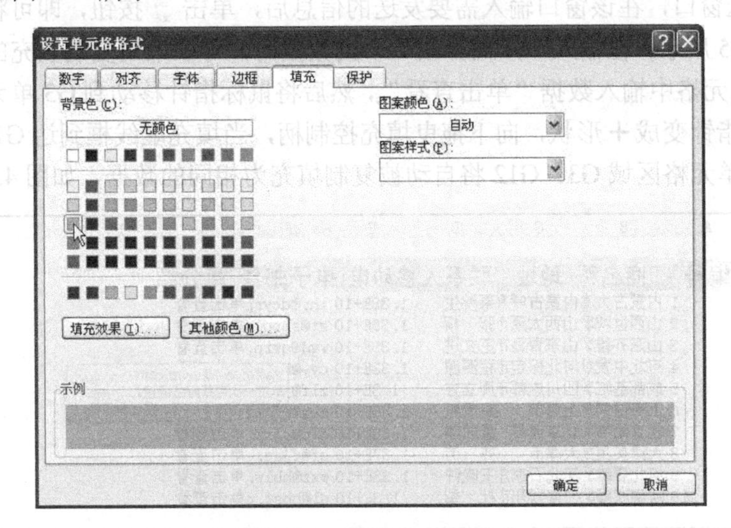

图 4.41　“填充”选项卡

（7）单击“确定”按钮，关闭对话框，并完成选中单元格的格式设置操作，效果如图 4. 42 所示。

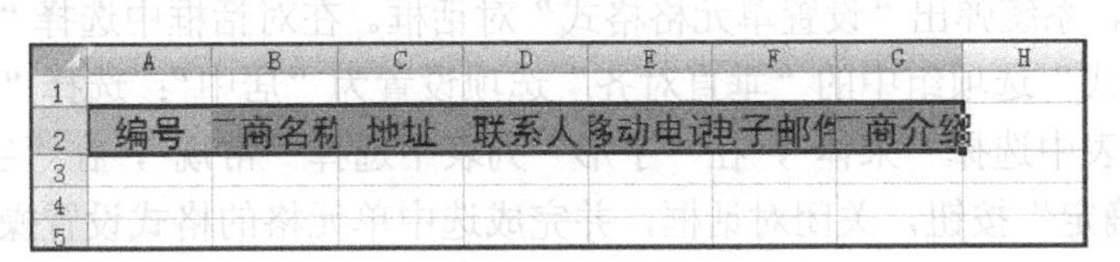

图 4.42　设置格式后的表头

4．利用自动填充输入“编号”

（1）在 A3、A4 两个单元格中分别输入数据“1”和“2”。

（2）选中 A3：A4 两个单元格。

（3）将鼠标指针移动到 A4 单元格右下角的填充柄上，鼠标指针变成＋形状，向下拖曳填充控制柄，当填充虚线框到达 A12 单元格时，释放鼠标左键，单元格区域 A3：A12 将自动被步长为 1 的等差数列填充，如图 4.43 所示。

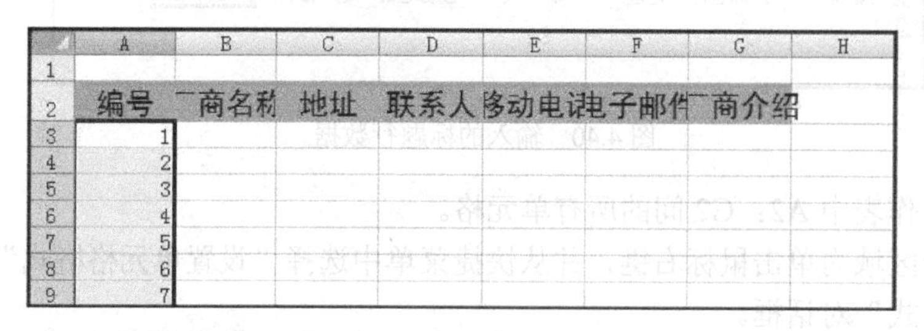

图 4.43　被等差数列填充的单元格区域（部分）

5．输入表中其他数据，并设置其格式

（1）在工作表中输入其他数据。在输入“电子邮件”一列数据时，当按下键盘中的 Enter 键时，该单元格中的数据将自动以带下划线的蓝色超文本方式显示，将鼠标指针移动到该单元格中的数据上时，鼠标指针将变成☝形状，如图 4.44 所示，单击鼠标左键，将会自动打开 Outlook 邮件发送窗口，在该窗口输入需要发送的信息后，单击 发送 按钮，即可将邮件发送给收件人，如图 4.45 所示；在输入“厂商介绍”一列数据时，可以采用复制填充的方法输入数据，即先在 G3 单元格中输入数据“单击查看”，然后将鼠标指针移动到 G3 单元格右下角的填充柄上，鼠标指针变成＋形状，向下拖曳填充控制柄，当填充虚线框到达 G12 单元格时，释放鼠标左键，单元格区域 G3：G12 将自动被复制填充为相同的数据，如图 4.44 所示。

	A	B	C	D	E	F	G	H	I
1									
2	编号	厂商名利	地址	联系人	移动电话	电子邮件	厂商介绍		
3	1	内蒙古大草	内蒙古呼和	栗鸿生	1.38E+10	lhs@dcyrp	单击查看		
4	2	山西世鸿乳	山西太原市	张　桐	1.39E+10	zt@shrp.c	单击查看		
5	3	山东齐维乳	山东青岛市	王文进	1.39E+10	wwj@qwrp.	单击查看		
6	4	河北中发奶	河北保定市	程源源	1.33E+10	cy[illegible]	[illegible]		
7	5	成都基汇乳	四川成都市	周立方	1.3E+10	zlf@[illegible]	[illegible]		
8	6	上海益同奶	上海市	赵晨旭	1.35E+10	zcx@[illegible]	[illegible]		
9	7	北京素锦乳	北京通县	董丽萍	1.38E+10	dlp@sjrp.	单击查看		
10	8	天津奥奥奶	天津市	齐　芳	1.37E+10	qf@tjaa.c	单击查看		
11	9	河北鹿维乳	河北石家庄	王晓钟	1.33E+10	wxz@hblw.	单击查看		
12	10	河南双峰乳	河南郑州市	杜　梨	1.3E+10	dl@hnsf.c	单击查看		
13									

mailto:wwj@qwrp.com -
单击一次可跟踪超链接。
单击并按住不放可选择此单元格。

图 4.44　输入的工作表数据

（2）选中 A3：G12 单元格，在选择区域内单击鼠标右键，并从快捷菜单中选择“设置单元格格式”选项，系统弹出“设置单元格格式”对话框。在对话框中选择“对齐”选项卡，并将“文本对其方式”选项组中的“垂直对齐”选项设置为“居中”；选择“字体”选项卡，然后在“字体”列表中选择“宋体”，在“字形”列表中选择“常规”，在“字号”列表中选择“14”；单击“确定”按钮，关闭对话框，并完成选中单元格的格式设置操作。

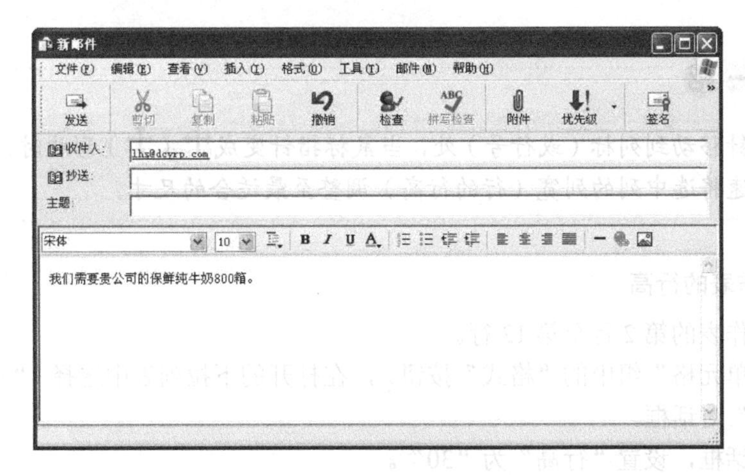

图 4.45　邮件发送窗口

（3）选中 A 列，然后在按住键盘中的 Ctrl 键的同时，分别单击 D 列、E 列、F 列和 G 列的列标，选中这 5 列，然后单击“格式”工具栏中的“居中”对齐方式按钮，即可将这 5 列数据居中，效果如图 4.46 所示。

	A	B	C	D	E	F	G	H
1								
2	编号	厂商名称	地址	联系人	移动电话	电子邮件	厂商介绍	
3	1	内蒙古大	内蒙古呼	栗鸿生	1E+10	@dcyrp.	单击查看	
4	2	山西世鸿	山西太原	张　桐	1E+10	@shrp.c	单击查看	
5	3	山东齐维	山东青岛	王文进	1E+10	j@qwrp.c	单击查看	
6	4	河北中发	河北保定	程源源	1E+10	@hbzf.c	单击查看	
7	5	成都基汇	四川成都	周立方	1E+10	f@jhrp.c	单击查看	
8	6	上海益同	上海市	赵晨旭	1E+10	@shyt.c	单击查看	
9	7	北京素锦	北京通县	董丽萍	1E+10	@sjrp.c	单击查看	
10	8	天津奥奥	天津市	齐　芳	1E+10	@tjaa.c	单击查看	
11	9	河北鹿维	河北石家	王晓钟	1E+10	z@hblw.c	单击查看	
12	10	河南双峰	河南郑州	杜　犁	1E+10	@hnsf.c	单击查看	

图 4.46　设置格式后的工作表数据

6．调整工作表的列宽

（1）单击工作表左上角的“全选”按钮，选中整个工作表。

（2）单击“单元格”组中的“格式”按钮，在打开的下拉列表中选择“自动调整列宽”命令，即可迅速将工作表各列的列宽调整为最适合的宽度，如图 4.47 所示。

	A	B	C	D	E	F	G
1							
2	编号	厂商名称	地址	联系人	移动电话	电子邮件	厂商介绍
3	1	内蒙古大草原乳品有限公司	内蒙古呼和浩特市	栗鸿生	13833569878	lhs@dcyrp.com	单击查看
4	2	山西世鸿乳品有限公司	山西太原市	张　桐	13935890203	zt@shrp.com	单击查看
5	3	山东齐维乳品有限公司	山东青岛市	王文进	13866571812	wwj@qwrp.com	单击查看
6	4	河北中发奶制品有限公司	河北保定市	程源源	13333218819	cyy@hbzf.com	单击查看
7	5	成都基汇乳品厂	四川成都市	周立方	13030145387	zlf@jhrp.com	单击查看
8	6	上海益同奶制品厂	上海市	赵晨旭	13533595957	zcx@shyt.com	单击查看
9	7	北京素锦乳品有限公司	北京通县	董丽萍	13833217714	dlp@sjrp.com	单击查看
10	8	天津奥奥奶制品有限公司	天津市	齐　芳	13696802543	qf@tjaa.com	单击查看
11	9	河北鹿维乳品有限公司	河北石家庄市	王晓钟	13313033253	wxz@hblw.com	单击查看
12	10	河南双峰乳品厂	河南郑州市	杜　犁	13043692543	dl@hnsf.com	单击查看

图 4.47　调整列宽后的工作表

将鼠标指针移动到列标（或行号）处，当鼠标指针变成✢（✢）形状时，双击鼠标左键，可以快速将选中列的列宽（行的行高）调整至最适合的尺寸。

7．调整工作表的行高

（1）选中工作表的第 2 行至第 12 行。

（2）单击“单元格”组中的“格式”按钮，在打开的下拉列表中选择 “行高”命令，系统弹出“行高”对话框。

（3）在该对话框，设置“行高”为“30”。

（4）单击“确定”按钮，关闭对话框，即可将选中行的高度精确的设置为 30 像素，如图 4.48 所示。

编号	厂商名称	地址	联系人	移动电话	电子邮件	厂商介绍
1	内蒙古大草原乳品有限公司	内蒙古呼和浩特市	粟鸿生	13833569878	lhs@dcyrp.com	单击查看
2	山西世鸿乳品有限公司	山西太原市	张　桐	13935890203	zt@shrp.com	单击查看
3	山东齐维乳品有限公司	山东青岛市	王文进	13866571812	wwj@qwrp.com	单击查看
4	河北中发奶制品有限公司	河北保定市	程源源	13333218819	cyy@hbzf.com	单击查看
5	成都基汇乳品厂	四川成都市	周立方	13030145387	zlf@jhrp.com	单击查看
6	上海益同奶制品厂	上海市	赵晨旭	13533595957	zcx@shyt.com	单击查看
7	北京素锦乳品有限公司	北京通县	董丽萍	13833217714	dlp@sjrp.com	单击查看
8	天津奥奥奶制品有限公司	天津市	齐　芳	13696802543	qf@tjaa.com	单击查看
9	河北鹿维乳品有限公司	河北石家庄市	王晓钟	13313033253	wxz@hblw.com	单击查看
10	河南双峰乳品厂	河南郑州市	杜　犁	13043692543	dl@hnsf.com	单击查看

图 4.48　设置行高后的工作表

8．为“厂商介绍”列的数据添加超级链接

（1）选中 G3 单元格。

（2）单击鼠标右键，并从快捷菜单中选择“超链接”命令，打开“插入超链接”对话框。

（3）在该对话框中，单击“原有文件或网页”按钮，并在“地址”文本输入框中输入内蒙古大草原乳品有限公司的网址“http://www.dcyrp.com/”，如图 4.49 所示。

（4）单击“确定”按钮，关闭对话框，即可为选中的单元格添加超链接，添加超链接后，单击该单元格内的文本，就可以直接登录该公司的网站，查看其基本情况。

（5）利用同样的方法为其他厂商添加超链接，效果如图 4.50 所示。

9．设置工作表的边框

（1）选中 A2：G12 间的所有单元格。

（2）单击“字体”组中的“边框”按钮右端的向下三角按钮，并从打开的面板中选择“所有线框”按钮田，如图 4.51 所示，即可为工作表添加边框，效果如图 4.52 所示。

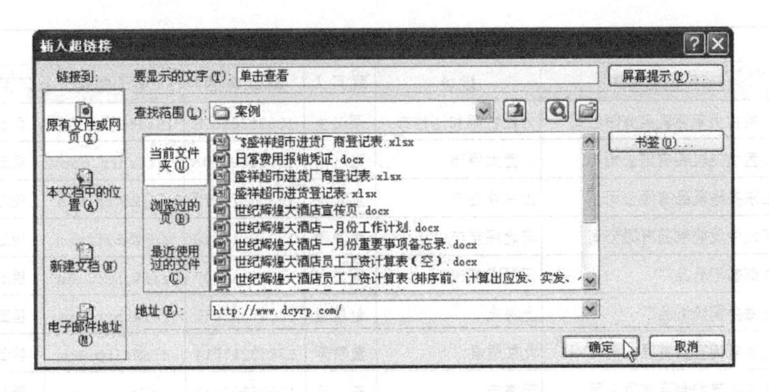

图 4.49 “插入超链接”对话框

编号	厂商名称	地址	联系人	移动电话	电子邮件	厂商介绍
1	内蒙古大草原乳品有限公司	内蒙古呼和浩特市	栗鸿生	13833569878	lhs@dcyrp.com	单击查看
2	山西世鸿乳品有限公司	山西太原市	张　桐	13935890203	zt@shrp.com	单击查看
3	山东齐维乳品有限公司	山东青岛市	王文进	13866571812	wwj@qwrp.com	单击查看
4	河北中发奶制品有限公司	河北保定市	程源源	13333218819	cyy@hbzf.com	单击查看
5	成都基汇乳品厂	四川成都市	周立方	13030145387	zlf@jhrp.com	单击查看
6	上海益同奶制品厂	上海市	赵晨旭	13533595957	zcx@shyt.com	单击查看
7	北京素锦乳品有限公司	北京通县	董丽萍	13833217714	dlp@sjrp.com	单击查看
8	天津奥奥奶制品有限公司	天津市	齐　芳	13696802543	qf@tjaa.com	单击查看
9	河北鹿维乳品有限公司	河北石家庄市	王晓钟	13313033253	wxz@hblw.com	单击查看
10	河南双峰乳品厂	河南郑州市	杜　犁	13043692543	dl@hnsf.com	单击查看

图 4.50 为“厂商介绍”列添加超链接

图 4.51 利用“字体”组中的“边框”按钮设置工作表边框

编号	厂商名称	地址	联系人	移动电话	电子邮件	厂商介绍
1	内蒙古大草原乳品有限公司	内蒙古呼和浩特市	粟鸿生	13833569878	lhs@dcyrp.com	单击查看
2	山西世鸿乳品有限公司	山西太原市	张 桐	13935890203	zt@shrp.com	单击查看
3	山东齐维乳品有限公司	山东青岛市	王文进	13866571812	wwj@qwrp.com	单击查看
4	河北中发奶制品有限公司	河北保定市	程源源	13333218819	cyy@hbzf.com	单击查看
5	成都基汇乳品厂	四川成都市	周立方	13030145387	zlf@jhrp.com	单击查看
6	上海益同奶制品厂	上海市	赵晨旭	13533595957	zcx@shyt.com	单击查看
7	北京素锦乳品有限公司	北京通县	董丽萍	13833217714	dlp@sjrp.com	单击查看
8	天津奥奥奶制品有限公司	天津市	齐 芳	13696802543	qf@tjaa.com	单击查看
9	河北鹿维乳品有限公司	河北石家庄市	王晓钟	13313033253	wxz@hblw.com	单击查看
10	河南双峰乳品厂	河南郑州市	杜 梨	13043692543	dl@hnsf.com	单击查看

图 4.52 设置工作表边框后的效果

10．添加工作表标题，并设置其格式

（1）在 A1 单元格中输入“盛祥超市进货厂商登记表”。

（2）选中第 1 行，单击“单元格”组中的“格式”按钮，在打开的下拉列表中选择“行高”命令，在“行高”对话框中设置“行高”为“50”。

（3）选中 A1：G1 单元格，在选择区域内单击鼠标右键，并从快捷菜单中选择“设置单元格格式”选项，系统弹出“设置单元格格式”对话框。

（4）在该对话框中，选择“对齐”选项卡，并将“水平对齐”和“垂直对齐”选项均设置为“居中”，选中“文本控制”选项组中“合并单元格”复选框。

（5）选择“字体”选项卡，然后在“字体”列表中选择“黑体”，在“字形”列表中选择“加粗”，在“字号”列表中选择“26”。

（6）单击“确定”按钮，关闭对话框，并完成选中单元格的格式设置操作，效果如图 4.53 所示。

盛祥超市进货厂商登记表

编号	厂商名称	地址	联系人	移动电话	电子邮件	厂商介绍
1	内蒙古大草原乳品有限公司	内蒙古呼和浩特市	粟鸿生	13833569878	lhs@dcyrp.com	单击查看
2	山西世鸿乳品有限公司	山西太原市	张 桐	13935890203	zt@shrp.com	单击查看
3	山东齐维乳品有限公司	山东青岛市	王文进	13866571812	wwj@qwrp.com	单击查看
4	河北中发奶制品有限公司	河北保定市	程源源	13333218819	cyy@hbzf.com	单击查看
5	成都基汇乳品厂	四川成都市	周立方	13030145387	zlf@jhrp.com	单击查看
6	上海益同奶制品厂	上海市	赵晨旭	13533595957	zcx@shyt.com	单击查看
7	北京素锦乳品有限公司	北京通县	董丽萍	13833217714	dlp@sjrp.com	单击查看
8	天津奥奥奶制品有限公司	天津市	齐 芳	13696802543	qf@tjaa.com	单击查看
9	河北鹿维乳品有限公司	河北石家庄市	王晓钟	13313033253	wxz@hblw.com	单击查看
10	河南双峰乳品厂	河南郑州市	杜 梨	13043692543	dl@hnsf.com	单击查看

图 4.53 添加的工作表标题效果

11．为工作表重命名，并设置工作表标签的颜色

（1）双击工作表标签“Sheet1”，标签文字将被反向显示。

（2）输入“乳制品”，然后单击工作表的任意位置，即可确认输入的文字，并将工作表重命名为“乳制品”。

（3）在“乳制品”工作表标签上单击鼠标右键，并在快捷菜单中选择“工作表标签颜色”命令，并从打开的主题颜色面板中选择“浅绿”，如图4.54所示，即可将标签设置为浅绿色，效果如图4.55所示。

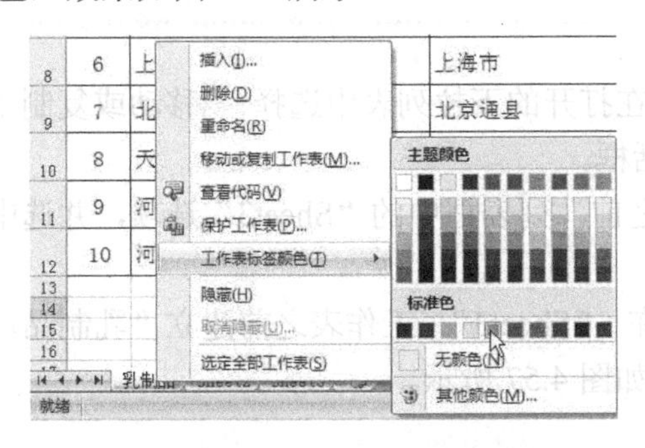

图4.54　设置工作表标签颜色

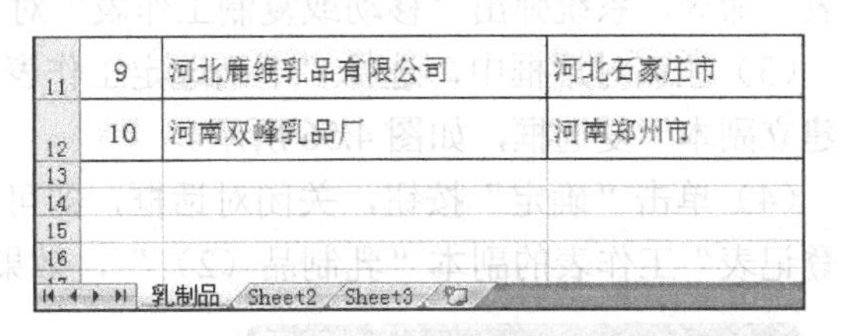

图4.55　重命名和改变颜色后的工作表标签效果

12．利用剪贴板建立“速冻食品”工作表

（1）单击“乳制品”工作表左上角的“全选”按钮，选中整个工作表，并按下快捷键Ctrl+C，将选定内容复制到剪贴板中。

（2）单击“Sheet2”标签，并按下快捷键Ctrl+V，即可将“乳制品”工作表的内容及格式全部复制到“Sheet2”工作表中。

（3）选中B3：G12单元格。

（4）单击“编辑”组中的“清除”按钮 清除 ，在打开的下拉列表中选择“清除内容”命令，即可将选定范围内单元格中的数据清除，而保留格式。

单击“编辑”组中的“清除”按钮 清除 ，在打开的下拉列表中选择“清除格式”命令，可以将选定范围内单元格中的数据格式清除，而只保留数据。

单击“编辑”组中的“清除”按钮 清除 ，在打开的下拉列表中选择“全部清除”命令，可以将选定范围内单元格中的数据和格式全部清除。

（5）在B3：G12单元格输入相关数据（数据从略）。

（6）将工作表的标签重命名为“速冻食品”，并将其颜色设置为浅蓝色。

13．利用“移动或复制工作表”命令建立“蔬菜水果”工作表

（1）单击“乳制品”工作表的标签，切换到该工作表。

按下快捷键 Ctrl+Page Down，可以快速切换到同一工作簿中当前工作表的下一个工作表。

按下快捷键 Ctrl+Page Up，可以快速切换到同一工作簿中当前工作表的上一个工作表。

按下快捷键 Ctrl+Tab，可以在打开的不同工作簿之间进行快速切换。

（2）单击“单元格”组中的“格式”按钮，在打开的下拉列表中选择 “移动或复制工作表”命令，系统弹出“移动或复制工作表”对话框。

（3）在该对话框中，选择“下列选定工作表之前”列表框中的“Sheet3”选项，并选中“建立副本”复选框，如图 4.56 所示。

（4）单击“确定”按钮，关闭对话框，即可在 “Sheet3” 工作表之前建立“乳制品厂商登记表”工作表的副本“乳制品（2）”，效果如图 4.57 所示。

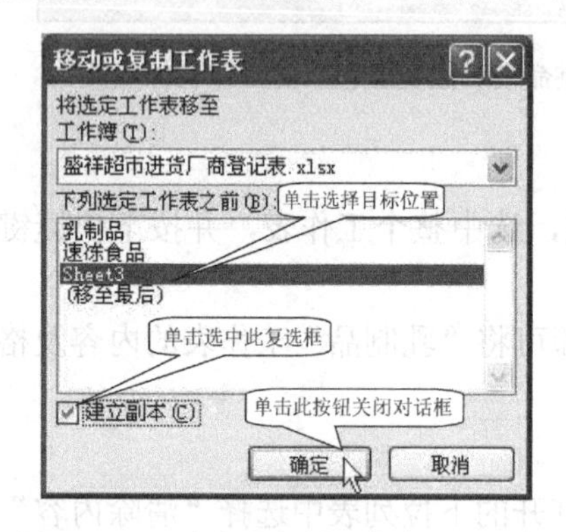

图 4.56 “移动或复制工作表”对话框

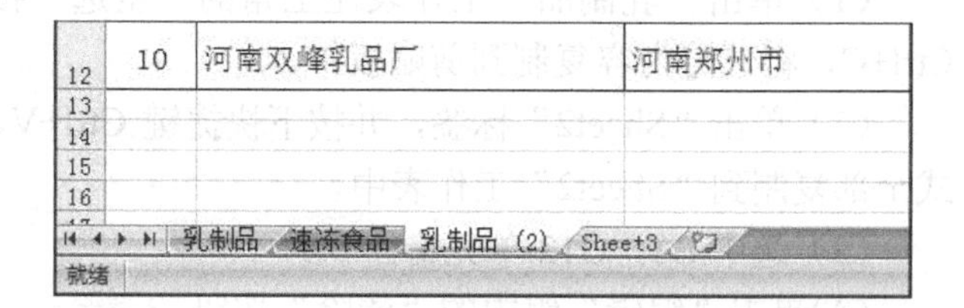

图 4.57 建立的工作表副本

在“移动或复制工作表”对话框中，如果取消选中“建立副本”复选框，即可直接将当前工作表移动到选中的工作表之前。

我们还可以利用鼠标拖曳的方法复制和移动工作表，这种方法更加简单、快捷，具体方法为，①单击选定需要复制或移动的工作表标签；②拖曳工作表标签，这时工作表标签左上角出现一个小黑三角，鼠标指针上方也同时出现一个白色信笺图标，用于指示工作表的位置，当到达适当位置后，释放鼠标，即可将工作表移动到相应的位置，如图 4.58 所示。如果在拖曳鼠标的同时按住键盘中的 Ctrl 键，即可将工作表复制到相应的位置，如图 4.59 所示。

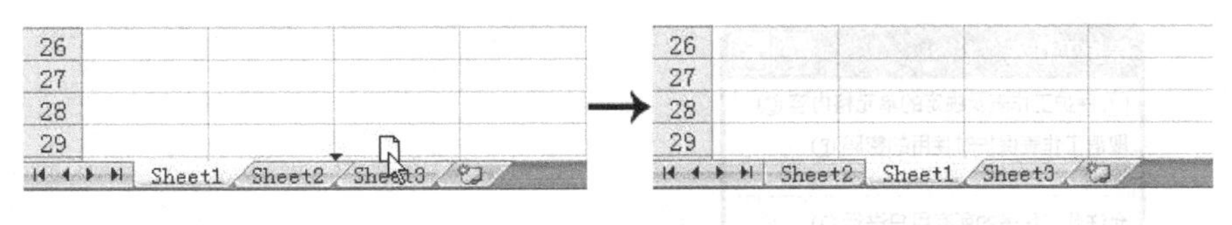

图 4.58　移动工作表过程示例

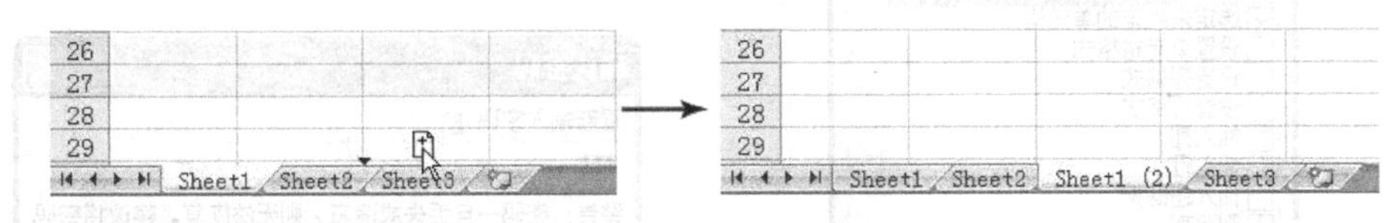

图 4.59　复制工作表过程示例

（5）选中 B3：G12 单元格。

（6）依次选择“编辑”/“清除”/“内容”命令，即可将选定范围内单元格中的数据清除，而保留其格式。

（7）在 B3：G12 单元格输入相关数据（数据从略）。

（8）将工作表的标签重命名为“蔬菜水果”，并将其颜色设置为黄色。

（9）我们还可以根据需要，利用上述方法之一建立其他工作表。

14．删除多余的“Sheet3”工作表

（1）单击“Sheet3”标签，选中该工作表。

（2）在“Sheet3”标签位置单击鼠标右键，并选择“删除”命令，或依次选择“编辑”/“删除工作表”命令，即可将“Sheet3”工作表删除，如图 4.60 所示。

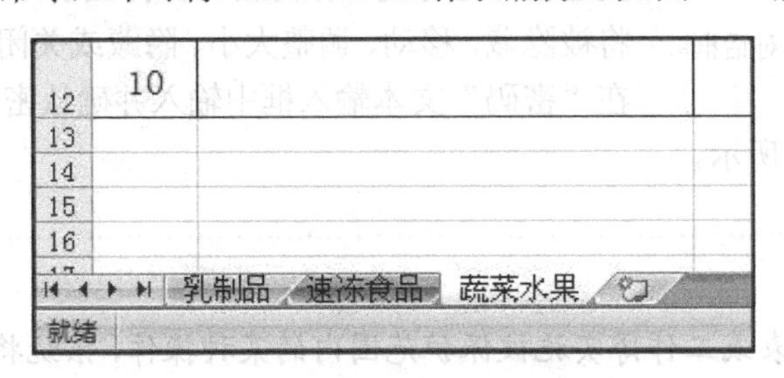

图 4.60　删除“Sheet3”工作表后的效果

15．保护工作表和工作簿

这些涉及进货厂商信息的数据对于一个企业来说是非常重要甚至是对外保密的，需要对其进行保护。

（1）单击“乳制品”工作表标签，选中该工作表。

（2）切换至“审阅”选项卡，单击“更改”组中的“保护工作表”按钮，系统弹出“保护工作表”对话框。

（3）在该对话框中，单击选中“保护工作表及锁定的单元格内容”复选框，并在“取消工作表保护时使用的密码”文本输入框中输入密码，然后在“允许此工作表的所有用户进行”选项组中，单击选择允许在工作表中进行的操作，或清除不允许在工作表中进行的操作（默认情况下只有“选定锁定单元格”和“选定未锁定的单元格”选项被选中），如图 4.61 所示。

（4）单击“确定”按钮，系统弹出“确认密码”对话框，如图 4.62 所示，在对话框中重新输入密码，如果两次输入的密码一致，即可关闭对话框，并按照设定对工作表进行保护。

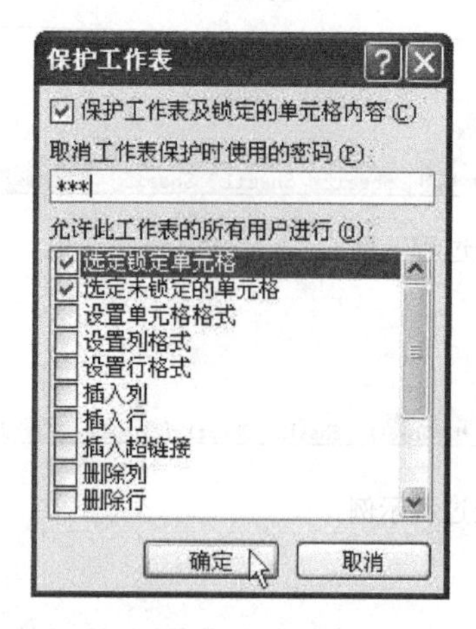

图 4.61 “保护工作表”对话框

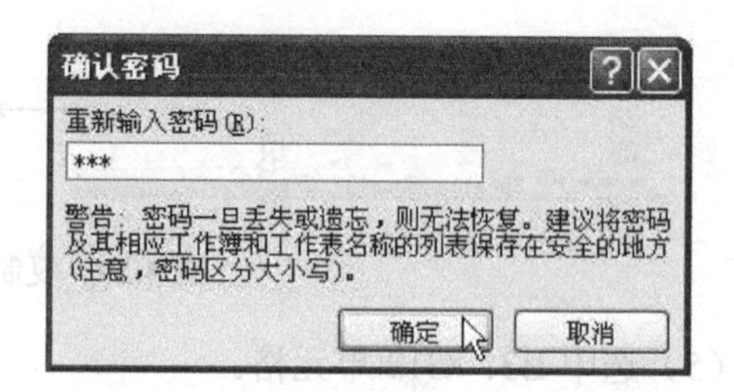

图 4.62 “确认密码”对话框

（5）按照同样的方法对其他工作表进行保护。

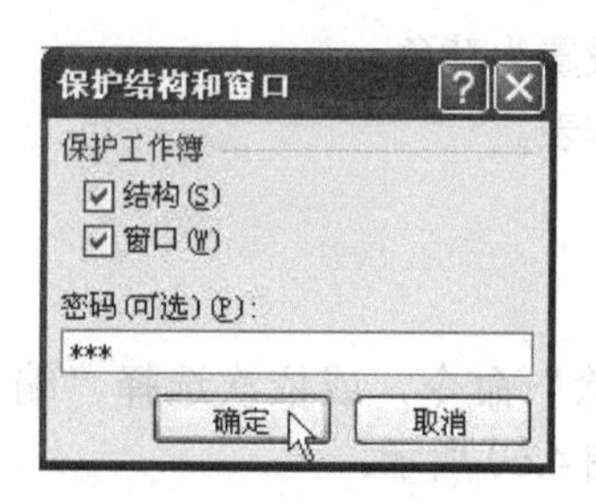

图 4.63 “保护工作簿”对话框

（6）单击“更改”组中的“保护工作簿”按钮，在打开的下拉列表中选择“保护结构和窗口”命令，系统弹出“保护结构和窗口”对话框。

（7）在该对话框中，选中“结构”复选框，这将使工作簿的机构保持现有格式，删除、移动、复制、重命名、隐藏工作表或插入新的工作表等操作将无效；单击选中“窗口”复选框，这将使工作簿窗口保持当前形式，窗口的控制图标将被隐藏，移动、调整大小、隐藏或关闭窗口的操作将无效；在“密码”文本输入框中输入并确认密码，即可对整个工作簿进行保护，如图 4.63 所示。

如果试图对工作表或工作簿实施被保护范围内的某种操作，系统将发出如图 4.64 所示的警告窗口。

图 4.64 警告窗口

再次单击“更改”组中的“撤销工作表保护”或 “撤销工作簿保护”命令，并输入密码，即可取消对工作表或工作簿的保护。

16. 打印整个工作簿

（1）单击 Office 按钮，然后在打开的菜单中选择“打印”命令，系统弹出“打印”对话框。

（2）在该对话框中，选中“打印内容”选项组中的“整个工作簿”单选按钮。

（3）单击“确定”按钮，可以将整个工作簿包含的所有工作表全部打印出来。

如果只打印当前工作表，可以选中“选定工作表”，并单击“确定”按钮。

17．后期处理及文件保存

（1）单击“快速访问”工具栏中的“保存”按钮，对工作簿进行保存。

（2）退出并关闭 Excel 2007 中文版。

本案例通过“盛祥超市进货厂商登记表”的设计和制作过程，主要学习了 Excel 2007 中文版软件的序列填充、数据的清除、超链接数据的输入和设置、工作表的重命名、移动和复制、删除、工作表和工作簿的保护等操作的方法和技巧。其中关键之处在于，利用设置超链接来方便快捷地查询数据，并利用复制的方法建立多个工作表。

利用类似本案例的方法，可以非常方便地完成各种包含多个工作表的设计和制作任务。

4.3 设计商品订货登记单

做什么

在订货之前需要做一系列的准备工作，其中，设计和填写订货登记单是必不可少的重要任务之一，订货登记单中应当详细记录本次订货的具体信息，例如，商品名称、生产厂家、产地、订货日期、订货数量、单价、供货方式、付款方式、联系人、联系电话等。

利用 Excel 2007 中文版软件的表格处理功能，可以非常方便快捷地制作完成效果如图 4.65 所示的“盛祥超市订货登记单”。

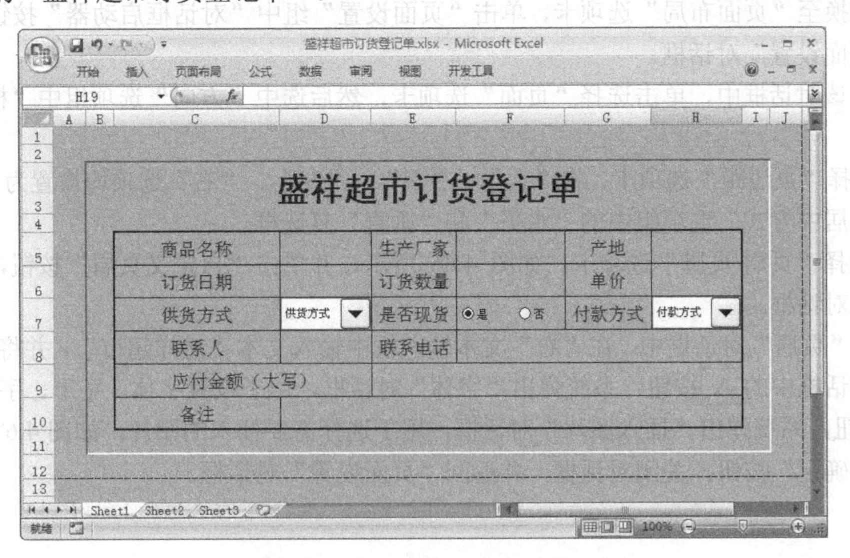

图 4.65 “盛祥超市订货登记单”效果图

指路牌

分组对案例进行讨论和分析，得出如下解题思路：

（1）创建一个新工作簿，并对其进行保存。

（2）设置登记表的页面。

（3）输入表格数据，并设置其格式。

（4）设置工作表的边框。

（5）合并表格中的部分单元格。

（6）利用颜色和边框为表格添加立体效果。

（7）将单元格中的数据限定为日期类型。

（8）将单元格中的数据限定为货币类型。

（9）将单元格中的数据设置为组合框。

（10）将单元格中的数据设置为选项按钮。

（11）将订货单保存为模板。

（12）设置打印区域。

（13）后期处理及文件保存。

根据以上解题思路，完成“盛祥超市订货登记单”的具体操作如下：

1．创建一个新工作簿，并对其进行保存

（1）启动 Excel 2007 中文版，同时创建一个空白 Excel 工作簿。

（2）保存文件为“盛祥超市订货登记单.xlsx”。

2．设置登记表的页面

（1）切换至“页面布局”选项卡，单击“页面设置”组中“对话框启动器”按钮，系统弹出“页面设置”对话框。

（2）在该对话框中，单击选择“页面”选项卡，然后选中“方向”选项组中“横向”单选按钮。

（3）选择“页边距”选项卡，将“上”、“下”、“左”、“右”选项均设置为“2.5”，然后选中“居中方式”选项组中的“水平”和“垂直”复选框。

（4）选择“页眉/页脚”选项卡，如图 4.66 所示，并单击“自定义页眉”按钮，系统弹出“页眉”对话框。

（5）在“页眉”对话框中，在“右”文本输入框中输入文本“盛祥超市”，并将其选中，然后单击对话框中的A按钮，系统弹出“字体”对话框，用于设置字体、字形、字号选项，单击按钮，系统弹出“插入图片”对话框，用于选择需要插入的图片，如图 4.67 所示，最后单击“确定”按钮，关闭对话框，并返回“页面设置”对话框。

图 4.66 “页眉/页脚”选项卡

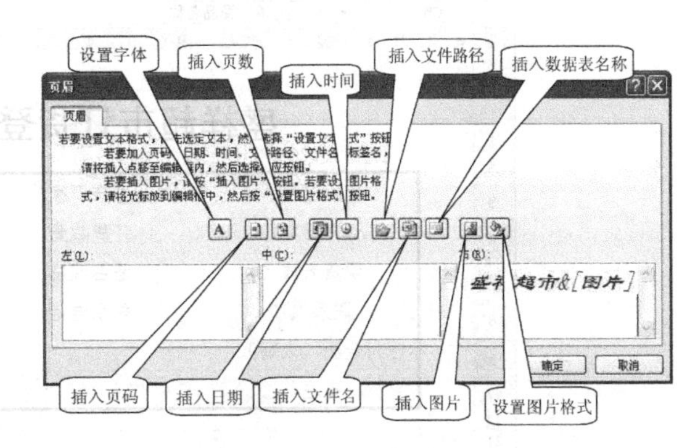

图 4.67 “页眉”对话框

（6）在“页面设置”对话框中，单击选择“页脚”下拉列表框中的由日期时间组合的选项。

（7）为了查看页眉/页脚的具体效果，可以单击 Office 按钮，然后在打开的菜单中单击“打印”命令右侧的右三角按钮，在打开的菜单中选择“打印预览”命令，即可以在打印预览窗口查看页眉/页脚的效果，如图 4.68 所示。

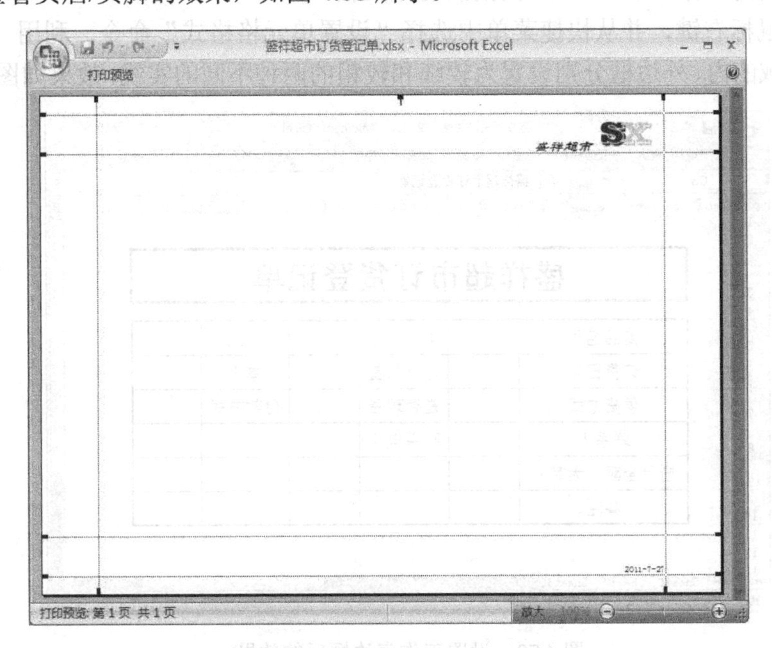

图 4.68 打印预览窗口中的页眉/页脚

3. 输入表格数据，并设置其格式

（1）选择自己熟练的输入法，在工作表中的对应单元格中分别输入相关数据，并通过“开始”选项卡设置其“字体”为“宋体”，“字号”为“14”，对齐方式为“居中”，并调整其行高和列宽。

（2）将当前工作表中的 C3:H3 单元格合并，然后在其中输入表格标题“盛祥超市订货登记单”，并通过“开始”选项卡设置其“字体”为“黑体”，“字号”为“26”，选中“加粗” **B** 按钮和“合并后居中”按钮 合并后居中，并调整其“行高”为“40”，如图 4.69 所示。

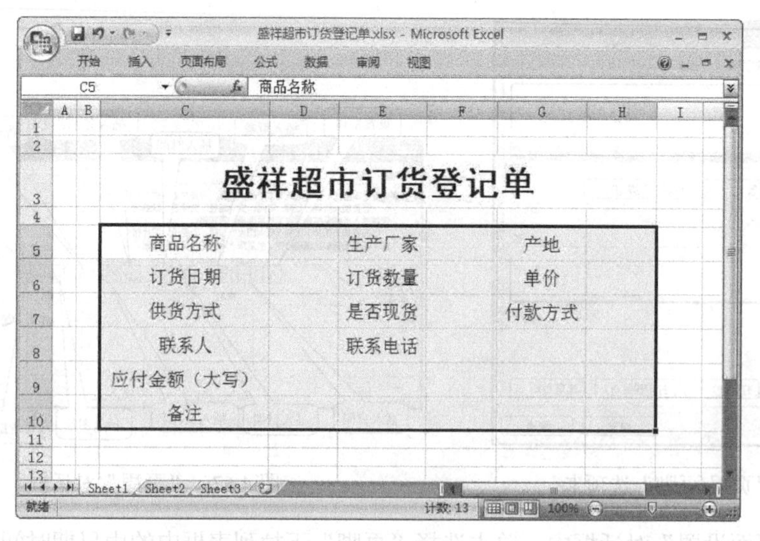

图 4.69　输入的数据

4. 设置工作表的边框

（1）选中当前工作表中 C5:H10 间的所有单元格。

（2）单击鼠标右键，并从快捷菜单中选择“设置单元格格式”命令，利用 “边框”选项卡将选定区域的内、外边框分别设置为较细和较粗的两种不同的实线，效果如图 4.70 所示。

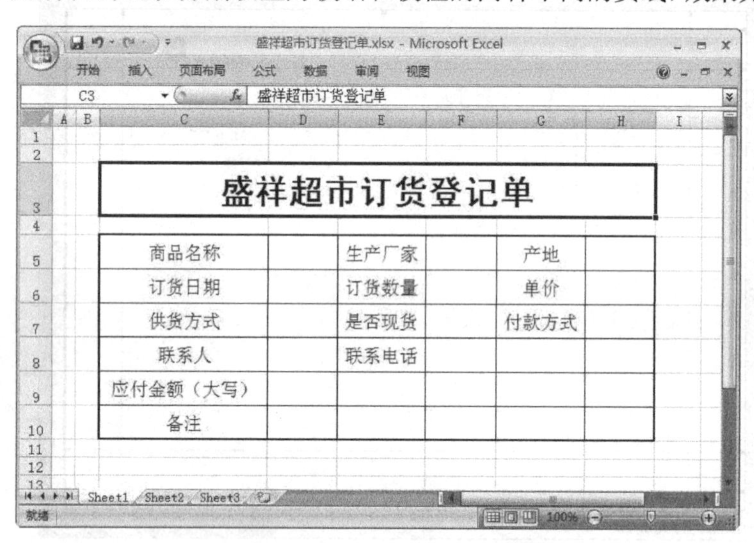

图 4.70　设置工作表边框后的效果

5. 合并表格中的部分单元格

（1）选中当前工作表中的 F8:H8 单元格。

（2）切换至“开始”选项卡，单击“对齐方式”组中的“合并后居中”按钮合并后居中，将这三个单元格合并为一个单元格。

（3）利用同样的方法分别将工作表中的 C9:D9 单元格、E9:H9 单元格和 D10:H10 单元格合并，效果如图 4.71 所示。

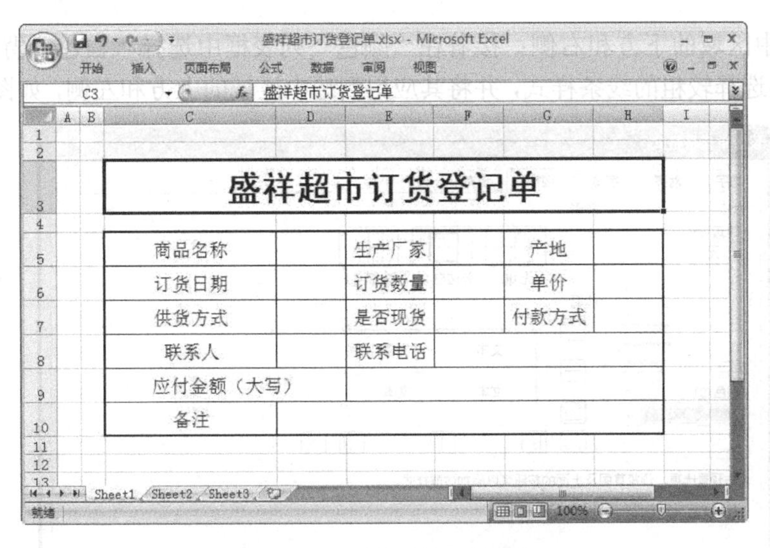

图 4.71　合并单元格后的表格

6．利用颜色和边框为表格添加立体效果

（1）按下快捷键 Ctrl+A，选中整个工作表。

（2）单击“开始”选项卡/“字体”组中的 “填充颜色”按钮右端的向下三角按钮，并在颜色面板中选择“白色，背景 1，深色 25%”色块，如图 4.72 所示，即可将整个工作表的背景填充为灰色，效果如图 4.73 所示。

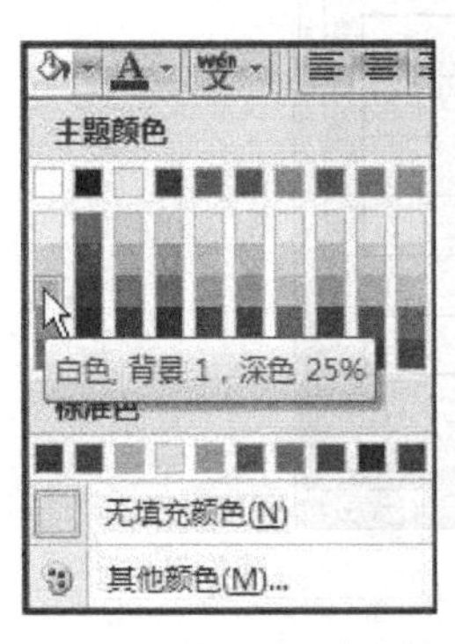

图 4.72　利用“填充颜色”按钮设置工作表的背景色

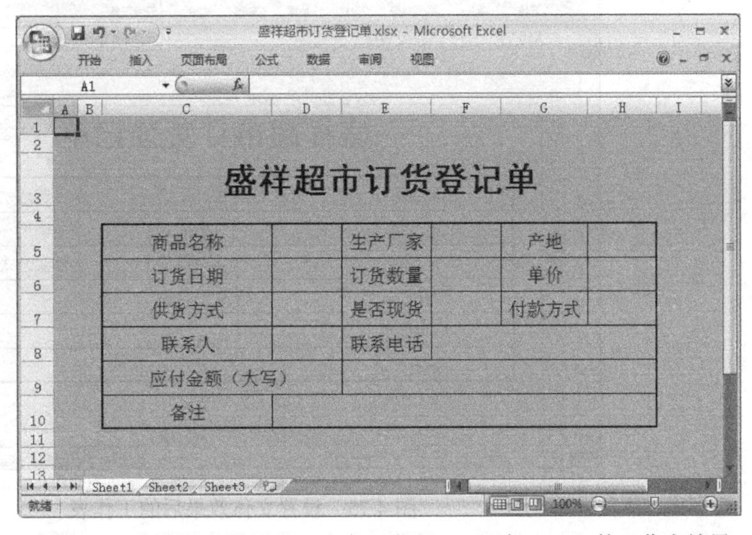

图 4.73　将背景色设置为“白色，背景 1，深色 25%”的工作表效果

（3）选中当前工作表中的 B3:I11 间的所有单元格。

（4）在选择区域内单击鼠标右键，并选择“设置单元格格式”命令，系统弹出“设置单元格格式”对话框。

（5）在该对话框中，选择“边框”选项卡，先在“线条样式”栏中选择较细的线条样式，再在“颜色”列表框中选择“白色”色块，然后单击“边框”选项组中的和按钮，将线条应用到选中区域的下方和右侧；接着在“颜色”列表框中选择“白色，背景 1，深色 50%”色块，再选择较粗的线条样式，并将其应用到选中区域的上方和左侧，如图 4.74 所示。

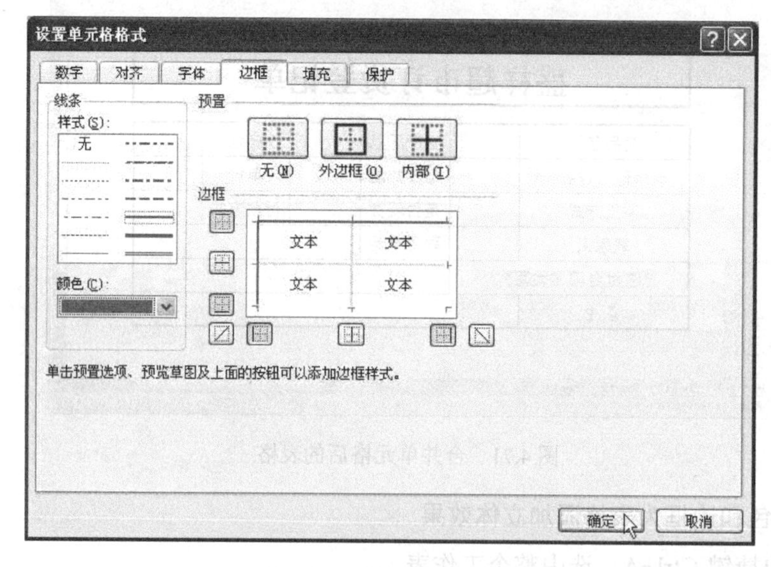

图 4.74 “边框”选项卡

（6）单击“确定”按钮，关闭对话框，即可完成立体效果的设置操作，如图 4.75 所示

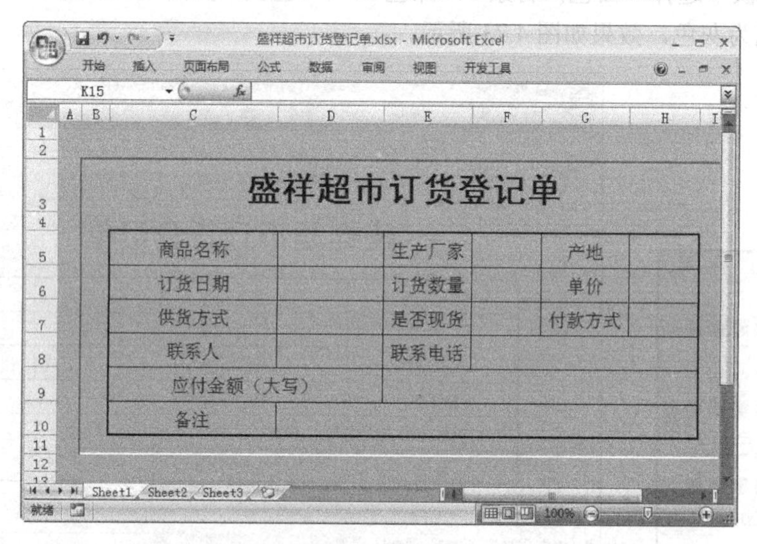

图 4.75 设置立体效果后的工作表

7. 将单元格中的数据限定为日期类型

（1）单击选中当前工作表的 D6 单元格，该单元格中将输入的数据应为日期型。

（2）单击鼠标右键，并选择“设置单元格格式”命令，系统弹出“设置单元格格式”对话框。

（3）在该对话框中，选择“数字”选项卡，先在“分类”列表中单击选择“日期”选项，然后在“类型”列表中选择“01-3-14”选项，如图 4.76 所示。

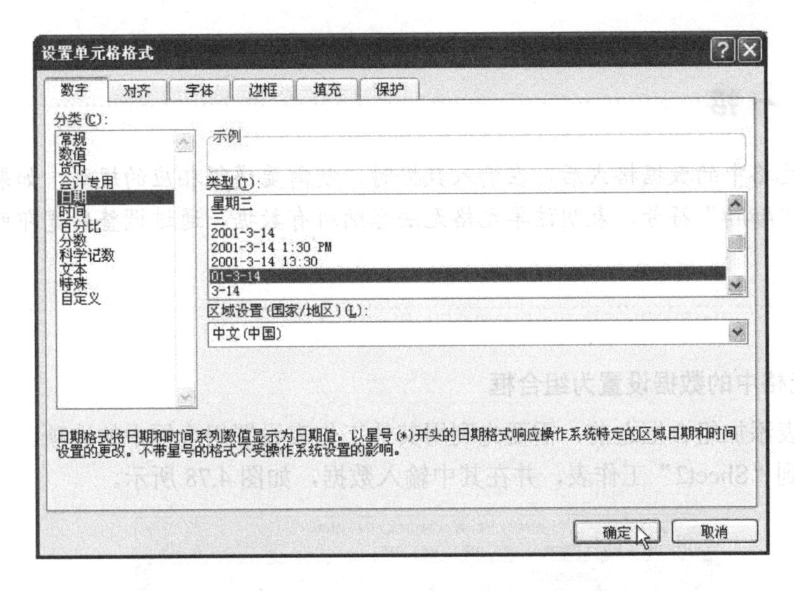

图 4.76 利用“数字”选项卡设置日期型数据

(4) 单击“确定”按钮，关闭对话框，即可将 D6 单元格中将要输入的数据限定为指定类型的日期格式。

8. 将单元格中的数据限定为货币类型

(1) 选中当前工作表中的 H6 单元格，该单元格中将输入的数据应为货币型。

(2) 单击鼠标右键，并选择“设置单元格格式”命令，系统弹出“设置单元格格式”对话框。

(3) 在该对话框中，选择“数字”选项卡，先在“分类”列表中选择“货币”选项，然后设置“小数位数”为“2”，如图 4.77 所示。

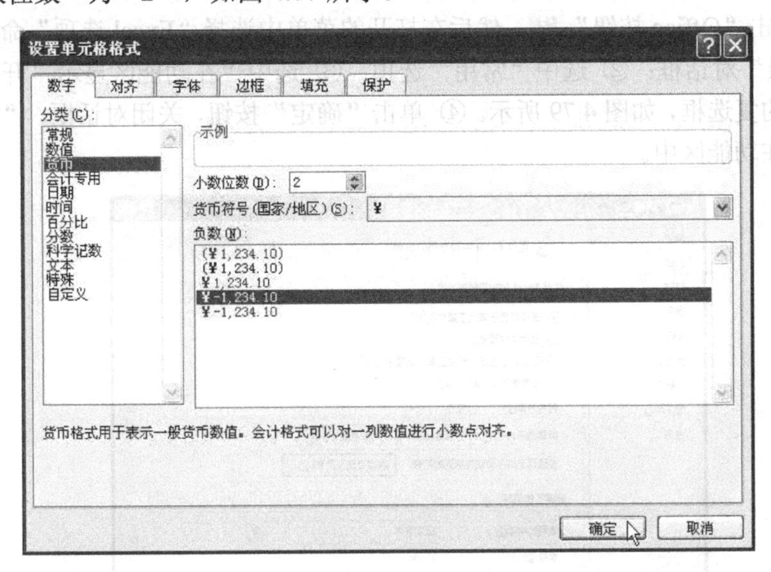

图 4.77 利用“设置单元格格式”/“数字”选项卡设置货币型数据

(4) 单击“确定”按钮，关闭对话框，即可将 H6 单元格中将要输入的数据限定为保留两位小数位数的货币型数据。

设置单元格中的数据格式后，在输入数据时，就需要遵循相应的规则，如果某些单元格中出现“####”符号，表明该单元格无法容纳所有数据，通过调整列宽即可得到有效解决。

9. 将单元格中的数据设置为组合框

在为工作表添加组合框之前，需要先利用其他工作表设置组合框中的选项。

（1）切换到“Sheet2”工作表，并在其中输入数据，如图 4.78 所示。

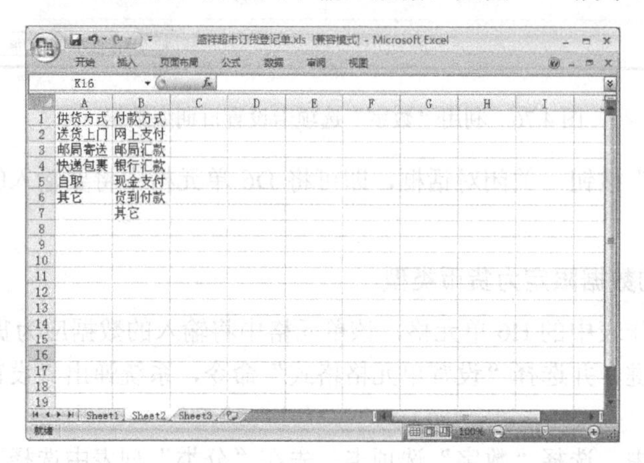

图 4.78　在“Sheet2”工作表中输入的组合框选项

（2）① 单击“Office 按钮”，然后在打开的菜单中选择“Excel 选项”命令，系统弹出“Excel 选项”对话框；② 选中“常用”选项；③ 选中“在功能区显示‘开发工具’选项卡”选项前的复选框，如图 4.79 所示。④ 单击“确定”按钮，关闭对话框，“开发工具”选项卡将出现在功能区中。

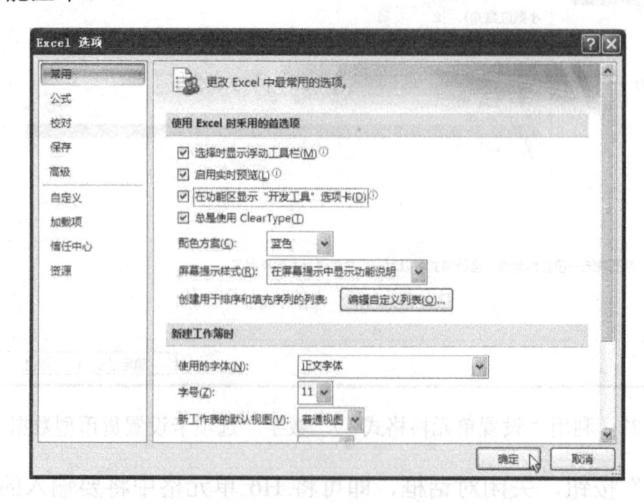

图 4.79　“常用”选项

(3) 切换到“Sheet1”工作表，单击“开发工具”选项卡中“控件”组中的“插入”按钮，在打开的下拉列表中，选择“表单控件”选项卡中的“组合框”按钮，如图 4.80 所示。

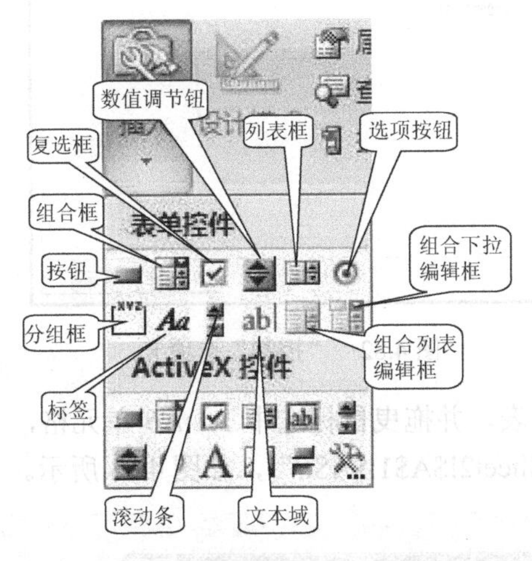

图 4.80 “插入控件”下拉列表

(4) 为了使组合框选项能够完全显示出来，调整表格的列宽至合适度。

(5) 在 D7 单元格中拖曳鼠标，绘制一个与单元格等大小的组合框，然后在组合框上单击鼠标右键，并从快捷菜单中选择“设置控件格式”命令，如图 4.81 所示，系统弹出“设置控件格式”对话框。

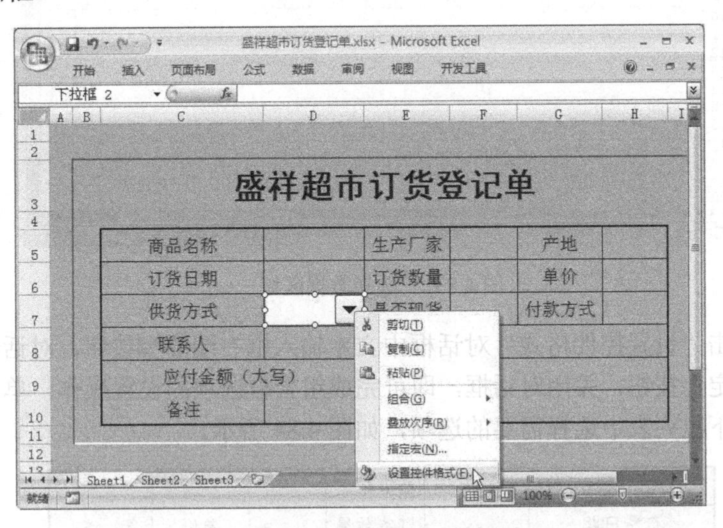

图 4.81 绘制组合框控件

(6) 在该对话框中，单击选择“控制”选项卡，然后在“数据源区域”文本输入框中输入单元格区域引用“Sheet2!$A$1:$A$6”，如图 4.82 所示，或单击“数据源区域”文本输入框右端的按钮，对话框将缩小为一个小对话框，如图 4.83 所示。

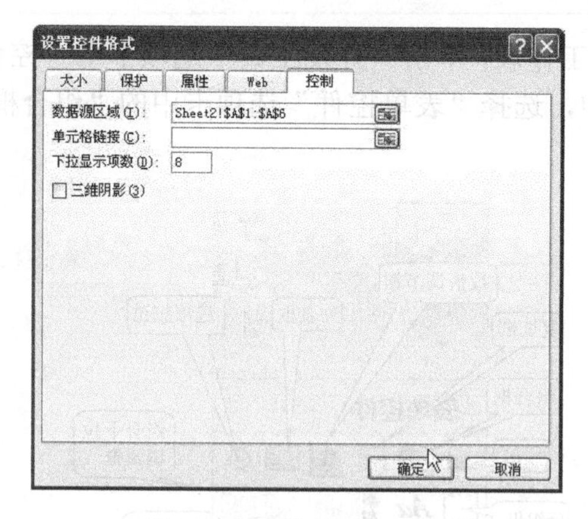

图 4.82　“控制”选项卡

（7）切换至 Sheet2 工作表，并拖曳鼠标选中 A1:A6 单元格，“对象格式”对话框中将同步显示该选中区域引用“Sheet2!$A$1:$A$6”，如图 4.83 所示。

图 4.83　选择数据区域

（8）再次单击“设置控件格式”对话框中文本输入框右端的按钮，对话框将还原为原大小，单击“确定”按钮，关闭对话框，即可完成组合框选项的设置操作，单击工作表中的组合框，即可从下拉列表中选择需要的选项，如图 4.84 所示。

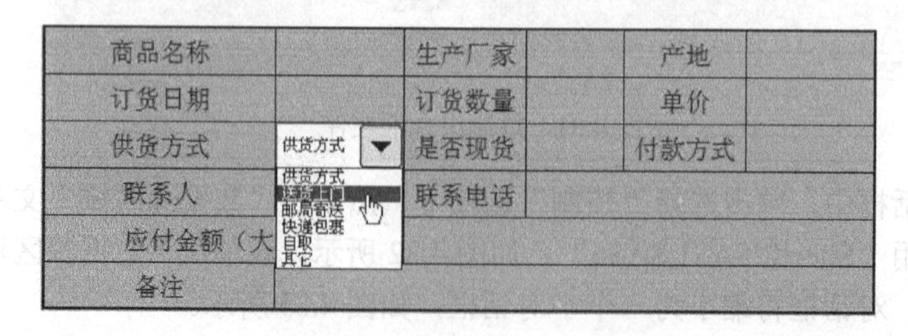

图 4.84　“供货方式”组合框

（9）利用同样的方法为 H7 单元格设置组合框，如图 4.85 所示。

商品名称		生产厂家		产地	
订货日期		订货数量		单价	
供货方式	供货方式	是否现货		付款方式	付款方式 付款方式 网上支付 邮局汇款 银行汇款 现金支付 货到付款 其它
联系人		联系电话			
应付金额（大写）					
备注					

图 4.85 “付款方式”组合框

10．将单元格中的数据设置为选项按钮

（1）单击“表单控件”选项卡中的“选项”按钮，并在 F7 单元格中拖曳鼠标，绘制两个选项按钮，如图 4.86 所示。

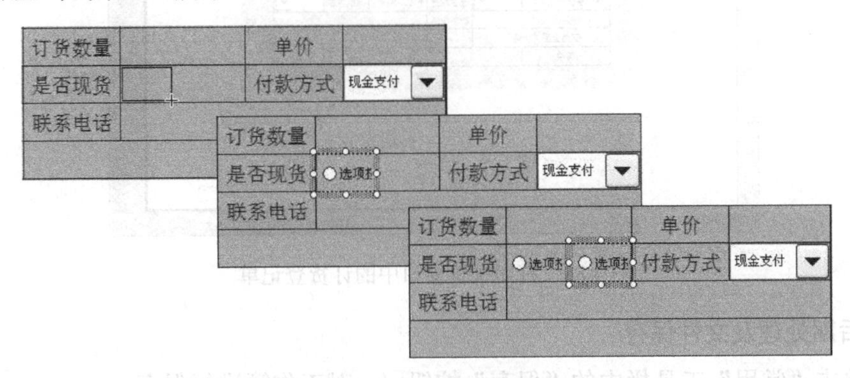

图 4.86 绘制两个选项按钮

（2）单击选项按钮，直接将提示文本分别修改为“是”和“否”即可，如图 4.87 所示。

商品名称		生产厂家		产地	
订货日期		订货数量		单价	
供货方式	供货方式	是否现货	◉是 ○否	付款方式	付款方式
联系人		联系电话			
应付金额（大写）					
备注					

图 4.87 修改提示文本后的选项按钮

11．将订货单保存为模板

（1）单击 Office 按钮，然后在打开的菜单中选择“另存为”命令，系统弹出“另存为”对话框。

（2）在对话框中选择“保存类型”选项为“Excel 模板（*.xltx）”，然后单击“确定”按钮，关闭对话框，即可将工作簿保存为模板，供我们今后调用。

12．设置打印区域

（1）选中当前工作表中的 A1:J12 间所有的单元格。

（2）切换至“页面布局”选项卡，单击“页面设置”组中的“打印区域”按钮，然后在打开的下拉列表中选择“设置打印区域”命令，即可将选定区域设置为打印区域。

（3）单击 Office 按钮，然后在打开的菜单中单击“打印”命令右侧的右三角按钮，在打开的菜单中选择“打印预览”命令，即可在打印预览窗口查看整个订货登记单的效果，如图 4.88 所示。

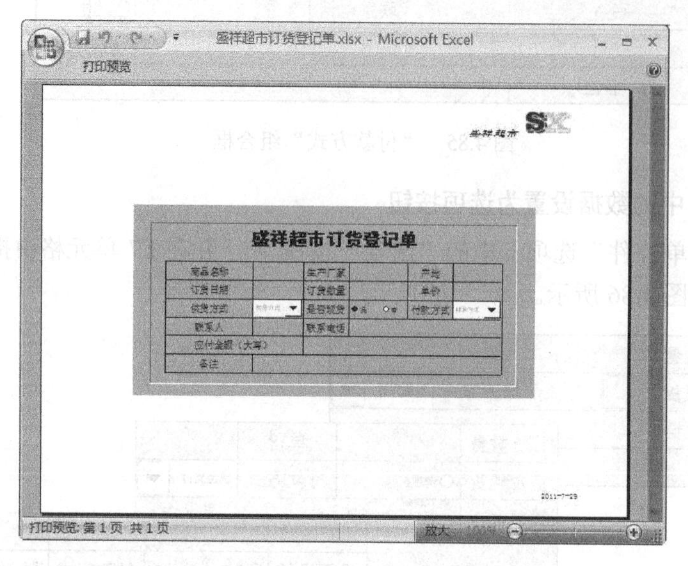

图 4.88　打印预览窗口中的订货登记单

13．后期处理及文件保存

（1）单击“常用”工具栏中的“保存”按钮，对工作簿进行保存。

（2）退出并关闭 Excel 2007 中文版。

本案例通过“盛祥超市订货登记单”的设计和制作过程，主要学习了 Excel 2007 中文版软件的页眉/页脚设置、限定和设置数据类型和格式、窗体的添加和设置、模板的保存、打印区域的设置等操作的方法和技巧。其中关键之处在于，根据数据的具体类型和格式选择适当的方法对其进行限定和设置，以便简化输入过程，提高数据的准确性和规范性。

利用类似本案例的方法，可以非常方便地完成各种包含多种复杂数据表格的设计和制作任务。

本章主要介绍了 Excel 在商品进货领域的用途及利用 Excel 完成具体案例任务的流程、方法和技巧。熟练掌握并灵活应用这些案例的制作过程，可以帮助我们解决进货管理工作中遇到的各种问题。

链接一　如何改变新建工作簿包含的默认工作表数量

默认情况下，工作簿的默认工作表数量为 3 个，而在实际操作中往往需要用到更多的工作表。通过如下操作可以设置默认的工作表数量：

（1）单击“Office 按钮”，然后在打开的菜单中选择“Excel 选项”命令，系统弹出“Excel 选项”对话框，如图 4.89 所示。

（2）在该对话框中，选择“常用”选项卡。

（3）在“包含的工作表数”文本输入框中输入所需要的工作表数目。

（4）单击“确定”按钮，关闭对话框，当下次新建工作簿时，工作簿中的工作表数量将与设置后的数量相同。

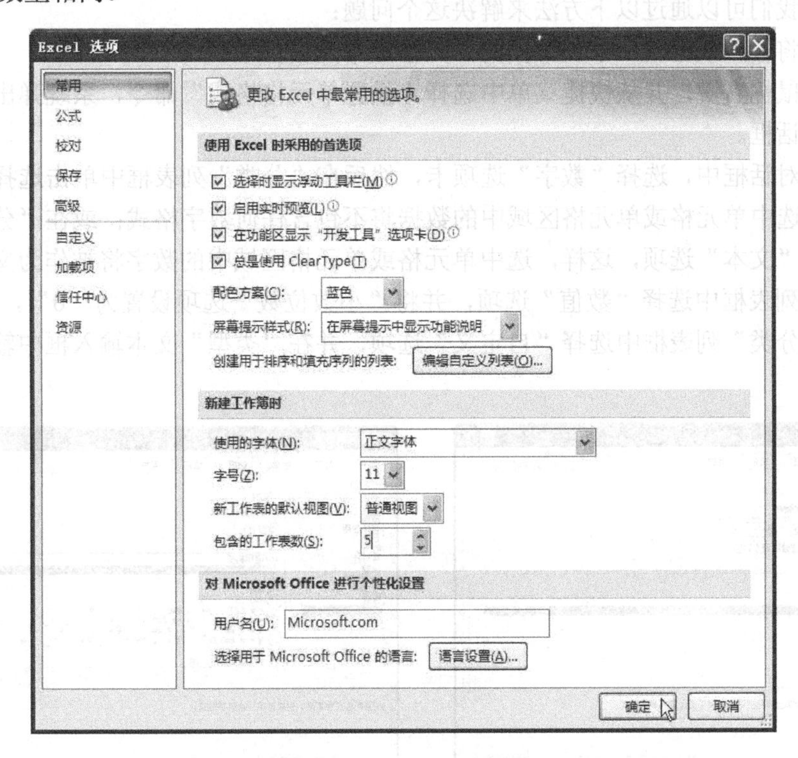

图 4.89　“常用”选项卡

链接二　为工作表的重命名需要遵循哪些规则

默认情况下，Excel 在创建工作簿时会对每个工作表进行命名，如“Sheet1”、“Sheet2”、“Sheet3”等，可以根据需要对其进行重命名，工作表的命名必须遵守如下规则：

（1）名称的第 1 个字符必须是中文、英文或下划线字符，其余字符可以是中文、英文、数字、下划线、句号或问号及其组合。

（2）名称不能与单元格的位置相似，如 A11、$B$8 等。

（3）名称中的字母不区分大小写。

（4）名称最多包含 255 个字符，其中一个汉字占两个字符。

（5）同一工作簿中的工作表的名称不能重复。

链接三　如何利用填充控制柄清除数据

利用填充控制柄不仅可以在 Excel 工作表中快速填充数据，还可以用于快速清除工作表中连续单元格中的数据，具体操作方法如下：

（1）选中需要清除数据的单元格、一行或一列单元格区域，并将其中的内容删除。

（2）将鼠标指针移动到选中单元格右下角的填充柄上，鼠标指针由✚形状变成＋形状，向下、向上、向左或向右拖曳填充控制柄。

（3）当填充虚线框到达需要清除数据的边界时，释放鼠标左键，这个区域的单元格中的数据将全部被清除。

链接四　如何在单元格中输入长度大于 10 的数字

在 Excel 中，如果某单元格中输入的数据长度大于 10 时，系统自动采用科学计数法对数据进行转换，我们可以通过以下方法来解决这个问题：

（1）选中将输入或已输入了长数据的单元格或单元格区域。

（2）单击鼠标右键，并从快捷菜单中选择“设置单元格格式”命令，系统弹出“设置单元格格式”对话框。

（3）在该对话框中，选择“数字”选项卡，然后在“分类”列表框中单击选择“常规”选项，这样，选中单元格或单元格区域中的数据将不包含任何数字格式；或在“分类”列表框中单击选择“文本”选项，这样，选中单元格或单元格区域中的数字将被作为文本处理；或在“分类”列表框中选择“数值”选项，并将“小数位数”选项设置为“0”，如图 4.90 所示；或在“分类”列表框中选择“自定义”选项，并在“类型”文本输入框中输入 0，如图 4.91 所示。

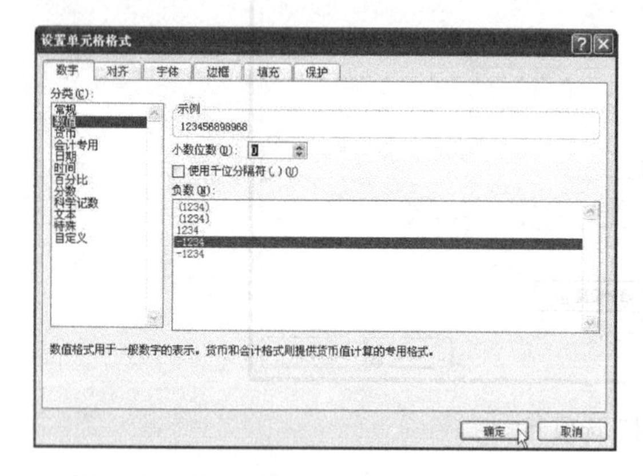

图 4.90　利用“数字”选项卡设置数值格式

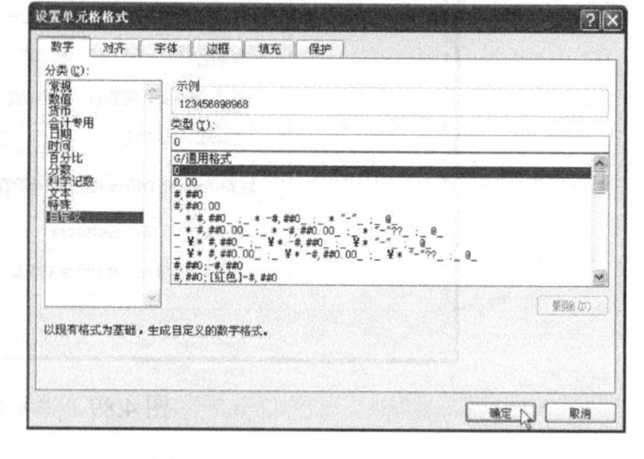

图 4.91　利用“数字”选项卡设置自定义格式

（4）单击“确定”按钮，关闭对话框。

链接五　如何移动、复制单元格或单元格区域的数据

在设计和制作工作表的过程中，经常遇到数据输入的位置不正确或不合适的情况，这就需要将其删除，然后再在适当的位置重新录入数据，但如果数据量很大，这种方法就会显得效率比较低了。可以通过移动单元格的方法，对工作表中的数据进行快速调整。

1．利用拖曳鼠标的方法移动、复制单元格或单元格区域

具体操作方法如下：

（1）选中需要移动、复制的单元格或单元格区域。

（2）将鼠标指针移动到选中的单元格或单元格区域的外框处，光标将变成 形状，如图 4.92 所示，此时按下鼠标左键并向目标单元格或目标区域拖曳鼠标，如图 4.93 所示，当虚框到达目标单元格或目标区域时，释放鼠标，即可将选中单元格或单元格区域的数据移动到目标单元格或目标区域中，如图 4.94 所示。如果需要复制单元格或单元格区域的数据，需要在释放鼠标前按住键盘中的Ctrl键，这样，选中单元格或单元格区域的数据就会被复制到目标单元格或目标区域中，如图4.95所示。

C1 付款方式

	A	B	C	D
1	供货方式		付款方式	
2	送货上门		网上支付	
3	邮局寄送		邮局汇款	
4	快递包裹		银行汇款	
5	自取		现金支付	
6	其它		货到付款	
7			其它	
8				

图4.92 选中单元格区域并将鼠标指针移动到区域边框处

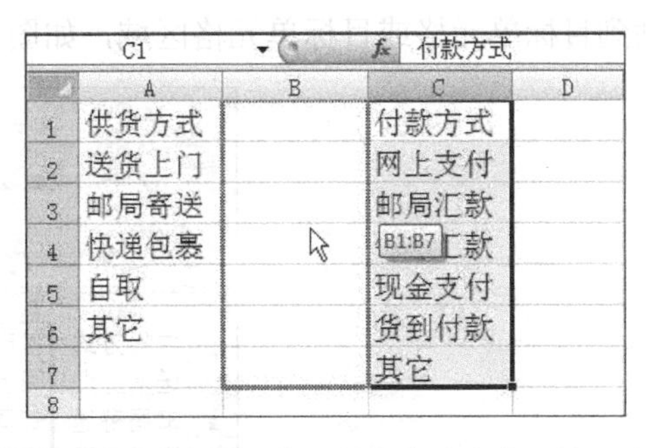
C1 付款方式

	A	B	C	D
1	供货方式		付款方式	
2	送货上门		网上支付	
3	邮局寄送		邮局汇款	
4	快递包裹		B1:B7 汇款	
5	自取		现金支付	
6	其它		货到付款	
7			其它	
8				

图4.93 向目标单元格区域拖曳选中单元格区域

B1 付款方式

	A	B	C	D
1	供货方式	付款方式		
2	送货上门	网上支付		
3	邮局寄送	邮局汇款		
4	快递包裹	银行汇款		
5	自取	现金支付		
6	其它	货到付款		
7		其它		
8				

图4.94 将选中单元格区域的数据移动到目标单元格区域

B1 付款方式

	A	B	C	D
1	供货方式	付款方式	付款方式	
2	送货上门	网上支付	网上支付	
3	邮局寄送	邮局汇款	邮局汇款	
4	快递包裹	银行汇款	银行汇款	
5	自取	现金支付	现金支付	
6	其它	货到付款	货到付款	
7		其它	其它	
8				

图4.95 将选中单元格区域的数据复制到目标单元格区域

2．利用剪贴板移动、复制单元格或单元格区域的数据

具体操作方法如下：

（1）选中需要移动或复制的单元格或单元格区域。

（2）单击“开始”选项卡中“剪贴板”组中的“剪切”按钮 剪切 ，或按下快捷键Ctrl+X，将数据剪切下来，并保存在剪贴板中，如图4.96所示。如果需要复制单元格或单元格区域的数据，请单击“剪贴板”组中的“复制”按钮 复制 ，或按下快捷键Ctrl+C，将数据保存在剪贴板中。

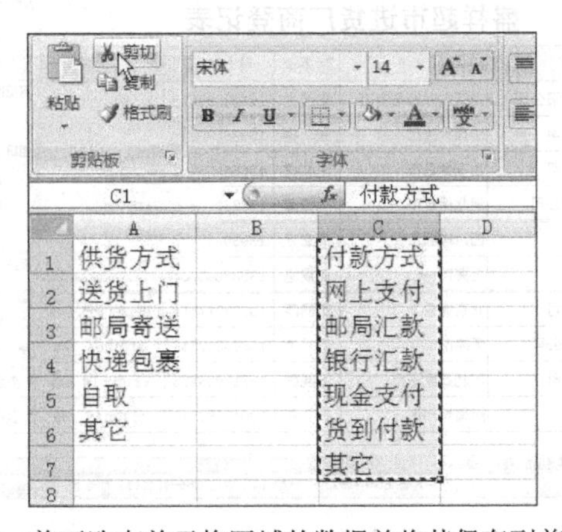

C1 付款方式

	A	B	C	D
1	供货方式		付款方式	
2	送货上门		网上支付	
3	邮局寄送		邮局汇款	
4	快递包裹		银行汇款	
5	自取		现金支付	
6	其它		货到付款	
7			其它	
8				

图4.96 剪下选中单元格区域的数据并将其保存到剪贴板中

（3）将光标定位在目标单元格或目标单元格区域的左上角单元格中。

（4）单击“剪贴板”组中的“粘贴”按钮，或按下快捷键 Ctrl+V，将剪贴板中的数据粘贴到目标单元格或目标单元格区域，如图 4.97 所示。

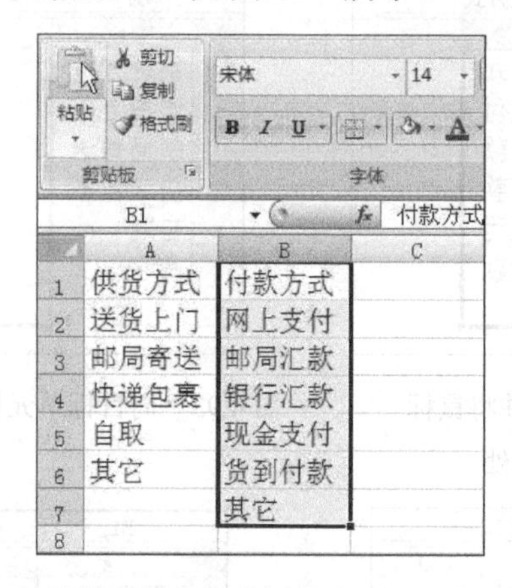

图 4.97　将剪贴板中的数据粘贴到目标单元格区域

链接六　在 Excel 工作表中如何快速隐藏行或列

在 Excel 中，如果要隐藏某行或某列，可以利用菜单命令来完成，也可以通过快捷键实现。

1．利用菜单命令隐藏行或列

具体操作方法如下：

（1）将光标定位在需要隐藏的行或列的任意单元格中，或选中需要隐藏的多行或多列。

（2）单击“单元格”组中的“格式”按钮，在打开的下拉列表中选择“隐藏和取消隐藏”命令，然后选择 “隐藏行”（或“隐藏列”）命令，即可将选中的行或列隐藏，如图 4.98 所示，但这只是隐藏，而不是删除，这一点可以通过观察行号和列标得到验证，如图 4.99 所示。

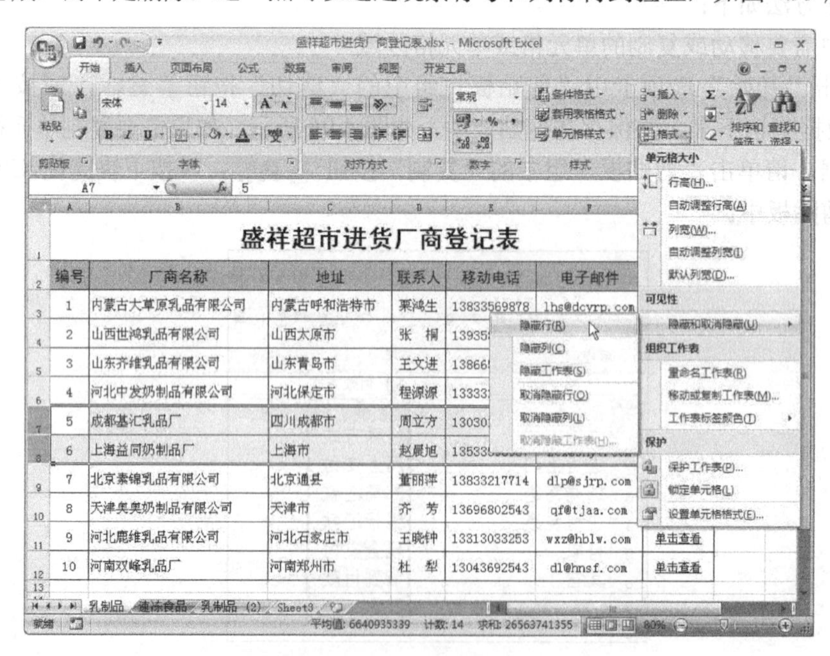

图 4.98　执行“隐藏行”命令

盛祥超市进货厂商登记表

编号	厂商名称	地址	联系人	移动电话	电子邮件
1	内蒙古大草原乳品有限公司	内蒙古呼和浩特市	栗鸿生	13833569878	lhs@dcyrp.com
2	山西世鸿乳品有限公司	山西太原市	张　桐	13935890203	zt@shrp.com
3	山东齐维乳品有限公司	山东青岛市	王文进	13866571812	wwj@qwrp.com
4	河北中发奶制品有限公司	河北保定市	程源源	13333218819	cyy@hbzf.com
7	北京素锦乳品有限公司	北京通县	董丽萍	13833217714	dlp@sjrp.com
8	天津奥奥奶制品有限公司	天津市	齐　芳	13696802543	qf@tjaa.com
9	河北鹿维乳品有限公司	河北石家庄市	王晓钟	13313033253	wxz@hblv.com
10	河南双峰乳品厂	河南郑州市	杜　梨	13043692543	dl@hnsf.com

图 4.99　隐藏工作表的第 7 行和第 8 行及 G 列后的效果

（3）再次单击“单元格”组中的“格式”按钮，在打开的下拉列表中选择“隐藏和取消隐藏”命令，然后选择 “取消隐藏行”（或“取消隐藏列”）命令，即可将隐藏的行或列显示出来。

2. 利用快捷键隐藏行或列

这种方法主要用于需要隐藏的行或列较少的情况，具体操作方法如下：

（1）将光标定位在需要隐藏的行或列的任意单元格中，或选中需要隐藏的多行或多列。

（2）按下快捷键 Ctrl+9，即可将选中的行隐藏；按下快捷键 Ctrl+0，即可将选中的列隐藏。

（3）按下快捷键 Ctrl+Shift+9，即可将隐藏的行显示出来；按下快捷键 Ctrl+Shift+0，即可将隐藏的列显示出来。

上机完成本章提供的各个案例，并在此基础上完成下列案例的制作。

（1）设计一份包含电话号码和电子邮件地址等项目的同学信息登记表。

（2）设计一份包含组合框和选项按钮的班内事务登记卡。

第5章

Excel与销售管理

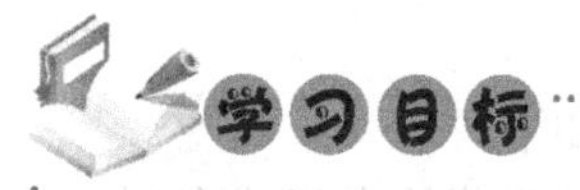

(1)了解Excel在商品销售领域的用途及其具体应用方式。

(2)熟练掌握商品销售领域利用Excel完成具体案例任务的流程、方法和技巧。

Excel在商品销售领域的应用非常广泛，利用Excel强大的表格处理功能，可以完成商品销售过程中的收银单、销售日报表、销售额合并计算表的设计、制作、计算、保存和打印等各项工作。

5.1 设计超市收银系统

做什么

在超市企业的管理工作中，商品的销售是非常重要的环节之一。而在销售过程中，收银单是我们时刻都会接触到的事物。收银单一般应体现营业时间、顾客所购商品的编码、名称、单价、数量和金额，以及应收款、实付款和找零等信息，并具有自动填充和计算功能。

利用Excel 2007中文版软件的表格处理功能，可以非常方便、快捷地制作如图5.1和图5.2所示的“盛祥超市收银系统”效果。

盛祥超市收银系统.xltx

	A	B	C	D	E
1	盛祥超市收银单				
2	交易号	收银员号	收银机号		
3					
4	交易时间		2011-7-25 20:58		
5	商品编码	商品名称	单价	数量	金额
6	53387501	大草原半斤装牛奶	￥1.00	2	￥2.00
7	53387502	鹿维营幼儿奶粉	￥17.80	1	￥17.80
8	53387507	小幻熊卫生纸	￥12.80	1	￥12.80
9	53387510	丝柔洗头水	￥30.20	1	￥30.20
10	53387505	良凉奶油冰激凌	￥7.90	1	￥7.90
11	53387506	正中啤酒	￥2.00	5	￥10.00
12	53387509	虎妞毛巾	￥8.10	2	￥16.20
13	53387513	家欢面包	￥3.10	3	￥9.30
14	53387508	皮皮签字笔	￥2.10	2	￥4.20
15	53387512	汇成鸡肉火腿	￥2.70	6	￥16.20
16	应付款:	￥126.60	实付款:		￥150.00
17	找 零:	￥23.40			
18	货款当面点清 商品如有质量问题 生鲜食品8小时内、其它商品10日内 凭票退换 欢迎再次光临				
19					

收银单 / 商品清单 / Sheet3

图 5.1 “盛祥超市收银系统”—“收银单”工作表效果图

盛祥超市收银系统.xltx

	A	B	C	D	E
1	盛祥超市货架商品清单				
2	商品编码	商品名称	商品单价	现有数量	单位
3	53387501	大草原半斤装牛奶	￥1.00	300	袋
4	53387502	鹿维营幼儿奶粉	￥17.80	90	袋
5	53387503	康达饼干	￥3.60	30	包
6	53387504	成成香瓜子	￥5.50	45	包
7	53387505	良凉奶油冰激凌	￥7.90	20	盒
8	53387506	正中啤酒	￥2.00	0	瓶
9	53387507	小幻熊卫生纸	￥12.80	60	袋
10	53387508	皮皮签字笔	￥2.10	70	支
11	53387509	虎妞毛巾	￥8.10	30	条
12	53387510	丝柔洗头水	￥30.20	40	瓶
13	53387511	爽特抗菌香皂	￥3.10	80	块
14	53387512	汇成鸡肉火腿	￥2.70	60	根
15	53387513	家欢面包	￥3.10	0	个
16	53387514	婉光方便面	￥3.70	110	碗
17	53387515	珍珍酱油	￥3.10	60	瓶
18					
19					

收银单 / 商品清单 / Sheet3

图 5.2 “盛祥超市收银系统”—“商品清单”工作表效果图

指路牌

分组对案例进行讨论和分析，得出如下解题思路：

（1）创建一个新工作簿，并对其进行保存。

（2）对工作表重命名。

（3）在“商品清单”工作表中输入相关信息，并设置其格式。

（4）为“商品数量”相关资料设置条件格式。

（5）在“收银单”工作表中输入相关信息，并设置其格式。

（6）为“交易时间”设置函数。

（7）设置根据“商品编号”自动填充“商品名称”及“单价”。

（8）设置自动计算“金额”。

（9）设置自动计算“应收款”。

（10）设置自动计算“找零”。

（11）将工作簿保存为模板，并利用其完成顾客购物结算操作。

（12）后期处理及文件保存。

根据以上解题思路，完成“盛祥超市收银系统”的具体操作如下：

1．创建一个新工作簿，并对其进行保存

（1）启动 Excel 2007 中文版，并创建一个新工作簿。

（2）保存文件为“盛祥超市收银系统.xlsx”。

2．对工作表重命名

（1）将工作表“Sheet1”重命名为“收银单”。

（2）将工作表“Sheet2”重命名为“商品清单”。

3．在“商品清单”工作表中输入相关信息，并设置其格式

（1）切换到“商品清单”工作表。

（2）合并 A1:E1 单元格，并输入标题“盛祥超市货架商品清单”，然后调整其垂直和水平对齐方式均为“居中”对齐。

（3）在 A2:E2 单元格中分别输入“商品编码”、“商品名称”、“商品单价”、“现有数量”、“单位”，并设置其垂直和水平对齐方式均为“居中”对齐。

（4）利用自动填充的方法在 A3:A17 单元格中分别输入“商品编号”资料，并设置其垂直和水平对齐方式均为“居中”对齐。

（5）在 B3:B17 单元格中分别输入“商品名称”相关资料，并设置其垂直对齐方式为“居中”对齐。

（6）在 C2:C17 单元格中分别输入“商品单价”相关资料，然后选中 C2:C17 单元格，将其数据格式设置为保留两位小数的“货币”类型格式，并设置其垂直对齐方式为“居中”对齐，水平对齐方式为“居右”对齐。

（7）在 D2:D17 单元格中分别输入“现有数量”相关资料，并设置其垂直和水平对齐方式均为“居中”对齐。

（8）在 E2:E17 单元格中分别输入“单位”相关资料，并设置其垂直和水平对齐方式均为“居中”对齐。

（9）调整工作表的列宽和行高，效果如图 5.3 所示。

盛祥超市收银系统.xlsx

	A	B	C	D	E	F
1	盛祥超市货架商品清单					
2	商品编码	商品名称	商品单价	现有数量	单位	
3	53387501	大草原半斤装牛奶	￥1.00	300	袋	
4	53387502	鹿维营幼儿奶粉	￥17.80	90	袋	
5	53387503	康达饼干	￥3.60	30	包	
6	53387504	成成香瓜子	￥5.50	45	包	
7	53387505	良凉奶油冰激凌	￥7.90	20	盒	
8	53387506	正中啤酒	￥2.00	0	瓶	
9	53387507	小幻熊卫生纸	￥12.80	60	袋	
10	53387508	皮皮签字笔	￥2.10	70	支	
11	53387509	虎妞毛巾	￥8.10	30	条	
12	53387510	丝柔洗头水	￥30.20	40	瓶	
13	53387511	爽特抗菌香皂	￥3.10	80	块	
14	53387512	汇成鸡肉火腿	￥2.70	60	根	
15	53387513	家欢面包	￥3.10	0	个	
16	53387514	婉光方便面	￥3.70	110	碗	
17	53387515	珍珍酱油	￥3.10	60	瓶	
18						

收银单 商品清单 Sheet3

图 5.3 输入的商品清单

4. 为“商品数量”相关资料设置条件格式

（1）选中 D3:D17 单元格。

（2）切换至“开始”选项卡，单击“样式”组中的“条件格式”按钮，在打开的下拉列表中选择“突出显示单元格规则”命令，然后在打开的下拉列表中选择“等于”命令，如图 5.4 所示，系统弹出“等于”对话框，如图 5.5 所示。

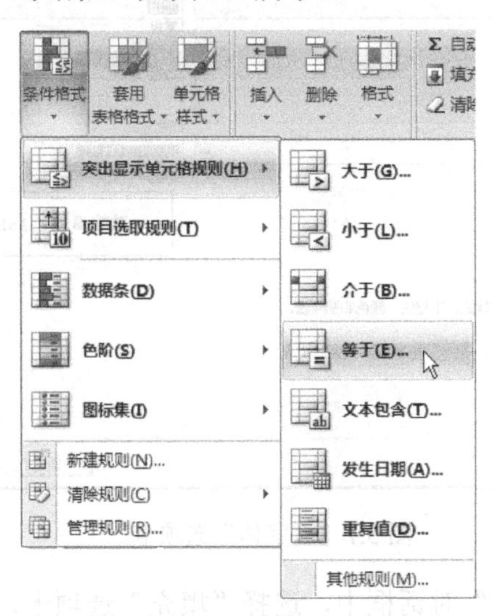

图 5.4 选择“等于”命令

（3）在该对话框中，设置“为等于以下值的单元格设置格式”的数值为“0”，如图 5.5 所示。

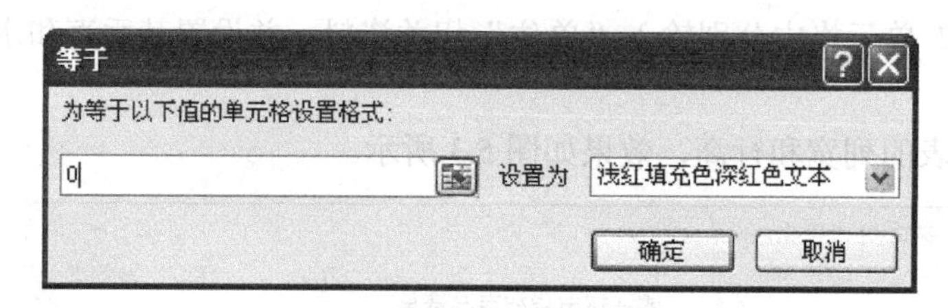

图 5.5 “等于”对话框

（4）单击对话框中的“设置为”选项框右侧的下三角按钮，在打开的下拉列表中选择“自定义格式”命令，如图 5.6 所示，系统弹出“设置单元格格式”对话框。

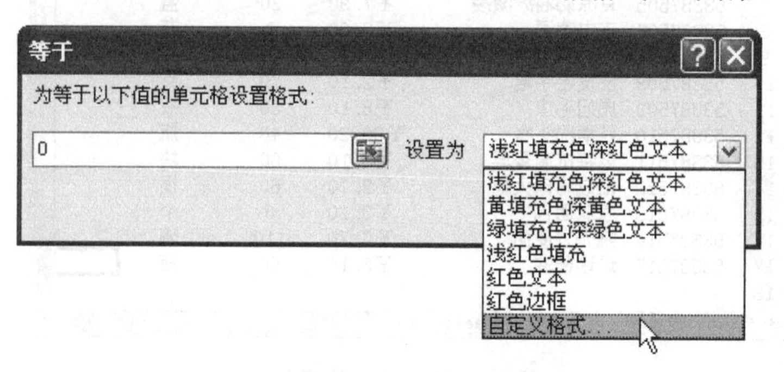

图 5.6 进行“自定义格式”设置

（5）在“设置单元格格式”对话框中，选择“字体”选项卡，然后设置“字形”选项为“加粗”，设置“颜色”选项为红色，如图 5.7 所示。

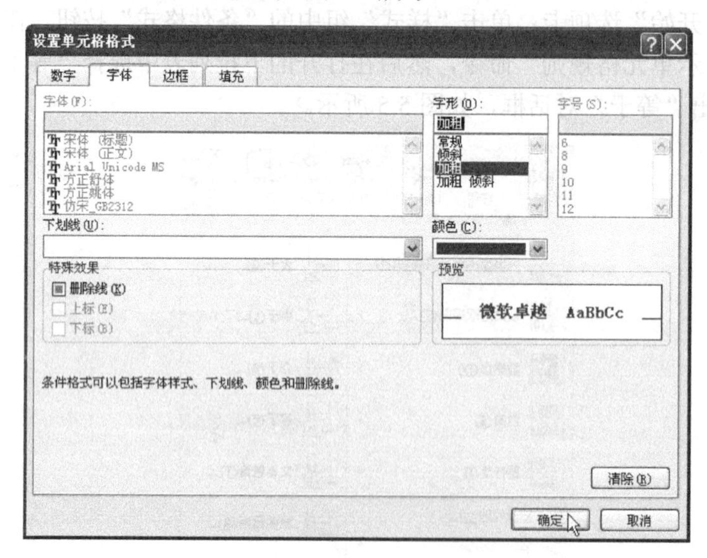

图 5.7 “字体”选项卡

（6）在“设置单元格格式”对话框中，选择“填充”选项卡，然后在“背景色”色板中选择黄色色块，如图 5.8 所示。

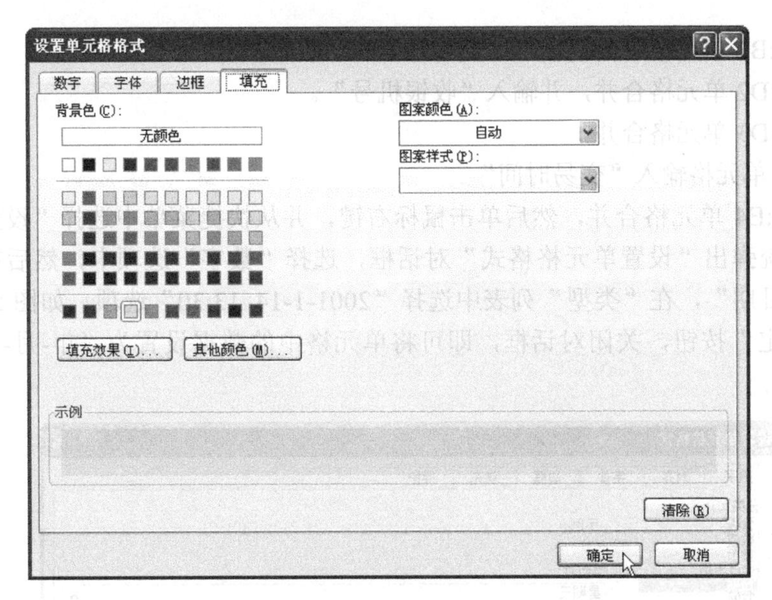

图 5.8 “填充”选项卡

（7）单击“确定”按钮，关闭“单元格格式”对话框，返回“等于”对话框，然后单击“确定”按钮，关闭“等于”对话框，就为选中的单元格设置了条件格式，即如果商品数量为 0，则以黄底红字加粗的方式显示，以表示强调和提示，效果如图 5.9 所示

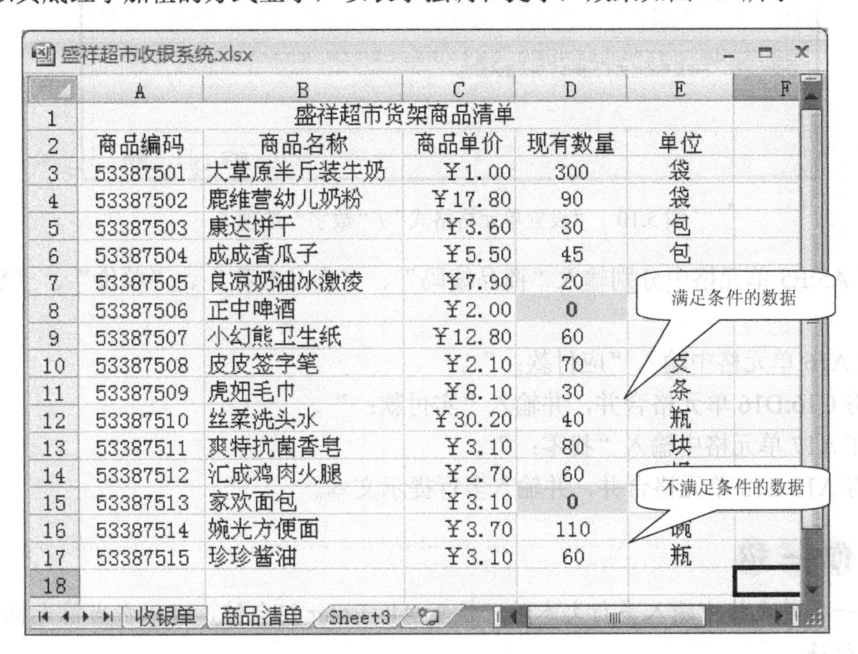

盛祥超市收银系统.xlsx

	A	B	C	D	E	F
1	盛祥超市货架商品清单					
2	商品编码	商品名称	商品单价	现有数量	单位	
3	53387501	大草原半斤装牛奶	￥1.00	300	袋	
4	53387502	鹿维营幼儿奶粉	￥17.80	90	袋	
5	53387503	康达饼干	￥3.60	30	包	
6	53387504	成成香瓜子	￥5.50	45	包	
7	53387505	良凉奶油冰激凌	￥7.90	20		
8	53387506	正中啤酒	￥2.00	0		
9	53387507	小幻熊卫生纸	￥12.80	60		
10	53387508	皮皮签字笔	￥2.10	70	支	
11	53387509	虎妞毛巾	￥8.10	30	条	
12	53387510	丝柔洗头水	￥30.20	40	瓶	
13	53387511	爽特抗菌香皂	￥3.10	80	块	
14	53387512	汇成鸡肉火腿	￥2.70	60		
15	53387513	家欢面包	￥3.10	0		
16	53387514	婉光方便面	￥3.70	110	碗	
17	53387515	珍珍酱油	￥3.10	60	瓶	
18						

收银单 商品清单 Sheet3

图 5.9 设置“条件格式”的数据效果

5．在“收银单”工作表中输入相关信息，并设置其格式

（1）切换到“收银单”工作表。

（2）合并 A1:E1 单元格，并输入标题“盛祥超市收银单”，并通过“格式”工具栏设置其“字体”为“黑体”，“字号”为“12”。

（3）在 A2:B2 单元格中分别输入“交易号”和“收银员号”。

（4）将 C2:D2 单元格合并，并输入“收银机号”。

（5）将 C3:D3 单元格合并。

（6）在 A4 单元格输入“交易时间”。

（7）将 B4:E4 单元格合并，然后单击鼠标右键，并从快捷菜单中选择“设置单元格格式”命令，系统弹出“设置单元格格式”对话框，选择“数字”选项卡，然后在“分类”列表中选择“日期”，在“类型”列表中选择“2001-1-14 13:30”选项，如图 5.10 所示，最后单击“确定”按钮，关闭对话框，即可将单元格中的数据设置为“年-月-日 小时:分钟”时间格式。

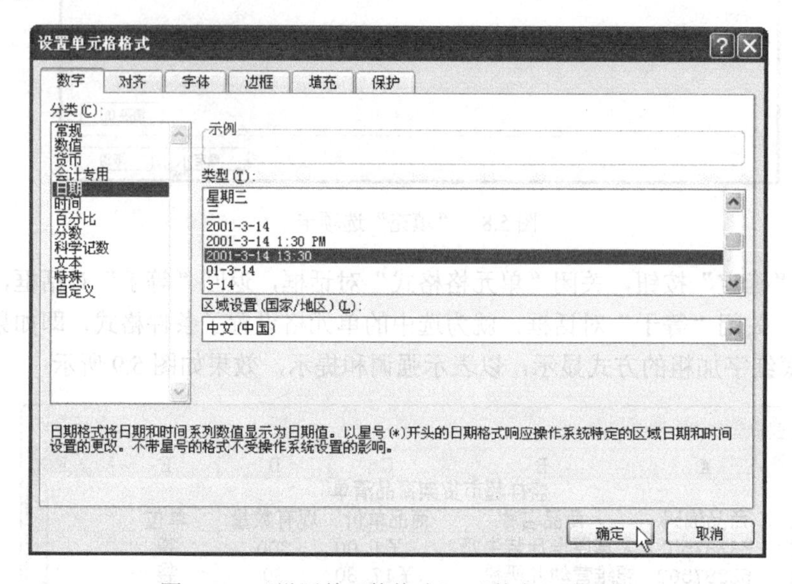

图 5.10 “设置单元格格式”/“数字”选项卡

（8）在 A5:E5 单元格中分别输入“商品编码”、“商品名称”、“单价”、“数量”、“金额”。

（9）在 A16 单元格中输入“应付款：”。

（10）将 C16:D16 单元格合并，并输入“实付款：”。

（11）在 A17 单元格中输入“找零：”。

（12）将 A18:E18 单元格合并，并输入多行提示文本。

在同一个单元格中输入多行文本时，按下 Alt+Enter 组合键，可以在当前光标处插入一个换行符。

（13）调整工作表的行高和列宽，并通过“开始”选项卡设置 A2:E18 单元格的“字体”选项为“宋体”，“字号”选项为“10”。

（14）设置工作表的边框及对齐方式，效果如图 5.11 所示。

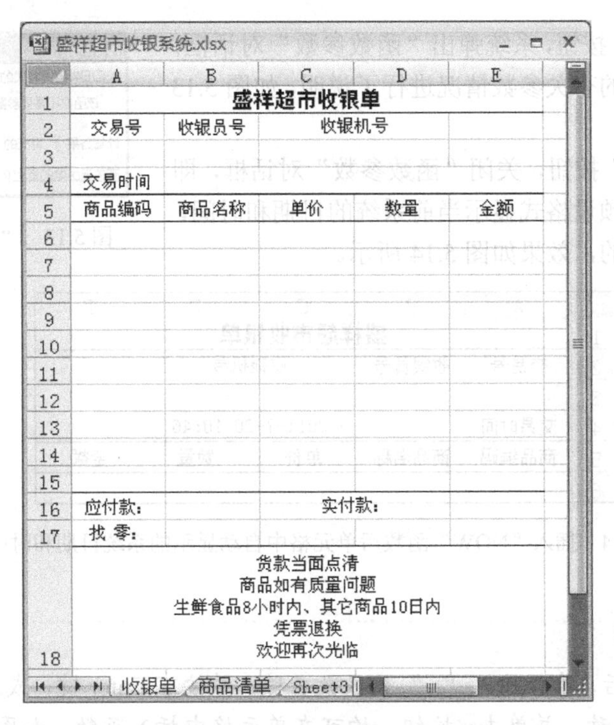

图 5.11 空白“收银单”效果

6. 为“交易时间”设置函数

（1）选中合并后的 B4:E4 单元格。

（2）切换至“公式”选项卡，单击“函数库”组中的“插入函数”按钮，系统弹出“插入函数”对话框。

（3）在该对话框中，将“或选择类别”选项框设置选项为“全部”，然后选择“选择函数”列表框中的“NOW”选项，如图 5.12 所示。

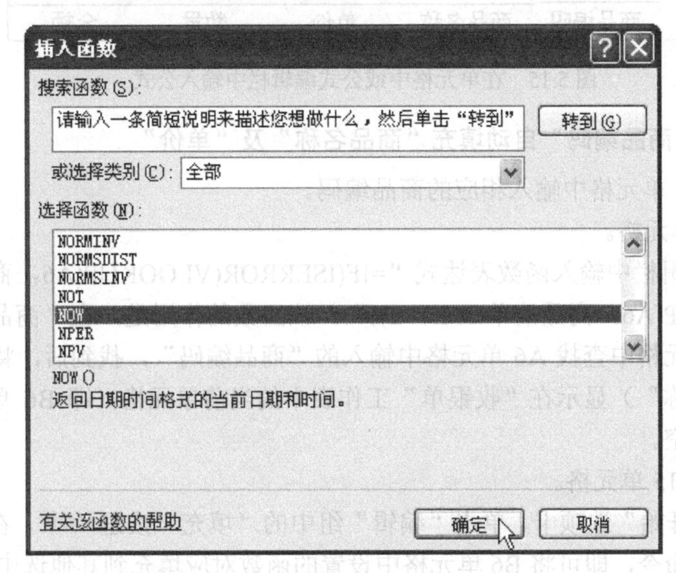

图 5.12 “插入函数”对话框

（4）单击“确定”按钮，系统弹出“函数参数”对话框，在该对话框中对函数的有关参数情况进行了说明，如图 5.13 所示。

（5）单击“确定”按钮，关闭“函数参数”对话框，即可在当前单元格中以预设格式显示当前系统的日期和时间，且该时间是不断变化的，效果如图 5.14 所示。

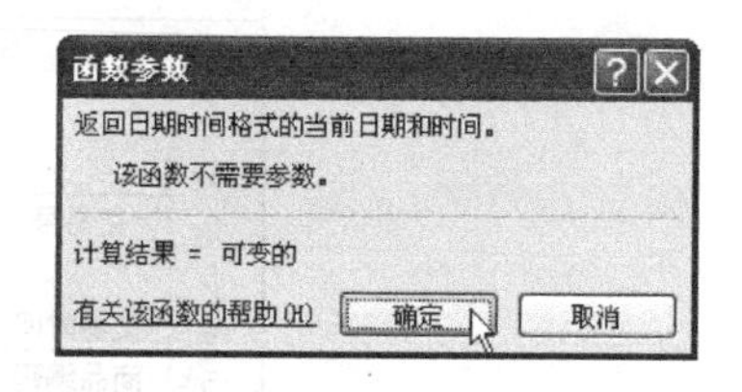

图 5.13 “函数参数”对话框

	A	B	C	D	E
1	盛祥超市收银单				
2	交易号	收银员号	收银机号		
3					
4	交易时间	2011-7-20 10:46			
5	商品编码	商品名称	单价	数量	金额
6					

图 5.14 插入“NOW”函数后单元格中自动显示的系统日期和时间

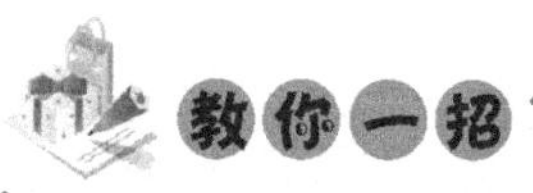

选中某单元格后，直接输入“=”及函数名称，并按下 Enter 键，或在公式编辑栏中输入“=”及函数名称，并单击✓按钮，均可在单元格中插入函数，如图 5.15 所示。

NOW =Now()

	A	B	C	D	E
1	盛祥超市收银单				
2	交易号	收银员号	收银机号		
3					
4	交易时间	=Now()			
5	商品编码	商品名称	单价	数量	金额

图 5.15 在单元格中或公式编辑栏中输入公式

7. 设置根据“商品编码”自动填充“商品名称”及“单价”

（1）在 A6:A16 单元格中输入相应的商品编码。

（2）选中 B6 单元格。

（3）在公式编辑栏中输入函数表达式“=IF(ISERROR(VLOOKUP(A6，商品清单!A:B，2))，″″，VLOOKUP(A6，商品清单!A:B，2))”。该函数的作用是，在“商品清单”工作表中的 A、B 两列单元格中查找 A6 单元格中输入的“商品编码”，找到后，将对应的第 2 列内容（即“商品名称”）显示在“收银单”工作表中的当前单元格（即 B6 单元格）中，如果找不到，则返回空。

（4）选中 B6:B15 单元格。

（5）切换至“开始”选项卡，单击“编辑”组中的“填充”按钮填充，在打开的下拉列表中选择“向下”命令，即可将 B6 单元格中设置的函数对应填充到其他选中的单元格中。

（6）选中 C6 单元格。

（7）在公式编辑栏中输入函数表达式“=IF(ISERROR(VLOOKUP(A6，商品清单!A:C，3))，""，VLOOKUP(A6，商品清单!A:C，3))”。该函数的作用是，在“商品清单”工作表中的A、B、C这3列单元格中查找A6单元格中输入的“商品编码”，找到后，将对应的第3列内容（即“商品单价”）显示在“收银单”工作表中的当前单元格（即C6单元格）中，如果找不到，则返回空。

（8）选中C6:C15单元格。

（9）切换至“开始”选项卡，单击“编辑”组中的“填充”按钮填充，在打开的下拉列表中选择“向下”命令，即可将C6单元格中设置的函数对应填充到其他选中的单元格中。

（10）通过“设置单元格格式”对话框中的“数字”选项卡，设置C6:C15单元格中的数据格式为“货币”类型，水平对齐方式为“居右”对齐，效果如图5.16所示。

盛祥超市收银系统.xlsx

	A	B	C	D	E
1	盛祥超市收银单				
2	交易号	收银员号	收银机号		
3					
4	交易时间		2011-8-2 11:12		
5	商品编码	商品名称	单价	数量	金额
6	53387501	大草原半斤装牛奶	￥1.00		
7	53387502	鹿维营幼儿奶粉	￥17.80		
8	53387507	小幻熊卫生纸	￥12.80		
9	53387510	丝柔洗头水	￥30.20		
10	53387505	良凉奶油冰激凌	￥7.90		
11	53387506	正中啤酒	￥2.00		
12	53387509	虎妞毛巾	￥8.10		
13	53387513	家欢面包	￥3.10		
14	53387508	皮皮签字笔	￥2.10		
15	53387512	汇成鸡肉火腿	￥2.70		
16	应付款：		实付款：		
17	找 零：				
18	货款当面点清 商品如有质量问题 生鲜食品8小时内、其它商品10日内 凭票退换 欢迎再次光临				

收银单 商品清单 Sheet3

图5.16 根据“商品编码”自动填充“商品名称”及“单价”

8. 设置自动计算“金额”

（1）选中E6单元格。

（2）在公式编辑栏中输入函数表达式“=C6*D6”。该公式的作用是，将C6（即“单价”）与D6（即“数量”）单元格中数据的乘积显示在当前单元格（即“金额”E6单元格）中。

（3）选中E6:E15单元格，然后切换至“开始”选项卡，单击“编辑”组中的“填充”按钮填充，在打开的下拉列表中选择“向下”命令，即可将E6单元格中设置的公式对应填充到其他选中的单元格中，设置其水平对齐方式为“居右”，效果如图5.17所示。

9. 设置自动计算“应收款”

（1）选中B16单元格。

（2）在公式编辑栏中输入函数表达式“=SUM(E6:E15)”。该函数的作用是，将E6～E15

（即“金额”列）单元格中数据的和显示在当前单元格（即“应收款”B16 单元格）中，效果如图 5.18 所示。

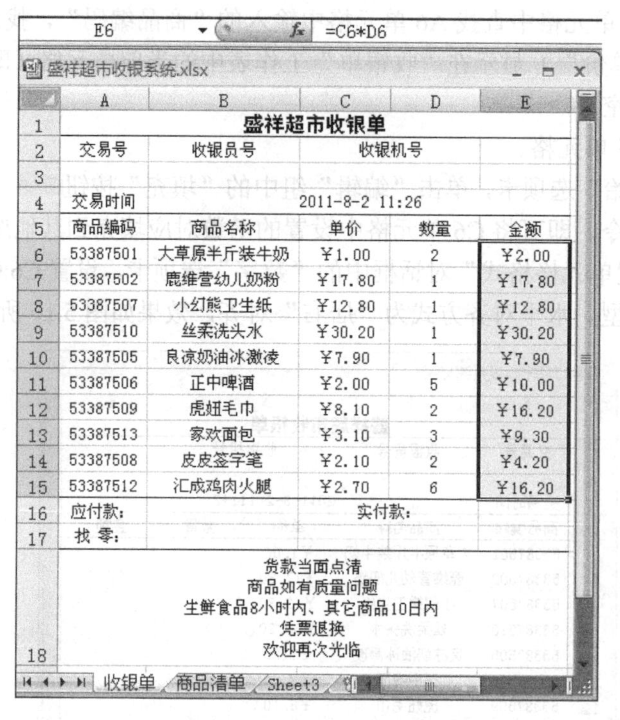

	A	B	C	D	E
1	盛祥超市收银单				
2	交易号	收银员号	收银机号		
3					
4	交易时间		2011-8-2 11:26		
5	商品编码	商品名称	单价	数量	金额
6	53387501	大草原半斤装牛奶	￥1.00	2	￥2.00
7	53387502	鹿维营幼儿奶粉	￥17.80	1	￥17.80
8	53387507	小幻熊卫生纸	￥12.80	1	￥12.80
9	53387510	丝柔洗头水	￥30.20	1	￥30.20
10	53387505	良凉奶油冰激凌	￥7.90	1	￥7.90
11	53387506	正中啤酒	￥2.00	5	￥10.00
12	53387509	虎妞毛巾	￥8.10	2	￥16.20
13	53387513	家欢面包	￥3.10	3	￥9.30
14	53387508	皮皮签字笔	￥2.10	2	￥4.20
15	53387512	汇成鸡肉火腿	￥2.70	6	￥16.20
16	应付款:		实付款:		
17	找 零:				
18	货款当面点清 商品如有质量问题 生鲜食品8小时内、其它商品10日内 凭票退换 欢迎再次光临				

图 5.17　利用公式自动计算每种商品的“金额”

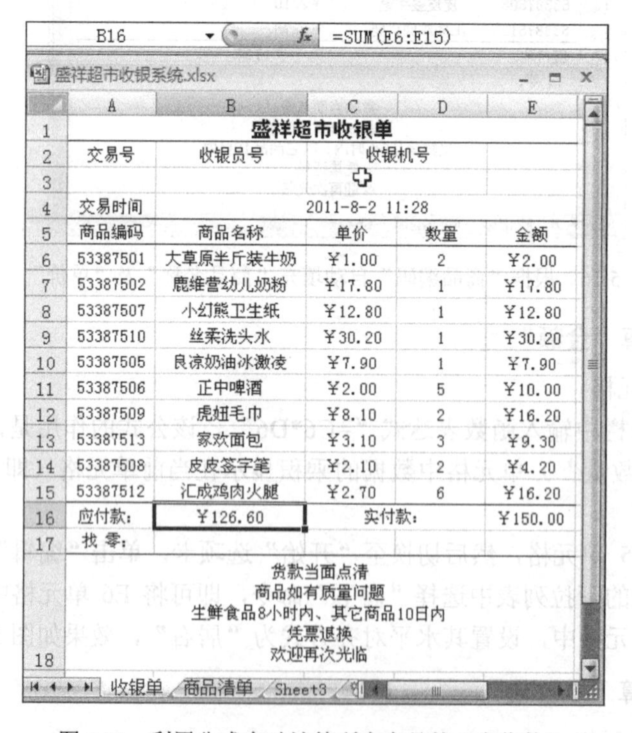

	A	B	C	D	E
1	盛祥超市收银单				
2	交易号	收银员号	收银机号		
3					
4	交易时间		2011-8-2 11:28		
5	商品编码	商品名称	单价	数量	金额
6	53387501	大草原半斤装牛奶	￥1.00	2	￥2.00
7	53387502	鹿维营幼儿奶粉	￥17.80	1	￥17.80
8	53387507	小幻熊卫生纸	￥12.80	1	￥12.80
9	53387510	丝柔洗头水	￥30.20	1	￥30.20
10	53387505	良凉奶油冰激凌	￥7.90	1	￥7.90
11	53387506	正中啤酒	￥2.00	5	￥10.00
12	53387509	虎妞毛巾	￥8.10	2	￥16.20
13	53387513	家欢面包	￥3.10	3	￥9.30
14	53387508	皮皮签字笔	￥2.10	2	￥4.20
15	53387512	汇成鸡肉火腿	￥2.70	6	￥16.20
16	应付款:	￥126.60	实付款:		￥150.00
17	找 零:				
18	货款当面点清 商品如有质量问题 生鲜食品8小时内、其它商品10日内 凭票退换 欢迎再次光临				

图 5.18　利用公式自动计算所有商品的“应收款”

10．设置自动计算“找零”

（1）选中 B17 单元格。

（2）在公式编辑栏中输入函数表达式“=E16-B16”。该公式的作用是，将 E16 与 B16（即“实付款”与“应付款”）单元格中数据的差显示在当前单元格(即“找零”B17 单元格）中，效果如图 5.19 所示。至此完成了“收银单”的设计操作。

B17　　=E16-B16

盛祥超市收银系统.xlsx

	A	B	C	D	E
1	盛祥超市收银单				
2	交易号	收银员号	收银机号		
3					
4	交易时间	2011-8-2 11:29			
5	商品编码	商品名称	单价	数量	金额
6	53387501	大草原半斤装牛奶	￥1.00	2	￥2.00
7	53387502	鹿维营幼儿奶粉	￥17.80	1	￥17.80
8	53387507	小幻熊卫生纸	￥12.80	1	￥12.80
9	53387510	丝柔洗头水	￥30.20	1	￥30.20
10	53387505	良凉奶油冰激凌	￥7.90	1	￥7.90
11	53387506	正中啤酒	￥2.00	5	￥10.00
12	53387509	虎妞毛巾	￥8.10	2	￥16.20
13	53387513	家欢面包	￥3.10	3	￥9.30
14	53387508	皮皮签字笔	￥2.10	2	￥4.20
15	53387512	汇成鸡肉火腿	￥2.70	6	￥16.20
16	应付款：	￥126.60	实付款：		￥150.00
17	找　零：	￥23.40			
18	货款当面点清 商品如有质量问题 生鲜食品8小时内、其它商品10日内 凭票退换 欢迎再次光临				

收银单 / 商品清单 / Sheet3

图 5.19　利用公式自动计算“找零”

11．将工作簿保存为模板，并利用其完成顾客购物结算操作

（1）将整个工作簿保存为模板，供今后反复调用。

（2）在“商品序号”列和“数量”列输入购买商品的序号和数量，并在“实付款”单元格中输入顾客实付款数，即可自动填充“商品名称”、“单价”，并完成“金额”、“应付款”和“找零”单元格数据的计算。

12．后期处理及文件保存

（1）单击“快速访问”工具栏中的“保存”按钮，对文档进行保存。

（2）退出并关闭 Excel 2007 中文版。

本案例通过“盛祥超市收银单”的设计和制作过程，主要学习了 Excel 2007 中文版软件提供的填充、插入函数和公式的方法和技巧。其中关键之处在于，利用 Excel 2007 的函数和公式填充数据和进行计算。

利用类似本案例的方法，可以非常方便地完成各种表格的计算和填充任务。

5.2 制作销售日报表

做什么

在企业销售管理工作中，为了更好地保证供应与销售，需要随时掌握商品的销售情况。通过销售日报表，可以清晰地了解和分析商品的销售状况，以便根据市场需求和销售实际制定和调整销售方式和计划。

利用 Excel 2007 中文版软件的数据排序、分类汇总和筛选功能，可以非常方便快捷地制作完成效果如图 5.20～5.22 所示的“盛祥超市销售日报表”。

盛祥超市销售日报表.xlsx

	A	B	C	D	E	F
1	盛祥超市销售日报表					
2	商品编码	商品名称	销售时间	销售数量	单价	金额
3	53387501	大草原半斤装牛奶	8:40	2	￥1.00	￥2.00
4	53387501	大草原半斤装牛奶	9:10	3	￥1.00	￥3.00
5	53387501	大草原半斤装牛奶	11:40	3	￥1.00	￥3.00
6	53387501	大草原半斤装牛奶	13:40	2	￥1.00	￥2.00
7	53387501	大草原半斤装牛奶	14:10	1	￥1.00	￥1.00
8	53387501	大草原半斤装牛奶	16:25	4	￥1.00	￥4.00
9	53387501	大草原半斤装牛奶	17:10	2	￥1.00	￥2.00
10	53387501	大草原半斤装牛奶	19:00	1	￥1.00	￥1.00
11		**大草原半斤装牛奶 汇总**		18		￥18.00
12	53387502	鹿维营幼儿奶粉	8:40	1	￥17.80	￥17.80
13	53387502	鹿维营幼儿奶粉	11:40	1	￥17.80	￥17.80
14	53387502	鹿维营幼儿奶粉	13:40	2	￥17.80	￥35.60
15	53387502	鹿维营幼儿奶粉	16:30	2	￥17.80	￥35.60
16		**鹿维营幼儿奶粉 汇总**		6		￥106.80
17	53387503	康达饼干	11:30	1	￥3.60	￥3.60
18	53387503	康达饼干	13:30	1	￥3.60	￥3.60
19	53387503	康达饼干	16:20	1	￥3.60	￥3.60
20	53387503	康达饼干	18:30	3	￥3.60	￥10.80
21	53387503	康达饼干	18:55	1	￥3.60	￥3.60

商品销售明细 商品清单 Sheet3

图 5.20　“盛祥超市销售日报表”效果图之一

盛祥超市销售日报表.xlsx

	A	B	C	D	E	F
1	盛祥超市销售日报表					
2	商品编码	商品名称	销售时间	销售数量	单价	金额
11		**大草原半斤装牛奶 汇总**		18		￥18.00
16		**鹿维营幼儿奶粉 汇总**		6		￥106.80
22		**康达饼干 汇总**		7		￥25.20
32		**成成香瓜子 汇总**		18		￥99.00
44		**良凉奶油冰激凌 汇总**		16		￥126.40
52		**正中啤酒 汇总**		20		￥40.00
62		**小幻熊卫生纸 汇总**		9		￥115.20
70		**皮皮签字笔 汇总**		14		￥29.40
79		**虎妞毛巾 汇总**		9		￥72.90
89		**丝柔洗头水 汇总**		9		￥271.80
95		**爽特抗菌香皂 汇总**		6		￥18.60
104		**汇成鸡肉火腿 汇总**		25		￥67.50
118		**家欢面包 汇总**		28		￥86.80
127		**婉光方便面 汇总**		16		￥59.20
132		**珍珍酱油 汇总**		7		￥21.70
133		**总计**		208		￥1,158.50
134						
135						
136						

商品销售明细 商品清单 Sheet3

图 5.21　“盛祥超市销售日报表”效果图之二

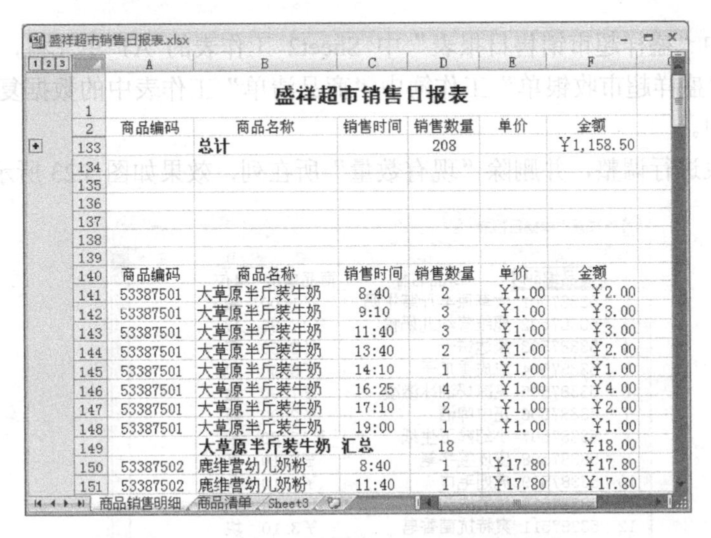

盛祥超市销售日报表.xlsx

	A	B	C	D	E	F
1		盛祥超市销售日报表				
2	商品编码	商品名称	销售时间	销售数量	单价	金额
133		总计		208		¥1,158.50
134						
135						
136						
137						
138						
139						
140	商品编码	商品名称	销售时间	销售数量	单价	金额
141	53387501	大草原半斤装牛奶	8:40	2	¥1.00	¥2.00
142	53387501	大草原半斤装牛奶	9:10	3	¥1.00	¥3.00
143	53387501	大草原半斤装牛奶	11:40	3	¥1.00	¥3.00
144	53387501	大草原半斤装牛奶	13:40	2	¥1.00	¥2.00
145	53387501	大草原半斤装牛奶	14:10	1	¥1.00	¥1.00
146	53387501	大草原半斤装牛奶	16:25	4	¥1.00	¥4.00
147	53387501	大草原半斤装牛奶	17:10	2	¥1.00	¥2.00
148	53387501	大草原半斤装牛奶	19:00	1	¥1.00	¥1.00
149		大草原半斤装牛奶 汇总		18		¥18.00
150	53387502	鹿维营幼儿奶粉	8:40	1	¥17.80	¥17.80
151	53387502	鹿维营幼儿奶粉	11:40	1	¥17.80	¥17.80

商品销售明细 / 商品清单 / Sheet3

图 5.22 “盛祥超市销售日报表”效果图之三

分组对案例进行讨论和分析，得出如下解题思路：

（1）创建一个新工作簿，并对其进行保存。

（2）利用复制、粘贴的方法创建“商品清单”工作表。

（3）建立“商品销售明细”工作表。

（4）对“商品销售明细”工作表中的数据进行排序。

（5）对“商品销售明细”工作表中的数据进行分类汇总。

（6）插入工作表标题。

（7）通过自动筛选查看数据。

（8）通过高级筛选查看数据。

（9）删除多余的“Sheet3”工作表。

（10）后期处理及文件保存。

根据以上解题思路，完成“盛祥超市销售日报表”的具体操作如下：

1. 创建一个新工作簿，并对其进行保存

（1）启动 Excel 2007 中文版，并创建一个新工作簿。

（2）保存文件为“盛祥超市销售日报表.xlsx”。

2. 利用导入外部数据的方法创建“商品清单”工作表

（1）切换到“Sheet2”工作表，并将其重命名为“商品清单”。

（2）打开“盛祥超市收银单”工作簿，切换到“商品清单”工作表，并选中 A2:E17 单元格中的数据，然后按下快捷键 Ctrl+C，并关闭工作簿。

（3）单击选中“盛祥超市销售日报表”中 Sheet2 工作表的 A1 单元格，并按下快捷键 Ctrl+V，即可将“盛祥超市收银单”工作簿中“商品清单”工作表中的数据复制到该工作表组中的各工作表中。

（4）对工作表进行调整，并删除“现有数量”所在列，效果如图 5.23 所示。

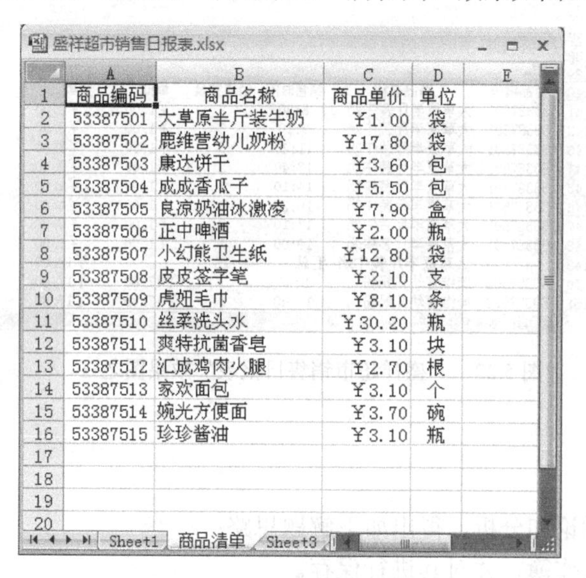

盛祥超市销售日报表.xlsx

	A	B	C	D	E
1	商品编码	商品名称	商品单价	单位	
2	53387501	大草原半斤装牛奶	￥1.00	袋	
3	53387502	鹿维营幼儿奶粉	￥17.80	袋	
4	53387503	康达饼干	￥3.60	包	
5	53387504	成成香瓜子	￥5.50	包	
6	53387505	良凉奶油冰激凌	￥7.90	盒	
7	53387506	正中啤酒	￥2.00	瓶	
8	53387507	小幻熊卫生纸	￥12.80	袋	
9	53387508	皮皮签字笔	￥2.10	支	
10	53387509	虎妞毛巾	￥8.10	条	
11	53387510	丝柔洗头水	￥30.20	瓶	
12	53387511	爽特抗菌香皂	￥3.10	块	
13	53387512	汇成鸡肉火腿	￥2.70	根	
14	53387513	家欢面包	￥3.10	个	
15	53387514	婉光方便面	￥3.70	碗	
16	53387515	珍珍酱油	￥3.10	瓶	
17					
18					
19					
20					

Sheet1 商品清单 Sheet3

图 5.23 整理后的“商品清单”工作表

3. 建立“商品销售明细”工作表

（1）切换到“Sheet1”工作表，并将其重命名为“商品销售明细”。

（2）选择自己熟练的输入法，在工作表中输入标题行及相关数据。可以利用上一节介绍的方法，完成“商品名称”、“单价”列的自动输入和填充，以及“金额”列的自动计算操作，如图 5.24 所示。

盛祥超市销售日报表.xlsx

	A	B	C	D	E	F	G
1	商品编码	商品名称	销售时间	销售数量	单价	金额	
2	53387501	大草原半斤装牛奶	8:40	2	￥1.00	￥2.00	
3	53387502	鹿维营幼儿奶粉	8:40	1	￥17.80	￥17.80	
4	53387505	良凉奶油冰激凌	8:40	1	￥7.90	￥7.90	
5	53387506	正中啤酒	8:40	5	￥2.00	￥10.00	
6	53387507	小幻熊卫生纸	8:40	1	￥12.80	￥12.80	
7	53387510	丝柔洗头水	8:40	1	￥30.20	￥30.20	
8	53387508	皮皮签字笔	8:50	2	￥2.10	￥4.20	
9	53387509	虎妞毛巾	8:50	2	￥8.10	￥16.20	
10	53387513	家欢面包	8:50	3	￥3.10	￥9.30	
11	53387506	正中啤酒	8:55	3	￥2.00	￥6.00	
12	53387512	汇成鸡肉火腿	8:55	6	￥2.70	￥16.20	
13	53387501	大草原半斤装牛奶	9:10	3	￥1.00	￥3.00	
14	53387505	良凉奶油冰激凌	9:10	2	￥7.90	￥15.80	
15	53387505	良凉奶油冰激凌	9:10	1	￥7.90	￥7.90	
16	53387507	小幻熊卫生纸	9:20	1	￥12.80	￥12.80	
17	53387504	成成香瓜子	9:30	2	￥5.50	￥11.00	
18	53387512	汇成鸡肉火腿	9:30	2	￥2.70	￥5.40	
19	53387510	丝柔洗头水	9:50	1	￥30.20	￥30.20	
20	53387513	家欢面包	9:50	2	￥3.10	￥6.20	
21	53387509	虎妞毛巾	10:10	1	￥8.10	￥8.10	
22	53387511	爽特抗菌香皂	10:10	1	￥3.10	￥3.10	

商品销售明细 商品清单 Sheet3

图 5.24 “商品销售明细”工作表（部分）

4．对“商品销售明细”工作表中的数据进行排序

（1）将光标定位在“商品销售明细”工作表的任意单元格中。

（2）切换至“数据”选项卡，单击“排序和筛选”组中的“排序”按钮，系统将弹出“排序”对话框。

（3）在该对话框中，从“主要关键字”下拉列表中选择“商品编码”，然后在“排序依据”下拉列表中选择“数值”，最后在“次序”下拉列表中选择“升序”，如图5.25所示。这表示对工作表中的数据首先按照“商品编码”以“升序”方式排列。

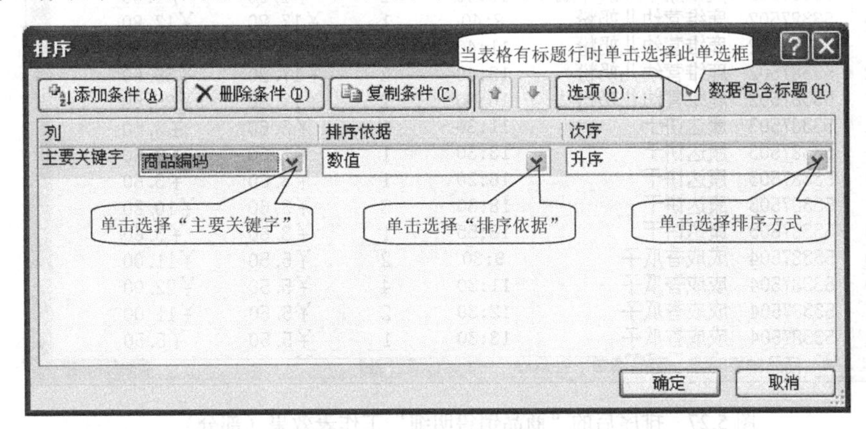

图5.25 “排序”对话框，设置“主要关键字”

（4）在该对话框中单击“添加条件”按钮，然后从“次要关键字”下拉列表中选择“销售时间”，接着在“排序依据”下拉列表中选择“数值”，最后在“次序”下拉列表中选择“升序”，如图5.26所示。这表示当工作表中数据的主要关键字“商品编码”相同时，再按照“销售时间”以“升序”方式排列。

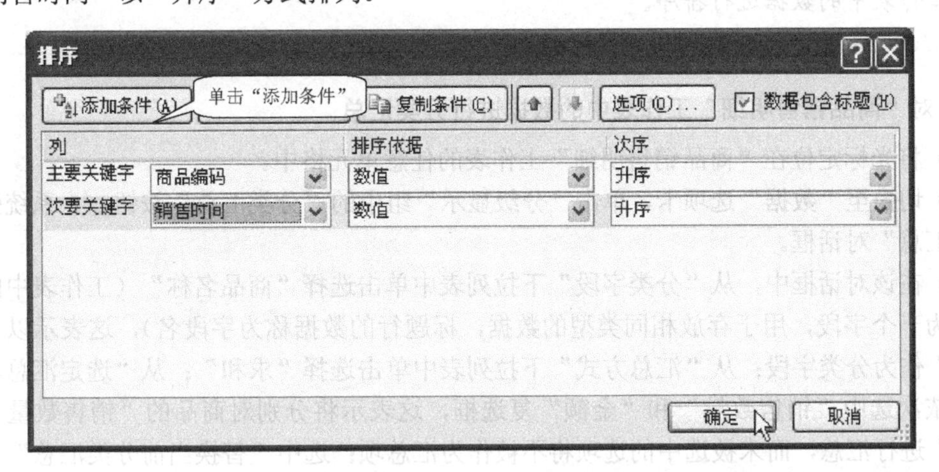

图5.26 “排序”对话框

（5）单击“确定”按钮，关闭对话框，即可以“商品编码”为主要关键字，并以“销售时间”为次要关键字，对工作表中的数据进行升序排序，效果如图5.27所示。

盛祥超市销售日报表.xlsx

	A	B	C	D	E	F	G
1	商品编码	商品名称	销售时间	销售数量	单价	金额	
2	53387501	大草原半斤装牛奶	8:40	2	￥1.00	￥2.00	
3	53387501	大草原半斤装牛奶	9:10	3	￥1.00	￥3.00	
4	53387501	大草原半斤装牛奶	11:40	3	￥1.00	￥3.00	
5	53387501	大草原半斤装牛奶	13:40	2	￥1.00	￥2.00	
6	53387501	大草原半斤装牛奶	14:10	1	￥1.00	￥1.00	
7	53387501	大草原半斤装牛奶	16:25	4	￥1.00	￥4.00	
8	53387501	大草原半斤装牛奶	17:10	2	￥1.00	￥2.00	
9	53387501	大草原半斤装牛奶	19:00	1	￥1.00	￥1.00	
10	53387502	鹿维营幼儿奶粉	8:40	1	￥17.80	￥17.80	
11	53387502	鹿维营幼儿奶粉	11:40	1	￥17.80	￥17.80	
12	53387502	鹿维营幼儿奶粉	13:40	2	￥17.80	￥35.60	
13	53387502	鹿维营幼儿奶粉	16:30	2	￥17.80	￥35.60	
14	53387503	康达饼干	11:30	1	￥3.60	￥3.60	
15	53387503	康达饼干	13:30	1	￥3.60	￥3.60	
16	53387503	康达饼干	16:20	1	￥3.60	￥3.60	
17	53387503	康达饼干	18:30	3	￥3.60	￥10.80	
18	53387503	康达饼干	18:55	1	￥3.60	￥3.60	
19	53387504	成成香瓜子	9:30	2	￥5.50	￥11.00	
20	53387504	成成香瓜子	11:30	4	￥5.50	￥22.00	
21	53387504	成成香瓜子	12:30	2	￥5.50	￥11.00	
22	53387504	成成香瓜子	13:30	1	￥5.50	￥5.50	

商品销售明细 / 商品清单 / Sheet3

图 5.27　排序后的“商品销售明细”工作表效果（部分）

Microsoft Excel 还提供了两个用于排序的“升序排列”按钮和“将序排列”按钮，可以利用这两个按钮对工作表中的数据进行快速排序，但这只能根据选定的一列数据对工作表中的数据进行排序。

5. 对“商品销售明细”工作表中的数据进行分类汇总

（1）将光标定位在“商品销售明细”工作表的任意单元格中。

（2）切换至“数据”选项卡，单击“分级显示”组中的“分类汇总”按钮，系统弹出“分类汇总”对话框。

（3）在该对话框中，从“分类字段”下拉列表中单击选择“商品名称”（工作表中的每一列称为一个字段，用于存放相同类型的数据，标题行的数据称为字段名），这表示以“商品名称”作为分类字段；从“汇总方式”下拉列表中单击选择“求和”；从“选定汇总项”列表中依次选中“销售数量”和“金额”复选框，这表示将分别对商品的“销售数量”和“金额”进行汇总，而未被选中的选项将不被作为汇总项；选中“替换当前分类汇总”复选框，这表示将以本次分类汇总要求进行汇总；选中“汇总结果显示在数据下方”复选框，这表示分类汇总的结果将分别显示在每种商品的下方，系统默认的方式是将分类汇总结果显示在本类的第 1 行，如图 5.28 所示。

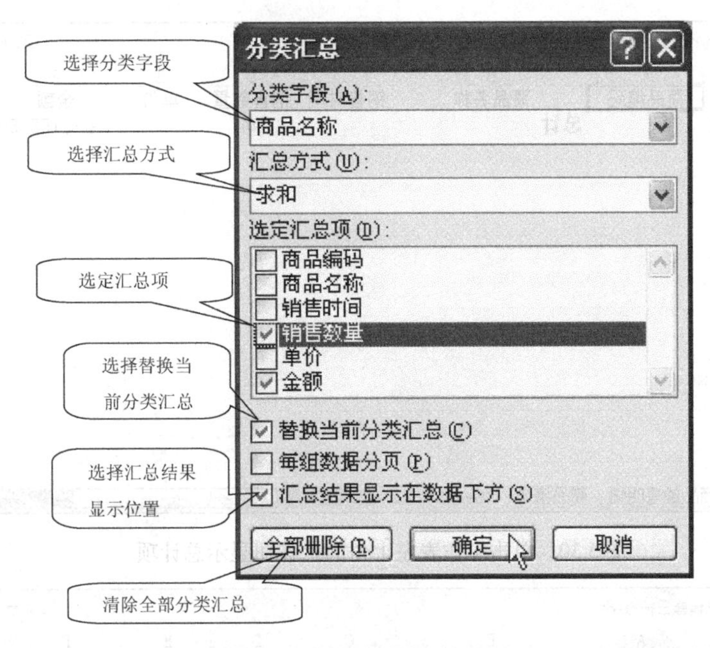

图 5.28 “分类汇总”对话框

(4)单击“确定”按钮，关闭对话框，即可以“商品名称”为分类字段对每种商品的“销售数量”和“金额”分别进行求和汇总，并将汇总结果显示在每种商品的下方，效果如图 5.29 所示。此时，单击工作表左侧的[-]按钮，可以隐藏明细数据，同时按钮变成[+]形状，再次单击[+]形状的按钮，可以再次显示明晰数据，同时按钮恢复成[-]按钮形状。单击工作表左上角的[1]按钮，隐藏分类汇总项和明细数据，只显示总计项，如图 5.30 所示。单击工作表左上角的[2]按钮，显示分类汇总项和总计项，如图 5.31 所示。单击工作表左上角的[3]按钮，显示分类汇总项和总计项及全部明细数据。

盛祥超市销售日报表.xlsx

	A	B	C	D	E	F
1	商品编码	商品名称	销售时间	销售数量	单价	金额
10		大草原半斤装牛奶 汇总		18		￥18.00
11	53387502	鹿维营幼儿奶粉	8:40	1	￥17.80	￥17.80
12	53387502	鹿维营幼儿奶粉	11:40	1	￥17.80	￥17.80
13	53387502	鹿维营幼儿奶粉	13:40	2	￥17.80	￥35.60
14	53387502	鹿维营幼儿奶粉	16:30	2	￥17.80	￥35.60
15		鹿维营幼儿奶粉 汇总		6		￥106.80
21		康达饼干 汇总		7		￥25.20
22	53387504	成成香瓜子	9:30	2	￥5.50	￥11.00
23	53387504	成成香瓜子	11:30	4	￥5.50	￥22.00
24	53387504	成成香瓜子	12:30	2	￥5.50	￥11.00
25	53387504	成成香瓜子	13:30	1	￥5.50	￥5.50
26	53387504	成成香瓜子	14:30	2	￥5.50	￥11.00
27	53387504	成成香瓜子	16:10	2	￥5.50	￥11.00
28	53387504	成成香瓜子	17:30	2	￥5.50	￥11.00
29	53387504	成成香瓜子	18:30	2	￥5.50	￥11.00
30	53387504	成成香瓜子	18:55	1	￥5.50	￥5.50
31		成成香瓜子 汇总		18		￥99.00
32	53387505	良凉奶油冰激凌	8:40	1	￥7.90	￥7.90
33	53387505	良凉奶油冰激凌	9:10	2	￥7.90	￥15.80
34	53387505	良凉奶油冰激凌	9:10	1	￥7.90	￥7.90
35	53387505	良凉奶油冰激凌	12:10	1	￥7.90	￥7.90

商品销售明细 / 商品清单 / Sheet3

图 5.29 进行分类汇总后的“商品销售明细”工作表效果（部分）

盛祥超市销售日报表.xlsx

	A	B	C	D	E	F
1	商品编码	商品名称	销售时间	销售数量	单价	金额
132		总计		208		￥1,158.50
133						
134						
135						
136						
137						
138						
139						
140						
141						
142						
143						
144						
145						
146						

商品销售明细 商品清单 Sheet3

图 5.30 单击工作表左上角的1按钮显示总计项

盛祥超市销售日报表.xlsx

	A	B	C	D	E	F
1	商品编码	商品名称	销售时间	销售数量	单价	金额
10		大草原半斤装牛奶 汇总		18		￥18.00
15		鹿维营幼儿奶粉 汇总		6		￥106.80
21		康达饼干 汇总		7		￥25.20
31		成成香瓜子 汇总		18		￥99.00
43		良凉奶油冰激凌 汇总		16		￥126.40
51		正中啤酒 汇总		20		￥40.00
61		小幻熊卫生纸 汇总		9		￥115.20
69		皮皮签字笔 汇总		14		￥29.40
78		虎妞毛巾 汇总		9		￥72.90
88		丝柔洗头水 汇总		9		￥271.80
94		爽特抗菌香皂 汇总		6		￥18.60
103		汇成鸡肉火腿 汇总		25		￥67.50
117		家欢面包 汇总		28		￥86.80
126		婉光方便面 汇总		16		￥59.20
131		珍珍酱油 汇总		7		￥21.70
132		总计		208		￥1,158.50
133						
134						
135						
136						
137						

商品销售明细 商品清单 Sheet3

图 5.31 单击工作表左上角的2按钮显示分类汇总项和总计项

在执行“分类汇总”命令之前，必须先对数据进行排序，将数据中关键字相同的记录集中在一起，这样，分类汇总操作才会有意义。

切换至“数据”选项卡，单击“分级显示”组中的“隐藏明细数据”按钮，也可以直接显示汇总项；反之，单击“分级显示”组中的“显示明细数据”按钮，可以逐级显示分类汇总项和明细数据。

6. 插入工作表标题

（1）选中 A1 单元格。

（2）切换至“开始”选项卡，单击“单元格”组中的“插入”按钮右侧的▾，在打开的下拉列表中选择“插入工作表行”命令，如图 5.32 所示，即可在表格第 1 行前插入一个空白行。

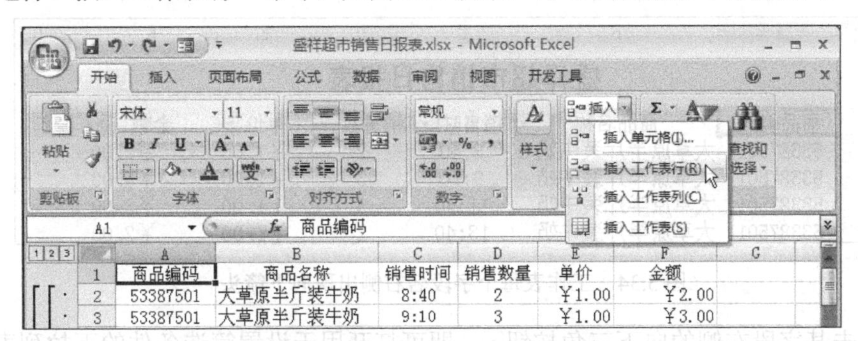

图 5.32　执行“插入工作表行”命令

（3）选中新插入的 A1:F1 单元格，然后单击“对齐方式”组中的“合并后居中”按钮，即可将这 6 个单元格合并为一个单元格。

（4）在合并后的单元格中输入表格标题“盛祥超市销售日报表”，并通过“开始”选项卡设置其“字体”选项为“黑体”，“字号”选项为“16”，单击“加粗”按钮，效果如图 5.33 所示。

盛祥超市销售日报表.xlsx

	A	B	C	D	E	F
1	**盛祥超市销售日报表**					
2	商品编码	商品名称	销售时间	销售数量	单价	金额
3	53387501	大草原半斤装牛奶	8:40	2	¥1.00	¥2.00
4	53387501	大草原半斤装牛奶	9:10	3	¥1.00	¥3.00
5	53387501	大草原半斤装牛奶	11:40	3	¥1.00	¥3.00
6	53387501	大草原半斤装牛奶	13:40	2	¥1.00	¥2.00
7	53387501	大草原半斤装牛奶	14:10	1	¥1.00	¥1.00
8	53387501	大草原半斤装牛奶	16:25	4	¥1.00	¥4.00
9	53387501	大草原半斤装牛奶	17:10	2	¥1.00	¥2.00
10	53387501	大草原半斤装牛奶	19:00	1	¥1.00	¥1.00
11		**大草原半斤装牛奶 汇总**		18		¥18.00
12	53387502	鹿维营幼儿奶粉	8:40	1	¥17.80	¥17.80
13	53387502	鹿维营幼儿奶粉	11:40	1	¥17.80	¥17.80
14	53387502	鹿维营幼儿奶粉	13:40	2	¥17.80	¥35.60
15	53387502	鹿维营幼儿奶粉	16:30	2	¥17.80	¥35.60
16		**鹿维营幼儿奶粉 汇总**		6		¥106.80
17	53387503	康达饼干	11:30	1	¥3.60	¥3.60
18	53387503	康达饼干	13:30	1	¥3.60	¥3.60
19	53387503	康达饼干	16:20	1	¥3.60	¥3.60
20	53387503	康达饼干	18:30	3	¥3.60	¥10.80

商品销售明细　商品清单　Sheet3

图 5.33　添加标题后的工作表效果（部分）

7. 通过自动筛选查看数据

为了便于在大量的数据中分析和查看某些特定数据的情况，可以利用 Excel 提供的“自动筛选”功能，快速地从大量的数据中筛选出符合某种条件的数据，而将不符合条件的其他数据隐藏起来。

（1）单击工作表中的任意单元格。

（2）切换至“数据”选项卡，单击“排序和筛选”组中的“筛选”按钮，此时，工作表中每个字段名的右侧都将出现一个向下三角按钮，如图 5.34 所示。

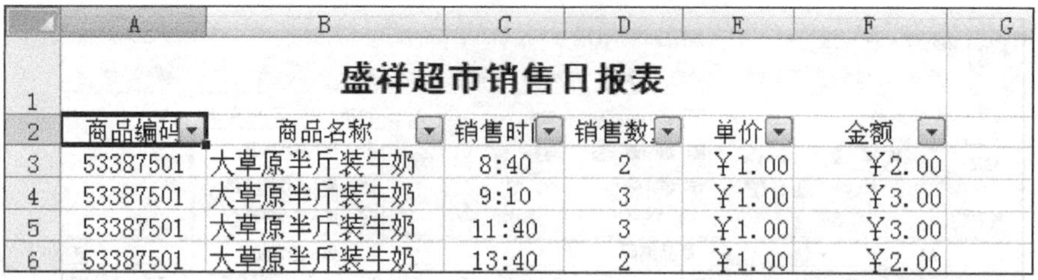

	A	B	C	D	E	F	G
1	盛祥超市销售日报表						
2	商品编码	商品名称	销售时间	销售数量	单价	金额	
3	53387501	大草原半斤装牛奶	8:40	2	￥1.00	￥2.00	
4	53387501	大草原半斤装牛奶	9:10	3	￥1.00	￥3.00	
5	53387501	大草原半斤装牛奶	11:40	3	￥1.00	￥3.00	
6	53387501	大草原半斤装牛奶	13:40	2	￥1.00	￥2.00	

图 5.34　工作表每个字段名右侧出现向下箭头

（3）单击某字段右侧的向下三角按钮，即可打开用于设置筛选条件的下拉列表，如图 5.35 所示。在该列表中，选择“全部”选项，显示工作表中的所有数据；单击选择“文本筛选”命令，并从打开的快捷菜单中选择“自定义筛选”命令，如图 5.36 所示，系统弹出“自定义自动筛选方式”对话框，如图 5.37 所示，用于设置显示记录的条件，图 5.38 中显示的是满足自定义条件的数据；当字段类型为数值型时，选择“数字筛选”命令，并从打开的快捷菜单中选择“10 个最大的值”命令，系统弹出“自动筛选前 10 个”对话框，如图 5.39 所示，用于设置显示该列中最大或最小的记录个数（工作表中的每一行作为一个记录，用于存放相关的一组数据）。

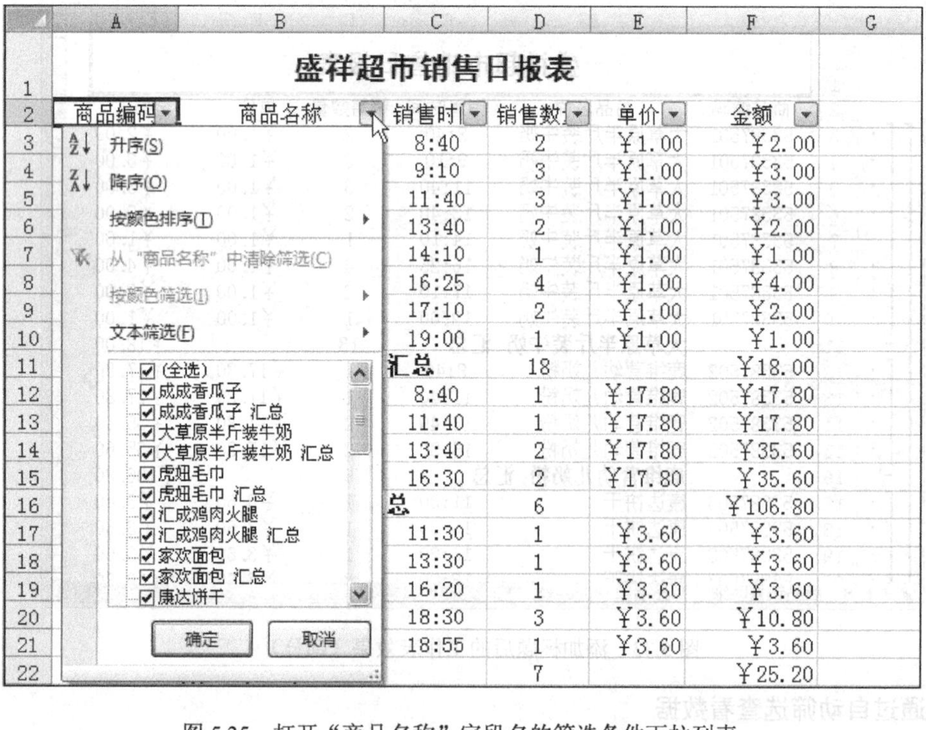

图 5.35　打开“商品名称”字段名的筛选条件下拉列表

盛祥超市销售日报表

	A	B	C	D	E	F
2	商品编码	商品名称	销售时	销售数	单价	金额
3			8:40	2	¥1.00	¥2.00
4			9:10	3	¥1.00	¥3.00
5			11:40	3	¥1.00	¥3.00
6			13:40	2	¥1.00	¥2.00
7			14:10	1	¥1.00	¥1.00
8			16:25	4	¥1.00	¥4.00
9			17:10	2	¥1.00	¥2.00
10					¥1.00	¥1.00
11						¥18.00
12					¥17.80	¥17.80
13					¥17.80	¥17.80
14					¥17.80	¥35.60
15					¥17.80	¥35.60
16						¥106.80
17					¥3.60	¥3.60
18					¥3.60	¥3.60
19			16:20	1	¥3.60	¥3.60
20			18:30	3	¥3.60	¥10.80
21			18:55	1	¥3.60	¥3.60
22				7		¥25.20

升序(S)
降序(O)
按颜色排序(T)
从"商品名称"中清除筛选(C)
按颜色筛选(I)
文本筛选(F)
(全选)
成成香瓜子
成成香瓜子 汇总
大草原半斤装牛奶
大草原半斤装牛奶 汇总
虎妞毛巾
虎妞毛巾 汇总
汇成鸡肉火腿
汇成鸡肉火腿 汇总
家欢面包
家欢面包 汇总
康达饼干
确定 取消
等于(E)...
不等于(N)...
开头是(I)...
结尾是(T)...
包含(A)...
不包含(D)...
自定义筛选(F)...

图 5.36　选择"自定义筛选"命令

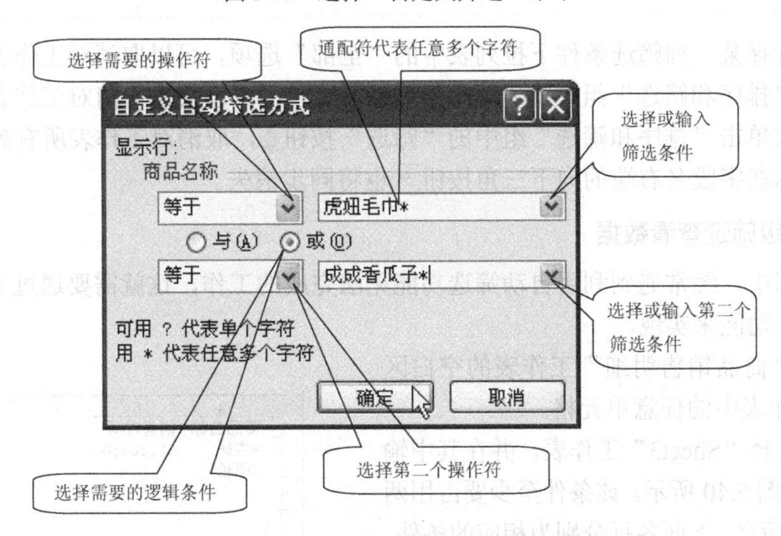

图 5.37　"自定义自动筛选条件"对话框

盛祥超市销售日报表.xlsx

盛祥超市销售日报表

	A	B	C	D	E	F
2	商品编码	商品名称	销售时	销售数	单价	金额
23	53387504	成成香瓜子	9:30	2	¥5.50	¥11.00
24	53387504	成成香瓜子	11:30	4	¥5.50	¥22.00
25	53387504	成成香瓜子	12:30	2	¥5.50	¥11.00
26	53387504	成成香瓜子	13:30	1	¥5.50	¥5.50
27	53387504	成成香瓜子	14:30	2	¥5.50	¥11.00
28	53387504	成成香瓜子	16:10	2	¥5.50	¥11.00
29	53387504	成成香瓜子	17:30	2	¥5.50	¥11.00
30	53387504	成成香瓜子	18:30	2	¥5.50	¥11.00
31	53387504	成成香瓜子	18:55	1	¥5.50	¥5.50
32		成成香瓜子 汇总		18		¥99.00
71	53387509	虎妞毛巾	8:50	2	¥8.10	¥16.20
72	53387509	虎妞毛巾	10:10	1	¥8.10	¥8.10
73	53387509	虎妞毛巾	11:50	1	¥8.10	¥8.10
74	53387509	虎妞毛巾	13:10	1	¥8.10	¥8.10
75	53387509	虎妞毛巾	13:50	1	¥8.10	¥8.10
76	53387509	虎妞毛巾	16:10	1	¥8.10	¥8.10
77	53387509	虎妞毛巾	16:50	1	¥8.10	¥8.10
78	53387509	虎妞毛巾	18:45	1	¥8.10	¥8.10
79		虎妞毛巾 汇总		9		¥72.90
133		总计		27		¥171.90

商品销售明细 / 商品清单 / Sheet3

图 5.38　显示满足自定义筛选条件的记录

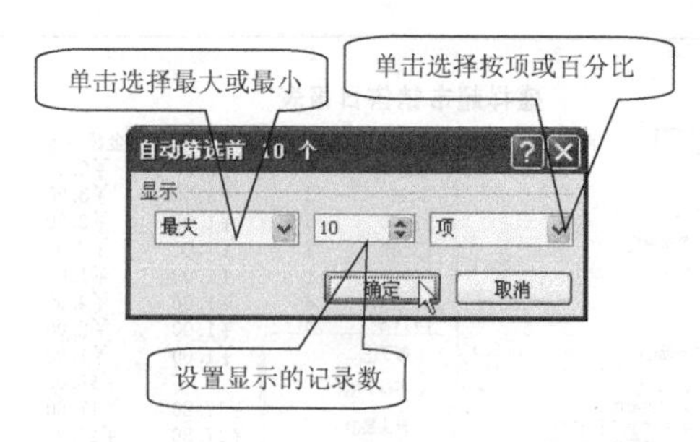

图 5.39 “自动筛选前 10 个”对话框

教你一招

如果需要保存或打印筛选后的数据，可以通过将其复制到其他工作表或同一工作表的其他区域的方法来实现。

（4）单击选择某一列筛选条件下拉列表中的“全部”选项，可以取消对工作表该列进行的筛选；单击“排序和筛选”组中的“清除”按钮，可以快速取消对工作表所有列进行的筛选；再次单击“排序和筛选”组中的“筛选”按钮，取消对工作表所有列进行的筛选。此时，显示在字段名右端的向下三角按钮也将同步消失。

8．通过高级筛选查看数据

在实际应用中，经常遇到利用自动筛选功能无法完成的工作，这就需要通过 Excel 提供的“高级筛选”功能来实现。

（1）选中“商品销售明细”工作表的空白区域或 Sheet3 工作表中的任意单元格。

（2）这里选择“Sheet3”工作表，并在其中输入筛选条件，如图 5.40 所示。该条件至少要占用两行，第 1 行为字段名，下面各行分别为相应的条件。我们可以定义一个条件，也可以定义多个条件。如果分别在两个条件字段名下方的同一行中输入条件，则这两个条件应当满足“与”关系，即只有在这两个条件都成立时，才算符合筛选条件。如果分别在两个条件字段名下方的不同行中输入条件，则这两个条件应当满足“或”关系，即只要这两个条件中的一个条件成立，就算符合筛选条件。我们设置的如图 5.40 所示的条件的含义是，“商品名称”中含有“牛奶”或“奶粉”，且销售时间小于“12:00:00”，用于筛选上午销售的乳制品。

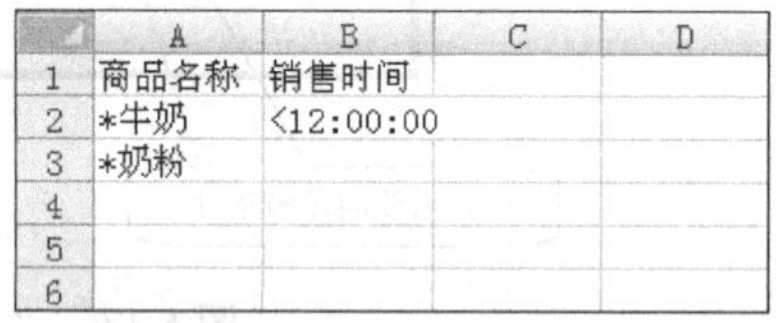

	A	B	C	D
1	商品名称	销售时间		
2	*牛奶	<12:00:00		
3	*奶粉			
4				
5				
6				

图 5.40 在 Sheet3 工作表中输入的筛选条件

（3）切换到“商品销售明细”工作表。

（4）切换至“数据”选项卡，单击“排序和筛选”组中的“高级”按钮，系统弹出“高级筛选”对话框。

（5）在该对话框中，选中“方式”选项组中的“将筛选结果复制到其他位置”单选按钮；在“列表区域”框中输入要筛选的数据区域引用，或用鼠标选定数据区域；在“条件区域”框中输入含有筛选条件的区域，用鼠标选定条件区域，或在文本输入框中直接输入区域引用“Sheet3!$A$1:$A$3”，这表示条件存放在“Sheet3”工作表的 A1:A3 单元格中，位于不同行，属于“或”条件；在“复制到”框中指定显示筛选结果的区域，用鼠标选定条件区域，或在文本输入框中直接输入区域引用，如图5.41所示。

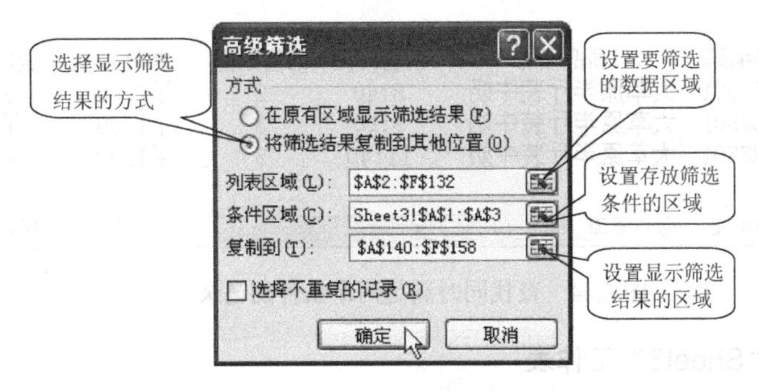

图5.41 “高级筛选”对话框

（6）单击“确定”按钮，关闭对话框，同时，满足筛选条件“商品名称”中包含“牛奶”或“奶粉”的数据显示在“商品销售明细”工作表中以A140单元格开始的区域内，如图5.42所示。

盛祥超市销售日报表.xlsx

	A	B	C	D	E	F
137						
138						
139						
140	商品编码	商品名称	销售时间	销售数量	单价	金额
141	53387501	大草原半斤装牛奶	8:40	2	￥1.00	￥2.00
142	53387501	大草原半斤装牛奶	9:10	3	￥1.00	￥3.00
143	53387501	大草原半斤装牛奶	11:40	3	￥1.00	￥3.00
144	53387501	大草原半斤装牛奶	13:40	2	￥1.00	￥2.00
145	53387501	大草原半斤装牛奶	14:10	1	￥1.00	￥1.00
146	53387501	大草原半斤装牛奶	16:25	4	￥1.00	￥4.00
147	53387501	大草原半斤装牛奶	17:10	2	￥1.00	￥2.00
148	53387501	大草原半斤装牛奶	19:00	1	￥1.00	￥1.00
149		**大草原半斤装牛奶 汇总**		18		￥18.00
150	53387502	鹿维营幼儿奶粉	8:40	1	￥17.80	￥17.80
151	53387502	鹿维营幼儿奶粉	11:40	1	￥17.80	￥17.80
152	53387502	鹿维营幼儿奶粉	13:40	2	￥17.80	￥35.60
153	53387502	鹿维营幼儿奶粉	16:30	2	￥17.80	￥35.60
154		**鹿维营幼儿奶粉 汇总**		6		￥106.80
155						
156						
157						

商品销售明细 / 商品清单 / Sheet3

图5.42 查找满足两个条件之一的记录

（7）单击“排序和筛选”组中的“高级”按钮，在“高级筛选”对话框中单击选中“方式”选项组中的“将筛选结果复制到其他位置”单选框；在“条件区域”文本输入框中修改区域引用为“Sheet3!$A$1:$B$2”，这表示条件均存放在“Sheet3”工作表的第2行，属于“与”条件；在“复制到”文本输入框中修改区域引用为“$A$160:$F$167”直接输入区域引用，如图5.43所示；单击“确定”按钮，关闭对话框，同时，满足筛选条件“商品名称”中包含“牛奶”，且“销售时间”小于等于“12:00:00”（即“上午”）的数据显示在“商品销售明细”工作表中以A160单元格开始的区域内，如图5.44所示。

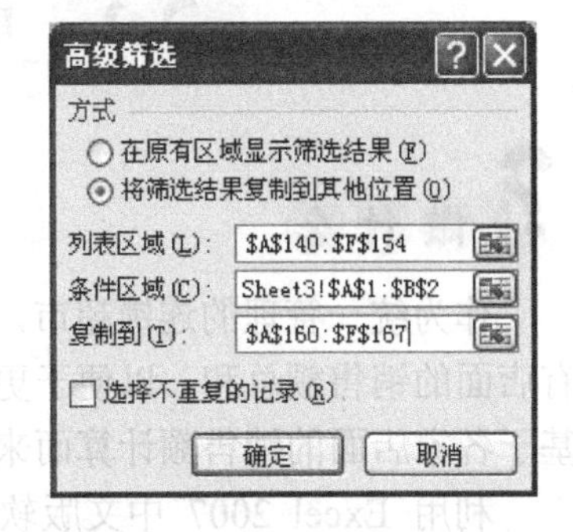

图5.43 “高级筛选”对话框

盛祥超市销售日报表.xlsx

	A	B	C	D	E	F
158						
159						
160	商品编码	商品名称	销售时间	销售数量	单价	金额
161	53387501	大草原半斤装牛奶	8:40	2	￥1.00	￥2.00
162	53387501	大草原半斤装牛奶	9:10	3	￥1.00	￥3.00
163	53387501	大草原半斤装牛奶	11:40	3	￥1.00	￥3.00
164						

商品销售明细 / 商品清单 / Sheet3

图 5.44　查找同时满足两个条件的记录

9. 删除多余的“Sheet3”工作表

（1）单击“Sheet3”标签，选中该工作表。

（2）在“Sheet3”标签位置单击鼠标右键，并选择“删除”命令，即可将“Sheet3”工作表删除。

10. 后期处理及文件保存

（1）单击“快速访问”工具栏中的“保存”按钮，对工作簿进行保存。

（2）退出并关闭 Excel 2007 中文版。

本案例通过“盛祥超市销售日报表”的设计和制作过程，主要学习了 Excel 2007 中文版软件对数据进行排序，并在排序的基础上进行分类汇总和数据筛选等操作的方法和技巧。其中关键之处在于，首先对数据进行排序，然后再对数据按照指定方式及项目进行分类汇总，并按照指定条件对数据进行筛选，以帮助我们了解数据的总体情况，并从不同角度对数据进行分析。

利用类似本案例的方法，可以非常方便地完成对数据进行排序、分类汇总和筛选的任务。

5.3 制作月销售额合并计算表

作为统一管理的连锁超市，除了及时掌握每家店面的销售和经营状况外，还需要了解所有店面的销售额总和，以便于更进一步地预测和分析整个企业的经营状况。销售额总和需要基于各家店面的销售额计算而来。

利用 Excel 2007 中文版软件的合并计算功能，可以非常方便快捷地制作完成效果如图 5.45 和图 5.46 所示的“盛祥超市月销售额合并计算表”。

	A	B	C	D	E	F	G	H	I	J
1	商品编码	商品名称	单价	单位	上旬		中旬		下旬	
2					销售数量	销售金额(元)	销售数量	销售金额(元)	销售数量	销售金额(元)
6	53387501	大草原半斤装牛奶	¥1.00	袋	4265	¥4,265.00	3876	¥3,876.00	3967	¥3,967.00
10	53387502	鹿维营幼儿奶粉	¥17.80	袋	1279	¥22,766.20	1233	¥21,947.40	1261	¥22,445.80
14	53387503	康达饼干	¥3.60	包	1149	¥4,136.40	1130	¥4,068.00	1220	¥4,392.00
18	53387504	成成香瓜子	¥5.50	包	852	¥4,686.00	887	¥4,878.50	773	¥4,251.50
22	53387505	良凉奶油冰激凌	¥7.90	盒	1673	¥13,216.70	1569	¥12,395.10	1552	¥12,260.80
26	53387506	正中啤酒	¥2.00	瓶	5010	¥10,020.00	4702	¥9,404.00	4660	¥9,320.00
30	53387507	小幻熊卫生纸	¥12.80	袋	1286	¥16,460.80	1354	¥17,331.20	1458	¥18,662.40
34	53387508	皮皮签字笔	¥2.10	支	768	¥1,612.80	949	¥1,992.90	927	¥1,946.70
38	53387509	虎妞毛巾	¥8.10	条	943	¥7,638.30	960	¥7,776.00	919	¥7,443.90
42	53387510	丝柔洗头水	¥30.20	瓶	1313	¥39,652.60	1333	¥40,256.60	1405	¥42,431.00
46	53387511	爽特抗菌香皂	¥3.10	块	1165	¥3,611.50	1172	¥3,633.20	1139	¥3,530.90
50	53387512	汇成鸡肉火腿	¥2.70	根	3972	¥10,724.40	4014	¥10,837.80	4127	¥11,142.90
54	53387513	家欢面包	¥3.10	个	6720	¥20,832.00	6713	¥20,810.30	6927	¥21,473.70
58	53387514	婉光方便面	¥3.70	碗	4337	¥16,046.90	4329	¥16,017.30	4297	¥15,898.90
62	53387515	珍珍酱油	¥3.10	瓶	2412	¥7,477.20	2502	¥7,756.20	2472	¥7,663.20
66	合计					¥183,146.80		¥182,980.50		¥186,830.70
67										
68										

一分店 二分店 三分店 合并计算表

图 5.45 “盛祥超市月销售额合并计算表”效果图之一

	A	B	C	D	E	F	G	H	I	J
1	商品编码	商品名称	单价	单位	上旬		中旬		下旬	
2					销售数量	销售金额(元)	销售数量	销售金额(元)	销售数量	销售金额(元)
3					1387	¥1,387.00	1210	¥1,210.00	1380	¥1,380.00
4					1498	¥1,498.00	1356	¥1,356.00	1377	¥1,377.00
5					1380	¥1,380.00	1310	¥1,310.00	1210	¥1,210.00
6	53387501	大草原半斤装牛奶	¥1.00	袋	4265	¥4,265.00	3876	¥3,876.00	3967	¥3,967.00
7					420	¥7,476.00	380	¥6,764.00	460	¥8,188.00
8					399	¥7,102.20	433	¥7,707.40	421	¥7,493.80
9					460	¥8,188.00	420	¥7,476.00	380	¥6,764.00
10	53387502	鹿维营幼儿奶粉	¥17.80	袋	1279	¥22,766.20	1233	¥21,947.40	1261	¥22,445.80
11					390	¥1,404.00	430	¥1,548.00	370	¥1,332.00
12					389	¥1,400.40	310	¥1,116.00	420	¥1,512.00
13					370	¥1,332.00	390	¥1,404.00	430	¥1,548.00
14	53387503	康达饼干	¥3.60	包	1149	¥4,136.40	1130	¥4,068.00	1220	¥4,392.00
15					334	¥1,837.00	254	¥1,397.00	230	¥1,265.00
16					288	¥1,584.00	299	¥1,644.50	289	¥1,589.50
17					230	¥1,265.00	334	¥1,837.00	254	¥1,397.00
18	53387504	成成香瓜子	¥5.50	包	852	¥4,686.00	887	¥4,878.50	773	¥4,251.50
19					591	¥4,668.90	491	¥3,878.90	556	¥4,392.40
20					526	¥4,155.40	487	¥3,847.30	505	¥3,989.50
21					556	¥4,392.40	591	¥4,668.90	491	¥3,878.90
22	53387505	良凉奶油冰激凌	¥7.90	盒	1673	¥13,216.70	1569	¥12,395.10	1552	¥12,260.80

一分店 二分店 三分店 合并计算表

图 5.46 “盛祥超市月销售额合并计算表”效果图之二（部分）

分组对案例进行讨论和分析，得出如下解题思路：

（1）创建一个新工作簿，并对其进行保存。

（2）利用工作表组建立工作表。

（3）分别输入各分店的销售数量。

（4）利用工作表组完成各工作表中“销售金额”的计算。

（5）按位置合并计算“销售数量”、“销售金额”和“合计”。

（6）后期处理及文件保存。

根据以上解题思路，完成“盛祥超市月销售额合并计算表”的具体操作如下：

1．创建一个新文档，并保存文档

（1）启动 Excel 2007 中文版，并创建一个新工作簿。

（2）保存文件为“盛祥超市月销售合并计算表.xlsx”。

2．利用工作表组建立工作表

（1）将“Sheet1”、“Sheet2”和“Sheet3”工作表分别重命名为“一分店”、“二分店”和“三分店”。

（2）单击“一分店”工作表标签，然后在按住键盘中的 Shift 键的同时，再单击“三分店”工作表标签，即可将这 3 个工作表设置为工作组，成组的工作表标签均呈高亮度显示，同时在工作簿的标题栏上会出现“[工作组]”字样，如图 5.47 所示，利用工作组功能，可以快速地编辑“一分店”、“二分店”和“三分店”这 3 个格式相同的工作表。

图 5.47　成组的工作表

按住键盘中的 Ctrl 键的同时，依次单击要成组的每个工作表标签，可以将不相邻的工作表设置为一个工作表组。

用鼠标右键单击任一工作表标签，并在快捷菜单中选择“选定全部工作表”命令，可以快速地将整个工作簿中的所有工作表设置为一个工作表组。

（3）打开“盛祥超市收银单”工作簿，切换到“商品清单”工作表，并选中 A2:E17 单元格中的数据，然后按下快捷键 Ctrl+C，并关闭工作簿。

（4）选中“盛祥超市月销售合并计算表”中成组工作表的 A1 单元格，并按下快捷键 Ctrl+V，即可将“盛祥超市收银单”工作簿中“商品清单”工作表中的数据复制到该工作表组中的各工作表中。

（5）对工作表进行调整，并增加“上旬”、“中旬”及“下旬”的“销售数量”和“销售金额”列，效果如图 5.48 所示。

3．分别输入各分店的销售数量

（1）用鼠标右键单击当前工作表标签，并从快捷菜单中选择“取消成组工作表”命令，即可取消工作表组。

盛祥超市月销售合并计算表.xlsx [工作组]

	A	B	C	D	E	F	G	H	I	J
1	商品编码	商品名称	单价	单位	上旬		中旬		下旬	
2					销售数量	销售金额(元)	销售数量	销售金额(元)	销售数量	销售金额(元)
3	53387501	大草原半斤装牛奶	￥1.00	袋						
4	53387502	鹿维营幼儿奶粉	￥17.80	袋						
5	53387503	康达饼干	￥3.60	包						
6	53387504	咸成香瓜子	￥5.50	包						
7	53387505	良凉奶油冰激凌	￥7.90	盒						
8	53387506	正中啤酒	￥2.00	瓶						
9	53387507	小幻熊卫生纸	￥12.80	袋						
10	53387508	皮皮签字笔	￥2.10	支						
11	53387509	虎翊毛巾	￥8.10	条						
12	53387510	丝柔洗头水	￥30.20	瓶						
13	53387511	爽特抗菌香皂	￥3.10	块						
14	53387512	汇成鸡肉火腿	￥2.70	根						
15	53387513	家欢面包	￥3.10	个						
16	53387514	娩光方便面	￥3.70	碗						
17	53387515	珍珍酱油	￥3.10	瓶						
18										
19										
20										

一分店 / 二分店 / 三分店

图 5.48 调整后的工作表效果

教你一招

只要单击除当前工作表以外的任一工作表标签，也可快速取消工作表组。

（2）输入各分店各旬各种商品的“销售数量”，如图 5.49 所示。

盛祥超市月销售合并计算表.xlsx

	A	B	C	D	E	F	G	H	I	J
1	商品编码	商品名称	单价	单位	上旬		中旬		下旬	
2					销售数量	销售金额(元)	销售数量	销售金额(元)	销售数量	销售金额(元)
3	53387501	大草原半斤装牛奶	￥1.00	袋	1380		1310		1210	
4	53387502	鹿维营幼儿奶粉	￥17.80	袋	460		420		380	
5	53387503	康达饼干	￥3.60	包	370		390		430	
6	53387504	咸成香瓜子	￥5.50	包	230		334		254	
7	53387505	良凉奶油冰激凌	￥7.90	盒	556		591		491	
8	53387506	正中啤酒	￥2.00	瓶	1707		1567		1497	
9	53387507	小幻熊卫生纸	￥12.80	袋	444		421		501	
10	53387508	皮皮签字笔	￥2.10	支	210		279		319	
11	53387509	虎翊毛巾	￥8.10	条	279		332		310	
12	53387510	丝柔洗头水	￥30.20	瓶	471		421		477	
13	53387511	爽特抗菌香皂	￥3.10	块	383		391		369	
14	53387512	汇成鸡肉火腿	￥2.70	根	1258		1357		1298	
15	53387513	家欢面包	￥3.10	个	2296		2186		2238	
16	53387514	娩光方便面	￥3.70	碗	1481		1397		1459	
17	53387515	珍珍酱油	￥3.10	瓶	835		768		809	
18										
19										
20										

一分店 / 二分店 / 三分店

图 5.49 输入各分店各旬各种商品的销售数量

4．利用工作表组完成各工作表中“销售金额”的计算

（1）在任一工作表标签上单击鼠标右键，并在快捷菜单中选择“选定全部工作表”命令，再次将“一分店”、“二分店”和“三分店”三个工作表设置为工作组。

（2）单击选中 F3 单元格，并输入公式“=C3*E3”，如图 5.50 所示，然后输入回车键，或单击公式编辑栏中的☑按钮，完成公式的编辑及计算操作，这表示将“单价”与“销售数量”的乘积作为“销售数量”，并将其填充到相应的单元格中，如图 5.51 所示。

盛祥超市月销售合并计算表.xlsx [工作组]

	A	B	C	D	E	F	G
1	商品编码	商品名称	单价	单位	上旬		
2					销售数量	销售金额(元)	销售数量
3	53387501	大草原半斤装牛奶	￥1.00	袋	1380	=C3*E3	1310
4	53387502	鹿维营幼儿奶粉	￥17.80	袋	460		420
5	53387503	康达饼干	￥3.60	包	370		390

图 5.50 输入和编辑公式

盛祥超市月销售合并计算表.xlsx [工作组]

	A	B	C	D	E	F	G
1	商品编码	商品名称	单价	单位	上旬		
2					销售数量	销售金额(元)	销售数量
3	53387501	大草原半斤装牛奶	￥1.00	袋	1380	￥1,380.00	1310
4	53387502	鹿维营幼儿奶粉	￥17.80	袋	460		420
5	53387503	康达饼干	￥3.60	包	370		390

图 5.51　利用公式计算的“销售金额”

（3）将鼠标指针移动到 F3 单元格右下角的填充柄上，鼠标指针由✚形状变成＋形状，向下拖曳填充控制柄，即可将公式复制到其他单元格中，从而完成“上旬”其他商品“销售金额”的计算，如图 5.52 所示。

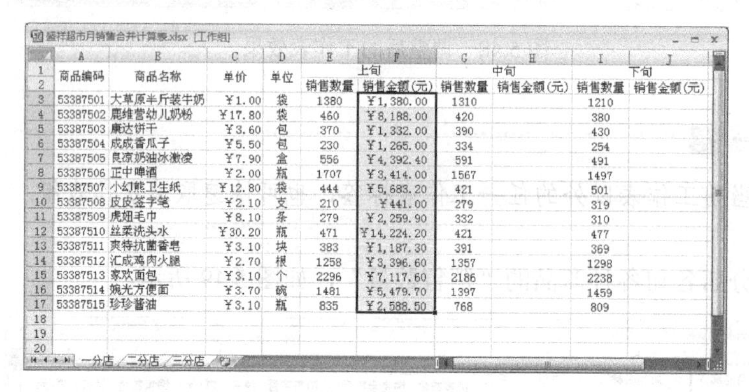
盛祥超市月销售合并计算表.xlsx [工作组]

	A	B	C	D	E	F	G	H	I	J
1	商品编码	商品名称	单价	单位	上旬		中旬		下旬	
2					销售数量	销售金额(元)	销售数量	销售金额(元)	销售数量	销售金额(元)
3	53387501	大草原半斤装牛奶	￥1.00	袋	1380	￥1,380.00	1310		1210	
4	53387502	鹿维营幼儿奶粉	￥17.80	袋	460	￥8,188.00	420		380	
5	53387503	康达饼干	￥3.60	包	370	￥1,332.00	390		430	
6	53387504	成成香瓜子	￥5.50	包	230	￥1,265.00	334		254	
7	53387505	良凉奶油冰激凌	￥7.90	盒	556	￥4,392.40	591		491	
8	53387506	正中啤酒	￥2.00	瓶	1707	￥3,414.00	1567		1497	
9	53387507	小幻熊卫生纸	￥12.80	袋	444	￥5,683.20	421		501	
10	53387508	皮皮签字笔	￥2.10	支	210	￥441.00	279		319	
11	53387509	虎妞毛巾	￥8.10	条	279	￥2,259.90	332		310	
12	53387510	丝柔洗头水	￥30.20	瓶	471	￥14,224.20	421		477	
13	53387511	爽特抗菌香皂	￥3.10	块	383	￥1,187.30	391		369	
14	53387512	汇成鸡肉火腿	￥2.70	根	1258	￥3,396.60	1357		1298	
15	53387513	家欢面包	￥3.10	个	2296	￥7,117.60	2186		2238	
16	53387514	婉光方便面	￥3.70	碗	1481	￥5,479.70	1397		1459	
17	53387515	珍珍酱油	￥3.10	瓶	835	￥2,588.50	768		809	
18										
19										
20										

一分店 二分店 三分店

图 5.52　计算“上旬”其他商品的“销售金额”

（4）利用同样的方法完成“中旬”和“下旬”的商品“销售金额”的计算，如图 5.53 所示。

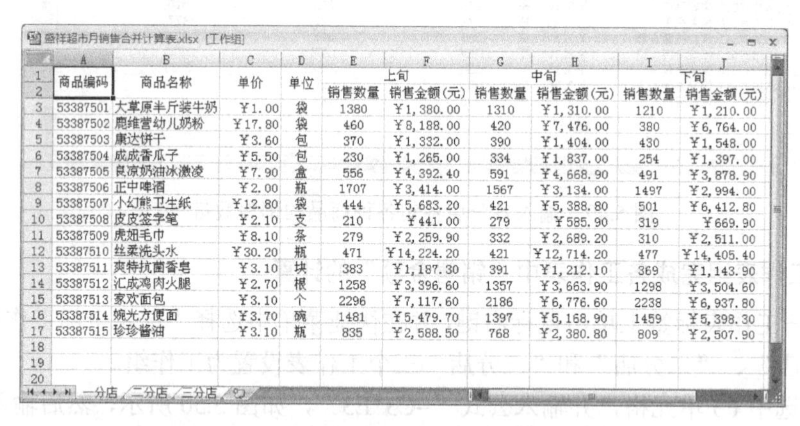
盛祥超市月销售合并计算表.xlsx [工作组]

	A	B	C	D	E	F	G	H	I	J
1	商品编码	商品名称	单价	单位	上旬		中旬		下旬	
2					销售数量	销售金额(元)	销售数量	销售金额(元)	销售数量	销售金额(元)
3	53387501	大草原半斤装牛奶	￥1.00	袋	1380	￥1,380.00	1310	￥1,310.00	1210	￥1,210.00
4	53387502	鹿维营幼儿奶粉	￥17.80	袋	460	￥8,188.00	420	￥7,476.00	380	￥6,764.00
5	53387503	康达饼干	￥3.60	包	370	￥1,332.00	390	￥1,404.00	430	￥1,548.00
6	53387504	成成香瓜子	￥5.50	包	230	￥1,265.00	334	￥1,837.00	254	￥1,397.00
7	53387505	良凉奶油冰激凌	￥7.90	盒	556	￥4,392.40	591	￥4,668.90	491	￥3,878.90
8	53387506	正中啤酒	￥2.00	瓶	1707	￥3,414.00	1567	￥3,134.00	1497	￥2,994.00
9	53387507	小幻熊卫生纸	￥12.80	袋	444	￥5,683.20	421	￥5,388.80	501	￥6,412.80
10	53387508	皮皮签字笔	￥2.10	支	210	￥441.00	279	￥585.90	319	￥669.90
11	53387509	虎妞毛巾	￥8.10	条	279	￥2,259.90	332	￥2,689.20	310	￥2,511.00
12	53387510	丝柔洗头水	￥30.20	瓶	471	￥14,224.20	421	￥12,714.20	477	￥14,405.40
13	53387511	爽特抗菌香皂	￥3.10	块	383	￥1,187.30	391	￥1,212.10	369	￥1,143.90
14	53387512	汇成鸡肉火腿	￥2.70	根	1258	￥3,396.60	1357	￥3,663.90	1298	￥3,504.60
15	53387513	家欢面包	￥3.10	个	2296	￥7,117.60	2186	￥6,776.60	2238	￥6,937.80
16	53387514	婉光方便面	￥3.70	碗	1481	￥5,479.70	1397	￥5,168.90	1459	￥5,398.30
17	53387515	珍珍酱油	￥3.10	瓶	835	￥2,588.50	768	￥2,380.80	809	￥2,507.90
18										
19										
20										

一分店 二分店 三分店

图 5.53　完成“销售金额”计算后的工作簿

（5）选中 A18 单元格，并输入文字“合计”。

（6）选中 F18 单元格，然后切换至“公式”选项卡，单击“函数库”组中的“自动求和”按钮下端的向下三角按钮，打开选项列表，并选择“求和”选项，如图 5.54 所示，F18 单元格中将自动出现求和公式，并标注出求和区域，如图 5.55 所示，输入回车键，或单击公式编辑栏中的✓按钮，即可自动对 F3:F17 区域的数据进行求和，并将计算结果显示在 F18 单元格中，如图 5.56 所示。

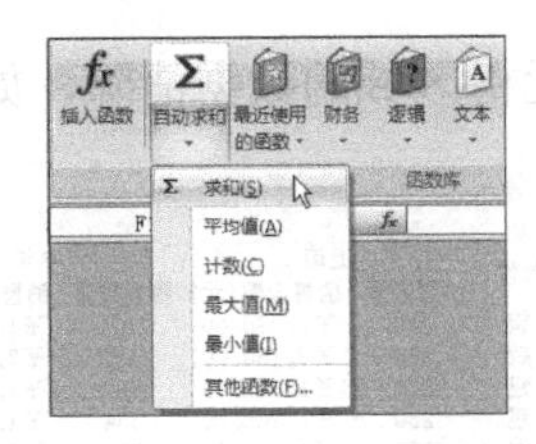

图 5.54 “函数库”组中的“自动求和”按钮打开选项列表

A	B	C	D	E	F	G	H
商品编码	商品名称	单价	单位	上旬		中旬	
				销售数量	销售金额(元)	销售数量	销售金额(元)
53387501	大草原半斤装牛奶	¥1.00	袋	1380	¥1,380.00	1310	¥1,310.00
53387502	鹿维营幼儿奶粉	¥17.80	袋	460	¥8,188.00	420	¥7,476.00
53387503	康达饼干	¥3.60	包	370	¥1,332.00	390	¥1,404.00
53387504	成成香瓜子	¥5.50	包	230	¥1,265.00	334	¥1,837.00
53387505	良凉奶油冰激凌	¥7.90	盒	556	¥4,392.40	591	¥4,668.90
53387506	正中啤酒	¥2.00	瓶	1707	¥3,414.00	1567	¥3,134.00
53387507	小幻熊卫生纸	¥12.80	袋	444	¥5,683.20	421	¥5,388.80
53387508	皮皮签字笔	¥2.10	支	210	¥441.00	279	¥585.90
53387509	虎妞毛巾	¥8.10	条	279	¥2,259.90	332	¥2,689.20
53387510	丝柔洗头水	¥30.20	瓶	471	¥14,224.20	421	¥12,714.20
53387511	爽特抗菌香皂	¥3.10	块	383	¥1,187.30	391	¥1,212.10
53387512	汇成鸡肉火腿	¥2.70	根	1258	¥3,396.60	1357	¥3,663.90
53387513	家欢面包	¥3.10	个	2296	¥7,117.60		776.60
53387514	婉光方便面	¥3.70	碗	1481	¥5,479.70		168.90
53387515	珍珍酱油	¥3.10	瓶	835	¥2,588.50		380.80
合计					=SUM(F3:F17)		

图 5.55 工作表中自动出现的求和区域和公式

	A	B	C	D	E	F	G	H
1	商品编码	商品名称	单价	单位	上旬		中旬	
2					销售数量	销售金额(元)	销售数量	销售金额(元)
3	53387501	大草原半斤装牛奶	¥1.00	袋	1380	¥1,380.00	1310	¥1,310.00
4	53387502	鹿维营幼儿奶粉	¥17.80	袋	460	¥8,188.00	420	¥7,476.00
5	53387503	康达饼干	¥3.60	包	370	¥1,332.00	390	¥1,404.00
6	53387504	成成香瓜子	¥5.50	包	230	¥1,265.00	334	¥1,837.00
7	53387505	良凉奶油冰激凌	¥7.90	盒	556	¥4,392.40	591	¥4,668.90
8	53387506	正中啤酒	¥2.00	瓶	1707	¥3,414.00	1567	¥3,134.00
9	53387507	小幻熊卫生纸	¥12.80	袋	444	¥5,683.20	421	¥5,388.80
10	53387508	皮皮签字笔	¥2.10	支	210	¥441.00	279	¥585.90
11	53387509	虎妞毛巾	¥8.10	条	279	¥2,259.90	332	¥2,689.20
12	53387510	丝柔洗头水	¥30.20	瓶	471	¥14,224.20	421	¥12,714.20
13	53387511	爽特抗菌香皂	¥3.10	块	383	¥1,187.30	391	¥1,212.10
14	53387512	汇成鸡肉火腿	¥2.70	根	1258	¥3,396.60	1357	¥3,663.90
15	53387513	家欢面包	¥3.10	个	2296	¥7,117.60	2186	¥6,776.60
16	53387514	婉光方便面	¥3.70	碗	1481	¥5,479.70	1397	¥5,168.90
17	53387515	珍珍酱油	¥3.10	瓶	835	¥2,588.50	768	¥2,380.80
18	合计					¥62,349.40		
19								
20								

图 5.56 对“上旬”商品的“销售金额”进行自动求和计算

（7）利用“自动求和”按钮分别对工作表组中所有“中旬”和“下旬”商品的“销售金额”进行自动求和计算，如图 5.57 所示。

5. 按位置合并计算“销售数量”、“销售金额”和“合计”

利用 Excel 提供的“合并计算”功能，可以把位于不同工作表的各分店数据进行汇总。各分店工作表具有相同的结构和项目，可以按位置对数据进行合并计算。

（1）单击“二分店”工作表标签，取消工作表组。

（2）在按住键盘中的 Ctrl 键的同时，拖曳“一分店”工作表标签至“三分店”工作表标签之后，即可将“一分店”工作表复制到“三分店”工作表之后，将复制后的工作表重命名为“合并计算表”，并将 E3:J18 单元格区域的数据清除，如图 5.58 所示。

盛祥超市月销售合并计算表.xlsx [工作组]

商品编码	商品名称	单价	单位	上旬		中旬		下旬	
				销售数量	销售金额(元)	销售数量	销售金额(元)	销售数量	销售金额(元)
53387501	大草原半斤装牛奶	￥1.00	袋	1380	￥1,380.00	1310	￥1,310.00	1210	￥1,210.00
53387502	鹿维营幼儿奶粉	￥17.80	袋	460	￥8,188.00	420	￥7,476.00	380	￥6,764.00
53387503	康达饼干	￥3.60	包	370	￥1,332.00	390	￥1,404.00	430	￥1,548.00
53387504	成成香瓜子	￥5.50	包	230	￥1,265.00	334	￥1,837.00	254	￥1,397.00
53387505	良凉奶油冰激凌	￥7.90	盒	556	￥4,392.40	591	￥4,668.90	491	￥3,878.90
53387506	正中啤酒	￥2.00	瓶	1707	￥3,414.00	1567	￥3,134.00	1497	￥2,994.00
53387507	小幻熊卫生纸	￥12.80	袋	444	￥5,683.20	421	￥5,388.80	501	￥6,412.80
53387508	皮皮签字笔	￥2.10	支	210	￥441.00	279	￥585.90	319	￥669.90
53387509	虎妞毛巾	￥8.10	条	279	￥2,259.90	332	￥2,689.20	310	￥2,511.00
53387510	丝柔洗头水	￥30.20	瓶	471	￥14,224.20	421	￥12,714.20	477	￥14,405.40
53387511	爽特抗菌香皂	￥3.10	块	383	￥1,187.30	391	￥1,212.10	369	￥1,143.90
53387512	汇成鸡肉火腿	￥2.70	根	1258	￥3,396.60	1357	￥3,663.90	1298	￥3,504.60
53387513	家欢面包	￥3.10	个	2296	￥7,117.60	2186	￥6,776.60	2238	￥6,937.80
53387514	婉光方便面	￥3.70	碗	1481	￥5,479.70	1397	￥5,168.90	1459	￥5,398.30
53387515	珍珍酱油	￥3.10	瓶	835	￥2,588.50	768	￥2,380.80	809	￥2,507.90
合计					￥62,349.40		￥60,410.30		￥61,283.50

一分店 二分店 三分店

图 5.57 对“中旬”和“下旬”商品的“销售金额”进行自动求和计算

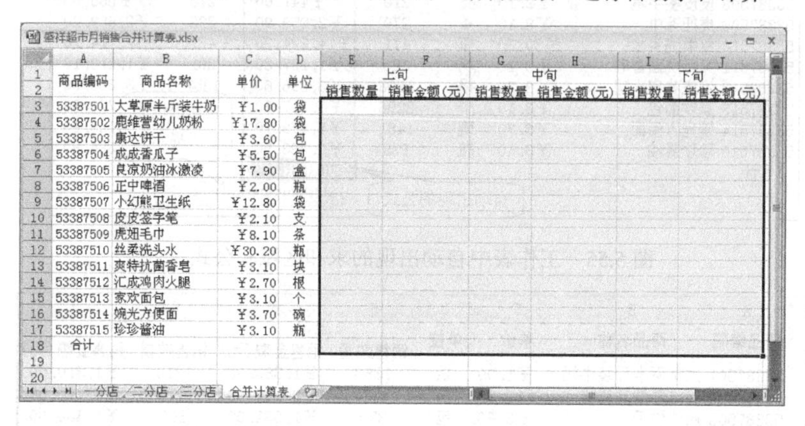

盛祥超市月销售合并计算表.xlsx

商品编码	商品名称	单价	单位	上旬		中旬		下旬	
				销售数量	销售金额(元)	销售数量	销售金额(元)	销售数量	销售金额(元)
53387501	大草原半斤装牛奶	￥1.00	袋						
53387502	鹿维营幼儿奶粉	￥17.80	袋						
53387503	康达饼干	￥3.60	包						
53387504	成成香瓜子	￥5.50	包						
53387505	良凉奶油冰激凌	￥7.90	盒						
53387506	正中啤酒	￥2.00	瓶						
53387507	小幻熊卫生纸	￥12.80	袋						
53387508	皮皮签字笔	￥2.10	支						
53387509	虎妞毛巾	￥8.10	条						
53387510	丝柔洗头水	￥30.20	瓶						
53387511	爽特抗菌香皂	￥3.10	块						
53387512	汇成鸡肉火腿	￥2.70	根						
53387513	家欢面包	￥3.10	个						
53387514	婉光方便面	￥3.70	碗						
53387515	珍珍酱油	￥3.10	瓶						
合计									

一分店 二分店 三分店 合并计算表

图 5.58 复制得到“合并计算表”工作表

（3）单击选定“合并计算表”工作表为目标工作表（即存放合并计算结果的工作表），并在其中选定E3单元格或E3:J18单元格区域为目标区域(即接收合并结算结果数据的区域)，目标区域可以任意选定，但必须保证选定区域的右边和下边有足够的空单元格。

（4）切换至“数据”选项卡，单击“数据工具”组中的“合并计算”按钮，系统将出“合并计算”对话框。

（5）在该对话框中，选择“函数”下拉列表框中的“求和”选项作为合并计算数据时的汇总函数。

（6）单击“引用位置”框右端的按钮，然后单击“一分店”工作表标签，将其指定为源工作表（被合并计算的各个工作表），并用鼠标选定 E3:J18 单元格为源区域（被合并计算的数据区域），或在文本输入框中直接输入源区域引用“一分店!$E$3:$J$18”，如图 5.59 所示，然后单击“添加”按钮，将其添加到“所有引用位置”列表框中，并选中“创建连至源数据的链接”复选框，以保证合并计算数据的自动更新，如图 5.60 所示。

（7）单击“二分店”工作表标签，“引用位置”框中自动出现“二分店!$E$3:$J$18”工作表的源区域，如图 5.61 所示，单击“添加”按钮，将其添加到“所有引用位置”列表框中。

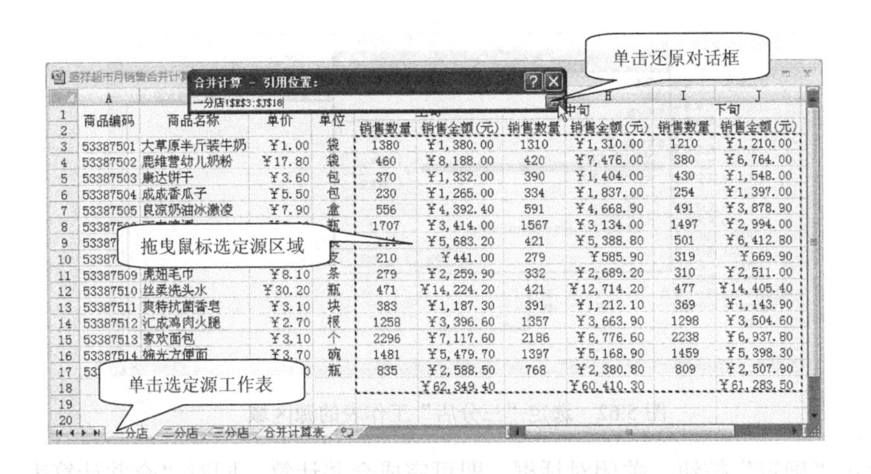

图 5.59　在“一分店”工作表中选定引用区域

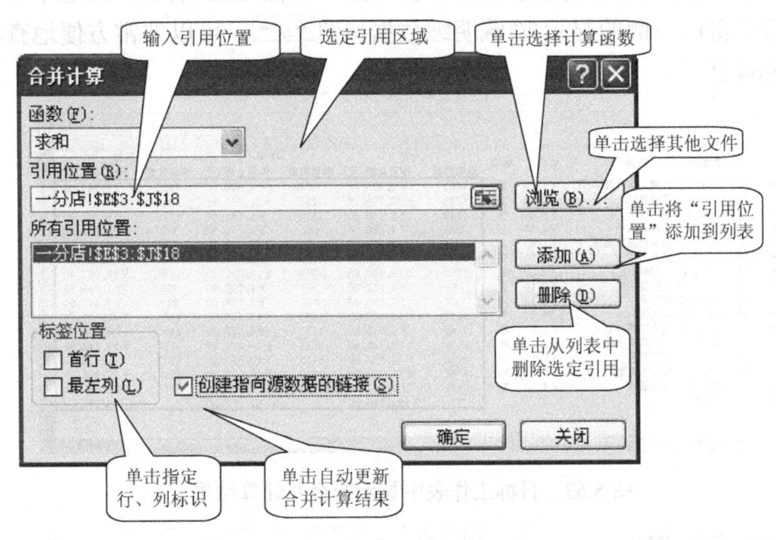

图 5.60　“合并计算”对话框

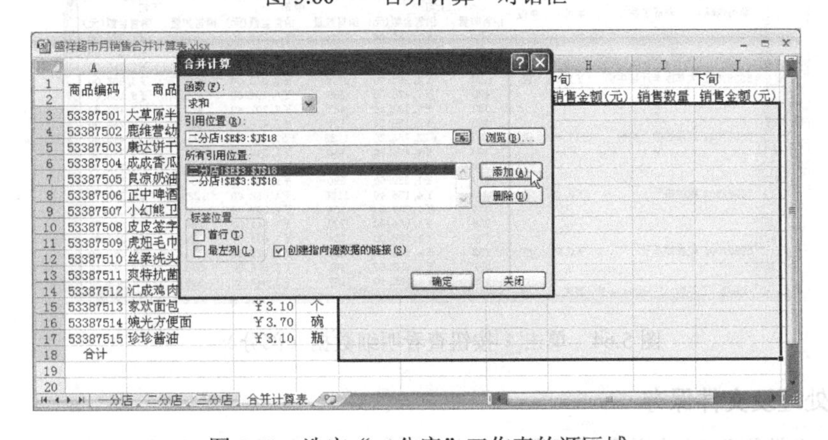

图 5.61　选定“二分店”工作表的源区域

（8）重复步骤（7）的操作，选定“三分店”工作表的源区域，如图 5.62 所示。

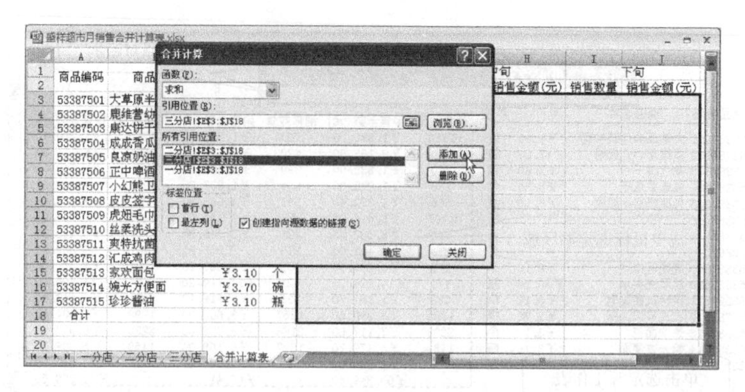

图 5.62　选定“三分店”工作表的源区域

（9）单击“确定”按钮，关闭对话框，即可完成合并计算，同时“合并计算表”工作表（即目标工作表）的目标区域中将显示合并计算结果，如图 5.63 所示。通过单击工作表左上角的1、2按钮及窗口左侧的显示/隐藏明细数据按钮+/−，可以非常方便地查看和隐藏明细数据，如图 5.64 所示。

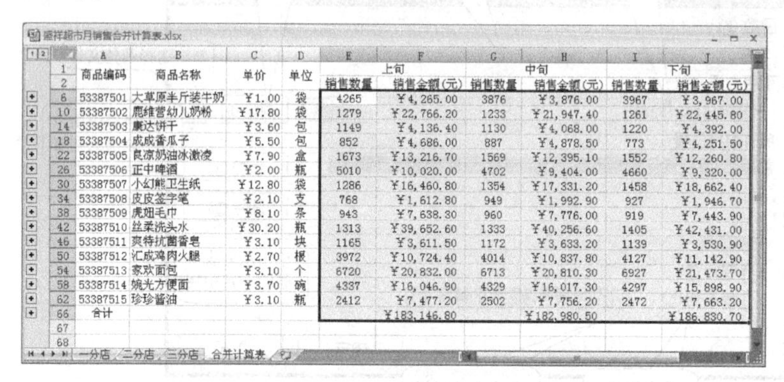

图 5.63　目标工作表中显示的合并计算结果

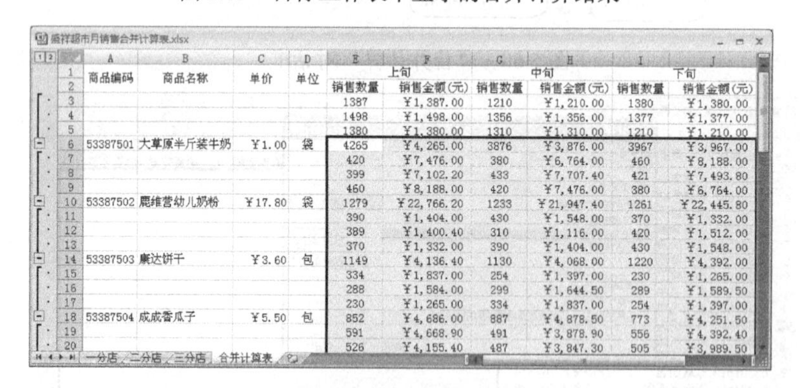

图 5.64　单击2按钮查看明细数据（部分）

6. 后期处理及文件保存

（1）单击“常用”工具栏中的“保存”按钮，对工作簿进行保存。

（2）退出并关闭 Excel 2007 中文版。

本案例通过“盛祥超市月销售合并计算表”的设计和制作过程，主要学习了Excel 2007中文版软件的设置和取消工作表组、合并计算等操作的方法和技巧。其中关键之处在于，利用工作表组快速创建具有相同格式和项目的工作表，并完成数据计算，然后对有关数据进行合并计算。

利用类似本案例的方法，可以非常方便地完成各种数据的合并计算任务。

本章主要介绍了Excel在商品销售领域的用途及利用Excel完成具体案例任务的流程、方法和技巧。熟练掌握并灵活应用这些案例的制作过程，可以帮助我们解决销售管理工作中遇到的各种问题。

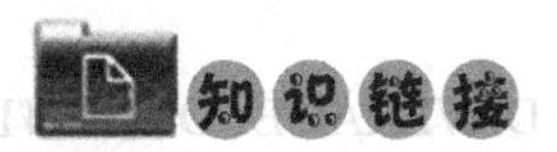

链接一　在Excel中如何锁定工作表的标题栏

在对Excel工作表进行编辑的过程中，如果工作表比较大，在编辑靠下或靠右的内容时，经常会由于看不到标题栏，而无法辨别对应的标题信息，这就需要对标题栏进行锁定，具体操作方法如下：

（1）切换到需要锁定标题栏的工作表。

（2）如果工作表的标题栏在顶部，则单击标题栏所在行的下一行的行号，选中该行；如果工作表的标题栏在左侧，则单击标题栏所在列的右一列的列标，选中该列；如果要同时锁定表格的顶部和左侧的标题栏，则单击两个标题栏相交处的右下方的单元格。

（3）切换至“视图”选项卡，单击“窗口”组中的“冻结窗口”命令，在打开的选项列表中单击选择“冻结拆分窗口”选项，即可锁定标题栏，以后无论如何滚动工作表，标题栏都将显示在屏幕的可视区域，如图5.65所示即为锁定顶部标题栏的工作表向下滚动时的效果。

（4）单击“窗口”组中的“冻结窗口”命令，在打开的选项列表中选择“取消冻结窗口”选项，即可解除对标题栏的锁定。

链接二　Excel中提供了哪几类函数

在利用Excel 2007进行数据计算、统计和分析时，需要借助于各种函数来实现，Excel 2007中提供了几百个不同的函数，按其功能分，大致可分为如下几类：

（1）财务类函数：主要用于对数值进行各类财务运算，如DB、DDB、FV、IRR等。

（2）日期与时间类函数：主要用于在公式中对日期和时间类型的数值进行分析和处理，如DATE、DAY、HOUR、MOUTH、YEAR等。

（3）数学和三角类函数：主要用于处理各种数学及三角运算，如ABC、ACOS、ASIN、INT、LOG等。

（4）统计类函数：主要用于对数据区域进行统计分析，如AVERAGE、COUNT、MAX、MIN、VAR等。

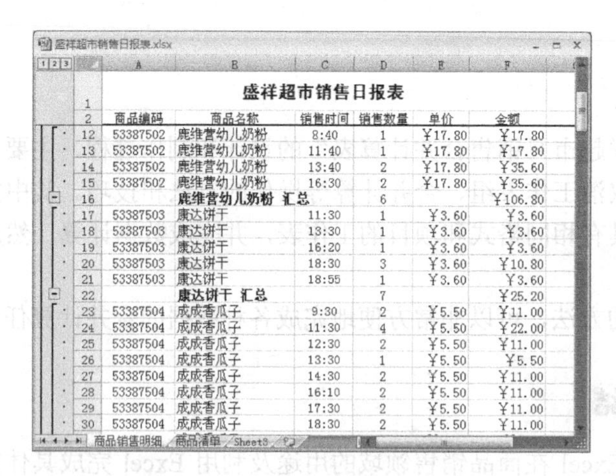

图 5.65 锁定顶部标题栏的工作表

（5）查找与引用类函数：主要用于返回指定单元格或单元格区域的各项信息或对其进行运算，如 CHOOSE、COLUMN、RUW、INDEX、LOOKUP 等。

（6）数据库类函数：主要用于分析和处理数据清单中的数据，如 DAVERAGE、DCOUNT、DMAX、DMIN、DSUM、DVAR 等。

（7）文本类函数：主要用于在公式中处理文字串，如 CHAR、CODE、FIND、LEFT、LAN、RIGHT、MID、UPPER 等。

（8）逻辑类函数：主要用于逻辑判断或进行复合检验，如 AND、OR、NOR、FALSE、TRUE、IF。

（9）信息类函数：主要用于确定保存在单元格中数据的类型，如 CELL、INFO、ISTEXT、TYPE 等。

表 5.1 列出了 Excel 中提供的常用函数的格式及功能，供大家在学习和工作中参考。

表 5.1 Excel 中提供的常用函数的格式及功能

函　数	格　式	功　能
SUM	=SUM(number1，number2，…)	返回单元格区域中所有数值的和
AVERAGE	=AVERAGE(number1，number2，…)	返回所有参数的平均值
IF	=IF(logical_test，value_if_true，value_if_false)	根据对指定条件进行逻辑运算的真假，返回不同的逻辑值
COUNT	=COUNT(value1，value2，…)	计算包含数字的单元格及参数列表中数字的个数
NOW	=NOW()	返回日期时间格式的当前日期和时间
TODAY	=TODAY()	返回日期格式的当前日期
TIME	=TIME(hour，minute，second)	返回某一特定时间的序列数。
HYPERLINK	=HYPERLINK(link_location，friendly_name)	创建一个用以打开存储在网络服务器、Intranet 或 Internet 中的文件的快捷方式

链接三　如何为合并计算添加、更改和删除源区域

对于一个已经建立合并计算的工作表文件，也可以根据需要调整源区域，并在目标区域中重新进行合并计算。如果已经设置了目标区域与源区域的链接关系，就需要在调整前先删除合并计算的结果，并取消分级显示。

1．添加一个源区域

具体方法如下：

（1）选中合并计算数据表的左上角的单元格。

（2）切换至“数据”选项卡，单击“数据工具”组中的“合并计算”按钮，系统弹出“合并计算”对话框。

（3）在“引用位置”文本输入框中输入想要添加的源区域引用，或用鼠标选定源区域。

（4）单击“添加”按钮。

（5）如果想要使用新的源区域进行合并计算，可以单击“确定”按钮；否则可以单击“关闭”按钮。

2．更改源区域的引用

具体方法如下：

（1）选中合并计算数据表的左上角的单元格。

（2）切换至“数据”选项卡，单击“数据工具”组中的“合并计算”按钮，系统弹出“合并计算”对话框。

（3）在“所有引用位置”列表框中选中需要更改的源区域。

（4）在“引用位置”文本输入框编辑所选定的引用。

（5）单击“添加”按钮，将更改后的源区域添加到“所有引用位置”列表框中。如果要删除原有引用，需要首先在“所有引用位置”列表框中选中该源区域，然后单击“删除”按钮。

（6）如果想要使用更改后的源区域进行合并计算，可以单击“确定”按钮；否则可以单击“关闭”按钮。

3．删除一个源区域的引用

具体方法如下：

（1）选中合并计算数据表的左上角的单元格。

（2）切换至“数据”选项卡，单击“数据工具”组中的“合并计算”按钮，系统弹出“合并计算”对话框。

（3）在“所有引用位置”列表框中选中需要删除的源区域。

（4）单击“删除”按钮。

（5）如果想要使用删除后的新的源区域进行合并计算，可以单击“确定”按钮；否则可以单击“关闭”按钮。

上机完成本章提供的各个案例，并在此基础上完成下列案例的制作。

（1）设计一个包括每个题型得分状况的个人考试情况登记单。

（2）设计一份班级考试成绩报表。

（3）设计一份年级考试成绩合并计算表。

第 6 章

Excel 与库存管理

（1）了解 Excel 在库存管理领域的用途及其具体应用方式。

（2）熟练掌握库存管理领域利用 Excel 完成具体案例任务的流程、方法和技巧。

Excel 在库存管理领域的应用非常广泛，利用 Excel 强大的图表处理功能，可以完成库存商品管理、库存商品统计图及多栏式库存明晰账报表、透视图的设计、制作和保存等各项工作。

6.1 利用记录单管理库存商品

做什么

在超市企业的管理工作中，库存商品要为进货、销售等一系列活动提供强有力的保障，就需要对库存商品进行严格的管理，建立清晰的商品库存明细账，只有这样，才能保证库存管理的有效性和规范性。

利用 Excel 2007 中文版软件的记录单功能，可以非常方便快捷地对如图 6.1 所示的“盛祥超市库存商品明细”进行简洁、精确地管理。

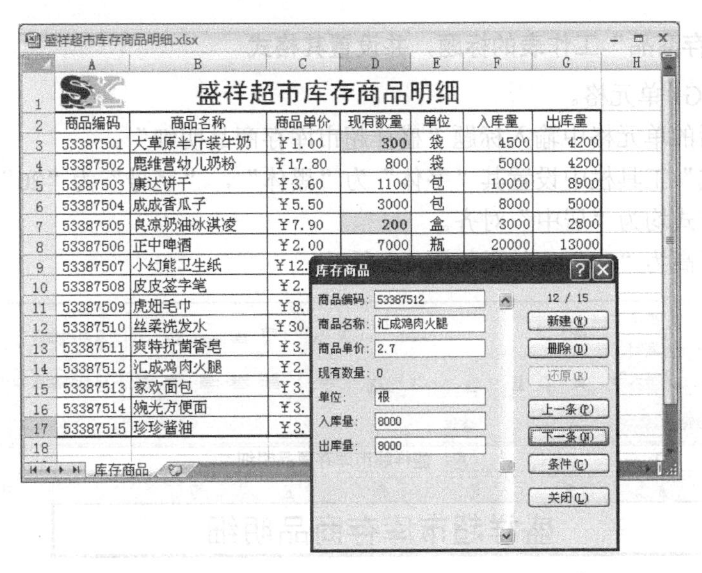

图 6.1 “盛祥超市库存商品明细”及记录单效果图

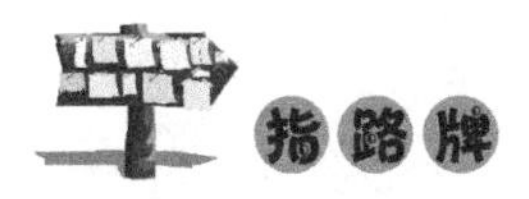

分组对案例进行讨论和分析，得出如下解题思路：

（1）创建一个新工作簿，并对其进行保存。

（2）对工作表重命名，并删除多余的工作表。

（3）输入“库存商品”工作表的标题，并设置其格式。

（4）输入“库存商品”工作表的标题栏信息，并设置其格式。

（5）利用记录单输入工作表“库存商品”中的数据。

（6）调整并设置工作表中数据的格式。

（7）为“商品数量”相关数据设置公式及条件格式。

（8）设置工作表的边框。

（9）在工作表中插入超市的标志图片。

（10）后期处理及文件保存。

根据以上解题思路，完成“盛祥超市库存商品明细”的具体操作如下：

1．创建一个新文档，并保存文档

（1）启动 Excel 2007 中文版，并创建一个新工作簿。

（2）保存文件为“盛祥超市库存商品明细.xlsx”。

2．对工作表重命名，并删除多余的工作表

（1）将工作表“Sheet1”重命名为“库存商品”。

（2）将工作表“Sheet2”和“Sheet3”删除。

3. 输入“库存商品”工作表的标题，并设置其格式

（1）合并 A1:G1 单元格。

（2）在合并后的单元格中输入标题“盛祥超市库存商品明细”。

（3）在“格式”工具栏中设置其“字体”为“黑体”，“字号”为“20”，然后调整其垂直和水平对齐方式均为“居中”对齐。

（4）调整其行高为“30”，效果如图 6.2 所示。

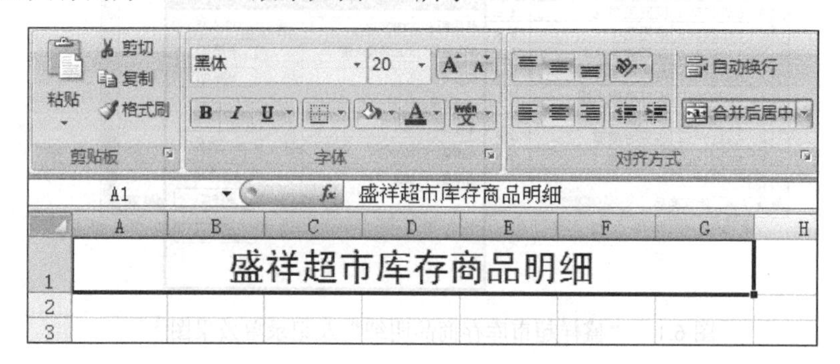

图 6.2　输入的工作表标题效果

4. 输入“库存商品”工作表的标题栏信息，并设置其格式

（1）在 A2:G2 单元格中分别输入标题栏信息“商品编码”、“商品名称”、“商品单价”、“现有数量”、“单位”、“入库量”、“出库量”。

（2）设置其垂直和水平对齐方式均为“居中”对齐，如图 6.3 所示。

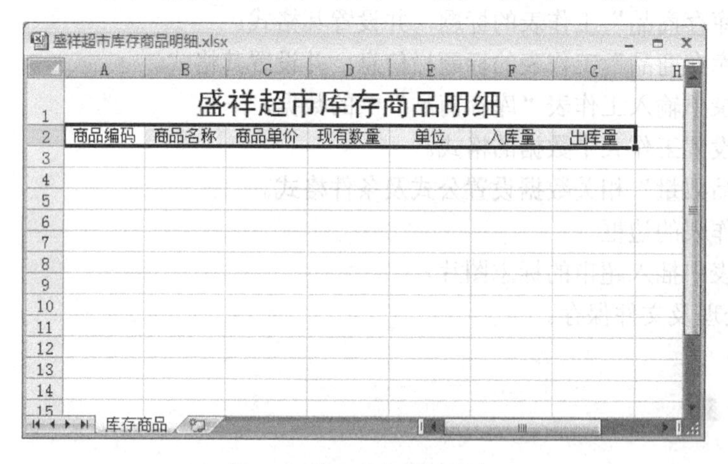

图 6.3　输入的标题栏信息

5. 利用记录单输入工作表“库存商品”中的数据

（1）① 单击“Office 按钮”，然后在打开的菜单中选择“Excel 选项”命令，系统弹出“Excel 选项”对话框；② 选中“自定义”选项卡；③ 在“从下列位置选择命令”列表框中选择“不在功能区中的命令”选项，如图 6.4 所示；④ 接着在下面的列表框中选择“记录单”选项，并单击“添加”按钮，如图 6.5 所示；⑤ 单击“确定”按钮，完成在快速访问工具栏中添加“记录单”按钮的操作。

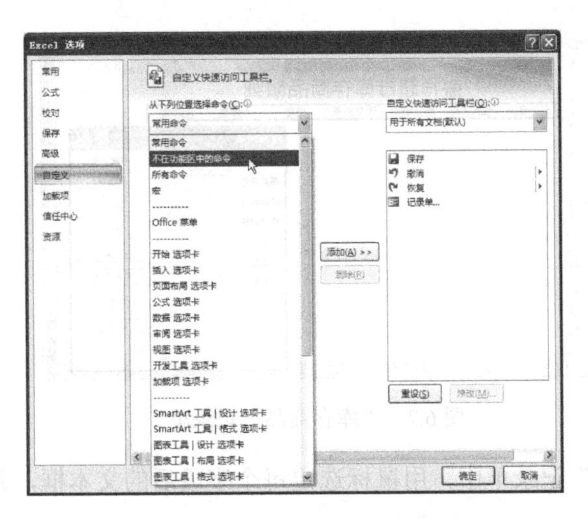

图 6.4 “自定义”选项卡

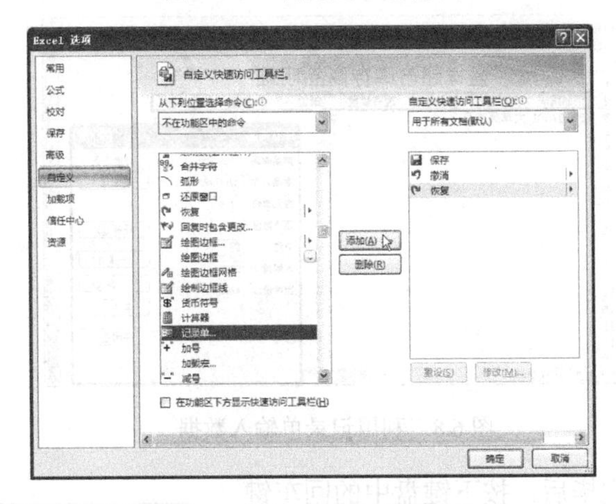

图 6.5 添加“记录单”按钮

（2）选定 A2:G2 单元格。

（3）单击“快速访问”工具栏的“记录单”按钮，系统弹出操作提示对话框，如图 6.6 所示。这主要是因为 Excel 无法确定工作表中哪一行是标题栏。

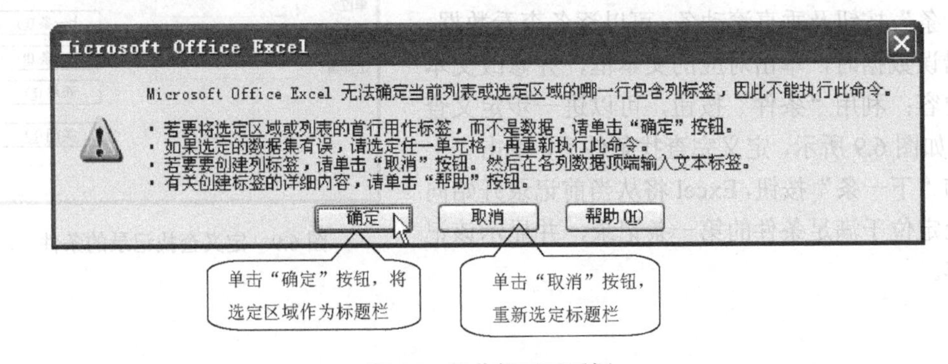

图 6.6 操作提示对话框

（4）在对话框中单击“确定”按钮，即可将选定的单元格作为标题栏，并弹出“库存商品”记录单，如图 6.7 所示。

图 6.7 “库存商品”记录单

（5）在“库存商品”记录单中，用鼠标选定每个字段后的文本框，并在其中输入相应的数据，如图 6.8 所示。

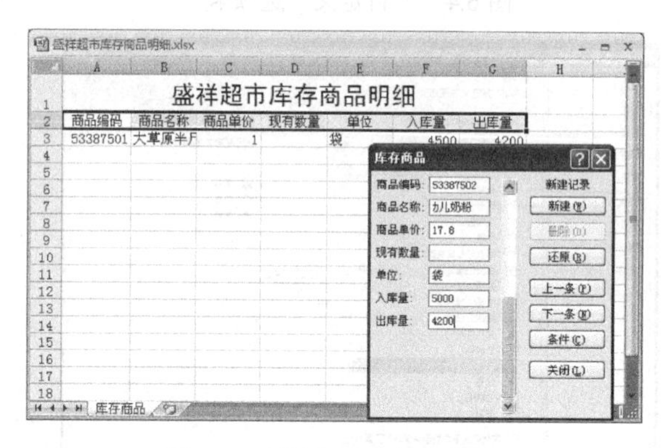

图 6.8 利用记录单输入数据

（6）整个记录输入完毕后，按下键盘中的回车键或单击“新建”按钮，可以在工作表最底部继续增加一个新记录；利用记录单中的“删除”按钮，可以删除工作表中不需要的记录；利用“还原”按钮，可以取消对当前记录的修改，将数据还原；利用“上一条”和“下一条”按钮及垂直滚动条，可以逐条查看数据，当发现错误数据时，单击对应的文本框，并修改文本框中的内容；利用“条件”按钮，可以进一步定义查找条件，如图 6.9 所示，定义完查找条件后，单击“上一条”和“下一条”按钮，Excel 将从当前记录开始向下或向上定位于满足条件的第一条记录，并显示该记录的内容。

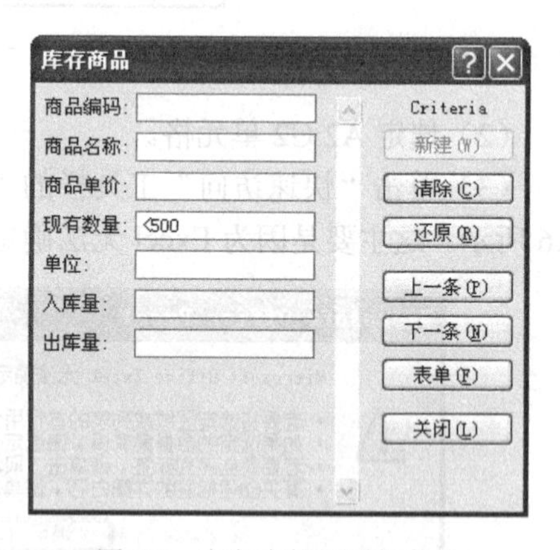

图 6.9 定义查找记录的条件

如果需要取消设立的条件，必须在记录单的设置条件状态下单击“清除”按钮。

（7）利用记录单输入工作表中的所有记录，如图 6.10 所示。

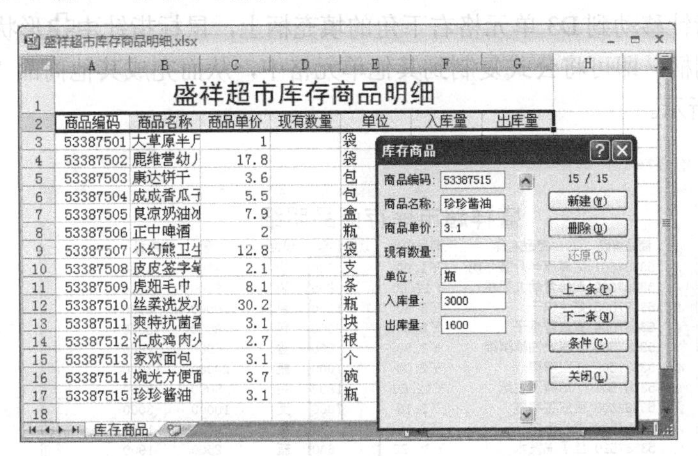

图 6.10　利用记录单输入所有数据

（8）单击“关闭”按钮，关闭记录单。

6．调整并设置工作表中数据的格式

（1）选中 A3:A17 单元格，并设置其垂直和水平对齐方式均为“居中”对齐。

（2）选中 C3:C17 单元格，并通过“设置单元格格式”对话框中的“数字”选项卡将其数据格式设置为保留两位小数的“货币”类型格式，并通过“对齐”选项卡设置其垂直对齐方式为“居中”对齐，水平对齐方式为“居右”对齐。

（3）选中 E3:E17 单元格，并设置其垂直和水平对齐方式均为“居中”对齐。

（4）调整工作表的列宽和行高，效果如图 6.11 所示。

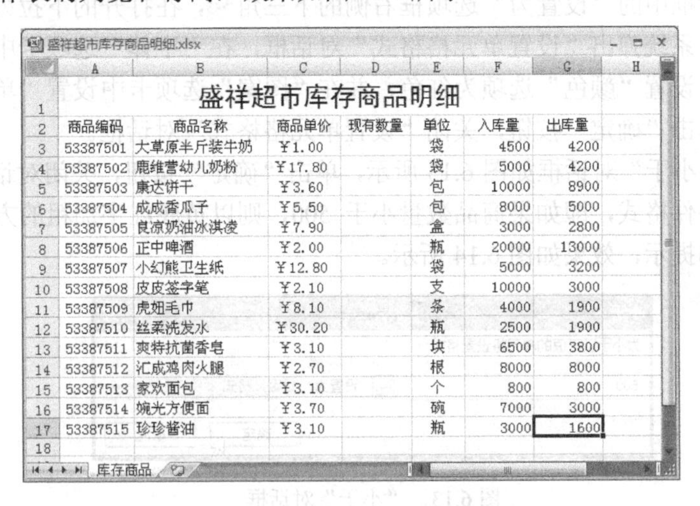

盛祥超市库存商品明细

商品编码	商品名称	商品单价	现有数量	单位	入库量	出库量
53387501	大草原半斤装牛奶	￥1.00		袋	4500	4200
53387502	鹿维营幼儿奶粉	￥17.80		袋	5000	4200
53387503	康达饼干	￥3.60		包	10000	8900
53387504	成成香瓜子	￥5.50		包	8000	5000
53387505	良凉奶油冰淇凌	￥7.90		盒	3000	2800
53387506	正中啤酒	￥2.00		瓶	20000	13000
53387507	小幻熊卫生纸	￥12.80		袋	5000	3200
53387508	皮皮签字笔	￥2.10		支	10000	3000
53387509	虎妞毛巾	￥8.10		条	4000	1900
53387510	丝柔洗发水	￥30.20		瓶	2500	1900
53387511	爽特抗菌香皂	￥3.10		块	6500	3800
53387512	汇成鸡肉火腿	￥2.70		根	8000	8000
53387513	家欢面包	￥3.10		个	800	800
53387514	婉光方便面	￥3.70		碗	7000	3000
53387515	珍珍酱油	￥3.10		瓶	3000	1600

图 6.11　调整后的工作表效果

7．为“商品数量”相关数据设置公式及条件格式

（1）选中 D3 单元格。

（2）在公式编辑栏中输入“=F3-G3”，然后输入回车键，或单击公式编辑栏中的✓按钮，完成公式的编辑及计算操作。这表示将“入库量”与“出库量”的差作为“现有数量”，并

填充到 D3 单元格中。

（3）将鼠标指针移动到 D3 单元格右下角的填充柄上，鼠标指针由✚形状变成＋形状，向下拖曳填充控制柄，即可将公式复制到其他单元格中，从而完成其他商品“现有数量”的计算，如图 6.12 所示。

盛祥超市库存商品明细.xlsx

	A	B	C	D	E	F	G
1	盛祥超市库存商品明细						
2	商品编码	商品名称	商品单价	现有数量	单位	入库量	出库量
3	53387501	大草原半斤装牛奶	￥1.00	300	袋	4500	4200
4	53387502	鹿维营幼儿奶粉	￥17.80	800	袋	5000	4200
5	53387503	康达饼干	￥3.60	1100	包	10000	8900
6	53387504	成成香瓜子	￥5.50	3000	包	8000	5000
7	53387505	良凉奶油冰淇凌	￥7.90	200	盒	3000	2800
8	53387506	正中啤酒	￥2.00	7000	瓶	20000	13000
9	53387507	小幻熊卫生纸	￥12.80	1800	袋	5000	3200
10	53387508	皮皮签字笔	￥2.10	7000	支	10000	3000
11	53387509	虎妞毛巾	￥8.10	2100	条	4000	1900
12	53387510	丝柔洗发水	￥30.20	600	瓶	2500	1900
13	53387511	爽特抗菌香皂	￥3.10	2700	块	6500	3800
14	53387512	汇成鸡肉火腿	￥2.70	0	根	8000	8000
15	53387513	家欢面包	￥3.10	0	个	800	800
16	53387514	娩光方便面	￥3.70	4000	碗	7000	3000
17	53387515	珍珍酱油	￥3.10	1400	瓶	3000	1600
18							

库存商品

图 6.12　利用复制公式的方法完成“现有数量”的计算

（4）选中 D3:D17 单元格。

（5）切换至“开始”选项卡，单击“样式”组中的“条件格式”按钮，在打开的下拉列表中选择“突出显示单元格规则”命令，然后在打开的下拉列表中选择“小于”命令，系统弹出“小于”对话框，在对话框中设置“为小于以下值的单元格设置格式”的数值为 “500”。

（6）单击对话框中的“设置为”选项框右侧的下三角，在打开的下拉列表中选择“自定义格式”命令，系统弹出“设置单元格格式”对话框，在“字体”选项卡中设置“字形”选项为“加粗”，设置“颜色”选项为红色，并在“图案”选项卡中设置“单元格底纹”选项为黄色，然后单击“确定”按钮，关闭“设置单元格格式”对话框。

（7）此时的“小于”对话框如图 6.13 所示，单击“确定”按钮，关闭对话框，即可为选中的单元格设置条件格式，即如果商品数量小于 500，则以黄底红字加粗的方式对其进行显示，以表示强调和提示，效果如图 6.14 所示。

图 6.13　“小于”对话框

8．设置工作表的边框

（1）选中 A2:G17 单元格。

（2）设置工作表的边框，效果如图 6.15 所示。

	A	B	C	D	E	F	G
1	盛祥超市库存商品明细						
2	商品编码	商品名称	商品单价	现有数量	单位	入库量	出库量
3	53387501	大草原半斤装牛奶	¥1.00	300	袋	4500	4200
4	53387502	鹿维营幼儿奶粉	¥17.80	800	袋	5000	4200
5	53387503	康达饼干	¥3.60	1100	包	10000	8900
6	53387504	咸成香瓜子	¥5.50	3000	包	8000	5000
7	53387505	良凉奶油冰淇凌	¥7.90	200	盒	3000	2800
8	53387506	正中啤酒	¥2.00	7000	瓶	20000	13000
9	53387507	小幻熊卫生纸	¥12.80	1800	袋	5000	3200
10	53387508	皮皮签字笔	¥2.10	7000	支	10000	3000
11	53387509	虎妞毛巾	¥8.10	2100	条	4000	1900
12	53387510	丝柔洗发水	¥30.20	600	瓶	2500	1900
13	53387511	爽特抗菌香皂	¥3.10	2700	块	6500	3800
14	53387512	汇成鸡肉火腿	¥2.70	0	根	8000	8000
15	53387513	家欢面包	¥3.10	0	个	800	800
16	53387514	婉光方便面	¥3.70	4000	碗	7000	3000
17	53387515	珍珍酱油	¥3.10	1400	瓶	3000	1600

图 6.14 设置“条件格式”的数据效果

	A	B	C	D	E	F	G
1	盛祥超市库存商品明细						
2	商品编码	商品名称	商品单价	现有数量	单位	入库量	出库量
3	53387501	大草原半斤装牛奶	¥1.00	300	袋	4500	4200
4	53387502	鹿维营幼儿奶粉	¥17.80	800	袋	5000	4200
5	53387503	康达饼干	¥3.60	1100	包	10000	8900
6	53387504	咸成香瓜子	¥5.50	3000	包	8000	5000
7	53387505	良凉奶油冰淇凌	¥7.90	200	盒	3000	2800
8	53387506	正中啤酒	¥2.00	7000	瓶	20000	13000
9	53387507	小幻熊卫生纸	¥12.80	1800	袋	5000	3200
10	53387508	皮皮签字笔	¥2.10	7000	支	10000	3000
11	53387509	虎妞毛巾	¥8.10	2100	条	4000	1900
12	53387510	丝柔洗发水	¥30.20	600	瓶	2500	1900
13	53387511	爽特抗菌香皂	¥3.10	2700	块	6500	3800
14	53387512	汇成鸡肉火腿	¥2.70	0	根	8000	8000
15	53387513	家欢面包	¥3.10	0	个	800	800
16	53387514	婉光方便面	¥3.70	4000	碗	7000	3000
17	53387515	珍珍酱油	¥3.10	1400	瓶	3000	1600

图 6.15 设置边框后的效果

9. 在工作表中插入超市的标志图片

（1）选中任一单元格。

（2）切换至“插入”选项卡，单击“插图”组中的“图片”按钮，系统弹出“插入图片”对话框。

（3）在该对话框中，选择需要插入的图片的文件名，如图 6.16 所示。

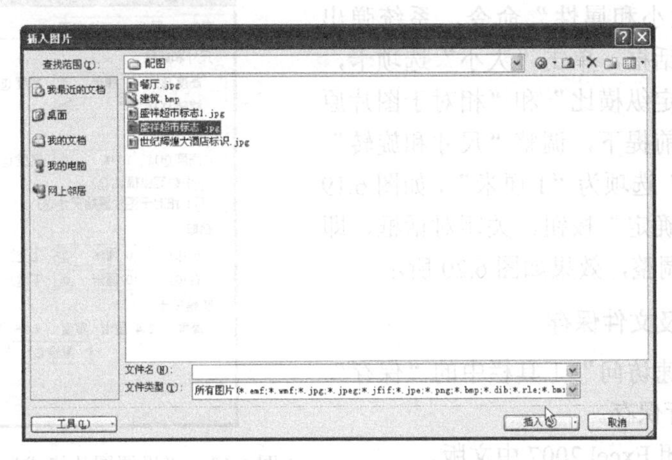

图 6.16 “插入图片”对话框

（4）单击“插入”按钮，关闭对话框，即可将选中的图片插入到在当前单元格位置，效果如图 6.17 所示。

盛祥超市库存商品明细.xlsx

盛祥超市库存商品明细						
商品编码	商品名称	商品单价	现有数量	单位	入库量	出库量
53387501	大草原半斤装牛奶	￥1.00	300	袋	4500	4200
53387502	鹿维		800	袋	5000	4200
53387503	康达		1100	包	10000	8900
53387504	成成		3000	包	8000	5000
53387505	良凉		200	盒	3000	2800
53387506	正中		7000	瓶	20000	13000
53387507	小幻熊卫生纸	￥12.80	1800	袋	5000	3200
53387508	皮皮签字笔	￥2.10	7000	支	10000	3000
53387509	虎妞毛巾	￥8.10	2100	条	4000	1900
53387510	丝柔洗发水	￥30.20	600	瓶	2500	1900
53387511	爽特抗菌香皂	￥3.10	2700	块	6500	3800
53387512	汇成鸡肉火腿	￥2.70	0	根	8000	8000
53387513	家欢面包	￥3.10	0	个	800	800
53387514	婉光方便面	￥3.70	4000	碗	7000	3000
53387515	珍珍酱油	￥3.10	1400	瓶	3000	1600

库存商品

图 6.17　插入图片的工作表效果

（6）单击选中图片，并将其拖曳到工作表的左上角，如图 6.18 所示。

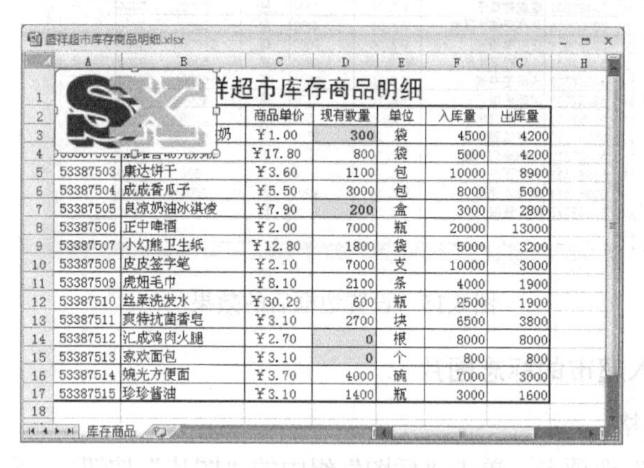

盛祥超市库存商品明细.xlsx

祥超市库存商品明细						
		商品单价	现有数量	单位	入库量	出库量
	奶	￥1.00	300	袋	4500	4200
		￥17.80	800	袋	5000	4200
53387503	康达饼干	￥3.60	1100	包	10000	8900
53387504	成成香瓜子	￥5.50	3000	包	8000	5000
53387505	良凉奶油冰淇凌	￥7.90	200	盒	3000	2800
53387506	正中啤酒	￥2.00	7000	瓶	20000	13000
53387507	小幻熊卫生纸	￥12.80	1800	袋	5000	3200
53387508	皮皮签字笔	￥2.10	7000	支	10000	3000
53387509	虎妞毛巾	￥8.10	2100	条	4000	1900
53387510	丝柔洗发水	￥30.20	600	瓶	2500	1900
53387511	爽特抗菌香皂	￥3.10	2700	块	6500	3800
53387512	汇成鸡肉火腿	￥2.70	0	根	8000	8000
53387513	家欢面包	￥3.10	0	个	800	800
53387514	婉光方便面	￥3.70	4000	碗	7000	3000
53387515	珍珍酱油	￥3.10	1400	瓶	3000	1600

库存商品

图 6.18　调整图片的位置

（5）选中图片，然后单击鼠标右键，并从快捷菜单中选择“大小和属性”命令，系统弹出“大小和属性”对话框，单击“大小”选项卡，并在保证选中“锁定纵横比”和“相对于图片原始尺寸”复选框的前提下，调整“尺寸和旋转”选项组中的“高度”选项为“1 厘米”，如图 6.19 所示，最后单击“确定”按钮，关闭对话框，即可完成图片大小的调整，效果如图 6.20 所示。

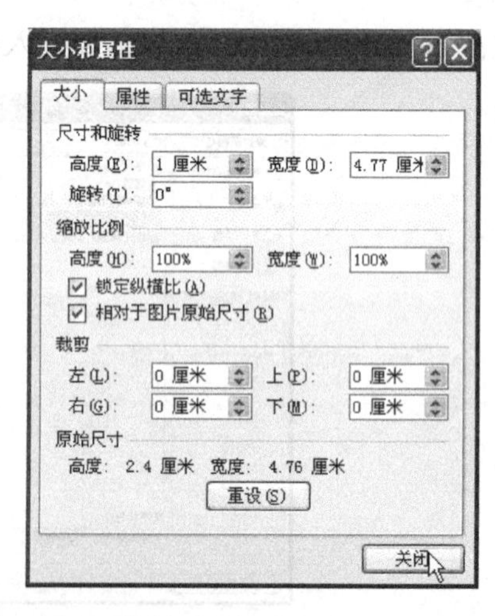

图 6.19　“设置图片格式”/“大小”选项卡

10．后期处理及文件保存

（1）单击“快速访问”工具栏中的“保存”按钮，对文档进行保存。

（2）退出并关闭 Excel 2007 中文版。

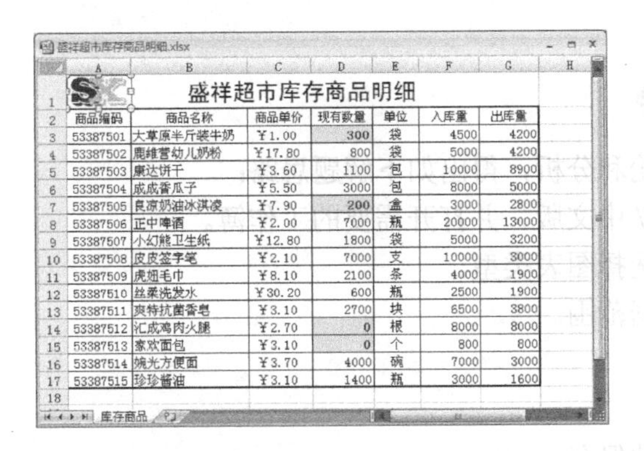

商品编码	商品名称	商品单价	现有数量	单位	入库量	出库量
53387501	大草原半斤装牛奶	￥1.00	300	袋	4500	4200
53387502	鹿維营幼儿奶粉	￥17.80	800	袋	5000	4200
53387503	康达饼干	￥3.60	1100	包	10000	8900
53387504	成成香瓜子	￥5.50	3000	包	8000	5000
53387505	良凉奶油冰淇凌	￥7.90	200	盒	3000	2800
53387506	正中啤酒	￥2.00	7000	瓶	20000	13000
53387507	小幻熊卫生纸	￥12.80	1800	袋	5000	3200
53387508	皮皮签字笔	￥2.10	7000	支	10000	3000
53387509	虎翅毛巾	￥8.10	2100	条	4000	1900
53387510	丝柔洗发水	￥30.20	600	瓶	2500	1900
53387511	爽特抗菌香皂	￥3.10	2700	块	6500	3800
53387512	汇成鸡肉火腿	￥2.70	0	根	8000	8000
53387513	家欢面包	￥3.10	0	个	800	800
53387514	婉光方便面	￥3.70	4000	碗	7000	3000
53387515	珍珍酱油	￥3.10	1400	瓶	3000	1600

图 6.20　调整大小后的图片效果

本案例通过“盛祥超市库存商品明细”的设计和制作过程，主要学习了 Excel 2007 中文版软件提供的利用记录单输入管理数据和插入图片的方法和技巧。其中关键之处在于，利用 Excel 2007 的记录单输入和管理数据。

利用类似本案例的方法，可以非常方便、快捷地完成各种数据的输入和管理工作。

6.2 制作库存商品统计图

做什么

除了通过表格的形式了解库存商品的状况外，还可以利用图表的形式更加直观地分析商品的库存情况，常见的统计图有柱形、饼形、条形、折线形、XY 散点形、面积形等多种表现形式，这些形式比表格更加直观、形象，且便于比较和分析，

利用 Excel 2007 中文版软件的图表功能，可以非常方便快捷地制作完成效果如图 6.21 所示的“盛祥超市库存商品统计图”。

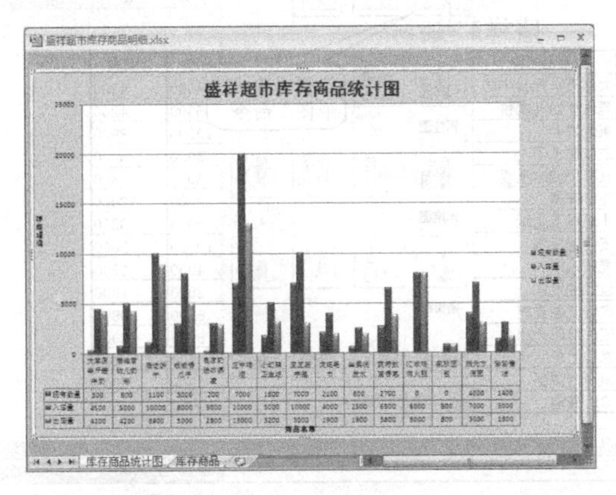

图 6.21　“盛祥超市库存商品统计图”效果图

分组对案例进行讨论和分析，得出如下解题思路：

（1）启动 Excel 2007 中文版，并打开需要的工作簿。

（2）插入图表，并选择图表类型。

（3）建立图表源数据范围。

（4）设置图表位置。

（5）设置图表选项。

（6）后期处理及文件保存。

根据以上解题思路，完成“盛祥超市库存商品统计图”的具体操作如下：

1．启动 Excel 2007 中文版，并打开需要的工作簿

（1）启动 Excel 2007 中文版，并关闭系统自动创建的空白 Excel 工作簿。

（2）单击 Office 按钮，然后在打开的菜单中选择“打开”命令，打开文件“盛祥超市库存商品明细.xlsx”。

2．插入图表，并选择图表类型

（1）单击工作表中的任一单元格。

（2）切换至“插入”选项卡，单击“图表”组中的“柱形图”按钮，并在弹出的下拉列表中选择“簇状柱形图”命令，如图 6.22 所示，系统在当前工作表插入一个簇状柱形图，效果如图 6.23 所示。

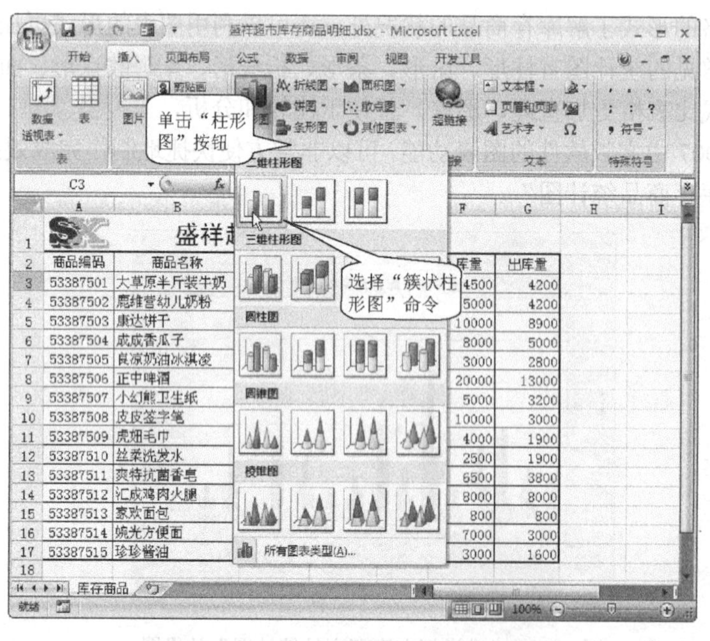

图 6.22　执行插入“簇状柱形图”命令

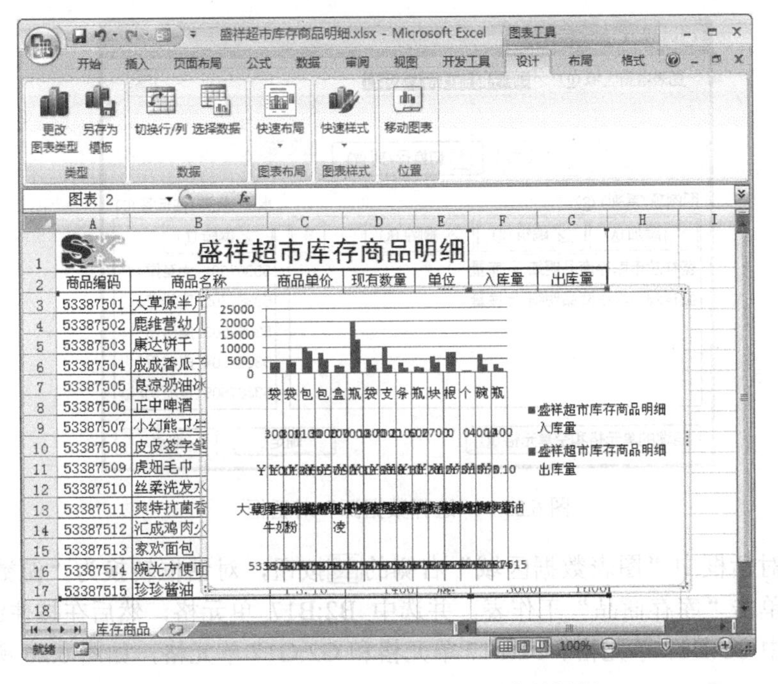

图 6.23 插入“簇状柱形图”后的效果图

3．建立图表源数据范围

（1）在图表区任意位置单击，将图表选中，然后切换至“设计”选项卡，单击“数据”组中的“选择数据”按钮，如图 6.24 所示，系统弹出“选择数据源”对话框，如图 6.25 所示。

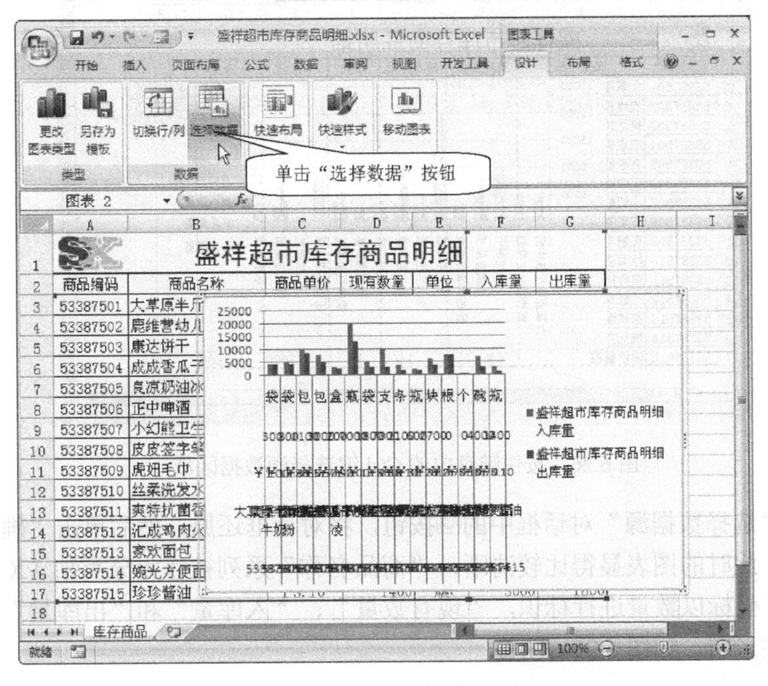

图 6.24 单击“选择数据”按钮

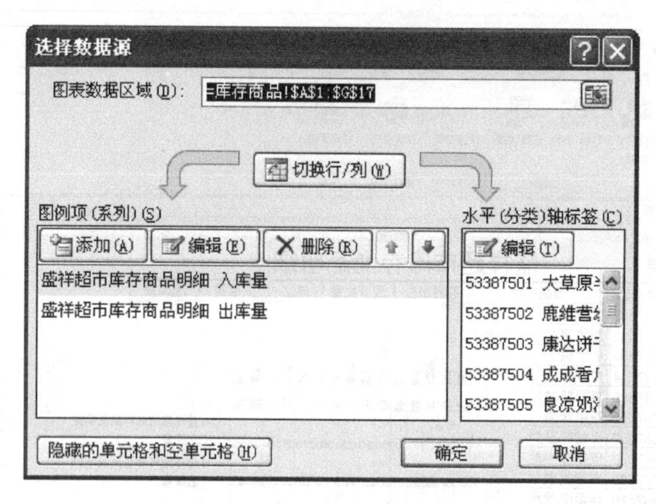

图 6.25 “选择数据源”对话框

（2）单击对话框中“图表数据区域”右侧的按钮，对话框转换为“源数据-数据区域”对话框，单击“库存商品”工作表，并选中 B2:B17 单元格，然后在按住键盘中 Ctrl 键的同时，选中 D2:D17 单元格、F2:F17 单元格和 G2:G17 单元格，如图 6.26 所示。

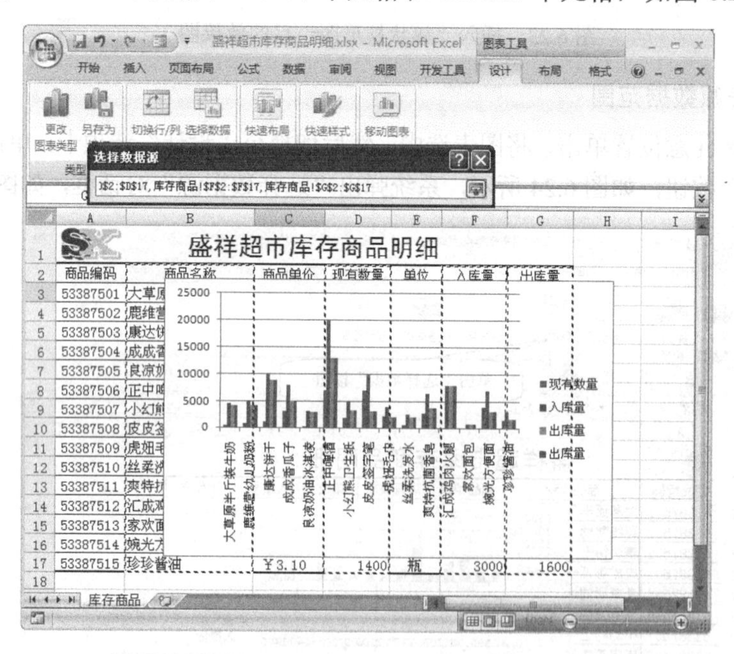

图 6.26 按住键盘中的 Ctrl 键选择源数据区域

（3）单击“选择数据源”对话框中的按钮，将对话框还原，然后单击“确定”按钮，关闭此对话框，此时的图表显得比较清晰，“商品名称”系列被作为分类轴（X 轴）坐标，数值轴（Y 轴）坐标以数量进行标识，“现有数量”、“入库量”和“出库量”则分别显示为不同颜色的柱形图，如图 6.27 所示。

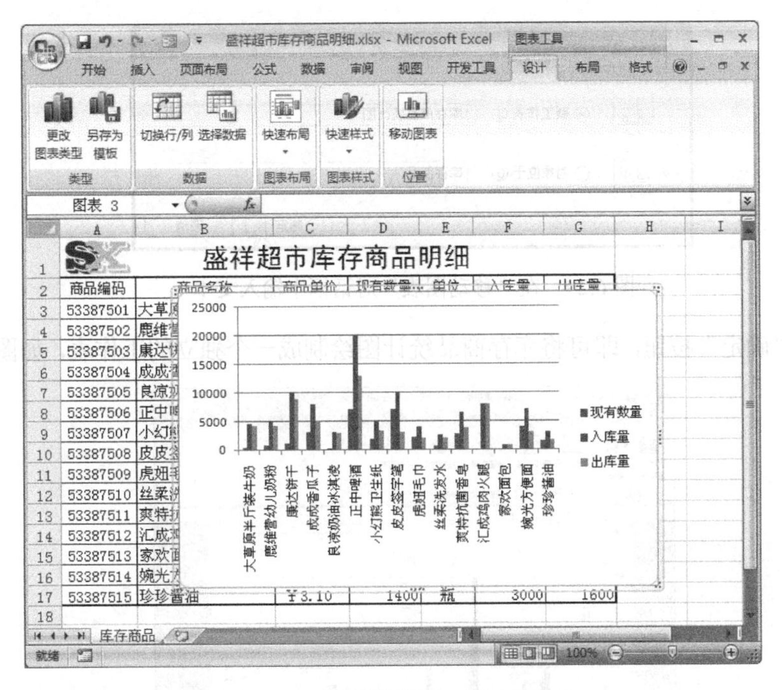

图 6.27　选择数据源之后的效果图

4．设置图表位置

（1）切换至“设计”选项卡，单击“位置”组中的“移动图表”按钮，系统弹出“移动图表”对话框，如图 6.28 所示。

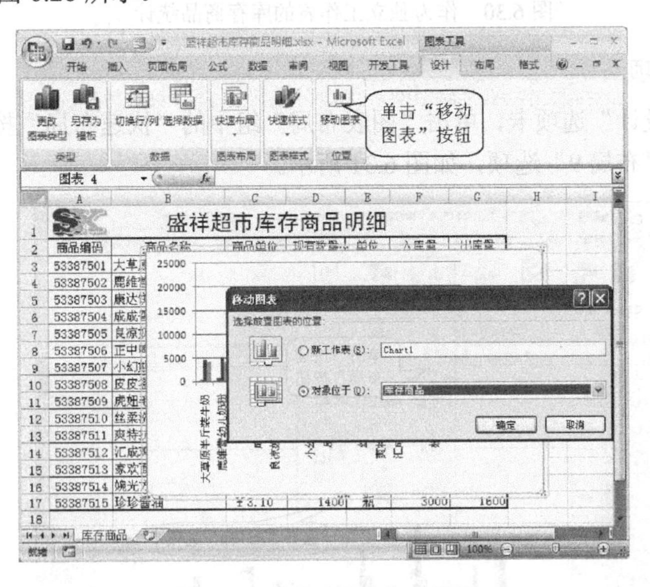

图 6.28　“移动图表”对话框

（2）选中对话框中“新工作表”单选框，并在其对应的文本输入框中输入“库存商品统计图”，如图 6.29 所示。

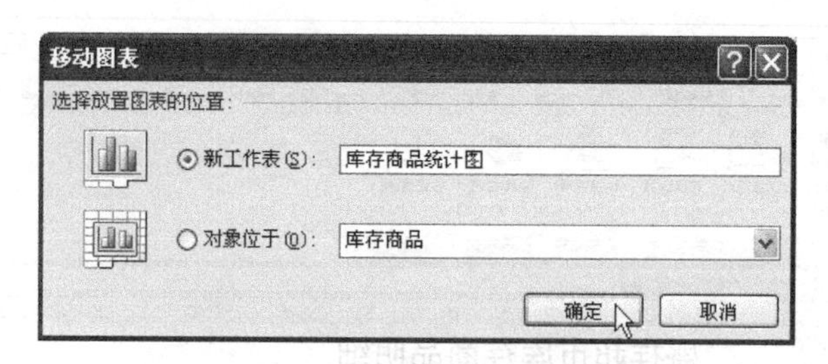

图 6.29　在“移动图表”对话框中输入文本

（3）单击“确定”按钮，即可将库存商品统计图绘制成一个独立的工作表，如图 6.30 所示。

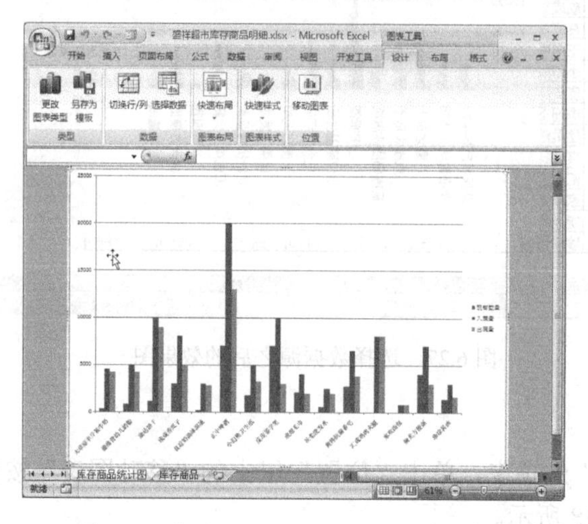

图 6.30　作为独立工作表的库存商品统计

5．设置图表选项

（1）切换至“设计”选项卡，单击“图表布局”组中的“快速布局”按钮，然后在打开的下拉列表中选择“布局 9”选项，如图 6.31 所示。

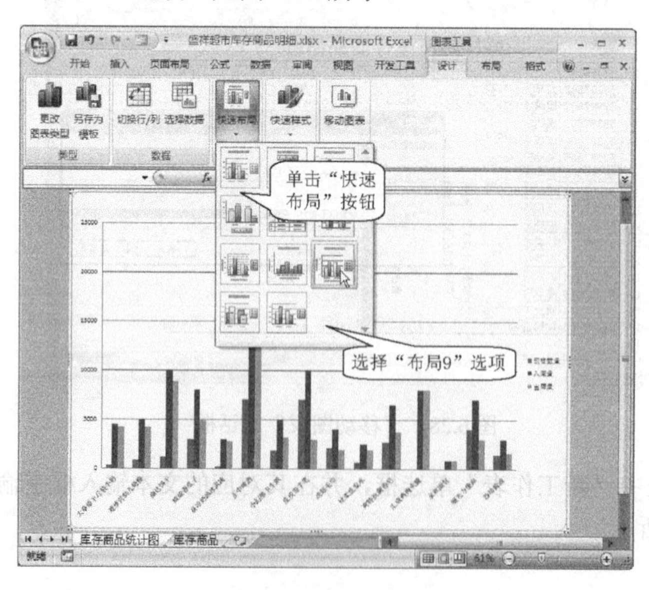

图 6.31　设置图表布局

（2）单击“图表样式”组中的“快速样式”按钮，然后在打开的下拉列表中选择“样式26”选项，如图6.32所示。

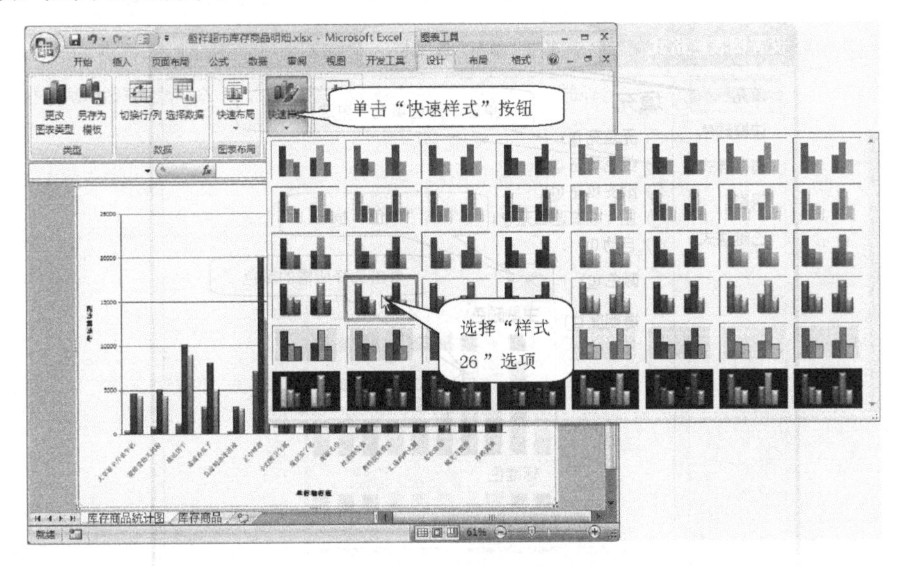

图6.32 更改图表样式

（3）切换至“格式”选项卡，单击“当前所选内容”组中的“图表元素”下拉列表框中的“图表区”选项，然后单击“当前所选内容”组中的“设置所选内容格式”按钮，如图6.33所示，系统将弹出“设置图表区格式”对话框，如图6.34所示。

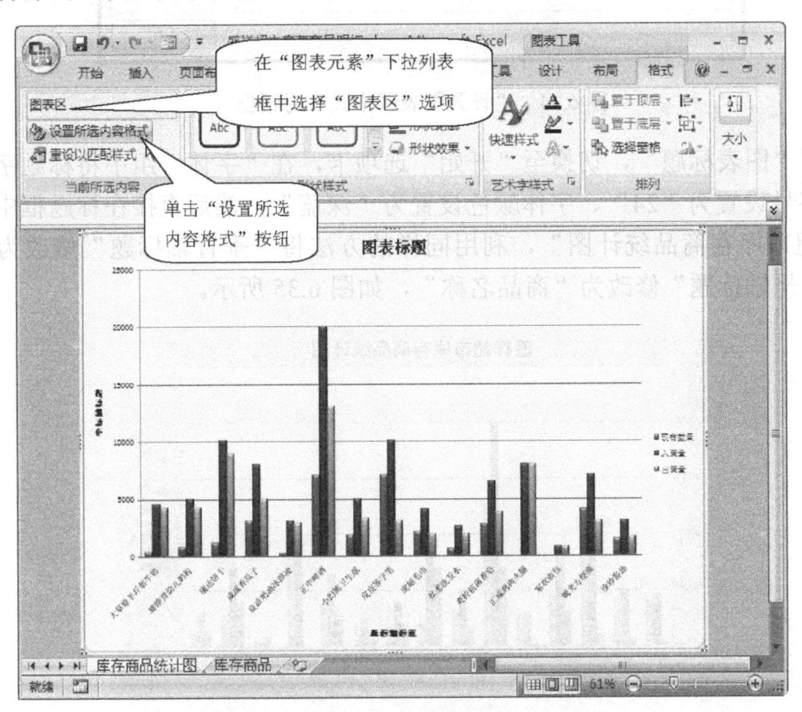

图6.33 打开“设置图表区格式”对话框

（4）在该对话框中选择“填充”选项卡；选择“纯色填充”单选按钮；单击“颜色”按钮，并在弹出的菜单中选择所需的颜色，完成填充颜色的设置，如图 6.34 所示。

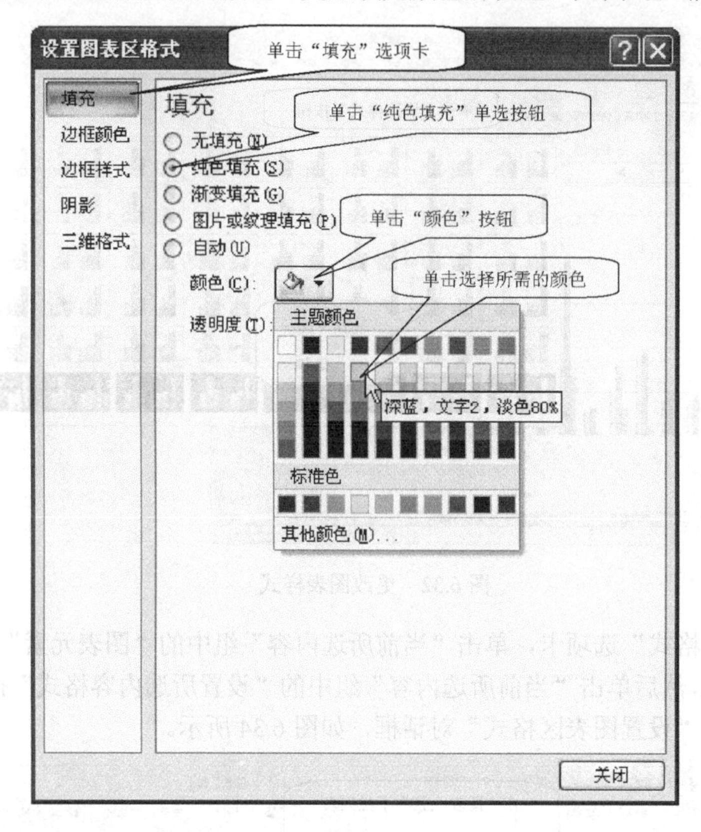

图 6.34　“设置图表区格式”对话框

（5）选中“图表标题”，切换至“开始”选项卡，在“字体”组中将标题字体设置为“黑体”、字号设置为“24”、字体颜色设置为“深蓝”，然后直接在标题框中输入标题文字“盛祥超市库存商品统计图”，利用同样的方法将“垂直轴标题”修改为“商品数量”，将“水平轴标题”修改为“商品名称”，如图 6.35 所示。

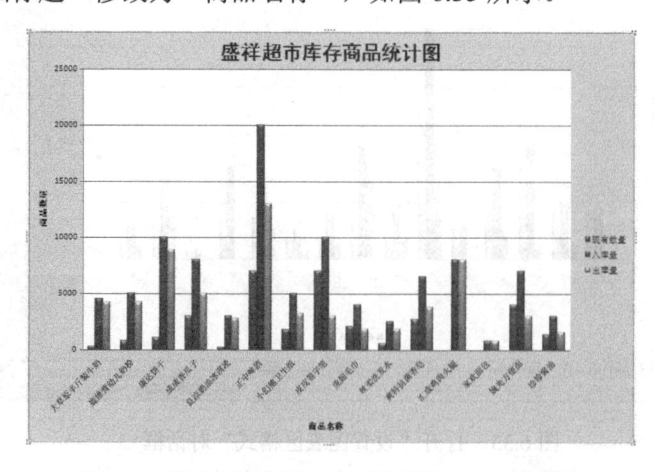

图 6.35　修改图表标题、水平轴标题、垂直轴标题

（6）切换至“布局”选项卡，单击“标签”组中的“数据表”按钮，并在弹出的下拉列表中选择“显示数据表和图例项标示”命令，如图 6.36 所示，系统在图表底部显示数据表和图例，如图 6.37 所示。

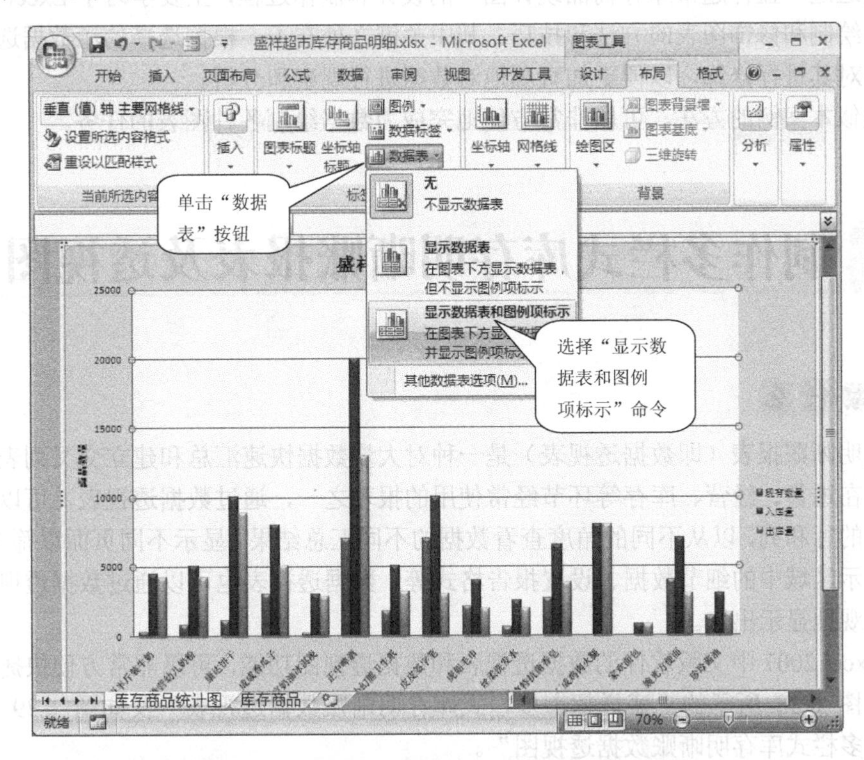

图 6.36 选择“显示数据表和图例项标示”命令

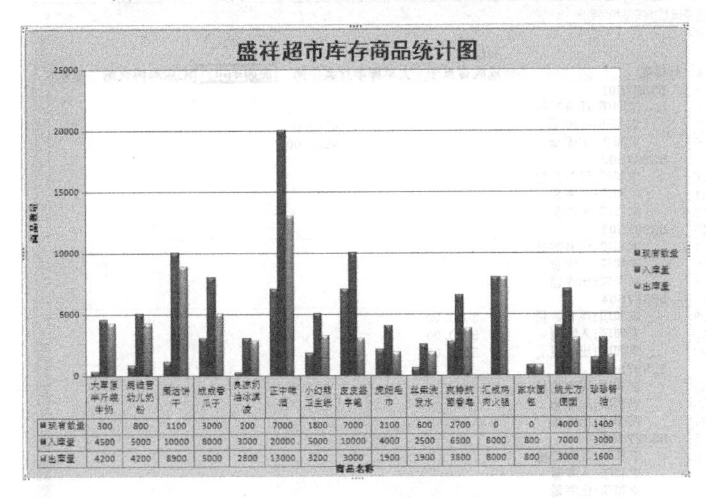

图 6.37 在图表底部显示数据表和图例

6. 后期处理及文件保存

（1）单击“快速访问”工具栏中的“保存”按钮，对工作簿进行保存。

（2）退出并关闭 Excel 2007 中文版。

本案例通过“盛祥超市库存商品统计图”的设计和制作过程，主要学习了 Excel 2007 中文版软件的绘制和修饰图表的方法和技巧。其中关键之处在于，根据选择的源数据选择和生成图表，并对其进行修饰，以便更加直观地对数据进行观察和分析。

利用类似本案例的方法，可以非常方便地完成为数据绘制各种图表的任务。

6.3 制作多栏式库存明晰账报表及透视图

做什么

多栏式明晰账报表（即数据透视表）是一种对大量数据快速汇总和建立交叉列表的动态工作表，是在进货、经营、库存等环节经常使用的报表之一，通过数据透视表，可以快速地转换工作表的行和列，以从不同的角度查看数据的不同汇总结果、显示不同页面以筛选数据、根据需要显示区域中的细节数据、设置报告格式等。数据透视表也可以通过数据透视图的形式动态而直观地显示出来。

利用 Excel 2007 中文版软件的数据透视表和数据透视图功能，可以非常方便快捷地制作完成效果如图 6.38 所示的“盛祥超市多栏式库存明晰账数据透视表”及如图 6.39 所示的“盛祥超市多栏式库存明晰账数据透视图”。

盛祥超市库存商品明细.xlsx

	A	B	C	D	E	F
3		列标签				
4	行标签	成成香瓜子	大草原半斤装牛奶	虎妞毛巾	汇成鸡肉火腿	家欢
5	53387501					
6	求和项:现有数量		300.00			
7	求和项:入库量		4500.00			
8	求和项:出库量		4200.00			
9	53387502					
10	求和项:现有数量					
11	求和项:入库量					
12	求和项:出库量					
13	53387503					
14	求和项:现有数量					
15	求和项:入库量					
16	求和项:出库量					
17	53387504					
18	求和项:现有数量	3000.00				
19	求和项:入库量	8000.00				
20	求和项:出库量	5000.00				
21	53387505					
22	求和项:现有数量					
23	求和项:入库量					
24	求和项:出库量					
25	53387506					
26	求和项:现有数量					
27	求和项:入库量					
28	求和项:出库量					
29	53387507					
30	求和项:现有数量					
31	求和项:入库量					
32	求和项:出库量					
33	53387508					
34	求和项:现有数量					
35	求和项:入库量					

数据透视图 数据透视表 库存商品

图 6.38 “盛祥超市多栏式库存明晰账数据透视表”效果图（部分）

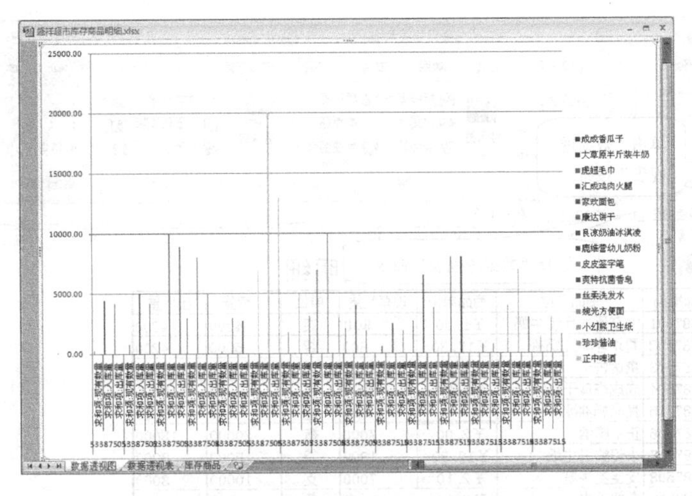

图 6.39 “盛祥超市多栏式库存明晰账数据透视图”效果图

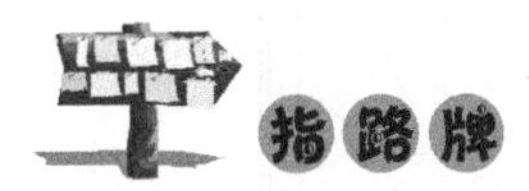

分组对案例进行讨论和分析，得出如下解题思路：

（1）启动 Excel 2007 中文版，并打开需要的工作簿。

（2）插入数据透视表，并选择数据透视表的数据源范围。

（3）设置数据透视表的布局。

（4）调整和编辑数据透视表。

（5）生成数据透视图。

（6）移动数据透视图位置。

（7）利用数据透视图查看和对比特定信息。

（8）后期处理及文件保存。

根据以上解题思路，完成“盛祥超市多栏式库存明晰帐数据透视表”及“盛祥超市多栏式库存明晰帐透视图”的具体操作如下：

1．启动 Excel 2007 中文版，并打开需要的工作簿

（1）启动 Excel 2007 中文版，并关闭系统自动创建的空白 Excel 工作簿。

（2）单击 Office 按钮，然后在打开的菜单中选择“打开”命令，打开文件“盛祥超市库存商品明细.xlsx”。

2．插入数据透视表，并选择数据透视表的数据源范围

（1）单击工作表中的任一单元格。

（2）切换至“插入”选项卡，单击“表”组中的“数据透视表”按钮，并在弹出的下拉列表中选择“数据透视表”命令，如图 6.40 所示，系统打开“创建数据透视表”对话框，如图 6.41 所示。

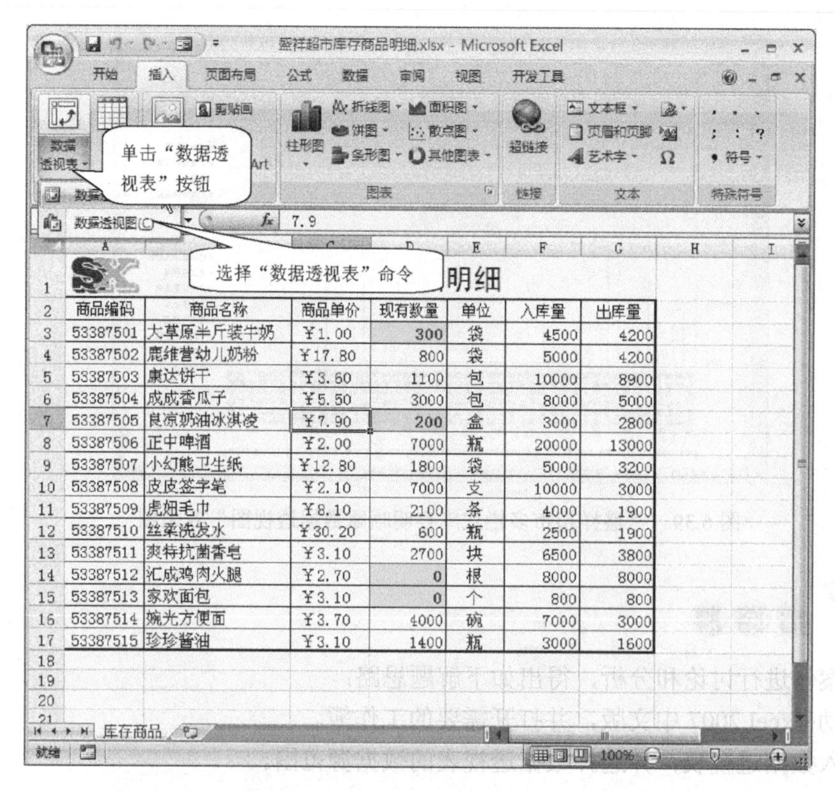

	A	B	C	D	E	F	G
2	商品编码	商品名称	商品单价	现有数量	单位	入库量	出库量
3	53387501	大草原半斤装牛奶	￥1.00	300	袋	4500	4200
4	53387502	鹿维营幼儿奶粉	￥17.80	800	袋	5000	4200
5	53387503	康达饼干	￥3.60	1100	包	10000	8900
6	53387504	成成香瓜子	￥5.50	3000	包	8000	5000
7	53387505	良凉奶油冰淇凌	￥7.90	200	盒	3000	2800
8	53387506	正中啤酒	￥2.00	7000	瓶	20000	13000
9	53387507	小幻熊卫生纸	￥12.80	1800	袋	5000	3200
10	53387508	皮皮签字笔	￥2.10	7000	支	10000	3000
11	53387509	虎翅毛巾	￥8.10	2100	条	4000	1900
12	53387510	丝柔洗发水	￥30.20	600	瓶	2500	1900
13	53387511	爽特抗菌香皂	￥3.10	2700	块	6500	3800
14	53387512	汇成鸡肉火腿	￥2.70	0	根	8000	8000
15	53387513	家欢面包	￥3.10	0	个	800	800
16	53387514	婉光方便面	￥3.70	4000	碗	7000	3000
17	53387515	珍珍酱油	￥3.10	1400	瓶	3000	1600

图 6.40 执行插入“数据透视表”命令

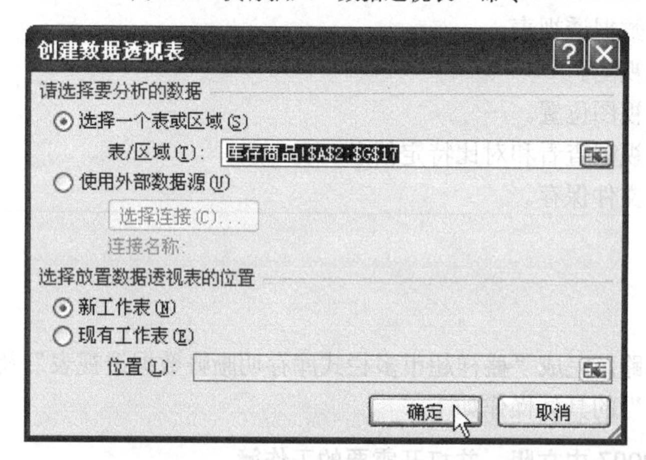

图 6.41 “创建数据透视表”对话框

（3）单击对话框中“表/区域”右侧的按钮，并选中 A2:G17 单元格，如图 6.42 所示。

（4）单击对话框中的按钮，将对话框还原，单击选择“选择放置数据透视表的位置”选项组中的“新工作表”单选框（默认选项），如图 6.41 所示，然后单击“确定”按钮，创建数据透视表，如图 6.43 所示。

3．设置数据透视表的布局

（1）在“数据透视表字段列表”窗格 中将 “商品编码”字段拖曳至“行标签”区域释放，将“商品名称”字段拖曳至“列标签”区域释放，然后再分别将“现有数量”、“入库量”及“出库量”标签拖曳至“数值”区域释放，最后将系统自动在“列标签”区域添加的

“数值”字段拖曳至“行标签”区域，如图 6.44 所示。

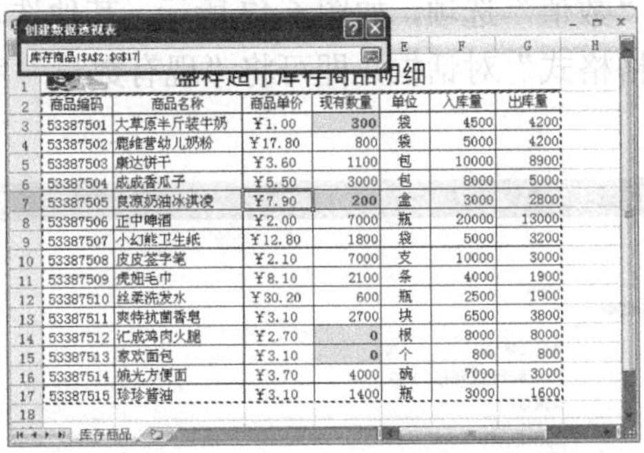

图 6.42 选择数据透视表的数据源范围

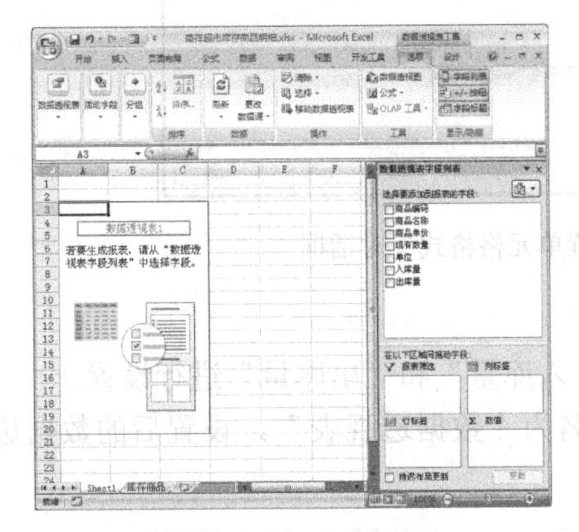

图 6.43 创建数据透视表

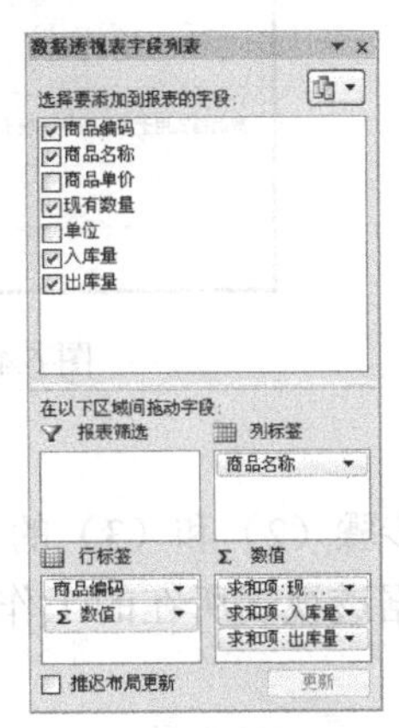

图 6.44 在报表中添加字段

单击相应的字段，并将其拖曳至区域之外，可以将该字段从数据透视表中删除，但数据源不受影响。

（2）单击“数值”区域中的“现有数量”字段，在打开的列表中选择“值字段设置”命令，如图 6.45 所示，系统弹出“值字段设置”对话框，如图 6.46 所示。在该对话框中，可以对选定字段的“汇总方式”、“值显示方式”等选项进行设置。

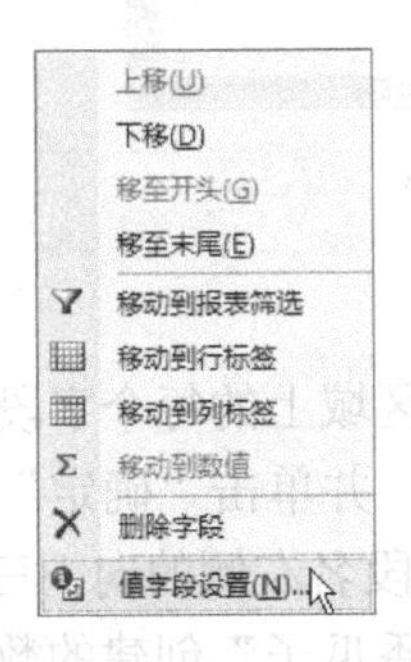

图 6.45 选择“值字段设置”命令

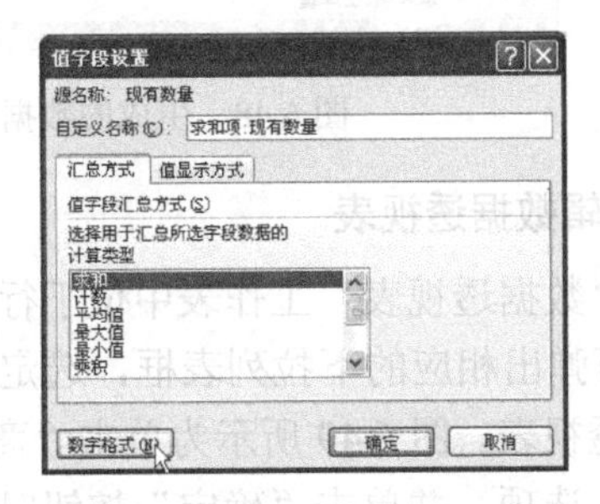

图 6.46 “值字段设置”对话框

（3）单击对话框中的“数字格式”按钮，系统弹出“设置单元格格式”对话框，在对话框中的“分类”列表中选择“数值”选项，如图 6.47 所示，其他选项保持不变，并单击“确定”按钮，关闭“设置单元格格式”对话框，即可将“现有数量”字段设置为具有两位小数的数值型数据。

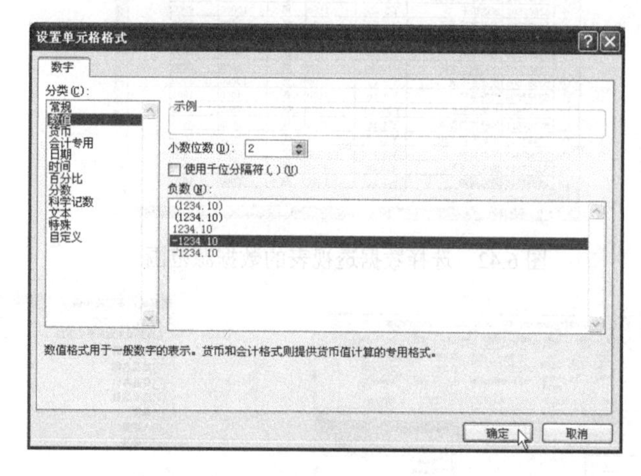

图 6.47 “设置单元格格式”对话框

（4）按照步骤（2）和（3）的方法对“入库量”和“出库量”进行设置。

（5）将数据透视表所在的工作表重命名为“数据透视表”，设置后的数据透视表如图 6.48 所示。

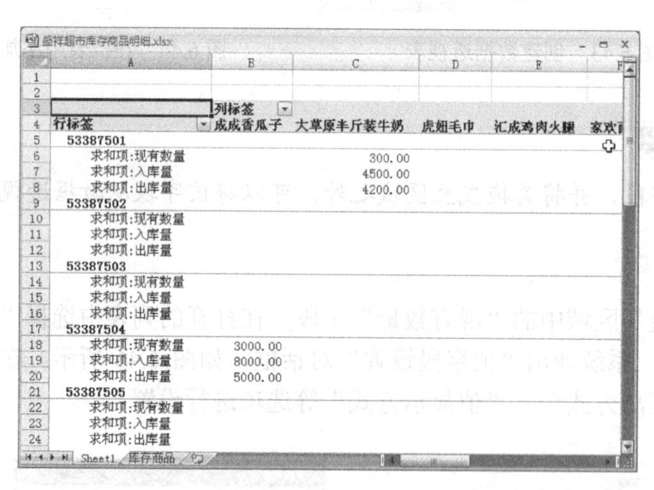

图 6.48 生成的数据透视表（部分）

4．调整和编辑数据透视表

（1）单击在“数据透视表”工作表中位于行和列及数据区域上的每个字段名右侧的向下三角按钮，均可弹出相应的下拉列表框，选定需要的选项，并单击“确定”按钮，即可得到选定项的数据透视表。图 6.49 所示为单击“商品名称”字段名右侧的向下三角按钮，选定“成成香瓜子”选项，并单击“确定”按钮时，为“成成香瓜子”创建的数据透视表。

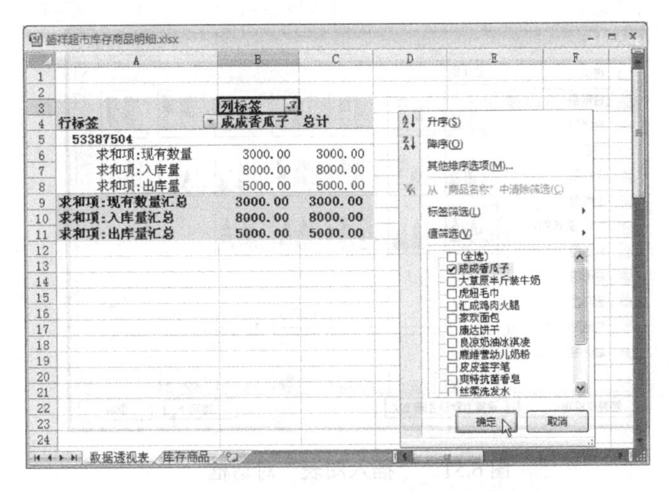

图 6.49 为“成成香瓜子”创建的数据透视表

（2）切换至“设计”选项卡，单击“数据透视表样式”组中的“其他”按钮，在打开的数据透视表样式列表框中，可以选择合适的样式对数据透视表的格式进行设置，如图 6.50 所示。

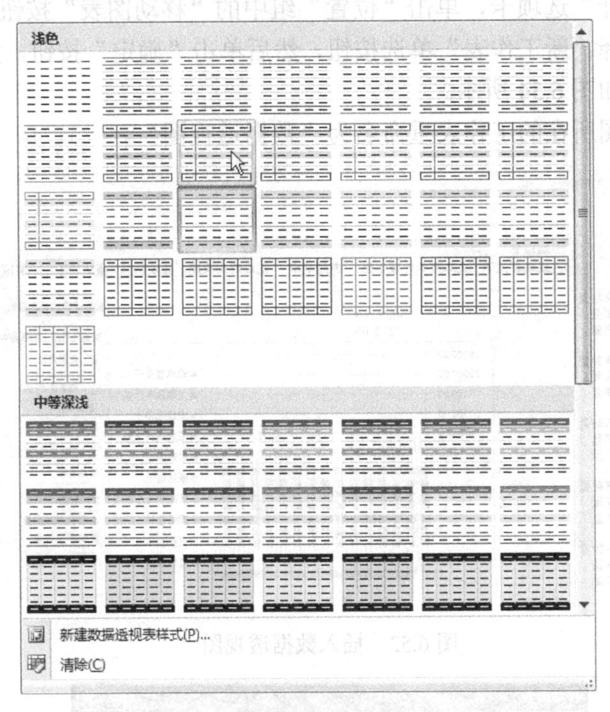

图 6.50 “数据透视表样式”列表框

5. 生成数据透视图

（1）单击“数据透视表”工作表中的任一单元格。

（2）切换至“选项”选项卡，单击工具组中的“数据透视图”按钮，系统自动弹出“插入图表”对话框，如图 6.51 所示。

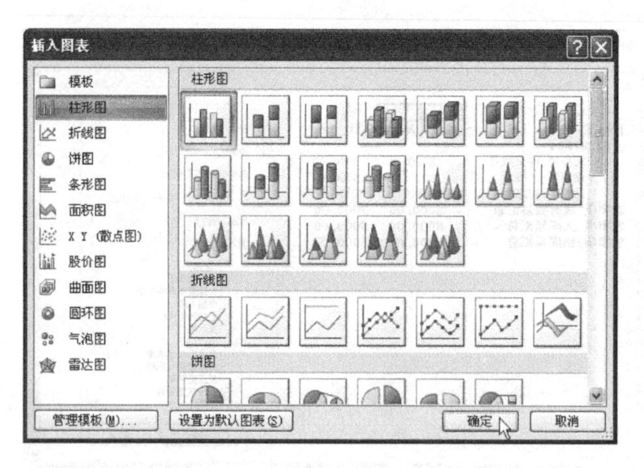

图 6.51　“插入图表”对话框

（3）在该对话框中选择“簇状柱形图”，然后单击“确定”按钮，系统自动在当前工作表中生成一个数据透视图，并且自动弹出“数据透视图筛选窗格”对话框，如图 6.52 所示。

6．移动数据透视图位置

（1）切换至“设计”选项卡，单击“位置”组中的“移动图表”按钮，在打开的“移动图表”对话框中选择“新工作表”单选按钮，然后单击“确定”按钮，如图 6.53 所示，移动之后的数据透视图如图 6.54 所示。

（2）将数据透视图所在的工作表重命名为“数据透视图”。

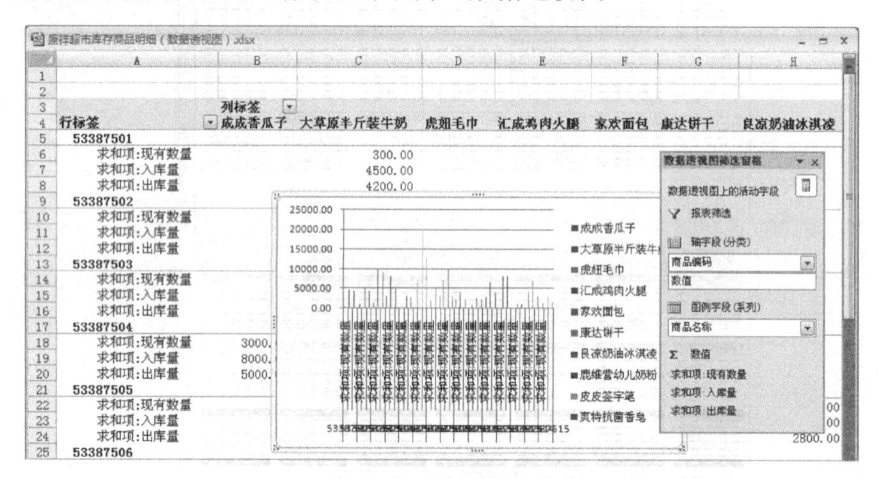

图 6.52　插入数据透视图

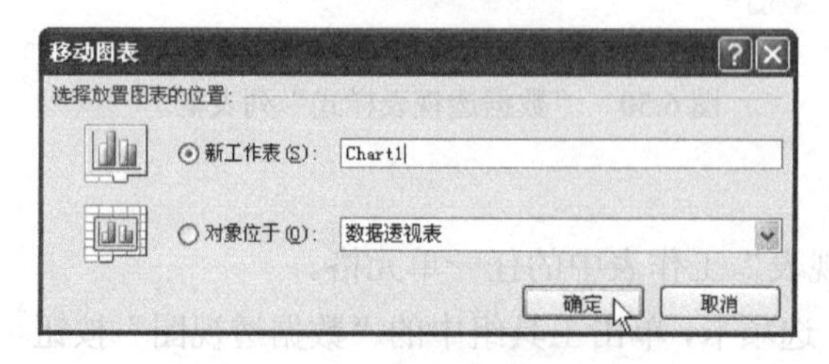

图 6.53　“移动图表”对话框

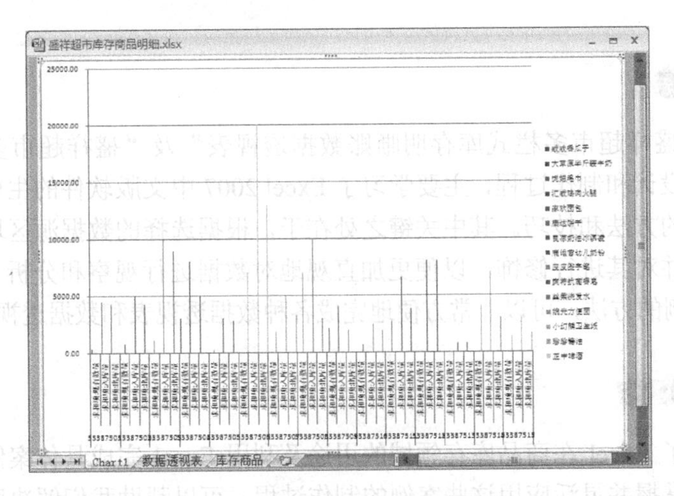

图 6.54 移动后的数据透视图效果

7. 利用数据透视图查看和对比特定信息

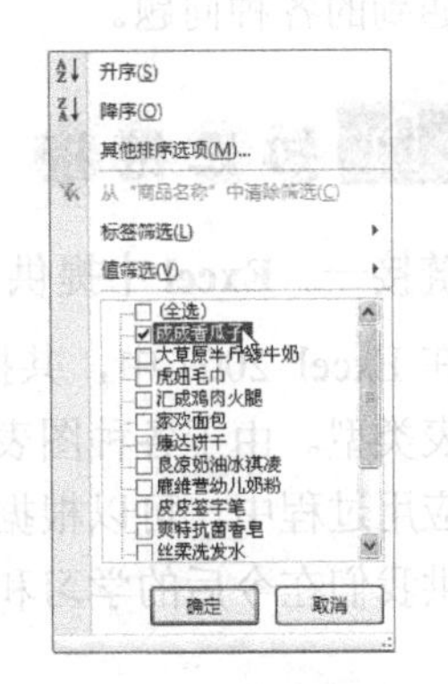

图 6.55 在下拉列表中选定选项

单击“数据透视图筛选窗格”对话框中“商品名称”右侧的向下三角按钮，打开“图例字段”列表框，选定需要的选项，并单击“确定”按钮，即可得到选定项的数据透视图。

（1）单击“商品名称”字段名右侧的向下三角按钮。

（2）在下拉列表中选定“成成香瓜子”选项，如图 6.55 所示。

（3）单击“确定”按钮，即可使得数据透视图调整为只包含“成成香瓜子”的相关信息，如图 6.56 所示。

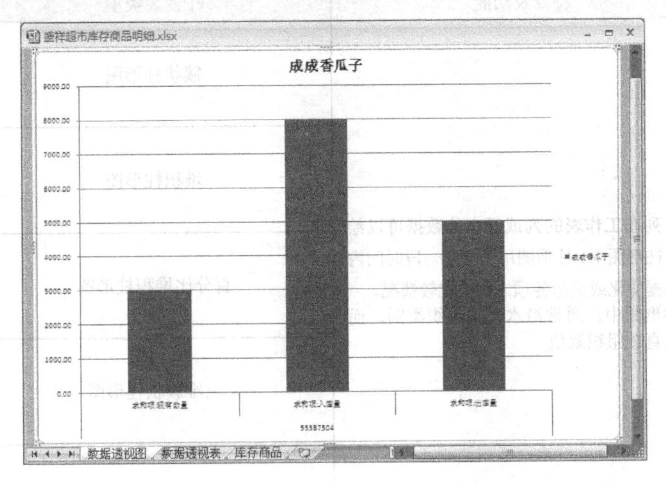

图 6.56 只包含“成成香瓜子”相关信息的数据透视图

8. 后期处理及文件保存

（1）单击“快速访问”工具栏中的“保存”按钮，对工作簿进行保存。

（2）退出并关闭 Excel 2007 中文版。

本案例通过“盛祥超市多栏式库存明晰账数据透视表”及“盛祥超市多栏式库存明晰账数据透视图”的设计和制作过程，主要学习了 Excel 2007 中文版软件的生成和编辑数据透视表和数据透视图的方法和技巧。其中关键之处在于，根据选择的数据源区域生成数据透视表及数据透视图，并对其进行修饰，以便更加直观地对数据进行观察和分析。

利用类似本案例的方法，可以非常方便地完成各种数据透视表和数据透视图的设计任务。

本章主要介绍了 Excel 在商品库存领域的用途及利用 Excel 完成具体案例任务的流程、方法和技巧。熟练掌握并灵活应用这些案例的制作过程，可以帮助我们解决库存商品管理工作中遇到的各种问题。

链接一　Excel 中提供了哪些常用图表类型

在 Excel 2007 中，共提供了 11 种标准类型的图表，其中，每种图表类型又包含若干种子图表类型。由于各种图表类型的特点各不相同，所以每种图表都有其特定的适应范围，在实际应用过程中，可以根据需要进行选择。表 6.1 中列出了常用图表类型的特点、功能及示例，供我们在今后的学习和工作中参考。

表 6.1　常用图表类型的特点、功能及示例

图 表 类 型	特点及功能	子图表类型	示 例
柱形图	排列在工作表的列或行中的数据可以绘制到柱形图中。柱形图用于显示一段时间内的数据变化或显示各项之间的比较情况。在柱形图中，通常沿水平轴组织类别，而沿垂直轴组织数值	簇状柱形图	
		堆积柱形图	
		百分比堆积柱形图	
		三维簇状柱形图	
		三维堆积柱形图	
		三维百分比堆积柱形图	

续表

图 表 类 型	特点及功能	子图表类型	示 例
		三维柱形图	
		簇状圆柱图	
		堆积圆柱图	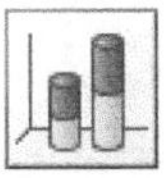
		百分比堆积圆柱图	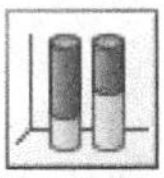
		三维圆柱图	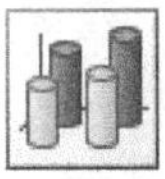
		簇状圆锥图	
		堆积圆锥图	
		百分比堆积圆锥图	
		三维圆锥图	
		簇状棱锥图	
		堆积棱锥图	
		百分比堆积棱锥图	
		三维棱锥图	
折线图	排列在工作表的列或行中的数据可以绘制到折线图中。折线图可以显示随时间（根据常用比例设置）而变化的连续数据，非常适用于显示在相等时间间隔下数据的趋势。在折线图中，类别数据沿水平轴均匀分布，所有值数据沿垂直轴均匀分布	折线图	
		堆积折线图	

续表

图表类型	特点及功能	子图表类型	示例
		百分比堆积折线图	
		带数据标记的折线图	
		带数据标记的堆积折线图	
		带数据标记的百分比堆积折线图	
		三维折线图	
饼图	仅排列在工作表的一列或一行中的数据可以绘制到饼图中。饼图显示一个数据系列中各项的大小与各项总和的比例。饼图中的数据点显示为整个饼图的百分比	饼图	
		三维饼图	
		复合饼图	
		分离型饼图	
		分离型三维饼图	
		复合条饼图	
条形图	排列在工作表的列或行中的数据可以绘制到条形图中。条形图显示各个项目之间的比较情况	簇状条形图	
		三维簇状条形图	
		堆积条形图	
		三维堆积条形图	

续表

图表类型	特点及功能	子图表类型	示例
		百分比堆积条形图	
		三维百分比堆积条形图	
		簇状水平圆柱图	
		堆积水平圆柱图	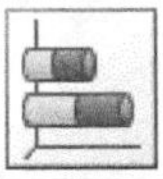
		百分比堆积水平圆柱图	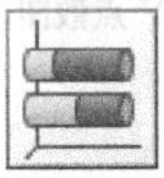
		簇状水平圆锥图	
		堆积水平圆锥图	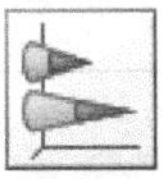
		百分比堆积水平圆锥图	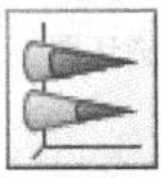
		簇状水平棱锥图	
		堆积水平棱锥图	
		百分比堆积水平棱锥图	
面积图	排列在工作表的列或行中的数据可以绘制到面积图中。面积图强调数量随时间而变化的程度，也可用于引起人们对总值趋势的注意。例如，表示随时间而变化的利润的数据可以绘制在面积图中以强调总利润。 通过显示所绘制的值的总和，面积图还可以显示部分与整体的关系。	面积图	
		堆积面积图	
		百分比堆积面积图	
		三维面积图	

续表

图表类型	特点及功能	子图表类型	示例
		三维堆积面积图	
		三维百分比堆积面积图	
XY 点散图	排列在工作表的列或行中的数据可以绘制到 XY 散点图中。散点图显示若干数据系列中各数值之间的关系，或者将两组数绘制为 xy 坐标的一个系列。 散点图有两个数值轴，沿水平轴（x 轴）方向显示一组数值数据，沿垂直轴（y 轴）方向显示另一组数值数据。散点图将这些数值合并到单一数据点并以不均匀间隔或簇显示它们。散点图通常用于显示和比较数值，例如科学数据、统计数据和工程数据。	仅带数据标记的散点图	
		带平滑线和数据标记的散点图	
		带平滑线的散点图	
		带直线和数据标记的散点图	
		带直线的散点图	
圆环图	仅排列在工作表的列或行中的数据可以绘制到圆环图中。像饼图一样，圆环图显示各个部分与整体之间的关系，但是它可以包含多个数据系列。	圆环图	
		分离型圆环图	

链接二　如何删除数据透视表

数据透视表生成后，可以根据需要将其删除，具体操作步骤如下：

（1）单击需要删除的数据透视表中的任一单元格。

（2）切换至“选项”选项卡，单击“操作”组中的“选择”按钮，在打开的下拉列表中选择“整个数据透视表”命令，如图 6.57 所示。

图 6.57　选定整个数据透视表

（3）切换至“开始”选项卡，单击“编辑”组中的“清除”按钮，在打开的下拉列表中选择“全部清除”命令，如图 6.58 所示，即可删除整个数据透视表。

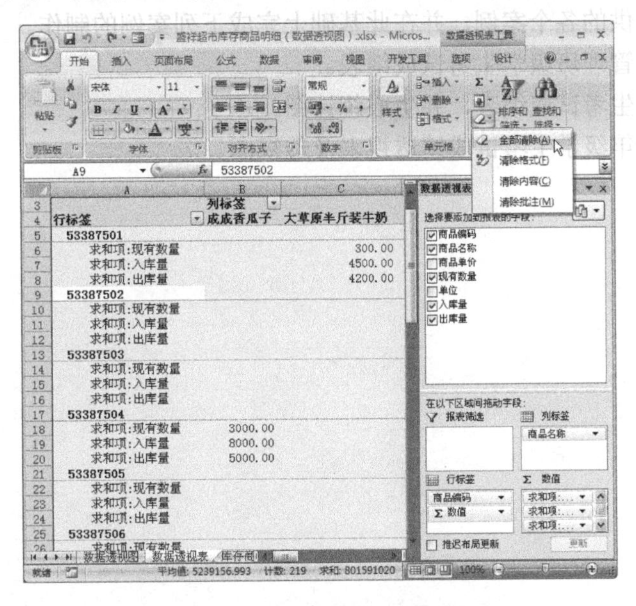

图 6.58 删除整个数据透视表

链接三 如何删除数据透视图和图表

数据透视图的删除方法跟删除工作表的方法基本一致：

（1）选中整个数据透视图或图表。

（2）在数据表标签上单击鼠标右键，并从快捷菜单中选择“删除”命令，如图 6.59 所示，即可删除整个数据透视图或图表。

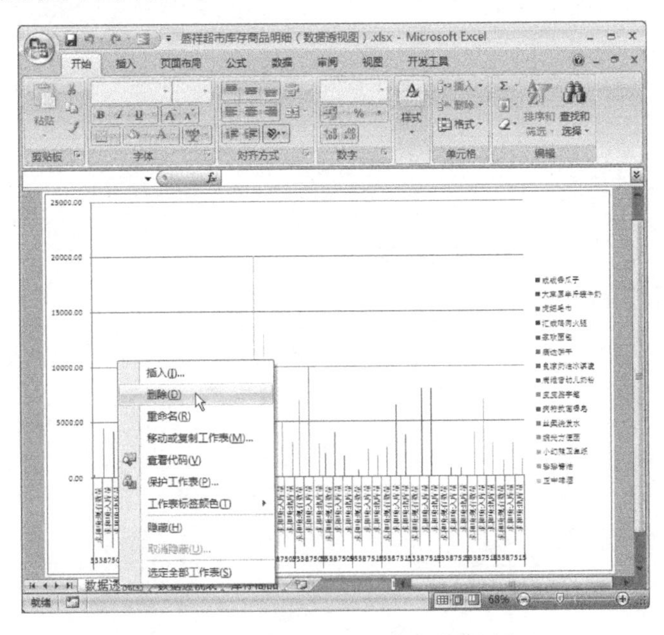

图 6.59 删除整个数据透视图或图表

上机完成本章提供的各个案例，并在此基础上完成下列案例的制作。

（1）利用记录单管理班级学生考试成绩表。

（2）制作年级学生考试成绩表，并生成统计图。

（3）制作多栏式年级学生考试成绩透视表及透视图。

第7章

PowerPoint与广告宣传

（1）了解PowerPoint在广告宣传领域的用途及其具体应用方式。

（2）熟练掌握广告宣传领域利用PowerPoint完成具体案例任务的流程、方法和技巧。

PowerPoint作为Office的重要组件之一，也是目前最流行的、专门用于制作和播放演示文稿的软件，被广泛应用于会议、教育教学、产品展示、广告宣传等领域。利用PowerPoint软件，可以完成产品展示和企业动态广告宣传片的设计、制作、保存、放映和打印等各项工作。

7.1 制作产品展示片

做什么

企业要想有更大的发展，必须以好的项目和产品为基础，而优质的产品只有被广大消费者认知，才能有广泛的销路，从而使企业得到更高的收益，这就需要我们最有效的利用现代化手段来宣传公司的形象、产品和服务，而且这已经成为每个企业在策划营销战略中必不可少的重要环节。制作产品展示片正是众多宣传途径中最直接也是应用最广泛的方式之一。产品展示片一般应具体而形象地表现企业的产品系列，使得听众能够全面、直观地了解企业的产品，并留下深刻印象，为下一步的营销工作打下良好基础。

利用PowerPoint中文版软件的强大功能，可以非常方便快捷地完成效果如图7.1所示的“童影毛绒玩具有限公司产品展示片”。

图 7.1 “童影毛绒玩具有限公司产品展示片”浏览视图模式下的效果图

分组对案例进行讨论和分析，得出如下解题思路：

（1）做好素材图片的准备工作。

（2）创建一个演示文稿，并保存。

（3）为幻灯片选择并应用设计模板。

（4）在幻灯片中插入文本框对象。

（5）为文本框对象设置动画效果。

（6）插入一个新幻灯片。

（7）插入其他幻灯片，并设置其对象的动画效果及幻灯片的动画方案。

（8）设置不同幻灯片之间的切换效果。

（9）通过编辑幻灯片母版为幻灯片添加动作按钮。

（10）设置幻灯片的放映方式，并放映演示文稿。

（11）将演示文稿“打包”。

（12）打印幻灯片。

（13）后期处理及文件保存。

根据以上解题思路，完成“童影毛绒玩具有限公司产品展示片”的具体操作如下：

1．做好素材图片的准备工作

（1）整理好需要用到的素材图片。

（2）利用图形处理软件对素材图片进行适当的调整和处理。

（3）将素材图片存储到一个固定的文件夹中，已备使用。

2．创建一个演示文稿，并保存

（1）双击桌面上的快捷图标，或单击桌面左下角的“开始”按钮，然后依次选择“所有程序”→“Microsoft Office”→“Microsoft Office PowerPoint 2007”命令，即可启动PowerPoint 2007中文版，打开PowerPoint演示文稿编辑窗口，同时也创建了一个被命名为“演示文稿1”的空白PowerPoint演示文稿（用于保存演示文稿内容的文件，其扩展名为.pptx），如图7.2所示。

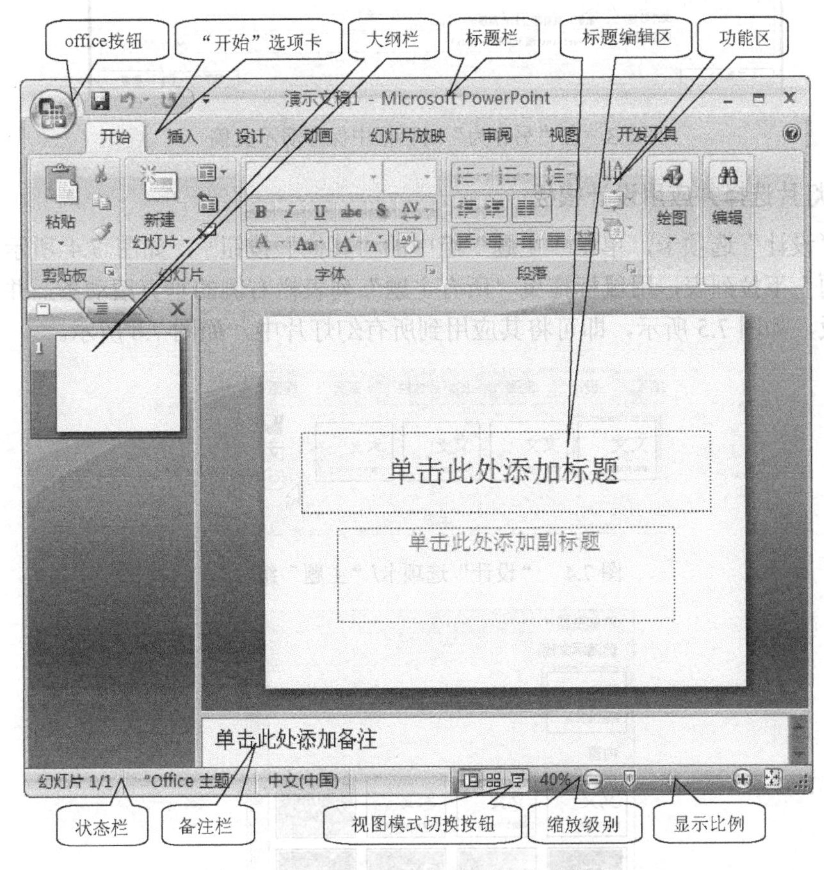

图7.2 PowerPoint 2007演示文稿编辑窗口

（2）单击Office按钮，然后在打开的菜单中选择“保存”命令（快捷键为Ctrl+S），或直接单击“快速访问”工具栏中的“保存”按钮，系统弹出“另存为”对话框，如图7.3所示，在该对话框中单击“保存位置”下拉列表框右边的向下三角按钮，选择和设置文件保存位置，然后在“文件名”后的文本输入框中输入“童影玩具有限公司产品展示片”，并单击“保存”按钮，即可完成对文件的保存操作，同时关闭对话框，返回演示文稿编辑窗口。

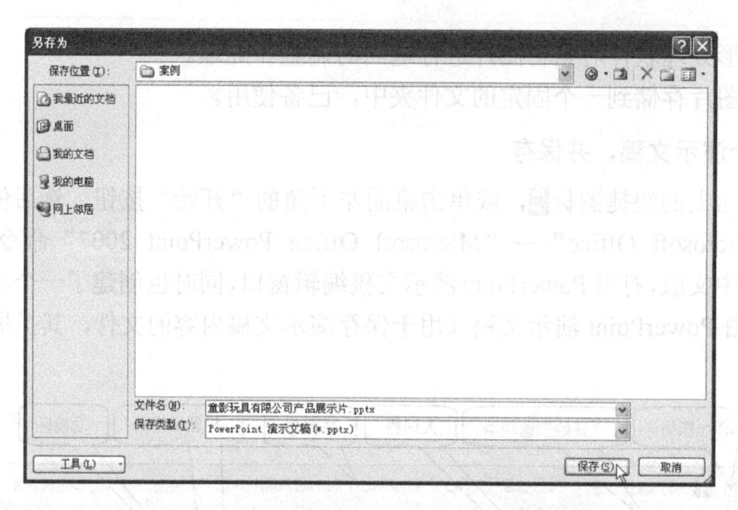

图 7.3 在“另存为”对话框中保存演示文稿

3．为幻灯片选择并应用设计模板

切换至“设计”选项卡，单击“主题”组中的“其他”按钮，如图 7.4 所示，系统弹出“所有主题”下拉列表，用鼠标拖曳“所有主题”列表栏右侧的垂直滚动条，并从中选择“华丽”模板，如图 7.5 所示，即可将其应用到所有幻灯片中，如图 7.6 所示。

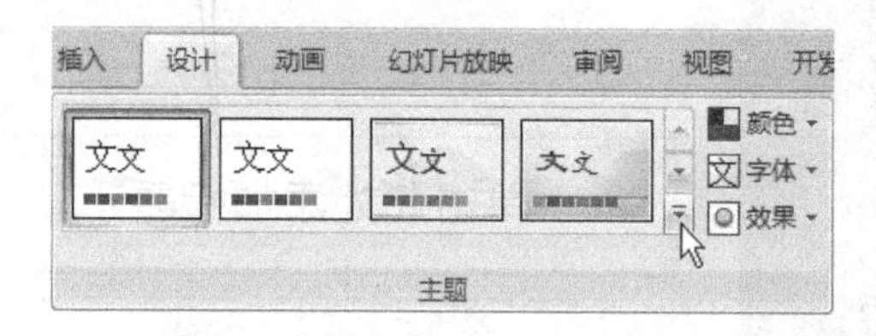

图 7.4 “设计”选项卡/“主题”组

图 7.5 “所有主题”下拉列表

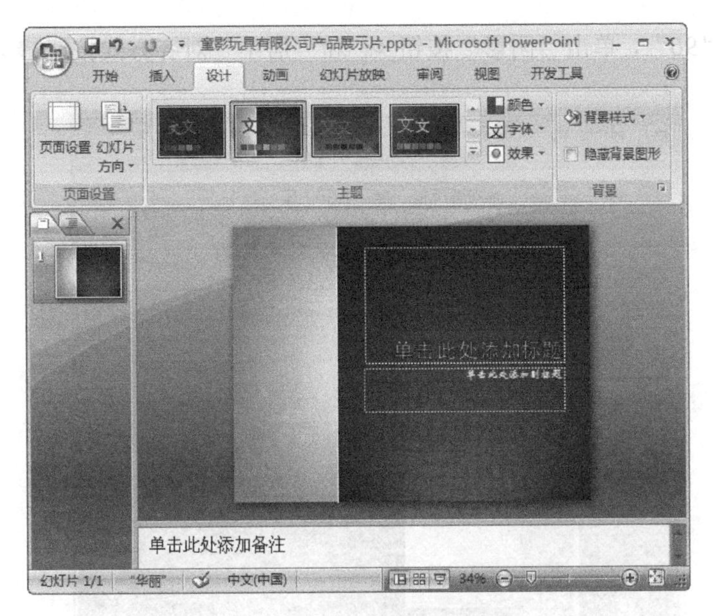

图 7.6　应用设计模板后的幻灯片

在“所有主题”下拉列表中，在所选模板上单击鼠标右键，并在弹出的快捷菜单中选择“应用于选定幻灯片”命令，如图 7.7 所示，即可将选定的模板仅应用到选定的幻灯片中，而其他幻灯片不受该模板的影响。

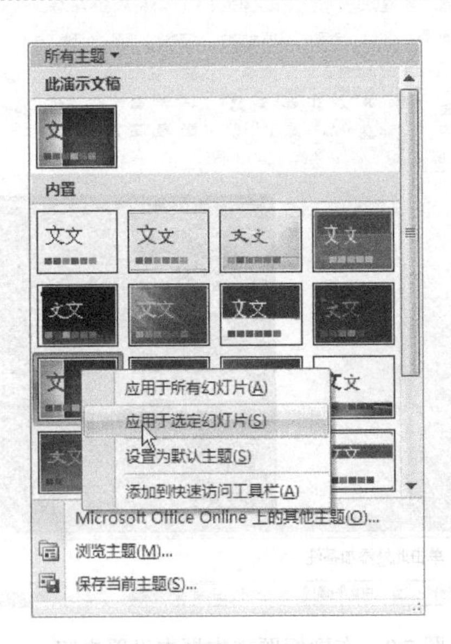

图 7.7　将模板应用于选定幻灯片

4．在幻灯片中插入文本框对象

（1）单击幻灯片中上部的插入标题文本框，并在其中输入文本“产品展示”。

（2）单击选中文本框，并通过“开始”选项卡设置其“字体”选项为“华文新魏”，

“字号”选项为“96”，单击“阴影”按钮 S 和“居中”对齐方式按钮，效果如图 7.8 所示。

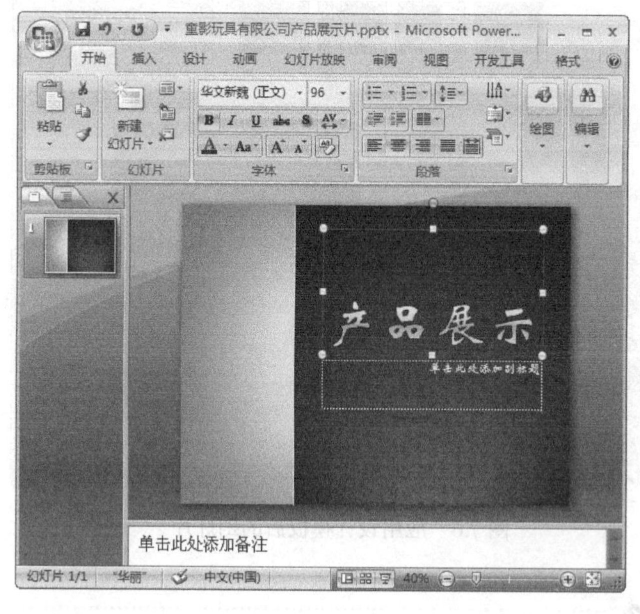

图 7.8　在标题文本框中设置标题

（3）在副标题文本框中输入文本“童影毛绒玩具有限公司”，并通过“开始”选项卡设置其“字体”选项为“华文彩云”，“字号”选项为“44”，单击“阴影”按钮 S，并且调整文本框大小及位置，效果如图 7.9 所示。

图 7.9　在副标题文本框中设置内容

5. 为文本框对象设置动画效果

（1）选中“产品展示”文本框对象。

（2）切换至“动画”选项卡，单击“动画”组中的“自定义动画”按钮 自定义动画，系统弹出“自定义动画”任务窗格。

（3）单击“自定义动画”任务窗格中的“添加效果”按钮右侧的向下三角按钮，在弹出的下拉列表中选择“进入”选项，并从弹出的级联菜单中选择“其他效果”选项，如图 7.10 所示，系统弹出“添加进入效果”对话框。

（4）向下拖曳“添加进入效果”对话框右侧的垂直滚动条，并从“华丽型”选项组中单击选择“放大”选项，如图 7.11 所示，即可为选中的文本框添加进入时的效果，并可预览其实际效果（因为在对话框中选中了“预览效果”复选框），单击“确定”按钮，返回主窗口，同时在“自定义动画”任务窗格的列表框中添加了一个表示该动画效果的选项，如图 7.12 所示。

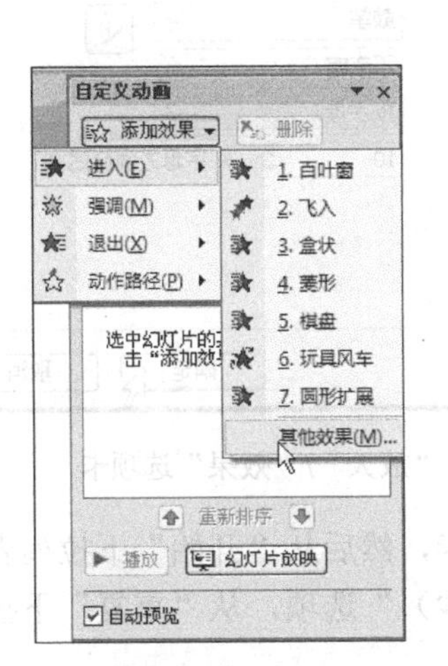

图 7.10 为选定对象添加进入效果

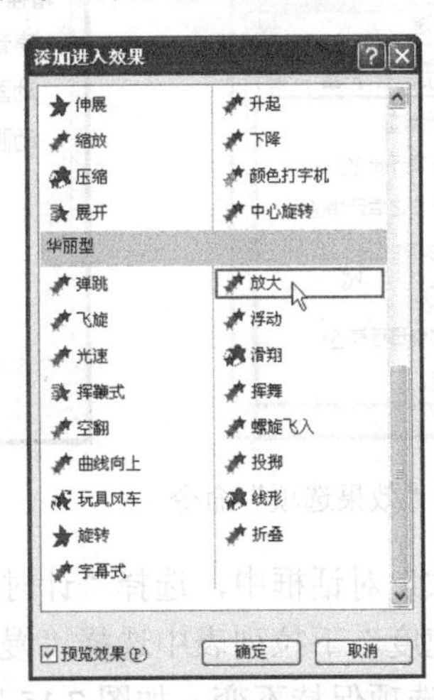

图 7.11 “添加进入效果”对话框

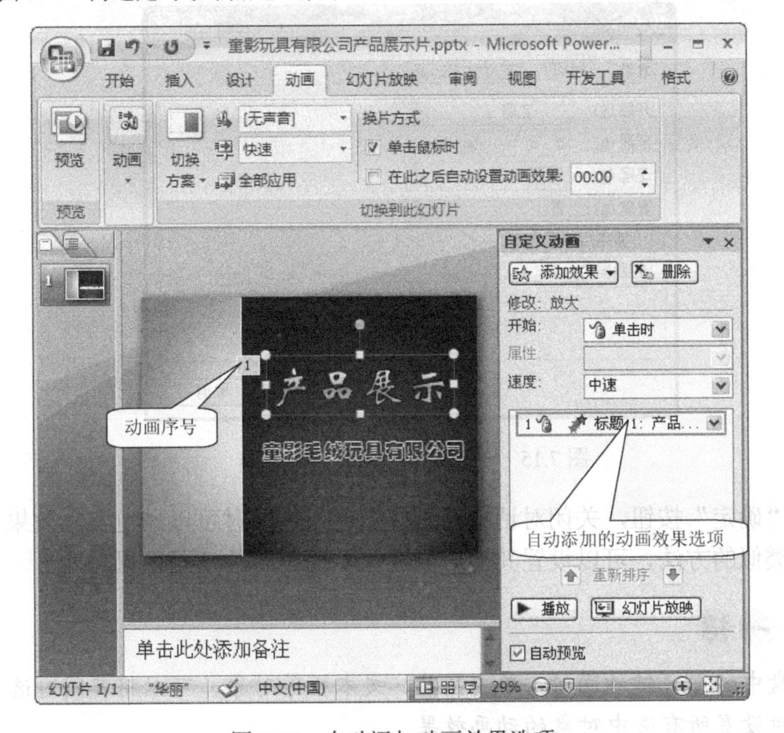

图 7.12 自动添加动画效果选项

（5）单击“自定义动画”任务窗格中自动添加的动画效果选项右侧的向下三角按钮，在弹出的下拉列表中单击选择“效果选项”选项，如图 7.13 所示，系统弹出“放大”对话框。

（6）在“放大”对话框中，选择“效果”选项卡，然后从“声音”下拉列表中选择“鼓掌”选项，从“动画文本”下拉列表中选择“按字母”选项，其他选项保持不变，如图 7.14 所示。

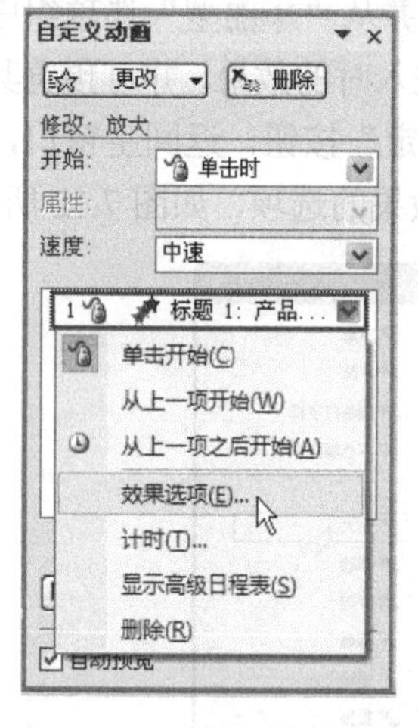

图 7.13　选择“效果选项”命令

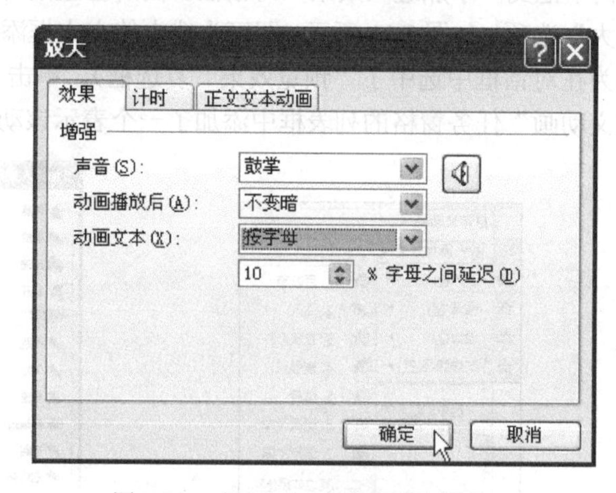

图 7.14　“放大”/“效果”选项卡

（7）在“放大”对话框中，选择“计时”选项卡，然后从“开始”下拉列表中选择“之前”选项，从“速度”下拉列表中选择“慢速（3 秒）”选项，从“重复”下拉列表中选择“2”选项，其他选项保持不变，如图 7.15 所示。

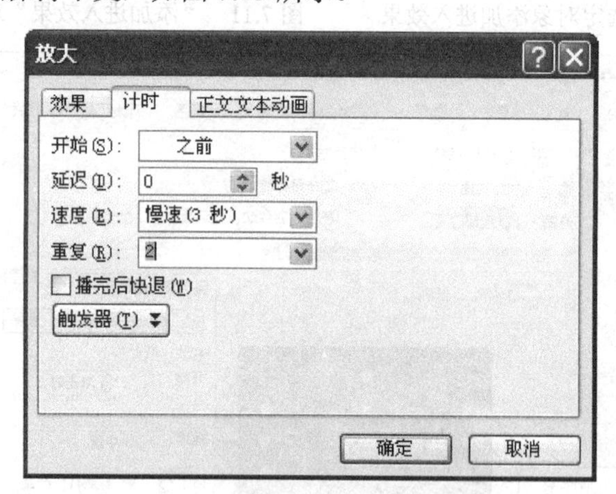

图 7.15　“放大”/“计时”选项卡

（8）单击“确定”按钮，关闭对话框，返回主窗口，同时可以预览实际效果。

（9）利用类似的方法，可以设置其他对象进入、退出时的动画效果。

按住键盘中的 Ctrl 键的同时，单击图片、文本框等对象，可以将其同时选中，可以根据需要同时设置所有选中对象的动画效果。

6. 插入一个新幻灯片

（1）切换至“开始”选项卡，单击“幻灯片”组中的“新建幻灯片”按钮，系统弹出“新建幻灯片”下拉列表，在该列表框中选择“两栏内容”版式，如图 7.16 所示，即可在选定幻灯片的下方插入一个新的版式为“两栏内容”的幻灯片，如图 7.17 所示。

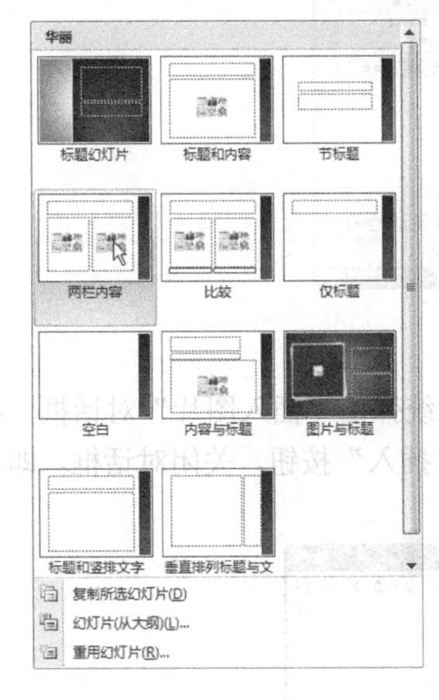

图 7.16 新建幻灯片下拉列表框

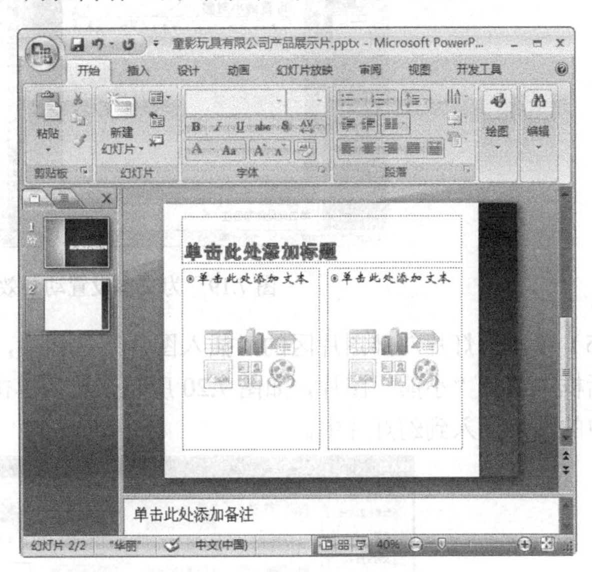

图 7.17 应用“两栏内容”版式的幻灯片

在幻灯片区左侧的窗格中单击选择“幻灯片”选项卡，窗格中将显示出幻灯片的缩略图，单击选定一张幻灯片，然后按下快捷键 Shift+Enter，也可在选定幻灯片的后面插入一张新幻灯片。

（2）单击幻灯片中上部的文本框，并在其中输入文本“可爱的小对熊”。

（3）为文本设置动画效果，选中文本框，单击“自定义动画”任务窗格中的“添加效果”按钮右侧的向下三角按钮，在弹出的下拉列表中单击选择“动作路径”选项，并从弹出的级联菜单中单击选择“其他动作路径”选项，系统弹出“添加动作路径”对话框，如图 7.18 所示。

（4）在“添加进入效果”对话框中单击选择“橄榄球型”选项，如图 7.18 所示，即可为选中的文本框添加进入时的效果，单击“确定”按钮，返回主窗口，同时在“自定义动画”任务窗格的列表框中添加了一个表示该动画效果的选项，如图 7.19 所示。

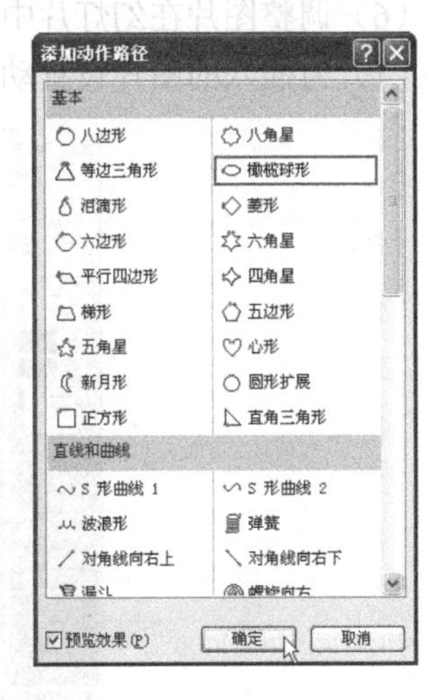

图 7.18 “添加动作路径”对话框

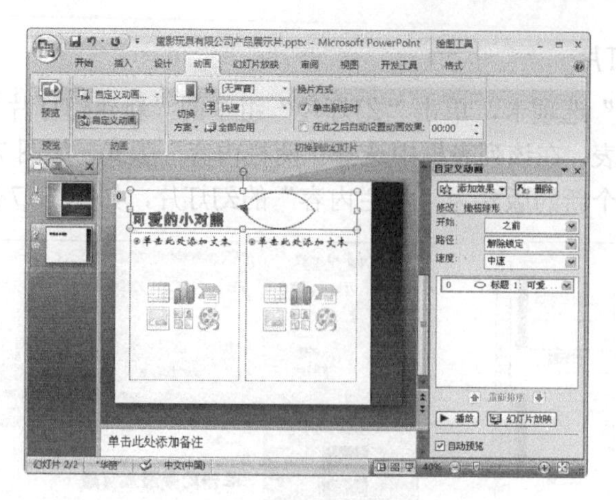

图 7.19　为文本设置动画效果

（5）单击幻灯片左部图片区的“插入图片”按钮，系统弹出“插入图片”对话框，在该对话框中选择“小熊”图片，如图 7.20 所示，然后单击“插入”按钮，关闭对话框，即可将选中的图片插入到幻灯片中。

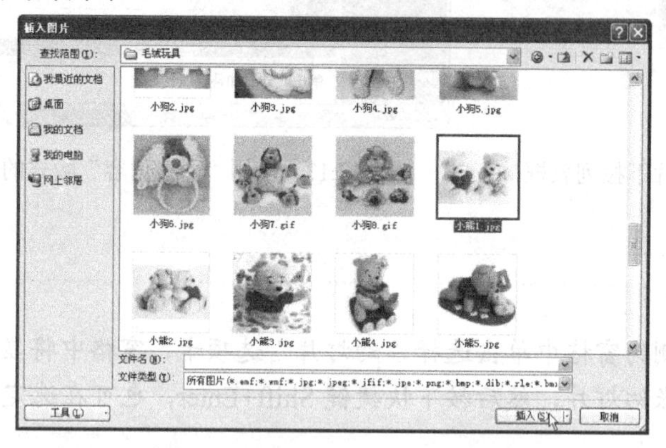

图 7.20　“插入图片”对话框

（6）调整图片在幻灯片中的位置及其大小。

（7）为插入的图片设置动画效果，如图 7.21 所示。

图 7.21　在幻灯片中插入的图片及其动画效果

（8）利用同样的方法，在幻灯片右侧插入一个图片，并设置动画效果，效果如图 7.22 所示。

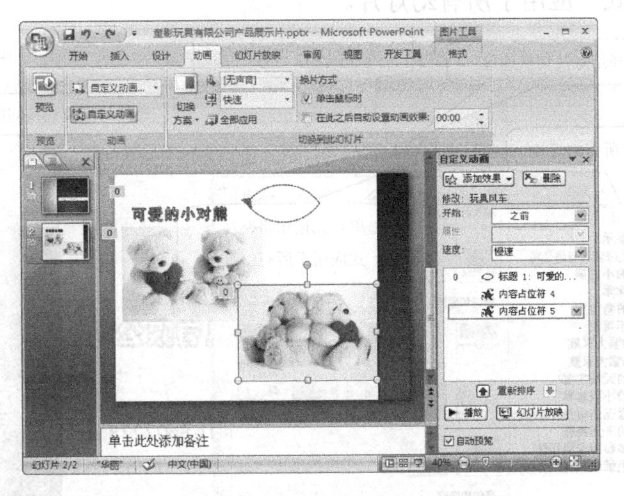

图 7.22 在幻灯片中插入另外一张图片

7. 插入其他幻灯片，并设置其对象的动画效果及幻灯片的动画方案

继续插入幻灯片及素材图片，并充分发挥自己的想象，设置每个对象的动画效果及每张幻灯片的动画方案。由于篇幅所限，这里不再赘述。

按住键盘中的 Ctrl 键的同时，单击“大纲”栏中的幻灯片图标，可以同时选中多个幻灯片，可以根据需要设置所有选中幻灯片的动画方案。

8. 设置不同幻灯片之间的切换效果

为幻灯片设置切换效果有很多种方法，这里仅介绍最快捷的方法。

（1）在“大纲”栏中选中任一幻灯片，切换至“开始”选项卡，单击“编辑”组中的“选择”按钮 选择 ，然后在弹出的下拉列表中选择 “全选”命令，或按下快捷键 Ctrl+A，可以迅速选中所有幻灯片。

（2）切换至“动画”选项卡，单击“切换至此幻灯片”组中“快速样式”列表中的“其他”按钮，在弹出的“切换效果”下拉列表中单击选择“随机”选项，如图 7.23 所示，系统将随机地在幻灯片之间设置不同的切换效果。

（3）在“切换到此幻灯片”组中，选择“切换速度”下拉列表框中的“中速”选项，并选择“切换声音”下拉列表框中的“风铃”选项，系统将在幻灯片切换时采用“中速”，并添加“风铃”声音效果。

（4）在“切换到此幻灯片”组中，单击取消“换片方式”选项组中的“单击鼠标时”复选框，并单击“每隔”选项右侧的向上/向下三角按钮，将文本框中的时间间隔调整为“00:03”，这表示幻灯片的自动切换时间间隔为 3 秒钟。这种方式比较适合自动播放幻灯片的方式，可以根据需要任意调整切换时间间隔的长短。

（5）单击“切换到此幻灯片”组中的“全部应用”按钮全部应用，如图 7.23 所示，可以将设置好的“换片方式”应用于所有幻灯片。

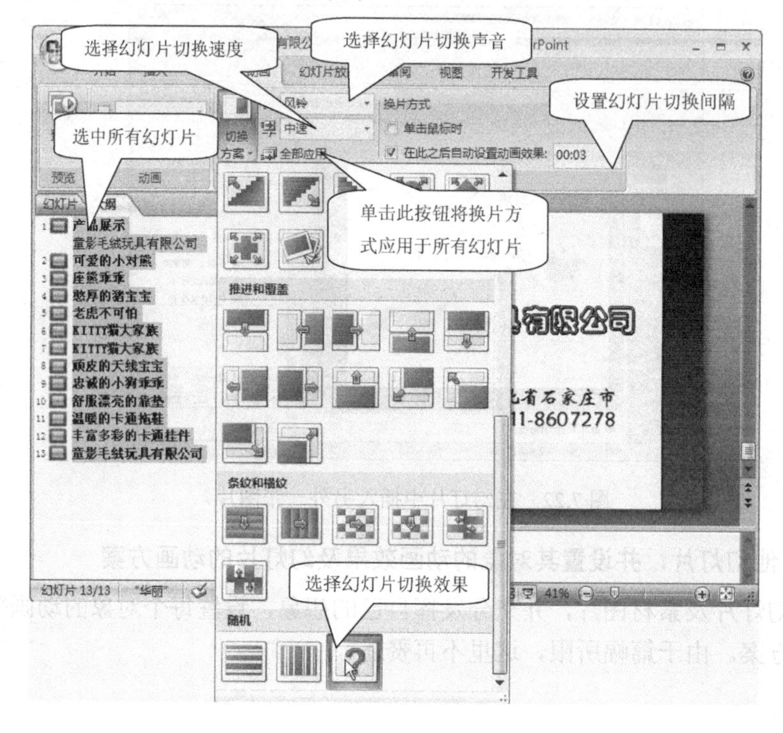

图 7.23　设置幻灯片之间的切换效果

9. 通过编辑幻灯片母版为幻灯片添加动作按钮

为了便于浏览和放映，可以在幻灯片的空白位置添加一系列动作按钮，来实现幻灯片之间的手动跳转。借助于幻灯片母版（母版是一张可以预先定义背景颜色、文本格式的特殊幻灯片，对它的修改将直接作用到应用该母版的幻灯片中），可以方便快捷地为所有幻灯片添加动作按钮。

（1）切换至“视图”选项卡，单击“演示文稿视图”组中的“幻灯片母版”按钮幻灯片母版，文稿编辑窗口将显示当前演示文稿所使用的幻灯片母版视图，如图 7.24 所示。

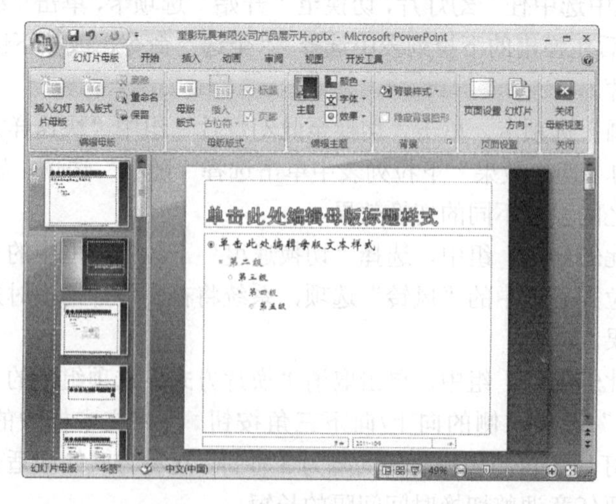

图 7.24　编辑窗口中的幻灯片母版

（2）切换至“插入”选项卡，单击“插图”组中的“形状”按钮，在弹出的“形状”下拉列表中选择“后退或前一项”动作按钮，如图 7.25 所示。

（3）在幻灯片母版的右上部空白位置单击并拖曳鼠标，绘制一个矩形按钮，当释放鼠标时，系统弹出“动作设置”对话框，如图 7.26 所示，保持所有选项不变，并单击“确定”按钮，关闭对话框，即可为按钮设置一个动作，即单击该按钮时，可以跳转至上一张幻灯片。

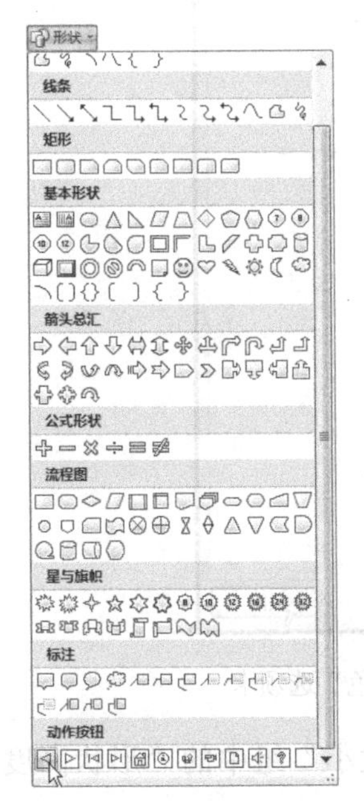

图 7.25 从“形状”下拉列表中选择动作按钮

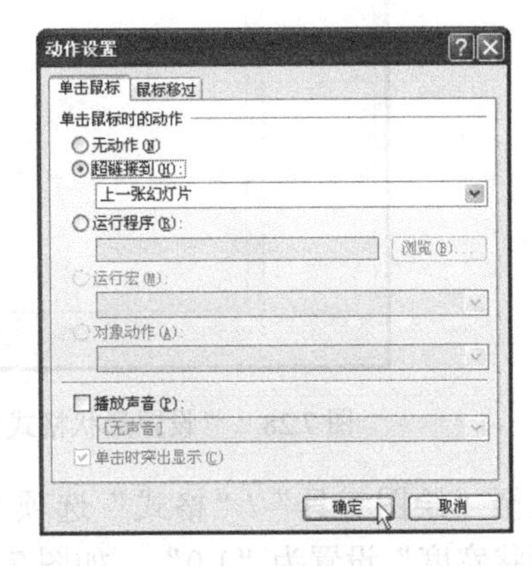

图 7.26 “动作设置”对话框

（4）利用类似的方法，在幻灯片母版中添加其他动作按钮，效果如图 7.27 所示。

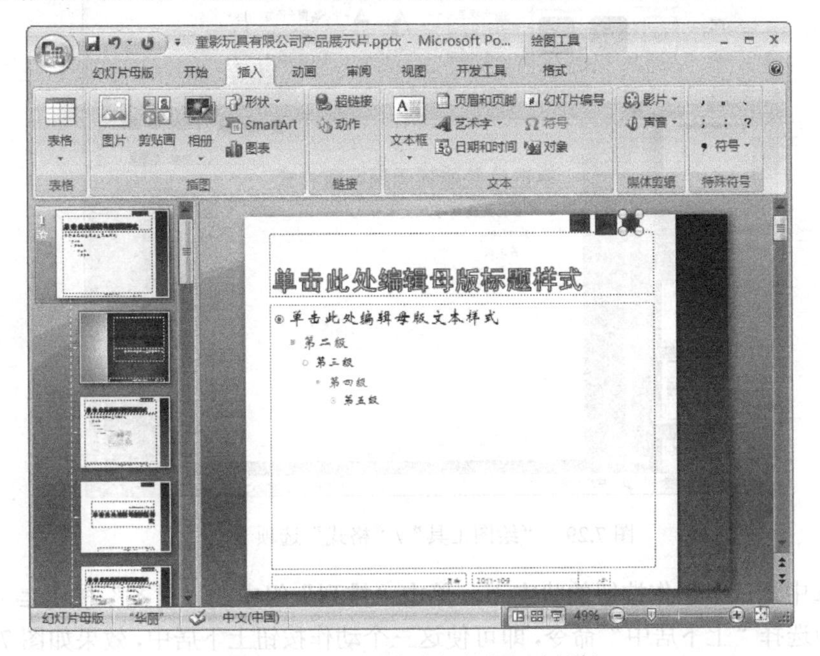

图 7.27 添加动作按钮的幻灯片母版

（5）在按住键盘中的 Ctrl 键的同时，选中这 3 个动作按钮，然后单击鼠标右键，并从快捷菜单中选择“设置对象格式”选项，系统弹出“设置形状格式”对话框。在该对话框中，选中“线条颜色”选项卡，将“线条颜色”选项设置为“无线条”选项，如图 7.28 所示。

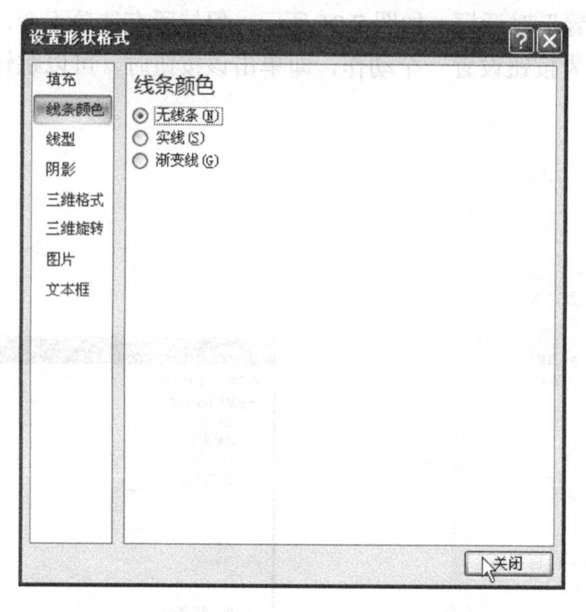

图 7.28 “设置形状格式”/“线条颜色”选项卡

（6）切换至“绘图工具”/“格式”选项卡，将“大小”组中的“形状高度”设置为“0.7”，“形状宽度”设置为“1.0”，如图 7.29 所示。

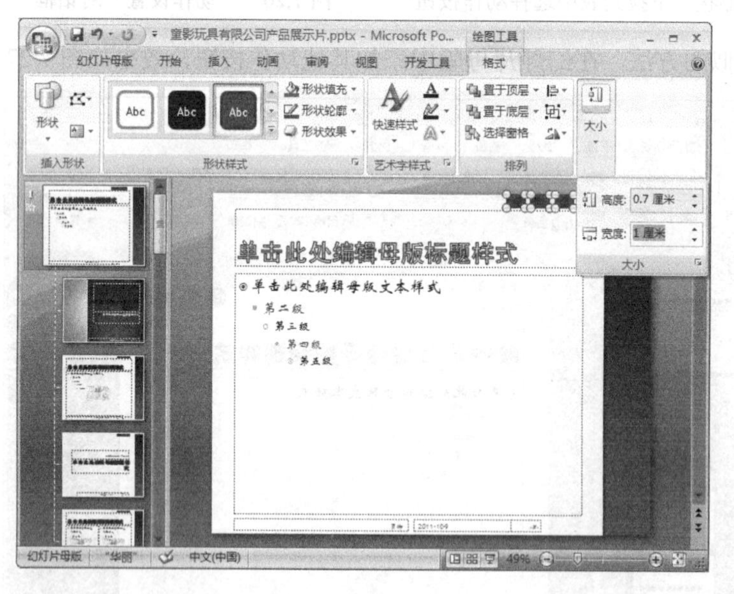

图 7.29 “绘图工具”/“格式”选项卡

（7）在选中这三个动作按钮的状态下，单击“排列”组中的“对齐”按钮 对齐，并从快捷菜单中选择“上下居中”命令，即可使这三个动作按钮上下居中，效果如图 7.30 所示。

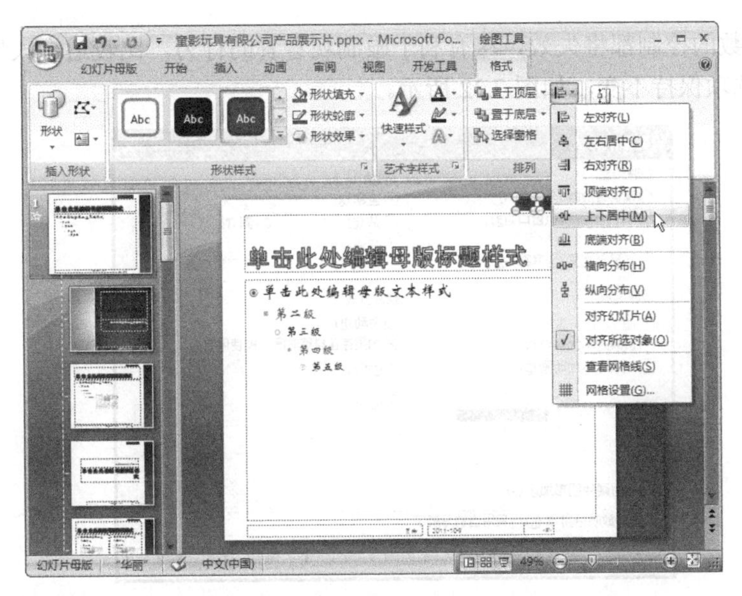

图 7.30 调整动作按钮的对齐方式

（8）单击“幻灯片母版视图”工具栏中的“关闭母版视图”按钮，完成对母版的设置。观察幻灯片，我们发现除第一张以外，每张幻灯片中都增加了这三个动作按钮，如图 7.31 所示。

图 7.31 增加动作按钮后的幻灯片效果

10．设置幻灯片的放映方式，并放映演示文稿

（1）切换至“幻灯片放映”选项卡，单击“设置幻灯片放映”按钮，系统弹出“设置放映方式”对话框。

（2）在该对话框中的“放映类型”选项组中，选择“在展台浏览（全屏幕）”单选框（在这种方式下，演示文稿自动播放，除了某些对象预设的鼠标单击动作和按下 Esc 键结束幻灯片放映外，大多数的控制都将失效，这有利于限制观看者的行为，比较适合大型场合下的展台浏览），其他选项保持不变，如图 7.32 所示。

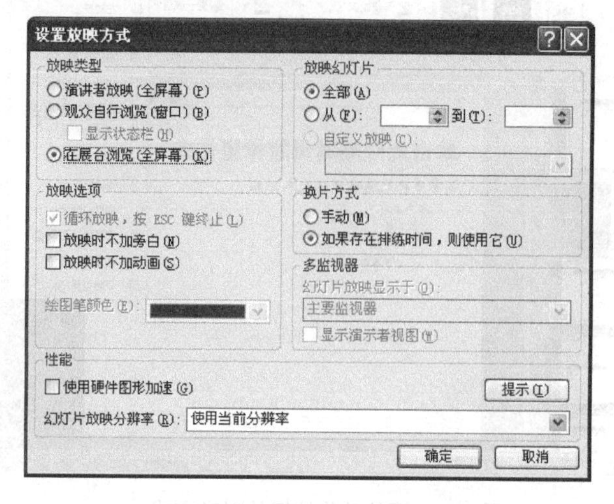

图 7.32 “设置放映方式”对话框

（3）单击“确定”按钮，关闭对话框，并返回主窗口，完成幻灯片放映方式的设置操作。

（4）切换至“幻灯片放映”选项卡，单击“开始放映幻灯片”组中的“从头开始”按钮，即可开始自动放映幻灯片，效果如图 7.33 所示。

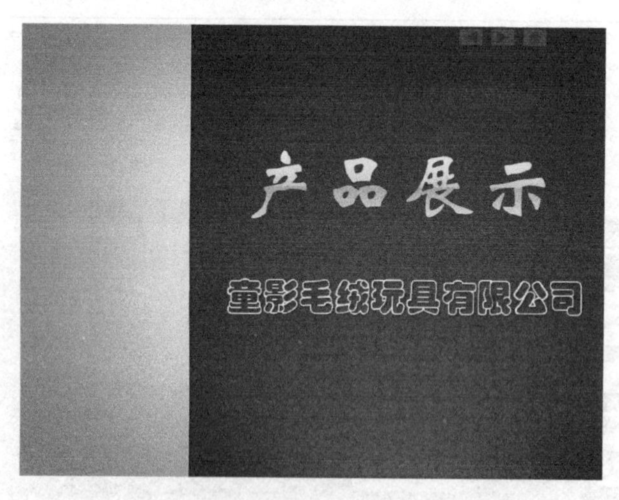

图 7.33 放映过程中的幻灯片效果

当演示文稿处于打开状态时，按下快捷键 F5，也可开始放映幻灯片。

如果“放映类型”选择“演讲者放映（全屏幕）”或“观众自动浏览（窗口）”选项，在放映幻灯片的过程中，按下键盘中的 W 键，将变成白屏；按下键盘中的 B 键将变成黑屏。要继续放映幻灯片，只需按下键盘中的空格键即可。这主要用于在放映幻灯片时中场休息或插入其他话题时，又准备随时继续放映的情况。

11. 将演示文稿“打包”

使用 PowerPoint 软件提供的演示文稿“打包”工具，可以将放映演示文稿所涉及的有关文件或程序连同演示文稿一起打包，形成一个文件，存放到其他位置，在到其他计算机上进行拆包放映。

（1）单击 Office 按钮，然后在打开的菜单中选择“发布”命令，然后选择“打包成 CD”命令，系统启动“打包向导”，并弹出“打包成 CD”对话框。

（2）在该对话框中的“将 CD 命名为”后面的文本框中输入“童影玩具公司”，如图 7.34 所示。

图 7.34 “打包成 CD”对话框

（3）单击“打包成 CD”对话框中的“选项”按钮，系统弹出“选项”对话框，如图 7.35 所示。在“选项”对话框中单击选中“查看器程序包”、“链接的文件”和“嵌入 TrueType 字体”三个复选框，并在“增强安全性和隐私保护”选项组中输入打开和修改文件时需要的密码，最后单击“确定”按钮，关闭对话框。这样，即便是用于放映幻灯片的计算机上没有安装 PowerPoint 软件或没有采用 TrueType 字体，都不影响演示文稿的放映。

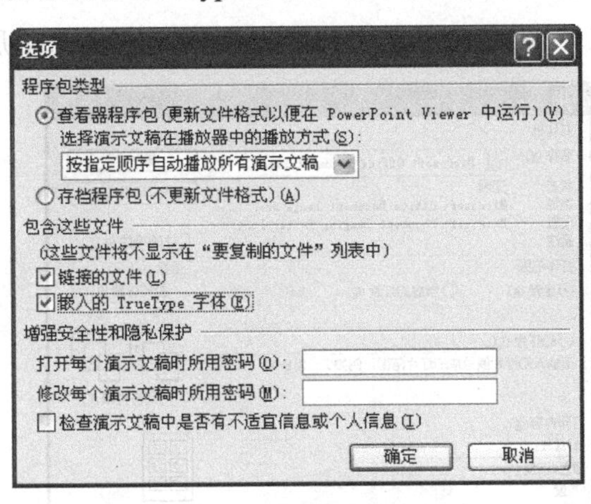

图 7.35 “选项”对话框

（4）单击“打包成 CD”对话框中的“复制到文件夹”按钮，系统弹出“复制到文件夹”对话框，如图 7.36 所示。在“复制到文件夹”对话框中设置文件夹名，并选择文件夹的位置，最后单击“确定”按钮，即可开始对演示文稿进行“打包”操作。

（5）“打包”操作完成后，单击“打包成 CD”对话框中的“关闭”按钮，关闭对话框，即可完成演示文稿的“打包”操作。

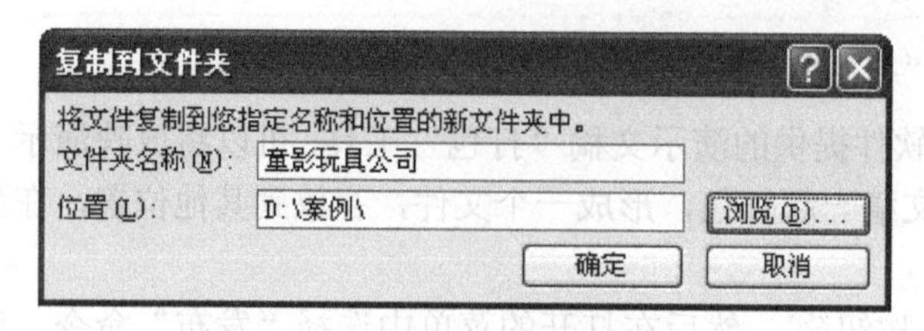

图 7.36　“复制到文件夹”对话框

（6）“打包”成功后，“童影玩具公司”文件夹中将包含多个文件，如图 7.37 所示，单击其中的“PPTVIEW.EXE”文件，即可开始放映演示文稿。

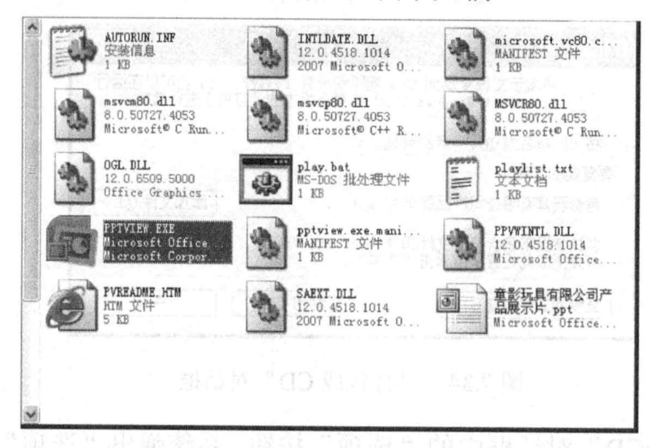

图 7.37　“打包”成功后的“童影玩具公司”文件夹中包含的文件

12．打印幻灯片

（1）单击 Office 按钮，然后在打开的菜单中选择“打印”命令，系统弹出“打印”对话框。

（2）根据实际需要在“打印”对话框中设置打印参数，如图 7.38 所示。

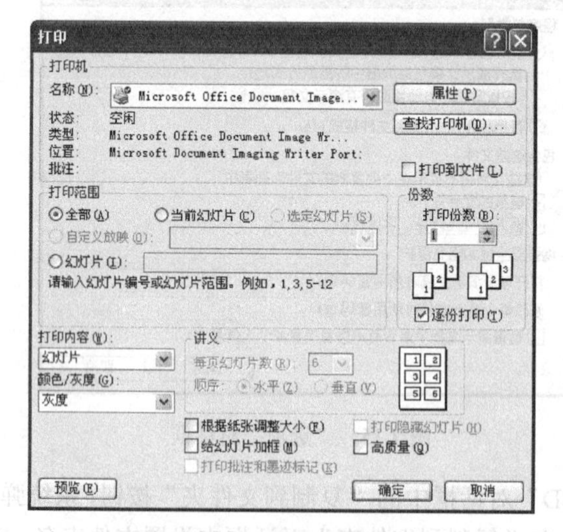

图 7.38　“打印”对话框

（3）接通打印机电源，并在打印机中放置好打印纸。

（4）单击“打印”对话框中的“确定”按钮，文档被打印出来。

13. 后期处理及文件保存

（1）单击“快速访问”工具栏中的“保存”按钮，对文档进行保存。

（2）单击 PowerPoint 窗口右上角的“关闭”控制按钮，或双击 PowerPoint 窗口左上角的 Office 按钮，退出并关闭 PowerPoint 2007 中文版。

本案例通过“童影毛绒玩具公司产品展示片”的设计和制作过程，主要学习了 PowerPoint 2007 中文版软件的启动和退出、对象的插入、动画效果的设置及幻灯片的插入、版式、模板、动画方案、切换方式、放映方式的设置、打印、插入动作按钮、幻灯片母版的编辑和演示文稿的“打包”等操作的方法和技巧。其中关键之处在于，利用 PowerPoint 2007 的强大功能，根据实际需要设计和制作美观、大方的演示文稿。

利用类似本案例的方法，可以非常方便地完成各种图片展示类演示文稿的设计、制作和放映任务。

7.2 制作企业动感广告宣传片

做什么

作为平面广告，因受到形式和篇幅的限制，一般所能表达和传递的信息都非常有限。因此，我们应当注重创意和构思，要抓住有限的版面通过音乐效果和动画效果，使得宣传片不仅图文并茂，而且声色俱佳、动感十足，给受众留下深刻难忘的印象。

利用 PowerPoint 的声音和图形处理功能，可以非常方便地完成效果如图 7.39 所示的“童影毛绒玩具有限公司的动感广告宣传片”。

图 7.39 “童影毛绒玩具有限公司的动感广告宣传片”效果图

分组对案例进行讨论和分析，得出如下解题思路：

（1）做好素材图片及音乐的准备工作。

（2）创建一个空白版式的演示文稿，并对其进行保存。

（3）选择幻灯片的背景图片。

（4）在幻灯片背景中绘制两个圆形，并设置其动画效果。

（5）在幻灯片中插入图片，并设置其动画效果。

（6）在幻灯片中添加其他图片，并设置其动画效果。

（7）在幻灯片中添加公司标志艺术字，并设置其动画效果。

（8）在幻灯片中添加其他广告语，并设置其动画效果。

（9）为幻灯片添加音乐，并设置其动画效果。

（10）为幻灯片设置排练计时。

（11）设置幻灯片的放映方式，并放映演示文稿。

（12）后期处理及文件保存。

根据以上解题思路，完成“童影毛绒玩具有限公司的动感广告宣传片”制作的具体操作如下：

1．做好素材图片及音乐的准备工作

（1）整理好需要用到的素材图片及音乐文件。

（2）利用图形处理软件对素材图片进行适当的调整和处理。

（3）将素材图片及音乐文件存储到一个固定的文件夹中，以备使用。

2．创建一个空白版式的演示文稿，并对其进行保存

（1）单击桌面左下角的“开始”按钮，然后选择“新建 Microsoft Office 文档”命令，系统弹出“新建 Office 文档”对话框。

（2）在该对话框中，单击“常用”选项卡，然后单击“空白演示文稿”按钮，如图 7.40 所示。

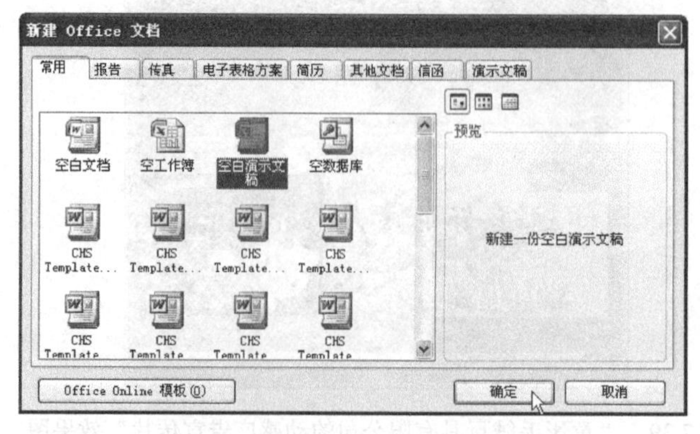

图 7.40 “新建 Office 文档”对话框

（3）单击“确定”按钮，关闭对话框，即可启动 PowerPoint 2007 中文版，同时系统创建一个名为“演示文稿 1”的 PowerPoint 演示文稿。

（4）在第一张幻灯片的空白处单击鼠标右键，然后从快捷菜单中选择“版式”命令，接下来在打开的“Office 主题”面板中选择“空白”版式，如图 7.41 所示。

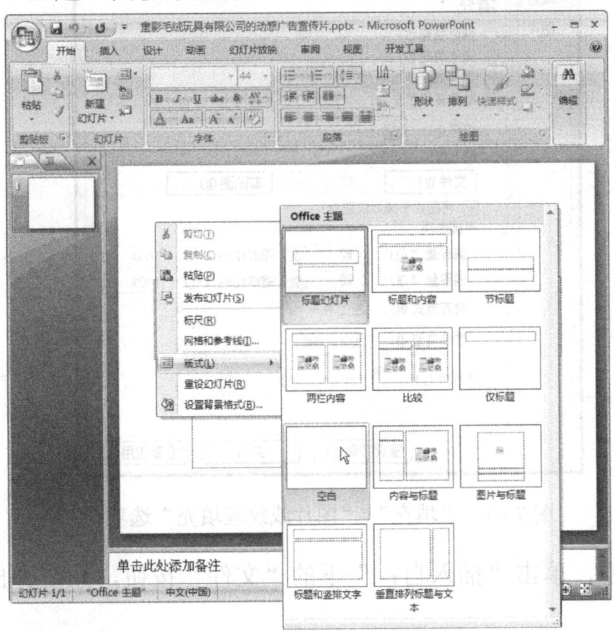

图 7.41　将幻灯片修改为“空白”版式

（5）保存文件为“童影毛绒玩具有限公司的动感广告宣传片.pptx”。

3．选择幻灯片的背景图片

制作广告宣传片时，背景作为幻灯片的底色，一定要选择庄重、大方、简洁的图片，要注意与其他对象颜色的相互协调和搭配。

（1）在幻灯片的空白处单击鼠标右键，然后从快捷菜单中选择“设置背景格式”命令，系统弹出“设置背景格式”对话框，如图 7.42 所示。

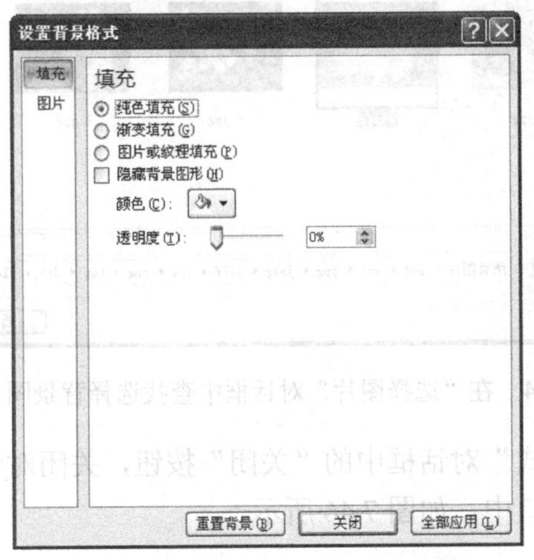

图 7.42　“设置背景格式”对话框

（2）在该对话框中，选中“填充”选项卡，将“填充”选项设置为“图片或纹理填充”选项，如图 7.43 所示。

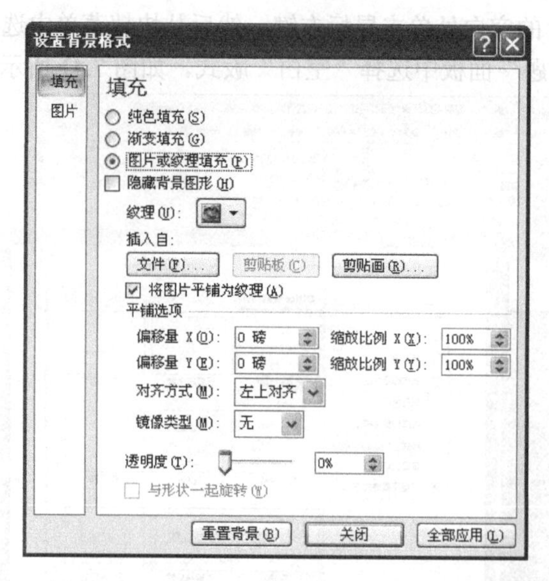

图 7.43　“填充”/“图片或纹理填充”选项

（3）在该对话框中，单击“插入自：”下的“文件”按钮，系统弹出“选择图片”对话框。

（4）在“选择图片”对话框中查找选择需要的背景图片，如图 7.44 所示，然后单击“插入”按钮，关闭对话框，选定的背景图片将显示在幻灯片中，如图 7.45 所示。

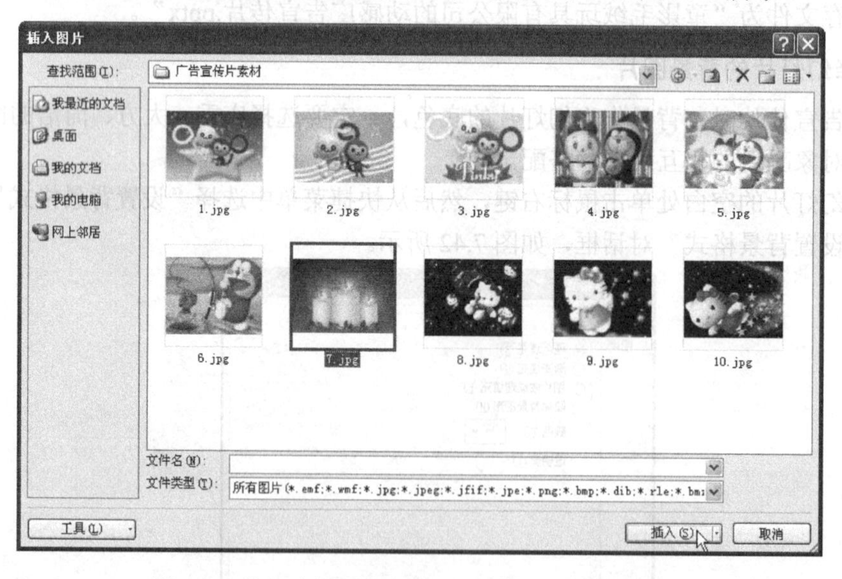

图 7.44　在“选择图片”对话框中查找选择背景图片

（5）单击“设置背景格式”对话框中的“关闭”按钮，关闭对话框，即可将选定的背景图片应用到演示文稿编辑窗口中，如图 7.46 所示。

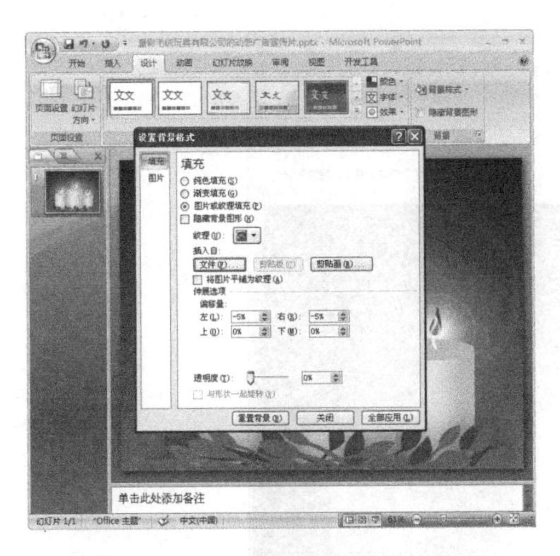

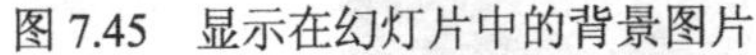

图 7.45 显示在幻灯片中的背景图片

图 7.46 应用背景图片的演示文稿编辑窗口

4. 在幻灯片背景中绘制两个圆形，并设置其动画效果

（1）切换至“插入”选项卡，单击“插图”组中的“形状”按钮形状，打开“形状”工具栏，在“形状”工具栏中，单击“椭圆”按钮，如图 7.47 所示。

图 7.47 单击“椭圆”按钮

（2）单击“椭圆”按钮后，鼠标指针将变成十形状，将鼠标指针移动到文稿编辑窗口的背景图片上，在按住键盘中的 Shift 键的同时，拖曳鼠标，即可绘制一个圆形，如图 7.48 所示。

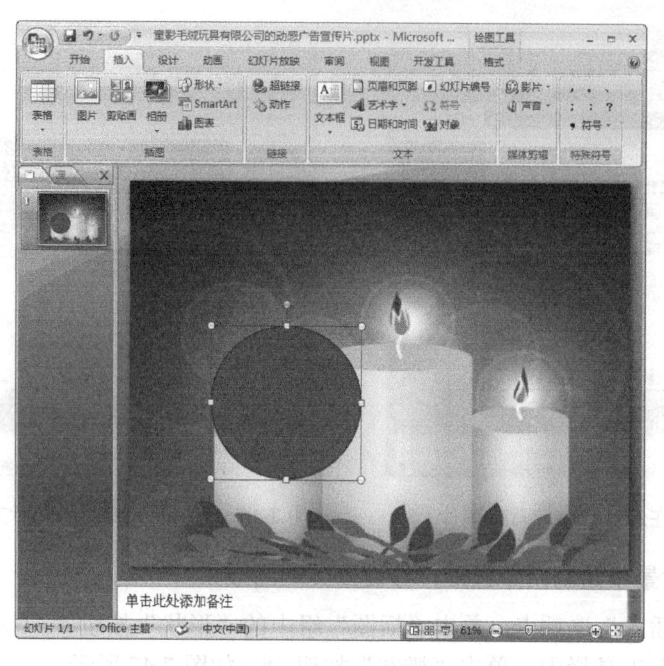

图 7.48　在幻灯片背景上绘制的圆形

（3）在绘制的圆形上单击鼠标右键，并从快捷菜单中选择“设置形状格式”命令，系统弹出“设置形状格式”对话框。在该对话框中，单击选中“填充”选项卡，将“填充”选项组中的“颜色”选项设置为“红色，强调文字颜色 2，淡色 40%”，并将“透明度”选项调整为“80%”，然后将“线条颜色”选项组中的“线条颜色”选项设置为“无线条颜色”选项，如图 7.49 所示，其他选项保持不变，最后单击“关闭”按钮，关闭对话框，即可完成圆形的格式设置操作，效果如图 7.50 所示。

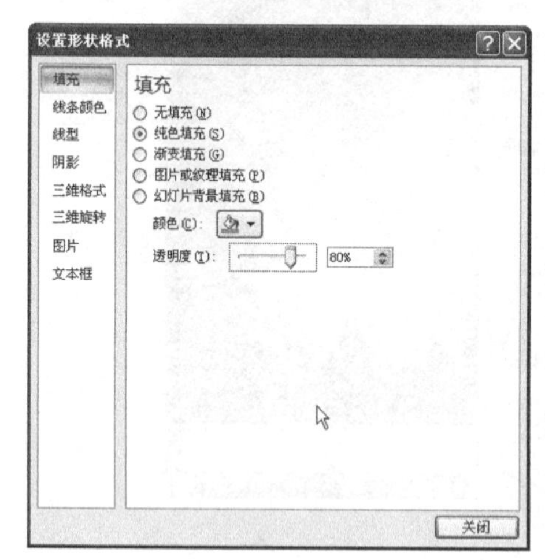

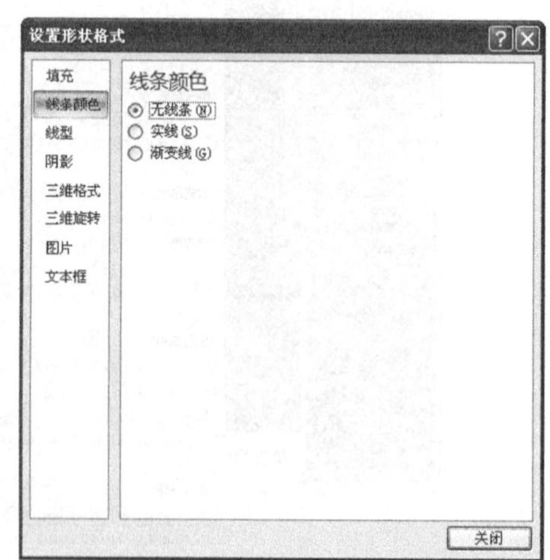

图 7.49　“设置形状格式”对话框

（4）切换至“动画”选项卡，单击“动画”组中的“自定义动画”按钮自定义动画，系统弹出“自定义动画”任务窗格。

图 7.50 设置格式后的圆形效果

（5）单击“自定义动画”任务窗格中的“添加效果”按钮，然后依次选择“动作路径”→“绘制自定义路径”→“曲线”命令，如图 7.51 所示。

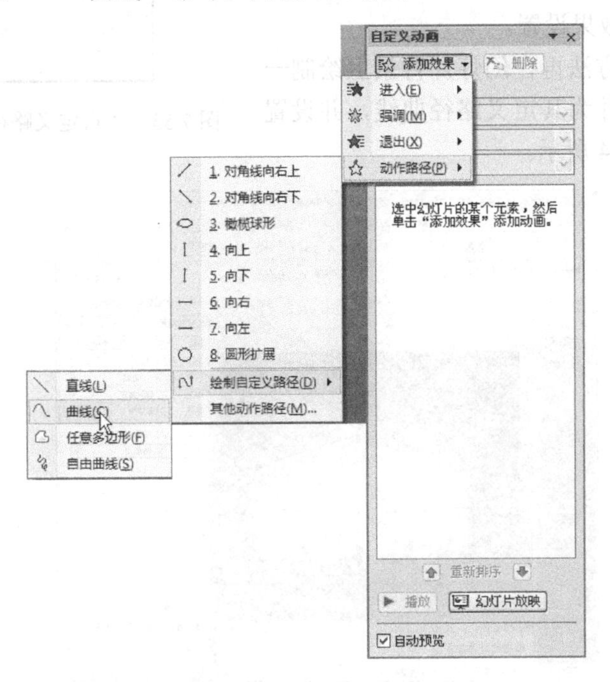

图 7.51 选择动作路径的形式

（6）将鼠标指针移动到文稿编辑窗口的背景图片上，鼠标指针变成十形状，单击并拖曳鼠标，绘制如图 7.52 所示的曲线路径。

图 7.52　绘制曲线路径

（7）双击曲线路径，系统弹出“自定义路径”对话框，单击选择“计时”选项卡，设置“开始”为“之前”，“速度”为“非常慢（5 秒）”，“重复”为“直到幻灯片末尾”，其他选项保持不变，如图 7.53 所示，最后单击“确定”按钮，关闭对话框，完成路径的动画效果设置。

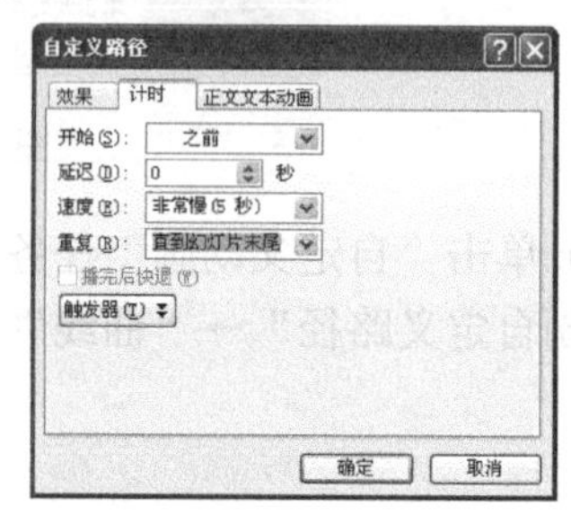

图 7.53　“自定义路径”/“计时”选项卡

（8）利用同样的方法再在幻灯片背景上绘制一个相同效果的圆形，并为其定义路径曲线，并设置其动画效果，如图 7.54 所示。

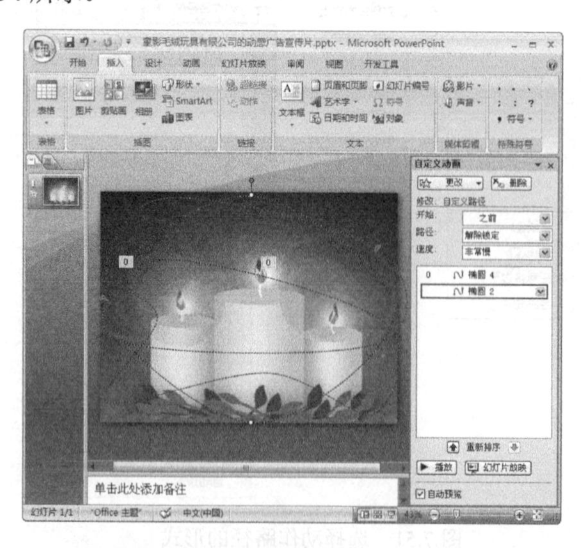

图 7.54　在背景幻灯片中添加的另外一个圆形及其路径曲线

5．在幻灯片中插入图片，并设置其动画效果

（1）切换至“插入”选项卡， 单击“插图”组中的“图片”按钮，系统弹出“插入图片”对话框。

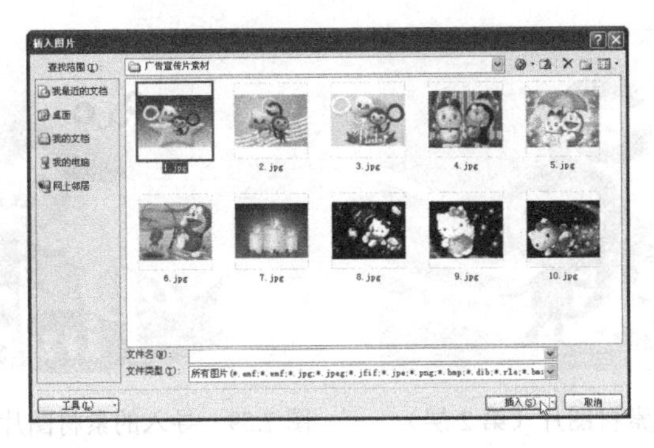

图 7.55　“插入图片”对话框

（2）在该对话框中，查找并选择需要导入的图片，如图 7.55 所示，然后单击“插入”按钮，关闭对话框，并将图片插入到幻灯片中。

（3）调整图片的大小及位置，如图 7.56 所示。

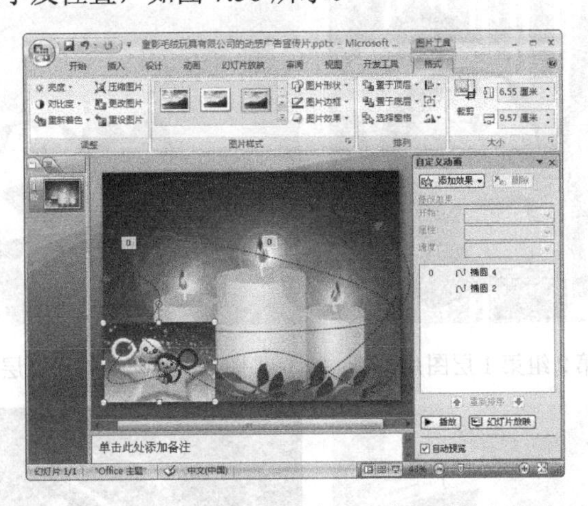

图 7.56　导入图片并调整大小和位置后的幻灯片

（4）设置该图片的进入效果为“飞入”、“之前”、“自顶部”、“非常快”，如图 7.57 所示，并设置其延迟时间为“1 秒”；然后设置其“退出方式”为“擦除”、“之前”、“自左侧”、“非常快”，并设置其延迟时间为“3 秒”。

（5）利用类似的方法，分别将图 7.58 和图 7.59 所示的两个图片导入幻灯片，然后设置图 7.58 的进入效果为“擦除”、“之前”、“自左侧”、“非常快”，并设置其延迟时间为“3 秒”，设置其退出效果为“擦除”、“之前”、“自右侧”、“非常快”，并设置其延迟时间为“5 秒”；设置图 7.59 的进入效果为“擦除”、“之前”、“自右侧”、“非常快”，并设置其延迟时间为“5 秒”，设置其退出效果为“擦除”、“之前”、“自底部”、“非常快”，并设置其延迟时间为“7 秒”；最后调整这两张图片的位置，使其与步骤（3）中调整得的图片完全重合。

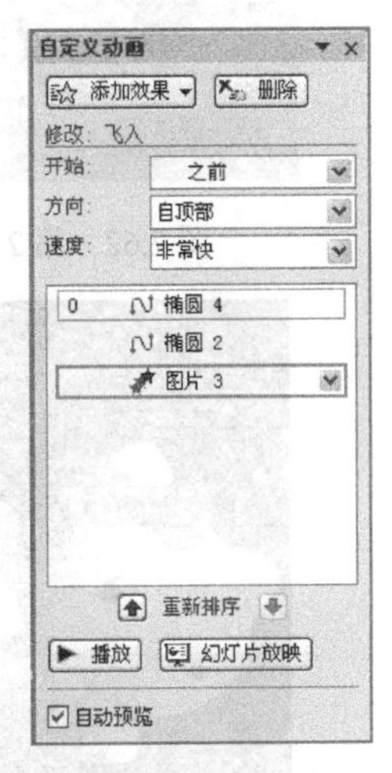

图 7.57　图片的自定义动画效果

图 7.58　导入的素材图片（第 2 层）

图 7.59　导入的素材图片（第 3 层）

6. 在幻灯片中添加其他图片，并设置其动画效果

在幻灯片中分别插入如图 7.60～图 7.65 所示的两组图片，并按照表 7.1 所示的设置，定义每个图片的动画效果，插入图片后的幻灯片效果如图 7.66 所示。

图 7.60　第 2 组第 1 层图片

图 7.61　第 2 组第 2 层图片

图 7.62　第 2 组第 3 层图片

图 7.63　第 3 组第 1 层图片

图 7.64　第 3 组第 2 层图片

图 7.65　第 3 组第 3 层图片

表 7.1 各图片的动画效果设置

图　片	动画效果设置	
	进 入 效 果	退 出 效 果
第 2 组第 1 层	“玩具风车”、“之前”、“非常快”、延迟“1 秒”	“玩具风车”、“之前”、“非常快”、延迟“3 秒”
第 2 组第 2 层	“百叶窗”、“之前”、“水平”、“非常快”、延迟“3 秒”	“百叶窗”、“之前”、“水平”、“非常快”、延迟“5 秒”
第 2 组第 3 层	“百叶窗”、“之前”、“垂直”、“非常快”、延迟“5 秒”	“百叶窗”、“之前”、“垂直”、“非常快”、延迟“7 秒”
第 3 组第 1 层	“切入”、“之前”、“自底部”、“非常快”、延迟“1 秒”	“切出”、“之前”、“到底部”、“非常快”、延迟“3 秒”
第 3 组第 2 层	“切入”、“之前”、“自右侧”、“非常快”、延迟“3 秒”	“切出”、“之前”、“到右侧”、“非常快”、延迟“5 秒”
第 3 组第 3 层	“切入”、“之前”、“自左侧”、“非常快”、延迟“5 秒”	“切出”、“之前”、“到左侧”、“非常快”、延迟“7 秒”

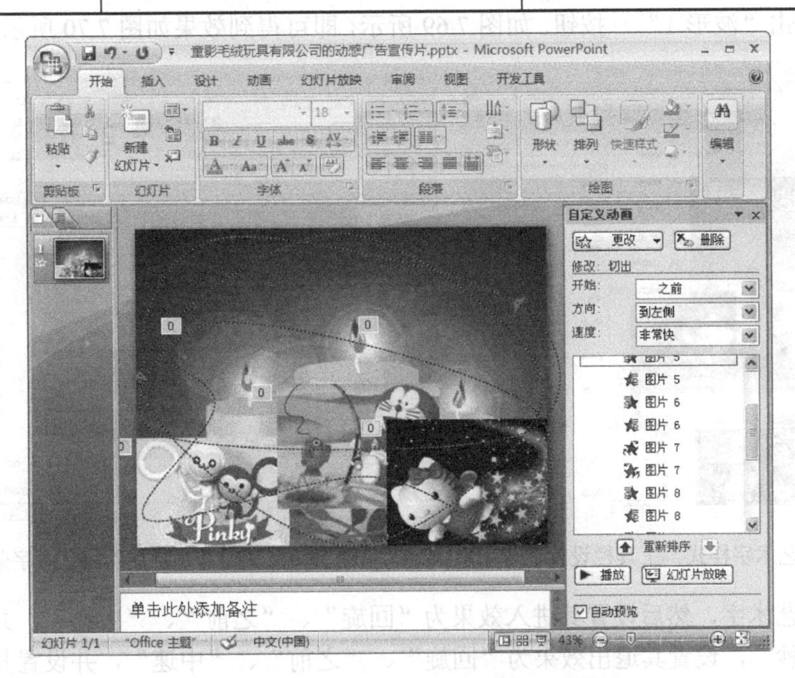

图 7.66 添加其他两组图片后的幻灯片效果

7．在幻灯片中添加公司标志艺术字，并设置其动画效果

（1）切换至“插入”选项卡，单击“文本”组中的“艺术字”按钮，系统弹出“艺术字库”面板，如图 7.67 所示。

（2）在“艺术字库”面板中，单击选择样式，如图 7.67 所示，幻灯片上出现一个“请在此输入您自己的内容”的文本框。

（3）在“请在此输入您自己的内容”的文本框中输入文字“童影玩具”，并设置其“字体”为“华文彩云”，“字号”为“66”，并调整文本框的位置，如图 7.68 所示。

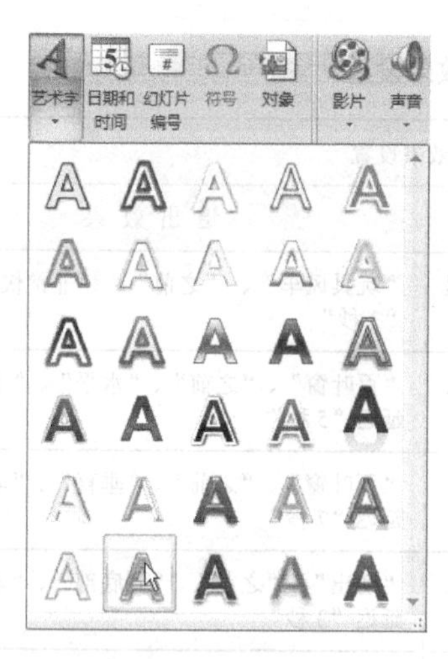

图 7.67 “艺术字库”面板　　　　图 7.68 编辑艺术字

（4）调整艺术字，切换至“绘图工具”/“格式”选项卡，单击“艺术字样式”组中的“文本效果”按钮 文本效果，在打开效果中单击“转换”效果，然后在打开的“转换”效果面板中单击“波形 1” 按钮。如图 7.69 所示，即可得到效果如图 7.70 所示的艺术字。

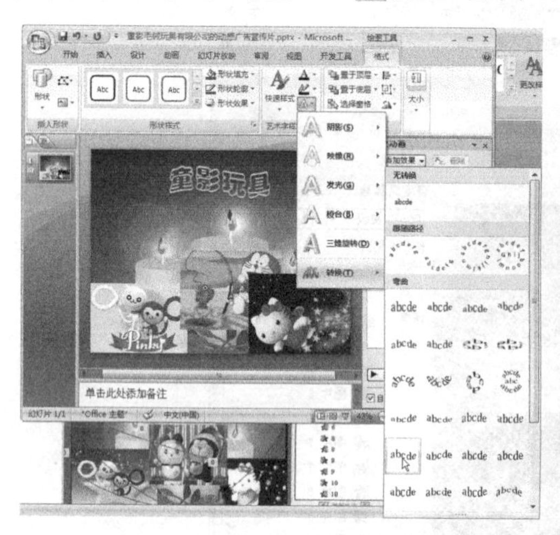

图 7.69 通过“艺术字样式”工具栏设置艺术字形状　　　　图 7.70 在幻灯片中插入的艺术字效果

（5）选中艺术字，然后设置其进入效果为“回旋”、“之前”、“中速”，并设置其延迟时间为“1 秒”，设置其退出效果为“回旋”、“之前”、“中速”，并设置其延迟时间为“5 秒”。

8．在幻灯片中添加其他广告语，并设置其动画效果

（1）切换至“插入”选项卡，单击“文本”组中的“文本框”按钮，在幻灯片中插入文本框，并在其中输入文字“让我们共同拥有　这美好的童年回忆”。

（2）选中文本框，并通过“开始”选项卡设置其“字体”选项为“华文行楷”，“字号”选项为“66”，并单击“居中”对齐方式按钮，设置字体颜色为粉红色。

（3）调整文本框的位置，效果如图 7.71 所示。

图 7.71 添加广告语文本框后的幻灯片效果

（4）设置文本框的进入效果为“回旋”、“之前”、“中速”；设置其延迟时间为“1秒”；设置其强调效果为“忽明忽暗”、“之前”、“中速”；设置其延迟时间为“9 秒”，“重复”选项为“直到幻灯片结束”。

9．为幻灯片添加音乐，并设置其动画效果

（1）切换至“插入”选项卡，单击“媒体剪辑”组中的“声音”按钮，系统弹出“插入声音”对话框。

（2）在该对话框中，查找并选中需要插入幻灯片的声音文件，如图 7.72 所示。

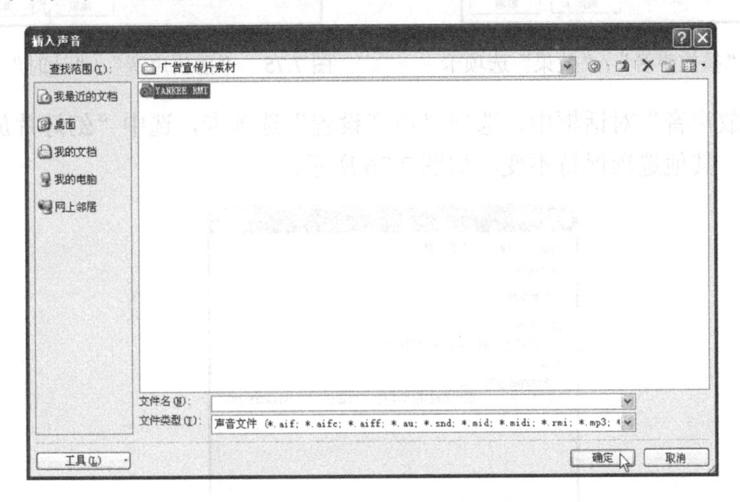

图 7.72 “插入声音”对话框

（3）单击 “确定”按钮，即可关闭对话框，同时系统弹出提示对话框，如图 7.73 所示，提示在幻灯片放映时如何开始播放声音，单击“自动”按钮，关闭对话框，并将选定的声音文件插入幻灯片中，同时在幻灯片中显示🔈图标。

图 7.73　播放声音提示对话框

（4）在“自定义动画”任务窗格中，单击 ▷ YANKEE.RMI 选项右侧的向下三角按钮，并从弹出的快捷菜单中选择“效果选项”命令，或直接双击 ▷ YANKEE.RMI 选项，系统弹出“播放声音”对话框。

（5）在“播放声音”对话框中，选择“效果”选项卡，然后在“开始播放”选项组中选择“开始时间”单选按钮，将其设置为“00:02”，这样可以跳过音乐最开始的空白部分，然后在“停止播放”选项组中选择“当前幻灯片之后”单选按钮，其他选项保持不变，如图 7.74 所示。

（6）在“播放声音”对话框中，单击选择“计时”选项卡，然后将“开始”选项设置为“之前”，其他选项保持不变，如图 7.75 所示。

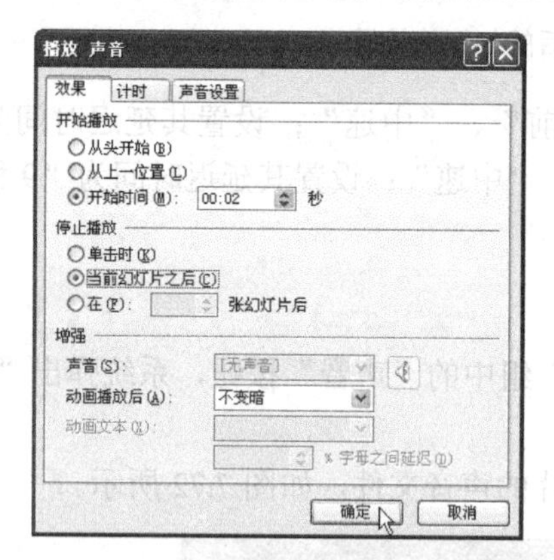

图 7.74　“播放声音”/“效果”选项卡

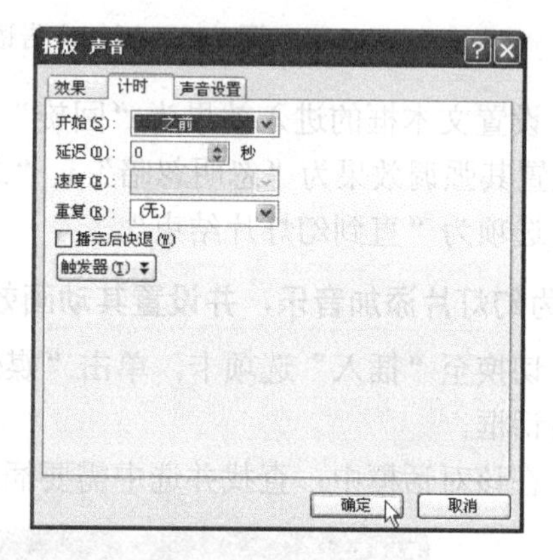

图 7.75　“播放声音”/“计时”选项卡

（7）在“播放声音”对话框中，选择“声音设置”选项卡，选中“幻灯片放映时隐藏声音图标”复选框，其他选项保持不变，如图 7.76 所示。

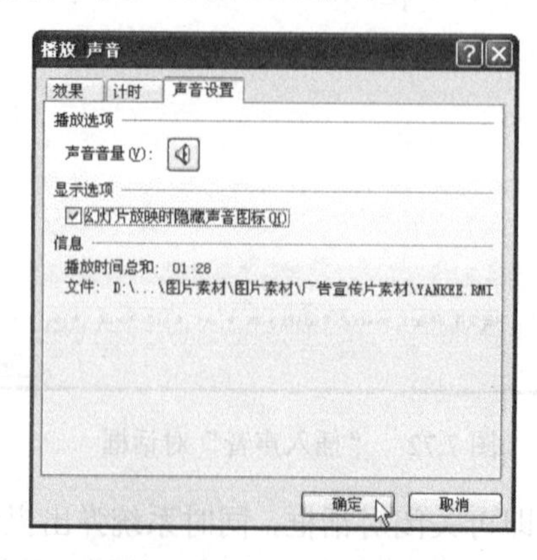

图 7.76　“播放声音”/“声音设置”选项卡

（8）单击“确定”按钮，关闭对话框，并完成声音效果的设置操作

10．为幻灯片设置排练计时

（1）切换至“放映幻灯片”选项卡，单击“设置”组中的“排练计时”按钮排练计时，幻灯片开始放映，同时屏幕的左上角将显示用于计时的“预演”对话框，如图7.77所示。

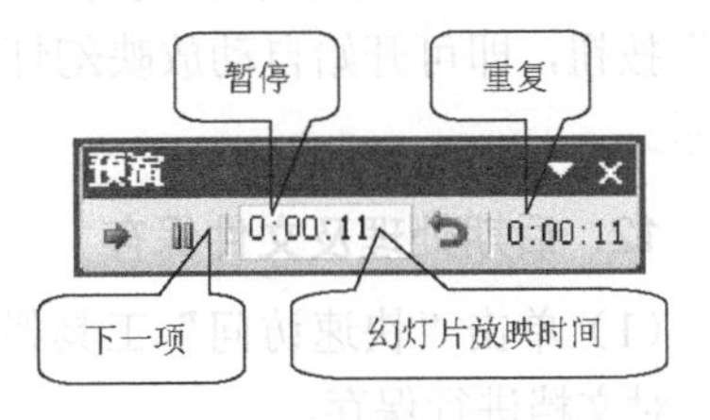

图7.77 “预演”对话框

（2）待幻灯片放映结束时，单击“预演”对话框右上角的“关闭”按钮，或按下Esc键，即可结束排练，并关闭“预演”对话框，同时系统弹出提示对话框，如图7.78所示。

图7.78 幻灯片排练时间提示对话框

（3）单击提示对话框中的【是】按钮，保存幻灯片的排练时间，并关闭对话框，系统自动换到“幻灯片浏览视图”模式，且幻灯片下方显示幻灯片的排练时间，如图7.79所示。

图7.79 “幻灯片浏览视图”模式下的幻灯片效果

11．设置幻灯片的放映方式，并放映演示文稿

（1）切换至“幻灯片放映”选项卡，单击“设置”组中的“设置放映方式”按钮，系统弹出“设置放映方式”对话框。

（2）在该对话框中的“放映类型”选项组中，选择“在展台浏览（全屏幕）”单选按钮；在“换片方式”选项组中，选择“如果存在排练时间，则使用它”选项，其他选项保持不变，这意味着将利用排练时间控制放映幻灯片的放映，当排练时间结束时，将采用循环的方式从头开始放映演示文稿，在放映过程中，只有按下Esc键，才会停止放映。

（3）单击“确定”按钮，关闭对话框，并返回主窗口，完成幻灯片放映方式的设置操作。

（4）单击“开始放映幻灯片”组中的“从头开始”按钮，即可开始自动放映幻灯片，效果如图 7.80 所示。

图 7.80　放映过程中的幻灯片效果

12．后期处理及文件保存

（1）单击“快速访问”工具栏中的“保存”按钮，对文档进行保存。

（2）单击 Office 按钮，依次选择“发布”→“CD 数据包”命令，将幻灯片“打包”。

（3）退出并关闭 PowerPoint 2007 中文版。

本案例通过“童影毛绒玩具有限公司的动感广告宣传片”的设计和制作过程，主要学习了在幻灯片中插入自选图形、艺术字、图片、音乐等对象及其动画效果、幻灯片的排练时间等的设置方法和技巧。其中关键之处在于，利用对象的延迟时间及幻灯片的排练时间有效地控制幻灯片的放映效果。

利用类似本案例的方法，可以非常方便、快捷地完成各种广告宣传片的设计、制作和放映任务。

本章主要介绍了 PowerPoint 在广告宣传领域的用途，及利用 PowerPoint 完成具体案例任务的流程、方法和技巧。熟练掌握并灵活应用这些案例的制作过程，可以帮助我们解决广告宣传及文稿演示过程中遇到的各种问题。

链接一　如何为多张幻灯片指定相同的幻灯片切换效果

如果希望为多张幻灯片设置相同的切换效果，除了对每张幻灯片重复地进行切换设置外，还可以通过下列方法来快速完成：

（1）切换至“视图”选项卡，单击“演示文稿视图”组中的“幻灯片浏览”命令，切换到幻灯片浏览视图模式。

（2）在按住键盘中的 Ctrl 键的同时，逐个单击需要设置为相同切换方式的幻灯片，可以将单击过的幻灯片全部选中。

（3）再次切换至“动画”选项卡，在“切换到此幻灯片”组中为幻灯片选择所需要的切换效果即可。

链接二　如何控制幻灯片的放映

如果“放映类型”选择“演讲者放映（全屏幕）”选项，在幻灯片任意位置单击鼠标，均可跳转至下一张幻灯片，按下键盘中的 Page Up 或 Page Down 键，也可以跳至上一张或下一张幻灯片，单击鼠标右键，系统弹出快捷菜单，如图 7.81 所示，通过该菜单，可以具体控制幻灯片的放映操作。

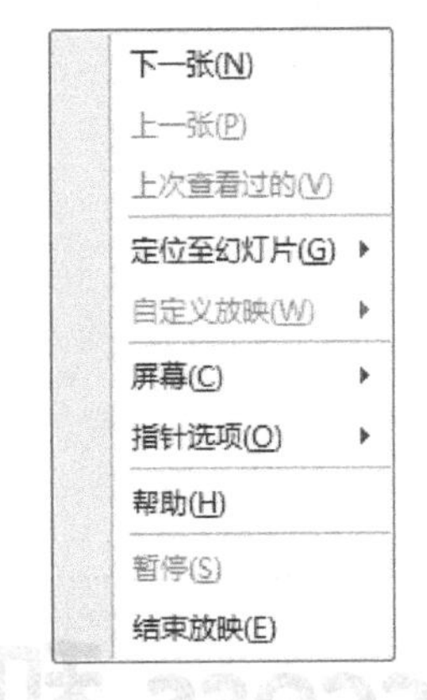

图 7.81 放映幻灯片时的快捷菜单

如果“放映类型”选择“观众自动浏览（窗口）”选项，在放映幻灯片的过程中，按下键盘中的 Page Up 或 Page Down 键，可以实现跳至上一张或下一张幻灯片；按下键盘中的 W 键，将变成白屏；按下键盘中的 B 键将变成黑屏。要继续放映幻灯片，只需按下键盘中的空格键即可。这主要用于在放映幻灯片时中场休息或插入其他话题时，又准备随时继续放映的情况。

链接三 如何将 PowerPoint 的大纲、备注或讲义发送到 Word 中

如果要将 PowerPoint 的大纲、备注或讲义发送到 Word 中，需要执行如下操作步骤：

（1）单击“Office 按钮”，依次选择 “发布”→“使用 Microsoft Office Word 创建讲义”命令，系统弹出“发送到 Microsoft Office Word”对话框，如图 7.82 所示。

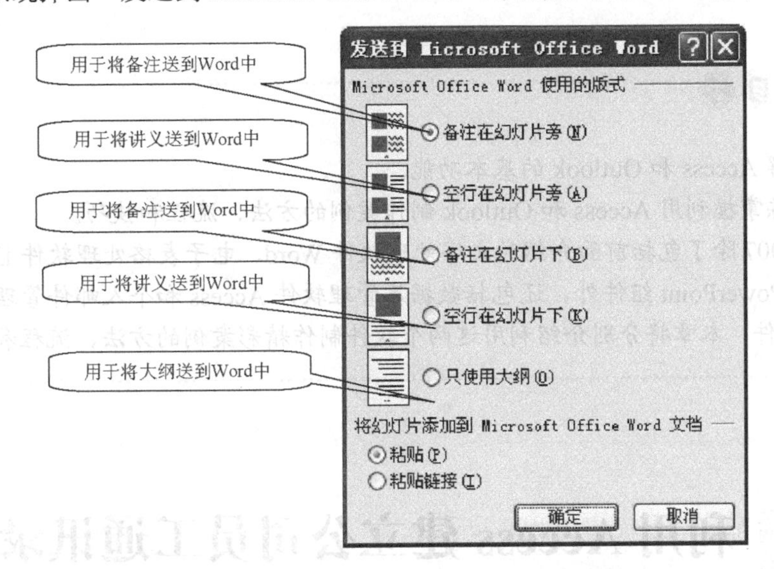

图 7.82 “发送到 Microsoft Office Word”对话框

（2）在该对话框中，选择设置“Microsoft Office Word 使用的版式”选项组中的选项。

（3）单击“确定”按钮，系统自动启动 Word 软件，并将相应的演示文稿内容作为图片插入到 Word 文档中。

上机完成本章提供的各个案例，并在此基础上完成下列案例的制作。

（1）设计并制作班级优秀摄影作品展示片。

（2）设计并制作学校动感广告宣传片。

第8章 Access 和 Outlook 的基本应用

（1）了解 Access 和 Outlook 的基本功能。

（2）熟练掌握利用 Access 和 Outlook 制作案例的方法、流程和技巧。

Office 2007 除了包括前面介绍的文字处理软件 Word、电子表格处理软件 Excel、文稿演示软件 PowerPoint 组件外，还包括数据库管理软件 Access 和个人邮件管理软件 Outlook 等组件，本章将分别介绍利用这两个软件制作精彩案例的方法、流程和技巧。

8.1 利用 Access 建立公司员工通讯录

做什么

在公司管理工作中，人员管理占有非常重要的地位，要想有效地管理每位员工，首先必须了解和掌握每位员工的基本情况，建立员工通讯录。通讯录管理系统一般应具有通讯录登记、查询、统计、报表、打印等功能，涉及的项目一般应包括姓名、性别、所属部门、年龄、家庭住址、联系电话、电子邮箱等。

利用 Access 2007 中文版软件的数据库、表、窗体、报表向导，可以非常方便地完成效果如图 8.1～图 8.3 所示的“飞宇高科技开发有限公司员工通讯录”系统。

员工通讯录	名字	家庭住址	邮政编码	住宅电话	单位电话	移动电话	电子邮件地	生日
1	张红英	石家庄市和平	050087	0311-878256	0311-868652	13033115666	zhy@fykj.co	1968-1-12
2	李鹏亮	石家庄市新华	050011	0311-878725	0311-868652	13315895339	lpl@fykj.co	1971-3-5
3	王小鹏	石家庄市新开	050011	0311-878315	0311-868652	13316823943	wxp@fykj.co	1971-1-22
4	宋书华	石家庄市建胜	050043	0311-830385	0311-868652	13565662134	ssl@fykj.co	1964-8-5
5	闫宏宇	石家庄市建华	050040	0311-867892	0311-868652	13255267981	yhy@fykj.co	1972-3-14
6	吴广翰	石家庄市体育	050030	0311-867522	0311-868652	13643215557	wgh@fykj.co	1971-3-5
7	赵莉云	石家庄市裕华	050010	0311-877333	0311-868652	8687199	zly@fykj.co	1971-3-5
8	孟　霖	石家庄市工农	050051	0311-839957	0311-868652	13315552981	ml@fykj.com	1971-3-5
9	杜晓楠	石家庄市裕华	050051	0311-836486	0311-868652	13287596878	dxn@fykj.co	1971-3-5
10	汪玉涵	石家庄市友谊	050051	0311-839900	0311-868652	13833315553	wyh@fykj.co	1971-3-5

图 8.1　“飞宇高科技开发有限公司员工通讯录”的表效果图

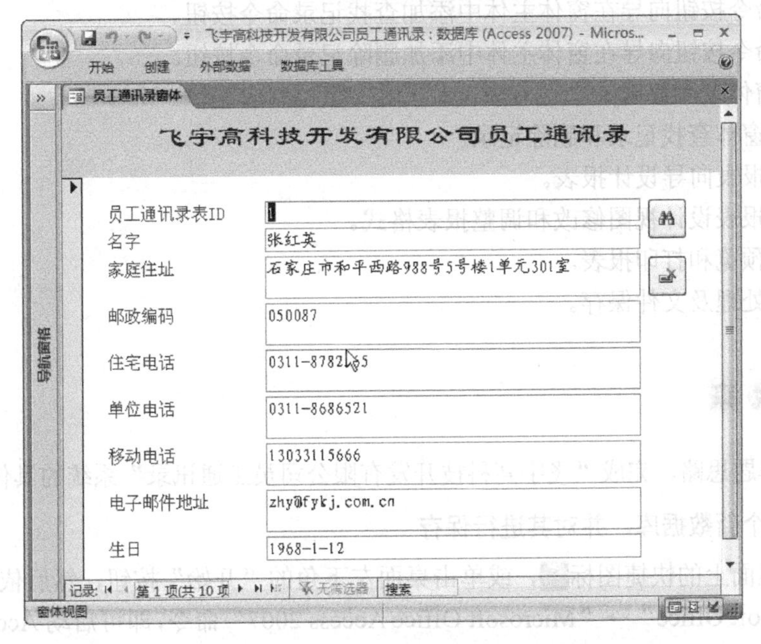

图 8.2　“飞宇高科技开发有限公司员工通讯录”的窗体效果图

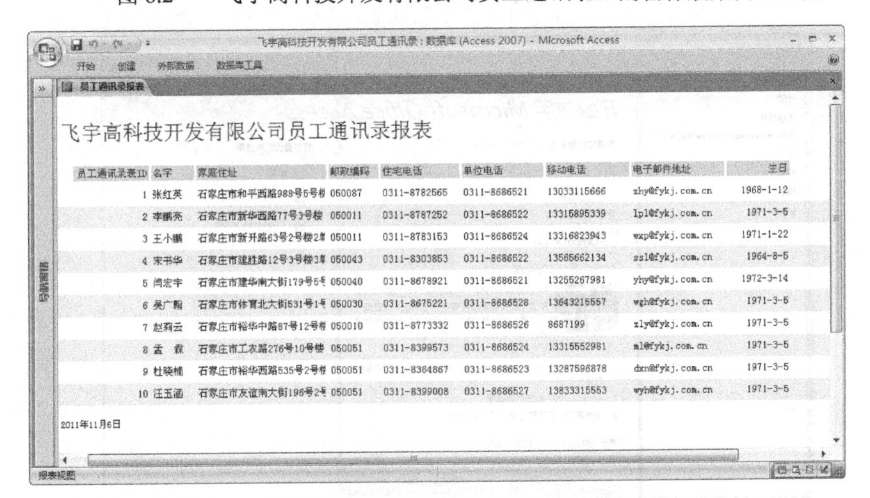

飞宇高科技开发有限公司员工通讯录报表

员工通讯录表ID	名字	家庭住址	邮政编码	住宅电话	单位电话	移动电话	电子邮件地址	生日
1	张红英	石家庄市和平西路988号5号楼	050087	0311-8782565	0311-8686521	13033115666	zhy@fykj.com.cn	1968-1-12
2	李鹏亮	石家庄市新华西路77号3号楼	050011	0311-8787252	0311-8686522	13315895339	lpl@fykj.com.cn	1971-3-5
3	王小鹏	石家庄市新开路63号2号楼2单	050011	0311-8783153	0311-8686524	13316823943	wxp@fykj.com.cn	1971-1-22
4	宋书华	石家庄市建胜路12号3号楼3单	050043	0311-8303853	0311-8686522	13565662134	ssl@fykj.com.cn	1964-8-5
5	闫宏宇	石家庄市建华南大街179号5号	050040	0311-8678921	0311-8686521	13255267981	yhy@fykj.com.cn	1972-3-14
6	吴广翰	石家庄市体育北大街531号1号	050030	0311-8675221	0311-8686528	13643215557	wgh@fykj.com.cn	1971-3-5
7	赵莉云	石家庄市裕华中路87号12号楼	050010	0311-8773332	0311-8686526	8687199	zly@fykj.com.cn	1971-3-5
8	孟　霖	石家庄市工农路276号10号楼	050051	0311-8399573	0311-8686524	13315552981	ml@fykj.com.cn	1971-3-5
9	杜晓楠	石家庄市裕华西路535号2号楼	050051	0311-8364867	0311-8686523	13287596878	dxn@fykj.com.cn	1971-3-5
10	汪玉涵	石家庄市友谊南大街196号2号	050051	0311-8399008	0311-8686527	13833315553	wyh@fykj.com.cn	1971-3-5

2011年11月6日

图 8.3　“飞宇高科技开发有限公司员工通讯录”的报表效果图

分组对案例进行讨论和分析，得出如下解题思路：

（1）创建一个新数据库，并对其进行保存。

（2）创建数据表。

（3）利用表设计视图窗口修改和调整表。

（4）利用窗体向导创建窗体。

（5）利用窗体设计视图修改和调整窗体及其对象的格式、布局。

（6）在窗体页眉位置插入用于显示窗体标题的标签。

（7）利用命令按钮向导在窗体主体中添加查找记录命令按钮。

（8）利用命令按钮向导在窗体主体中添加删除记录命令按钮。

（9）利用窗体录入数据。

（10）利用窗体查找记录和删除记录。

（11）利用报表向导设计报表。

（12）利用报表设计视图修改和调整报表格式。

（13）打印预览和打印报表。

（14）后期处理及文件保存。

根据以上解题思路，完成“飞宇高科技开发有限公司员工通讯录”系统的具体操作如下：

1．创建一个新数据库，并对其进行保存

（1）双击桌面上的快捷图标，或单击桌面左下角的“开始”按钮，然后依次选择“程序”→“Microsoft Office”→“Microsoft Office Access 2007”命令，即可启动 Access 中文版，打开 Access 数据库编辑窗口，如图 8.4 所示。

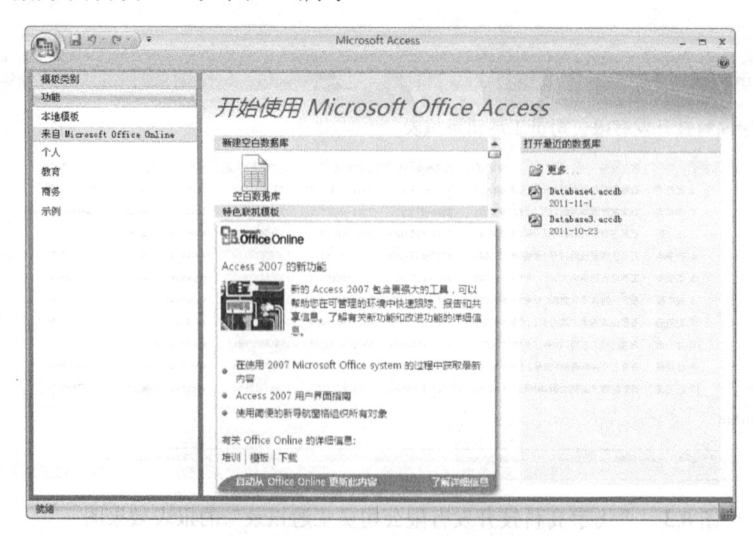

图 8.4　Access 数据库编辑窗口

（2）在打开的程序界面中选择“空白数据库”选项，新建空白数据库，如图 8.5 所示。

图 8.5 新建空白数据库

单击桌面左下角的“开始”按钮，然后选择“新建 Office 文档”命令，并在“新建 Office 文档”对话框的“常用”选项卡中单击“空数据库”按钮，然后单击“确定”按钮，即可启动 Access 2007 中文版，并直接打开“新建文件”任务窗格。

（3）单击程序界面右方“空白数据库”面板中的“浏览到某个位置存放数据库”按钮，系统弹出“文件新建数据库”对话框。

（4）在该对话框中，选择数据库保存的位置，并输入文件名“飞宇高科技开发有限公司员工通讯录”，如图 8.6 所示，然后单击“确定”按钮，设定数据库保存位置及名称后，单击程序界面右方“空白数据库”面板中的“创建”按钮，如图 8.7 所示，即可创建一个被命名为“飞宇高科技开发有限公司员工通讯录”的空白数据库，其扩展名为.accdb，如图 8.8 所示。

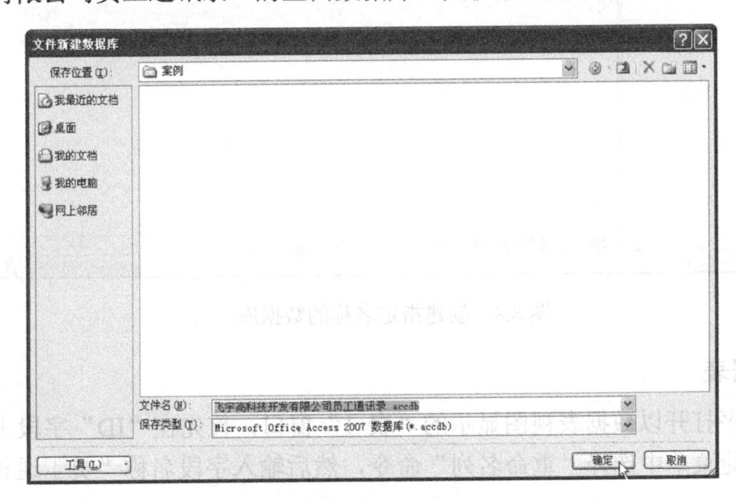

图 8.6 “文件新建数据库”对话框

图 8.7　在“空白数据库”面板中单击“创建”按钮

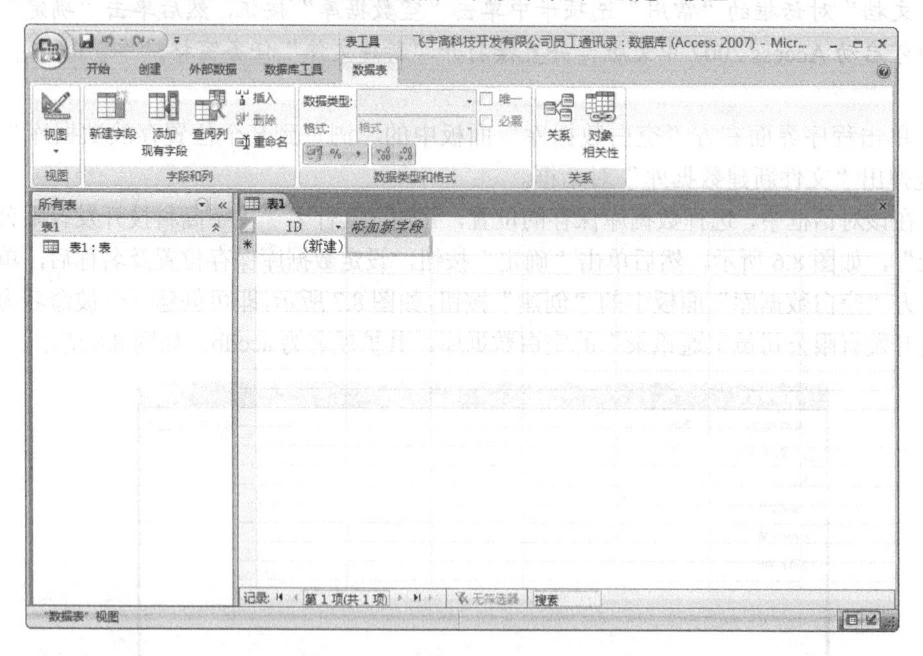

图 8.8　创建指定名称的数据库

2．创建数据表

（1）此时程序打开以数据表视图显示的“表 1”窗口，首先在“ID”字段上单击鼠标右键，在弹出的快捷菜单中选择“重命名列”命令，然后输入字段名称“员工通讯录表 ID”，如图 8.9 所示。

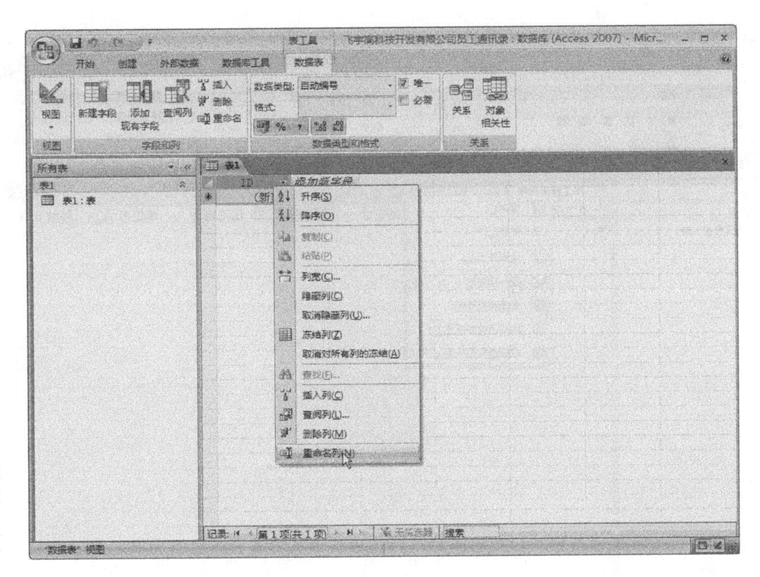

图 8.9　重命名字段名称

（2）在“添加新字段”字段上单击鼠标右键，在弹出的快捷菜单中选择“重命名列”命令，然后输入字段名称“名字”。

（3）重复步骤（2）的操作，分别设置其他字段的名称，如图 8.10 所示。

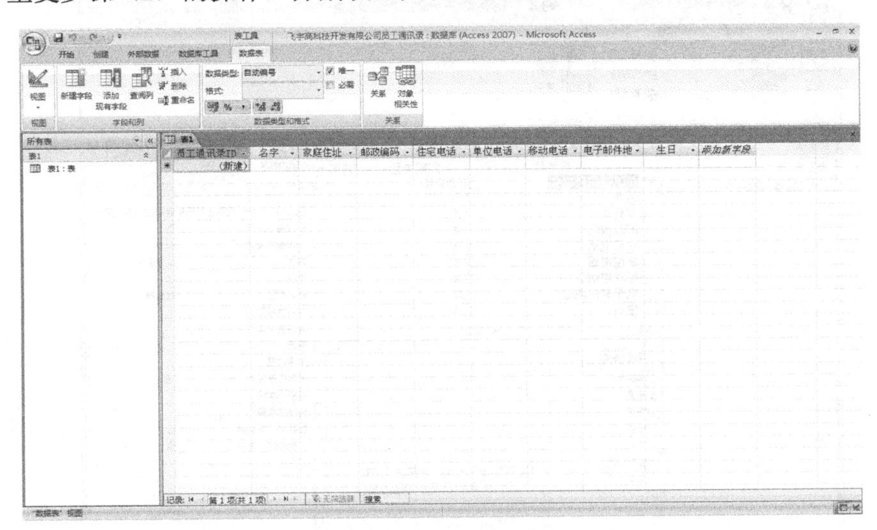

图 8.10　设置其他字段名称

（4）单击快速访问工具栏上的保存按钮，系统弹出“另存为”对话框，在该对话框中输入表的名称“员工通讯录表”，如图 8.11 所示，然后单击“确定”按钮，对数据表进行保存。

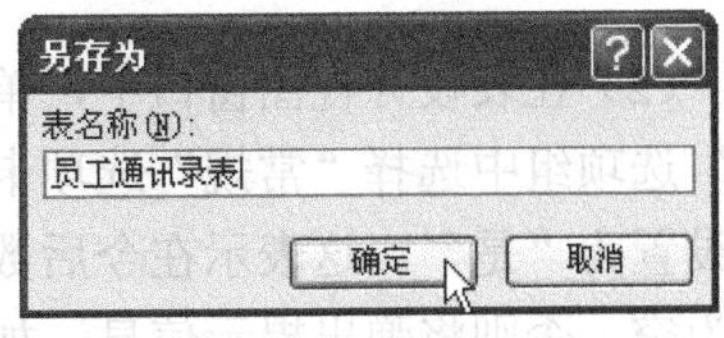

图 8.11　对表进行保存

3. 利用表设计视图修改和调整表

（1）在“员工通讯录表”标签上单击鼠标右键，然后在弹出的快捷菜单中选择“设计视图”命令，如图 8.12 所示，系统切换到表设计视图窗口，如图 8.13 所示。

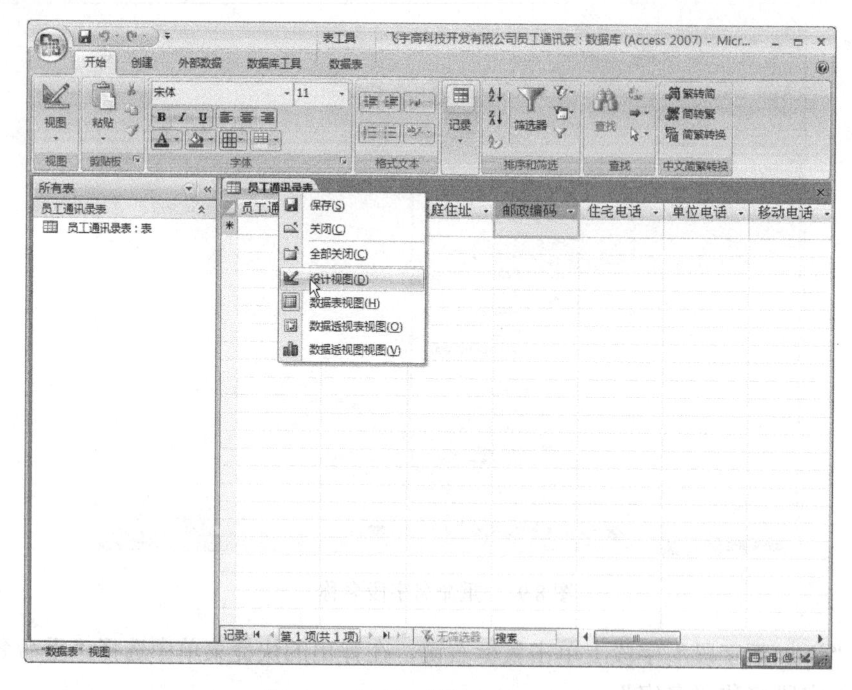

图 8.12　选择“设计视图”命令

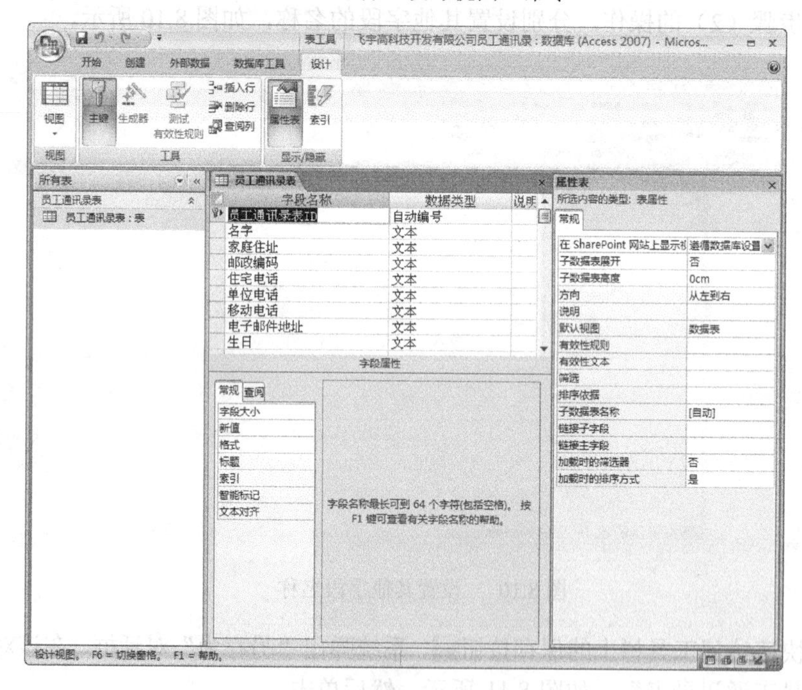

图 8.13　切换到表设计视图窗口

（2）在表设计视图窗口中，单击“字段名称”列表中的“姓名”字段，然后在“字段属性”选项组中选择“常规”选项卡，并将“字段大小”选项更改为“10”，“必填字段”选项设置为“是”。这表示在今后数据录入过程中，该字段的长度不能超过 10 个字符，且不能为空，否则将弹出提示信息，如图 8.14 所示。

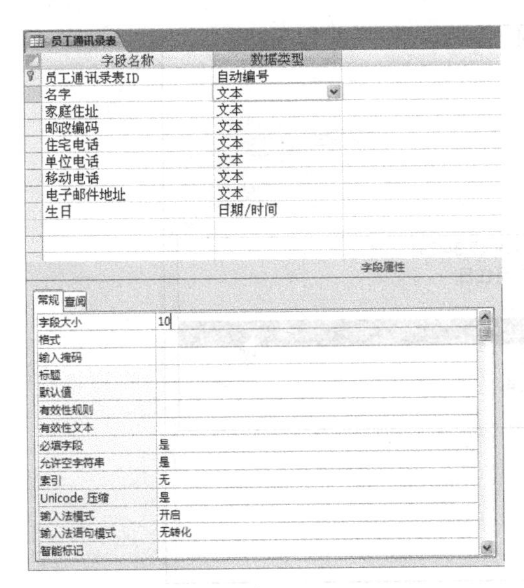

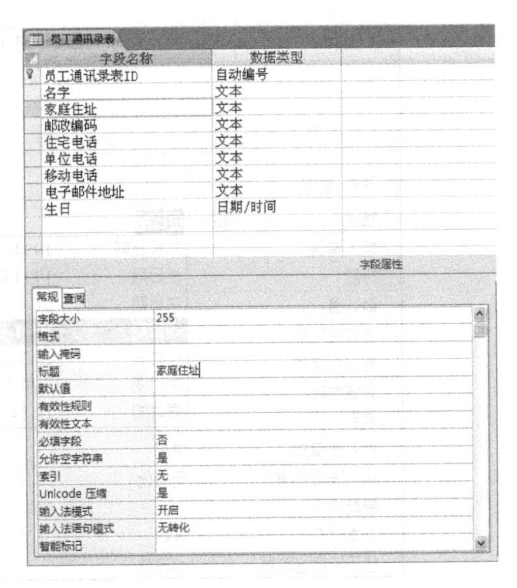

图 8.14　设置字段属性

（3）单击“字段名称”列表中的“家庭住址”字段，然后在“字段属性”选项组中选择“常规”选项卡，并在“标题”文本输入框中输入“家庭住址”，这意味着将来显示表时将以“家庭住址”为标题对该字段进行标识，如图 8.14 所示。

（4）单击“字段名称”列表中的“生日”字段，然后单击“数据类型”右端的向下三角按钮，设置“生日”字段的数据类型为“日期/时间”型，如图 8.15 所示。然后在下方的“字段属性”选项组中选择“常规”选项卡，并单击“格式”选项框右端的向下三角按钮，最后在下拉列表中选择“短日期 1994-6-19”选项，如图 8.16 所示，这表示在今后录入数据的过程中，该字段必须以“1994-6-19”形式录入。

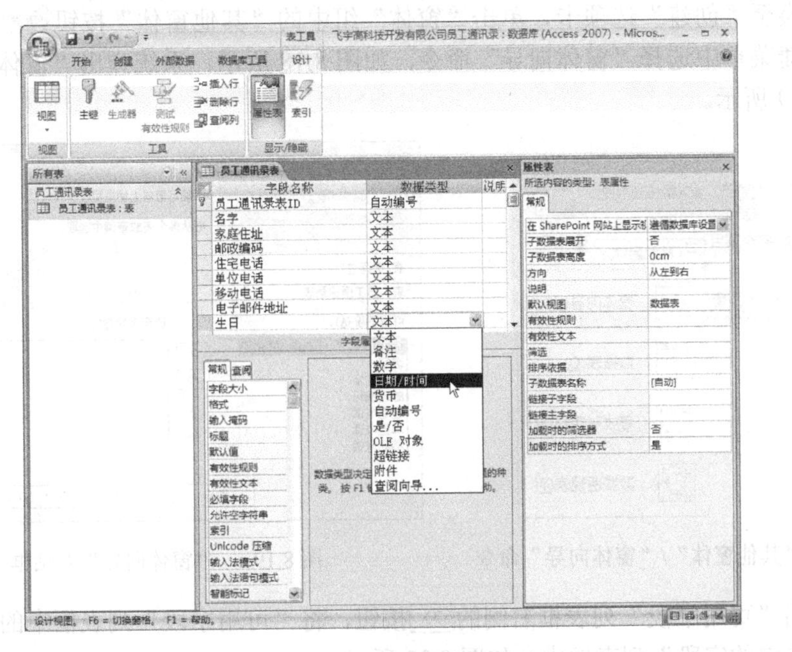

图 8.15　设置字段的数据类型

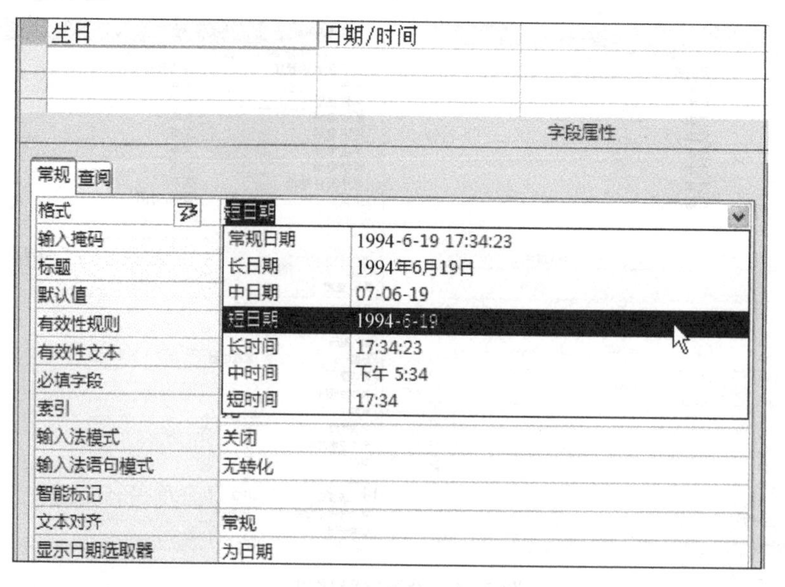

图 8.16　在“字段属性”/“常规”选项卡中设置“生日”字段的“格式”选项

（5）其他选项保持不变，单击表设计视图右上角的“关闭”按钮×，系统弹出操作提示对话框，如图 8.17 所示，单击“是”按钮，关闭对话框，即可保存对表的修改。

图 8.17　操作提示对话框

4. 利用窗体向导创建窗体

表创建完成后，接下来需要创建用于查看、修改、添加、删除表中数据的窗体（窗体即通常所说的窗口）。

（1）切换至“创建”选项卡，单击“窗体”组中的“其他窗体”按钮 其他窗体，然后在弹出的快捷菜单中选择“窗体向导”命令，如图 8.18 所示，系统弹出“窗体向导”对话框，如图 8.19 所示。

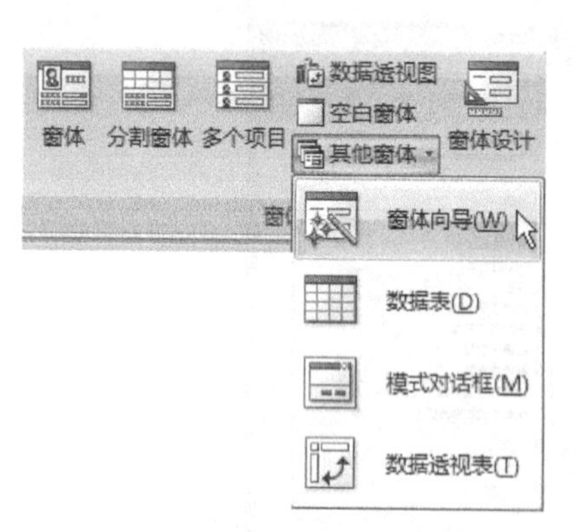

图 8.18　选择“其他窗体”/“窗体向导”命令

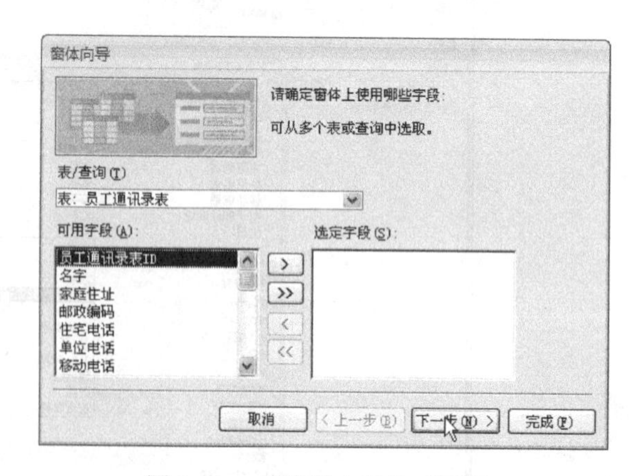

图 8.19　“窗体向导”对话框

（2）单击“可用字段”列表框右侧的 >> 按钮，将“可用字段”列表框中的所有字段全部添加到“选定的字段”列表框中，如图 8.20 所示。

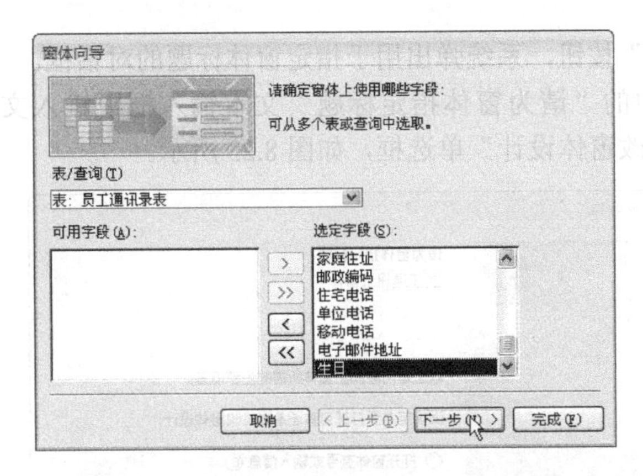

图 8.20　在“窗体向导”对话框中选定字段

（3）单击“下一步”按钮，系统弹出用于选择窗体布局的对话框。

（4）在该对话框中，选择“纵栏表”单选按钮，可以在对话框中预览其效果，如图 8.21 所示。

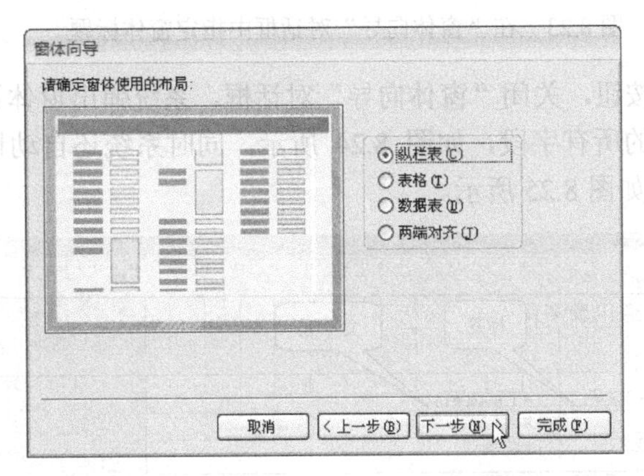

图 8.21　在“窗体向导”对话框中选择窗体布局

（5）单击“下一步”按钮，系统弹出用于选择窗体样式的对话框。

（6）在该对话框中，选择“标准”选项，可以在对话框中预览其效果，如图 8.22 所示。

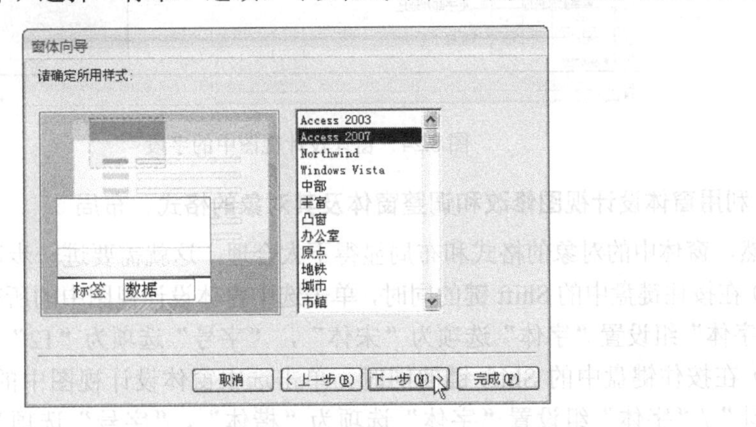

图 8.22　在“窗体向导”框中选择窗体样式

（7）单击“下一步”按钮，系统弹出用于指定窗体标题的对话框。

（8）在该对话框中的“请为窗体指定标题”文本输入框中输入文本“员工通讯录窗体”，并单击选择“修改窗体设计”单选框，如图 8.23 所示。

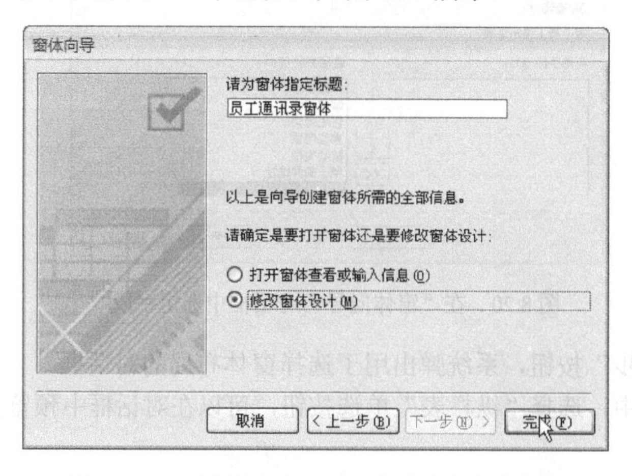

图 8.23　在“窗体向导”对话框中指定窗体标题

（9）单击“完成”按钮，关闭“窗体向导”对话框，系统弹出窗体设计视图，在该窗体中，包含了在前面选定的所有字段，如图 8.24 所示，同时系统还自动切换至“窗体设计工具”/“设计”选项卡，如图 8.25 所示。

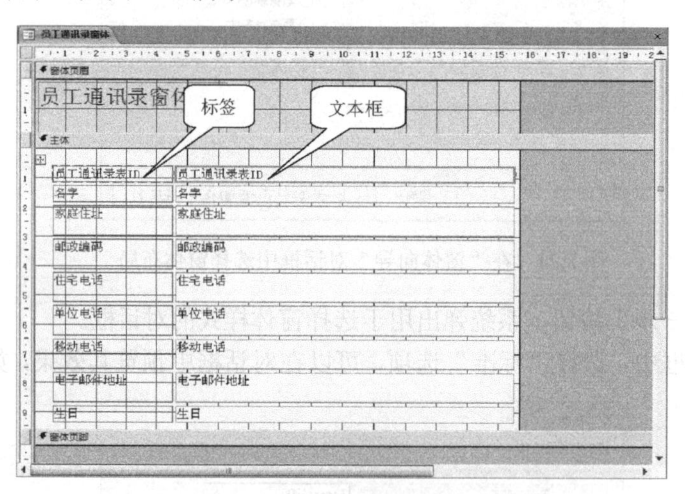

图 8.24　窗体设计视图中的字段

5．利用窗体设计视图修改和调整窗体及其对象的格式、布局

显然，窗体中的对象的格式和布局显得不太合理，这就需要进一步进行调整。

（1）在按住键盘中的 Shift 键的同时，单击选中窗体设计视图中的所有标签，并通过“设计”/“字体”组设置“字体”选项为“宋体”，“字号”选项为“12”。

（2）在按住键盘中的 Shift 键的同时，单击选中窗体设计视图中的所有文本框，并通过“设计”/“字体”组设置“字体”选项为“楷体”，“字号”选项为“12”，如图 8.26 所示。

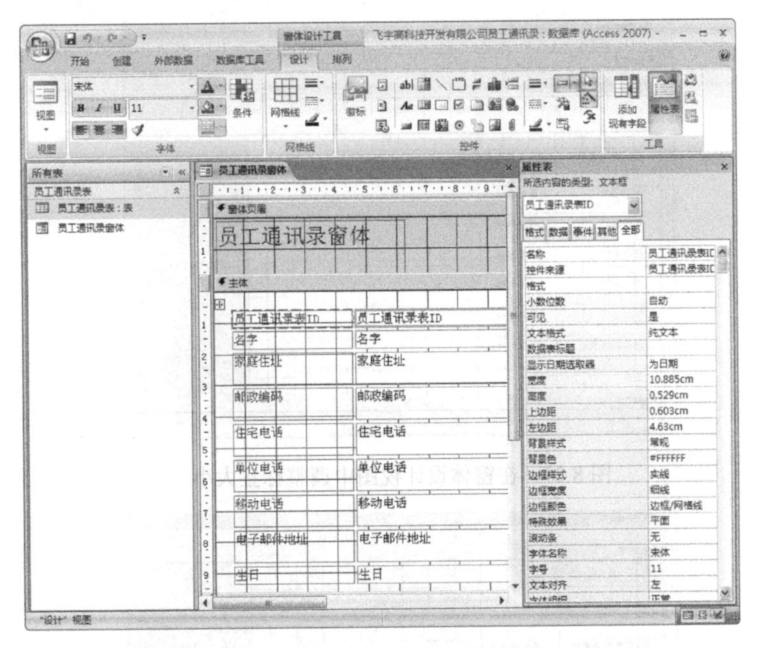

图 8.25　切换至“窗体设计工具”/“设计”选项卡

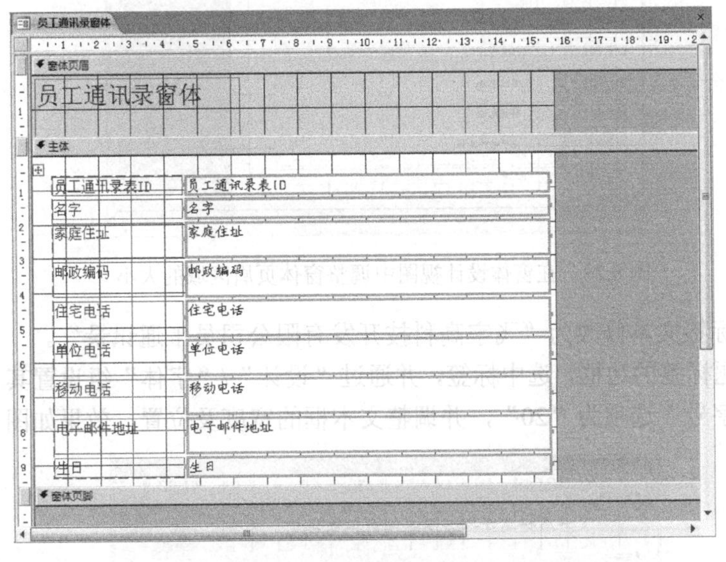

图 8.26　调整窗体设计视图中对象的字体、字号

（3）将鼠标指针移动到窗体设计视图中文本框右边缘或下边缘，鼠标指针变成✛或✛，此时向右或向下拖曳鼠标，可以增大窗体中文本框大小，向左或向上拖曳鼠标，可以缩小文本框的大小。利用这样的方法调整窗体设计视图中标签的大小，如图 8.27 所示。

6．在窗体页眉位置设置用于显示窗体标题的标签

下面为窗体设置标题。

（1）在窗体设计视图中单击选中“窗体页眉”，并将鼠标指针移动到窗体页眉的下边缘，鼠标指针变成✛，此时向下拖曳鼠标，可以增大窗体的页眉区域，如图 8.28 所示。

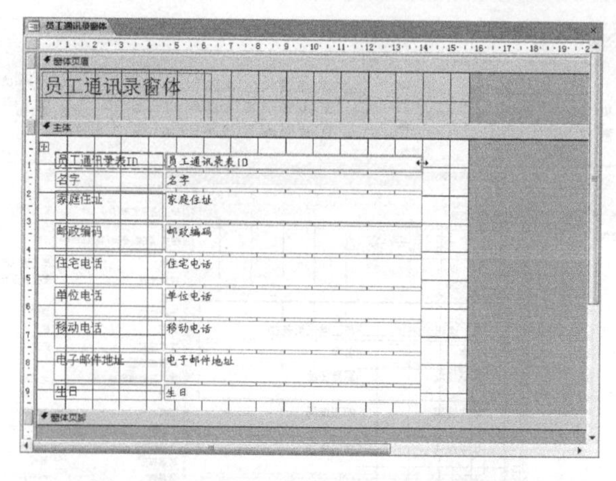

图 8.27　在窗体设计视图中调整标签大小

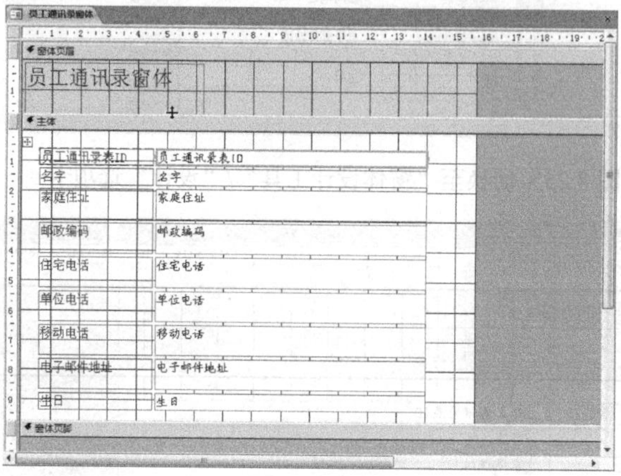

图 8.28　在窗体设计视图中调整窗体页眉区域的大小

（2）将标题标签文本修改为“飞宇高科技开发有限公司员工通讯录”。

（3）单击标题标签的边框，选中标签，并通过“设计”/“字体”组设置其“字体”选项为“隶书”，“字号”选项为“20”，并调整文本框的宽度及位置，效果如图 8.29 所示。

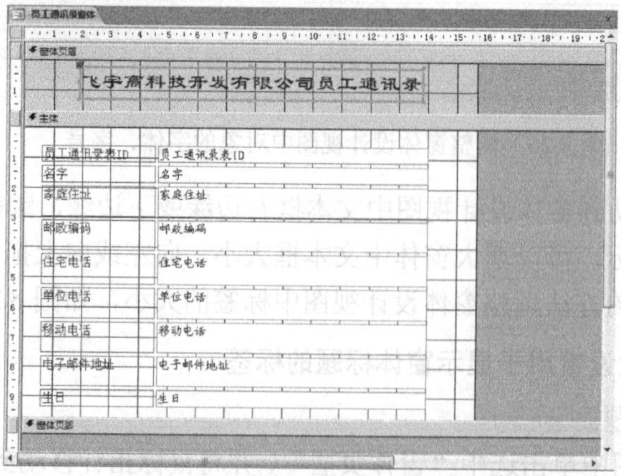

图 8.29　利用窗体设计视图在窗体页眉中修改标题标签

7. 利用命令按钮向导在窗体主体中添加查找记录命令按钮

（1）单击“设计”/“控件”中的“按钮”窗体控件，然后在窗体设计视图中主体区域的空白处按下鼠标左键，并向右、向下拖曳鼠标，绘制窗体控件，当释放鼠标左键时，系统弹出“命令按钮向导”对话框，如图 8.30 所示。

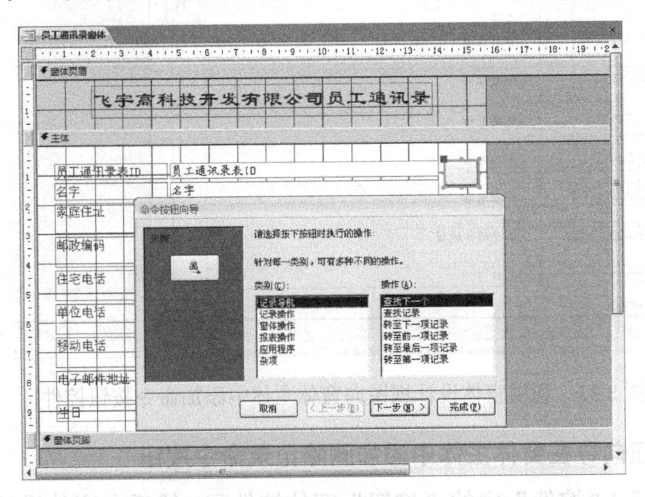

图 8.30　在窗体中添加命令按钮时系统弹出的“命令按钮向导”对话框

（2）在“命令按钮向导”对话框中的“类别”列表框中选择“记录导航”选项，然后再在“操作”列表框中单击选择“查找记录”选项。

（3）单击“下一步”按钮，系统弹出用于设置命令按钮外观的对话框，在对话框中单击选择“图片”单选按钮，并在其右侧的列表框中选择“双筒望远镜（查找）”选项，如图 8.31 所示。

（4）单击“下一步”按钮，系统弹出用于设置命令按钮名称的对话框，在对话框中的文本输入框中输入文本“CmdSearch”，如图 8.32 所示。

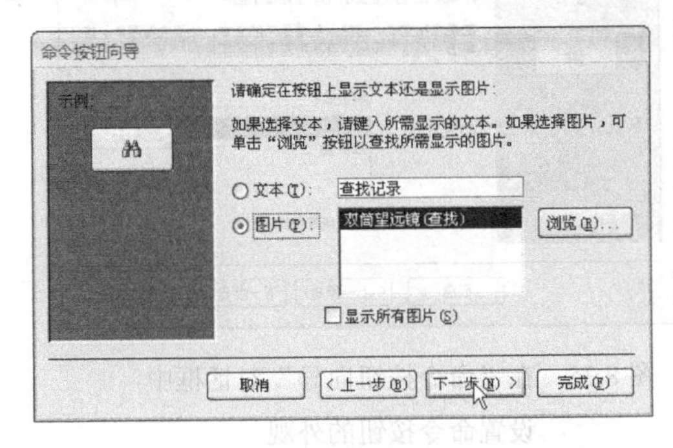

图 8.31　在“命令按钮向导”对话框中设置命令按钮的外观

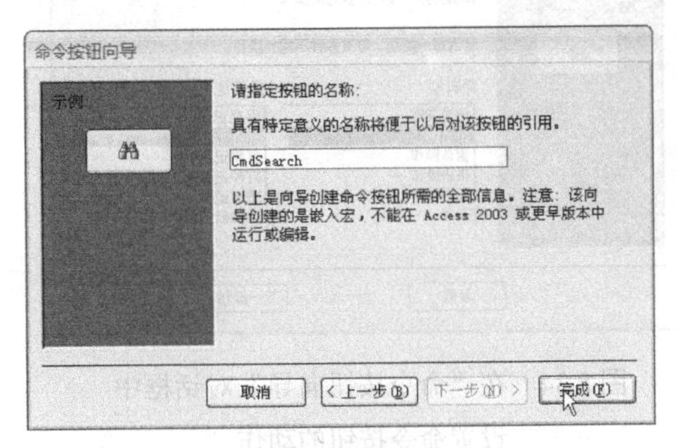

图 8.32　在“命令按钮向导”对话框中设置命令按钮的名称

（5）单击“完成”按钮，关闭“命令按钮向导”对话框，完成命令按钮的添加和设置操作。

（6）在窗体设计视图中调整命令按钮的位置，如图 8.33 所示。

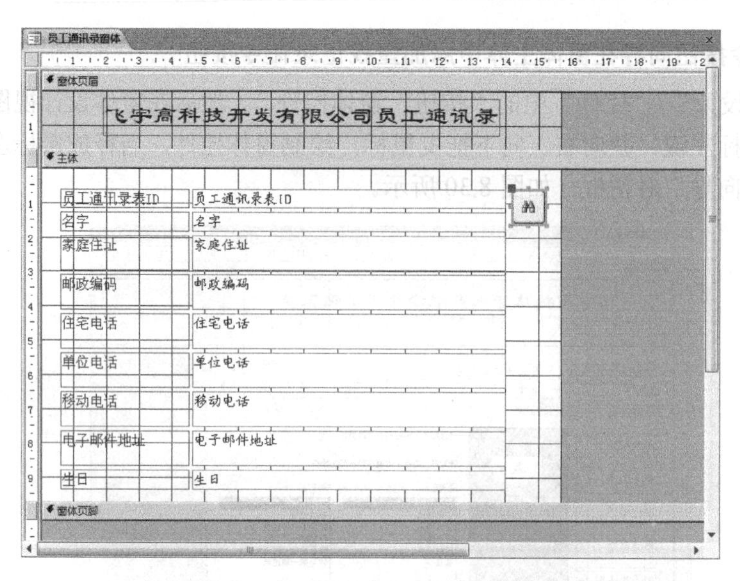

图 8.33　利用窗体设计视图向窗体主体中添加命令按钮控件

8．利用命令按钮向导在窗体主体中添加删除记录命令按钮

（1）单击“设计”/“控件”中的“按钮”窗体控件，然后在窗体设计视图中主体区域的空白处按下鼠标左键，并向右、向下拖曳鼠标，绘制窗体控件，当释放鼠标左键时，系统弹出“命令按钮向导”对话框。

（2）在“命令按钮向导”对话框中的“类别”列表框中单击选择“记录操作”选项，然后再在“操作”列表框中单击选择“删除记录”选项，如图 8.34 所示。

（3）单击“下一步”按钮，系统弹出用于设置命令按钮外观的对话框，在对话框中单击选择“图片”单选按钮，并在其右侧的列表框中单击选择“删除记录”选项，如图 8.35 所示。

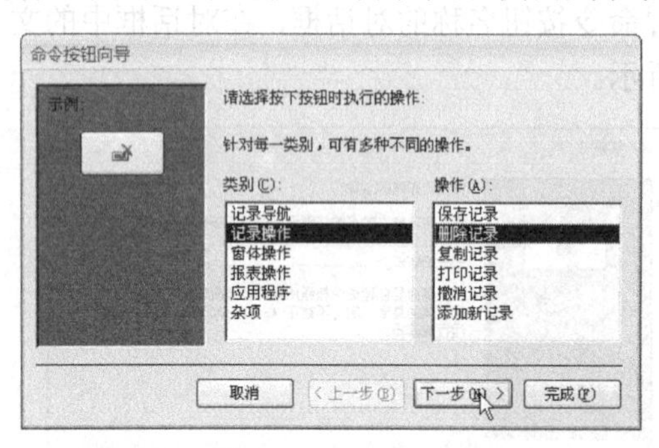

图 8.34　在“命令按钮向导”对话框中设置命令按钮的动作

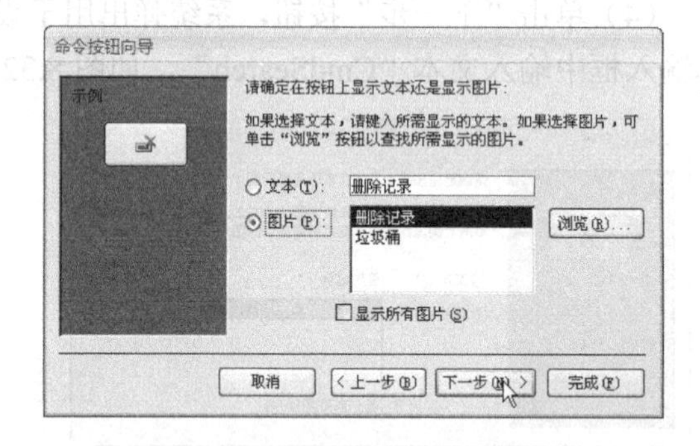

图 8.35　在“命令按钮向导”对话框中设置命令按钮的外观

（4）单击“下一步”按钮，系统弹出用于设置命令按钮名称的对话框，在对话框中的文本输入框中输入文本“CmdDelete”。

（5）单击“完成”按钮，关闭“命令按钮向导”对话框，完成命令按钮的添加和设置操作。

（6）在按住键盘中的 Shift 键的同时，依次单击在主体区域添加的两个命令按钮，然后单击鼠标右键选择 “对齐”/“靠左”命令，即可使得两个命令按钮保持垂直对齐；再次单击鼠标右键选择“大小”/“至最宽”和“至最高”命令，即可使得两个命令按钮保持大小相同，如图 8.36 所示。

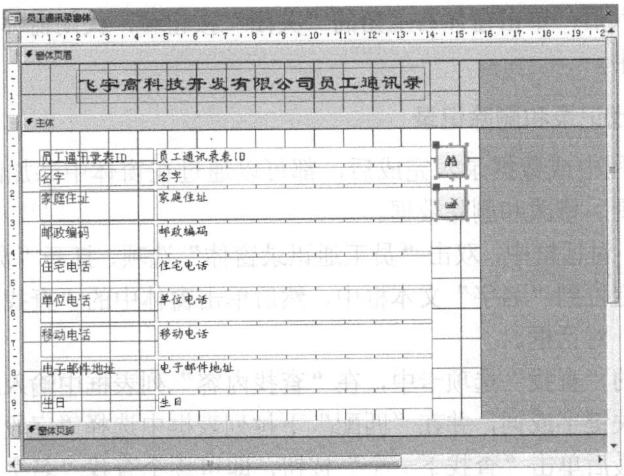

图 8.36　利用窗体设计视图向窗体主体中添加的两个命令按钮

（7）单击窗体设计视图右上角的“关闭”按钮 ，系统弹出操作提示对话框，如图 8.37 所示，单击“是”按钮，关闭对话框，即可保存对窗体的修改。

图 8.37　操作提示对话框

9. 利用窗体录入数据

窗体设计好后，就可以利用窗体向表中录入数据了。

（1）双击“员工通讯录窗体”选项，打开“员工通讯录窗体”。

（2）在窗体中输入数据，如图 8.38 所示，在输入数据的过程中，按下键盘中的 Enter 键或 Tab 键，可以实现在不同字段之间的跳转。

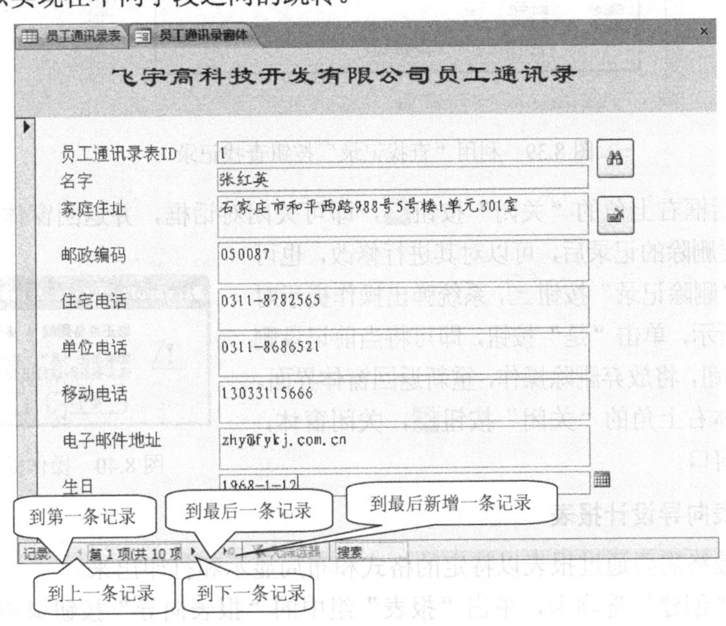

图 8.38　利用窗体输入数据

（3）当输入完一条记录后，单击窗体底部的按钮，可以在表的最后添加一条空白记录，这样即可继续输入其余数据。

（4）完成数据输入后，单击窗体右上角的“关闭”按钮，关闭窗体，输入的数据也同时被保存到了数据表中。

10．利用窗体查找记录和删除记录

在录入数据的过程中或数据录入完成后，都可以通过在窗体中添加的“查询记录”和“删除记录”按钮查询、修改和删除数据。

（1）在“数据库”对话框中，双击“员工通讯录窗体”选项，打开“员工通讯录窗体”。

（2）将鼠标指针定位到“名字”文本框中，然后单击窗体中的“查找记录”按钮，系统弹出“查找和替换”对话框。

（3）在对话框中的“查找”选项卡中，在“查找内容”列表框中输入或选择需要查找的内容，可以输入某些关键字或词，并在“匹配”下拉列表框中选择“字段任何部分”选项，其他选项保持不变，最后单击“查找下一个”按钮，即可逐个查找“名字”中包含查找内容的记录，如图 8.39 所示。

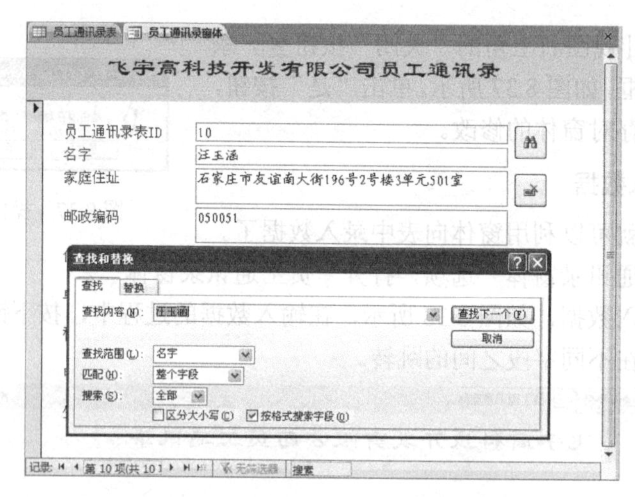

图 8.39　利用“查找记录”按钮查找记录

（4）单击对话框右上角的“关闭”按钮，即可关闭对话框，并返回窗体界面。

（5）找到需要删除的记录后，可以对其进行修改，也可以单击窗体中的“删除记录”按钮，系统弹出操作提示对话框，如图 8.40 所示，单击“是”按钮，即可将当前记录删除，单击“否”按钮，将放弃删除操作，重新返回窗体界面。

图 8.40　操作提示对话框

（6）单击窗体右上角的“关闭”按钮，关闭窗体，返回“数据库”窗口。

11．利用报表向导设计报表

表中的数据最终需要通过报表以特定的格式和布局显示和打印出来。

（1）切换至“创建”选项卡，单击“报表”组中的“报表向导”按钮，系统启动报表向导，并弹出“报表向导”对话框，如图 8.41 所示。

（2）单击“可用字段”列表框右侧的 >> 按钮，将“可用字段”列表框中的所有字段全部添加到“选定的字段”列表框中，如图8.42所示。

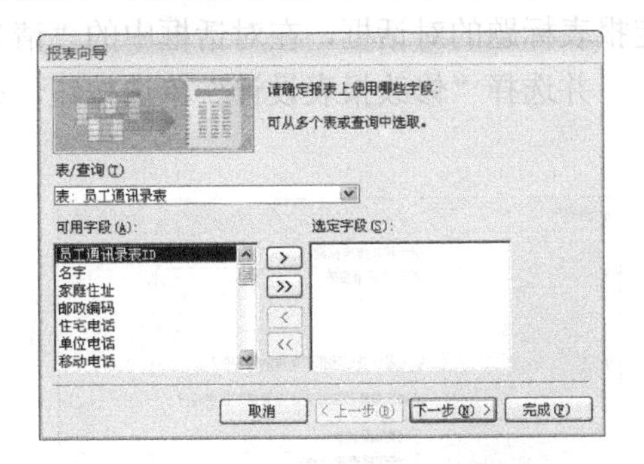

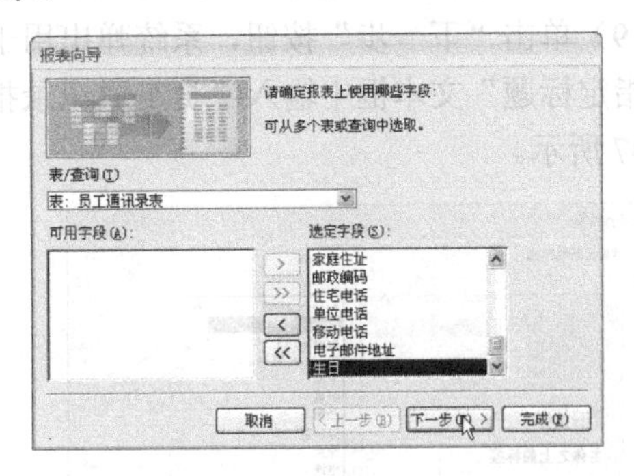

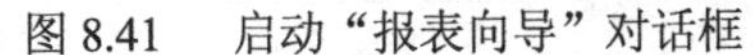

图8.41 启动“报表向导”对话框　　图8.42 在“报表向导”对话框中选定表及字段

（3）单击“下一步”按钮，系统弹出用于选择分组级别的对话框，如图8.43所示，直接单击“下一步”按钮，系统弹出用于设置排列次序的对话框。

（4）在对话框中最多可以选择4个排序记录，并分别设置排序方式，这里只设置一个排序记录“员工通讯录表ID”，如图8.44所示。

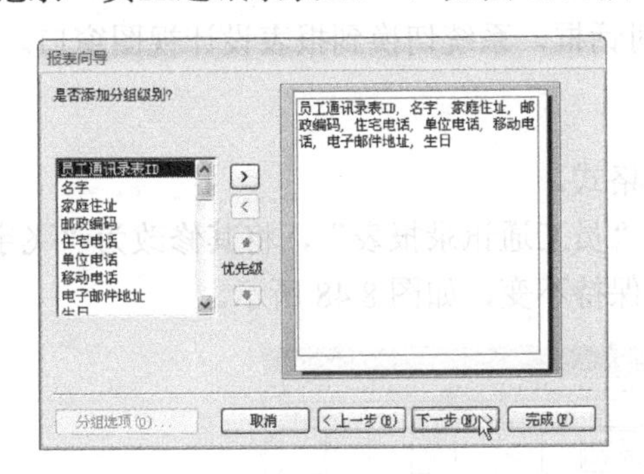

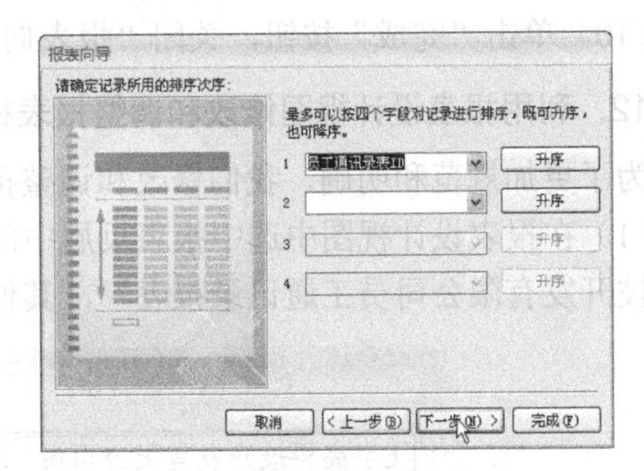

图8.43 在“报表向导”对话框选择分组级别　　图8.44 在“报表向导”对话框中设置排序字段及排序方式

（5）单击“下一步”按钮，系统弹出用于设置报表布局方式的对话框。

（6）在对话框中，选择“布局”选项组中的“表格”单选按钮，在“方向”选项组中单击选择“横向”单选框，并选中“调整字段宽度使所有字段都显示在一页中”复选框，可以在对话框中预览其效果，如图8.45所示。

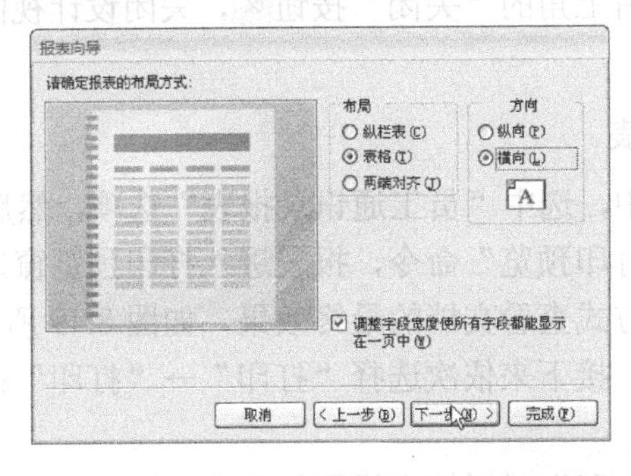

图8.45 在“报表向导”对话框中设置报表布局方式

（7）单击“下一步”按钮，系统弹出用于设置报表样式的对话框。

（8）在对话框中，选择“Access 2007”选项，如图 8.46 所示。

（9）单击“下一步”按钮，系统弹出用于指定报表标题的对话框，在对话框中的“请为报表指定标题”文本框中输入“员工通讯录报表”，并选择“修改报表设计”单选按钮，如图 8.47 所示。

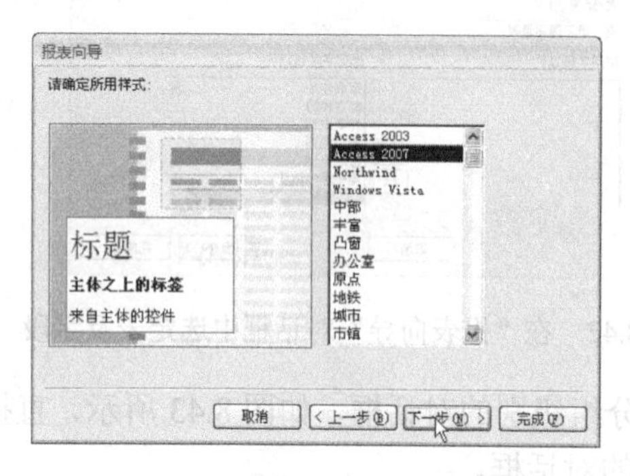

图 8.46　在“报表向导”对话框中选择报表样式

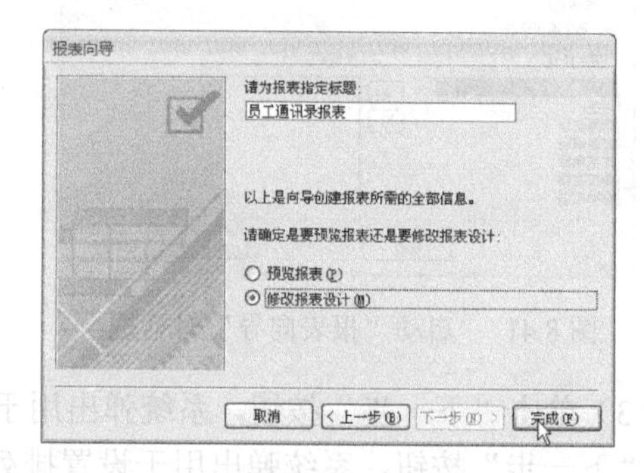

图 8.47　在“报表向导”对话框中指定报表标题

（10）单击“完成”按钮，关闭“报表向导”对话框，系统切换到报表设计视图窗口。

12．利用报表设计视图修改和调整报表格式

为了更加规范和明确，我们修改和调整报表的格式。

（1）在报表设计视图中选中报表页眉中的标签“员工通讯录报表”，将其修改为“飞宇高科技开发有限公司员工通讯录报表”，其他对象保持不变，如图 8.48 所示。

图 8.48　利用报表设计视图修改和调整报表格式

（2）单击报表设计视图右上角的“关闭”按钮，关闭设计视图，并保存对报表所作的修改，返回“数据库”窗口。

13．打印预览和打印报表

（1）在“数据库”窗口中，选中“员工通讯录报表”选项，然后单击 Office 按钮，接下来依次选择“打印”→“打印预览”命令，报表进入打印预览窗口模式，可以直接或利用工具栏中的相应按钮以不同方式查看文档的最终效果，如图 8.49 所示。

（2）单击 Office 按钮，接下来依次选择“打印”→“打印”命令，系统弹出“打印”对话框。

（3）根据实际需要在“打印”对话框中设置打印参数。

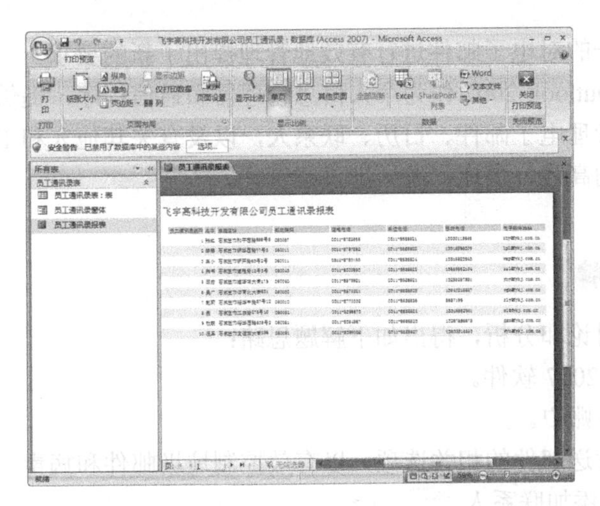

图 8.49 “打印预览”窗口中的报表效果

（4）接通打印机电源，并在打印机中放置好打印纸。

（5）单击“打印”对话框中的“确定”按钮，报表被打印出来。

14．后期处理及文件保存

（1）单击“快速访问”工具栏中的“保存”按钮，对数据库进行保存。

（2）单击 Access 窗口右上角的“关闭”控制按钮，退出并关闭 Access 2007 中文版。

本案例通过“飞宇高科技开发有限公司员工通讯录”数据库、表、窗体、报表的设计过程，主要学习了 Access 2007 中文版软件的启动和退出、利用向导创建数据库、表、窗体、报表，并利用设计视图对其进行调整，利用窗体输入、查找和删除记录，以及在窗体中添加标签、命令按钮等控件的方法和技巧。其中关键之处在于，利用 Access 2007 提供的各种向导创建表、窗体和报表。

利用类似本案例的方法，可以非常方便地完成各种数据的录入、管理、查询、删除和打印等任务。

8.2 利用 Outlook 进行统一邮件管理

做什么

在现代人的日常工作、生活和学习过程中，经常需要与别人发生各种联系，这种联系是多方位的，如打电话、写信、发传真、见面会谈等。随着信息社会的到来，传统的联系方式已无法适应高节奏、高效率、高品质的现代社会工作和生活的需要，于是人们越来越多地借住现代化联系方式——电子邮件进行信息交换和通信，而且每个人还不只拥有一个电子邮件地址，这就对如何统一的对电子邮件进行有效地管理提出了新的要求。

Microsoft Office Outlook 2007 作为个人信息管理器和通信程序，提供了统一的邮件管理界面，可以帮助我们管理电子邮件、日历、联系人，以及有关其他人和工作组的信息，从而轻松实现对多个邮箱的高效、快捷、统一地进行管理。

分组对案例进行讨论和分析，得出如下解题思路：

（1）启动 Outlook 2007 软件。

（2）设置电子邮件账户。

（3）设置接收与发送邮件的相关选项，以有效控制垃圾邮件和病毒。

（4）在 Outlook 中添加联系人。

（5）利用 Outlook 起草新邮件。

（6）设置邮件的跟踪选项。

（7）利用 Outlook 发送邮件。

（8）利用 Outlook 接收和阅读邮件。

（9）为邮件添加提醒事项。

（10）后期处理及提醒标志的取消。

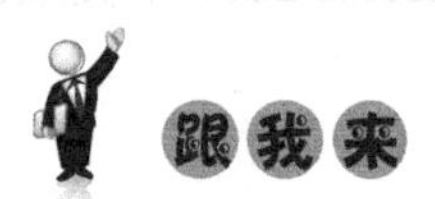

根据以上解题思路，实现统一邮件管理的具体操作如下：

1. 启动 Outlook 2007 软件

双击桌面上的快捷图标，或单击桌面左下角的“开始”按钮，然后依次选择“所有程序”→“Microsoft Office”→“Microsoft Office Outlook 2007”命令，即可启动 Outlook 中文版，打开 Outlook 操作界面，如图 8.50 所示。

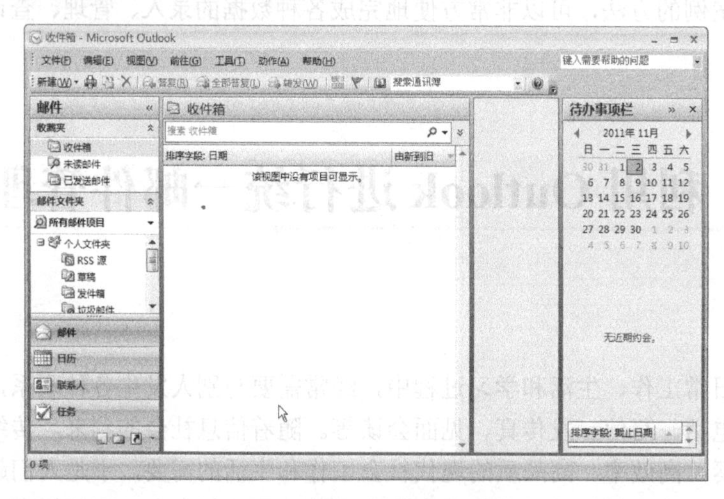

图 8.50 Outlook 操作界面

2. 设置电子邮件账户

要利用 Outlook 2007 软件收、发电子邮件，并实现邮件的统一管理，首先必须设置电子邮件账户，电子邮件账户就相当于传统通信模式下的通信地址，只有地址准确，才能保证安全、准确地收发邮件。

（1）依次选择“工具”→“账户设置”命令，系统将启动更改电子邮件账户和目录向导，并弹出“账户设置”对话框，如图 8.51 所示。

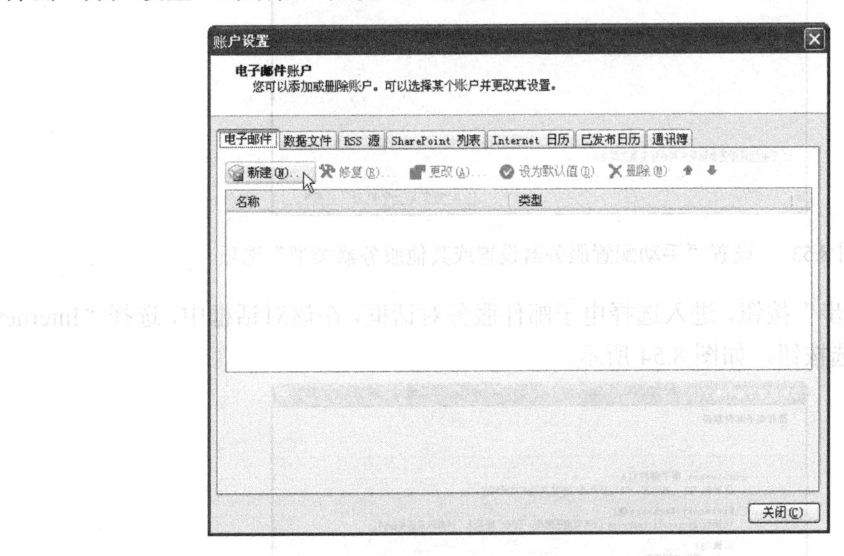

图 8.51　“账户设置”对话框

（2）在该对话框中，单击选择“电子邮件”选项组中的“新建”命令，系统弹出“添加新电子邮件账号”对话框。

（3）在“添加新电子邮件账号”对话框中，选择“选择电子邮件服务”选项组中的“Microsoft Exchange、POP3、IMAP 或 HTTP（M）”单选按钮，如图 8.52 所示，由于电子邮件账户的不同，服务器的类型也会有所区别，这需要我们根据需要进行设置，这里以 163 免费电子邮箱为例进行讲解。

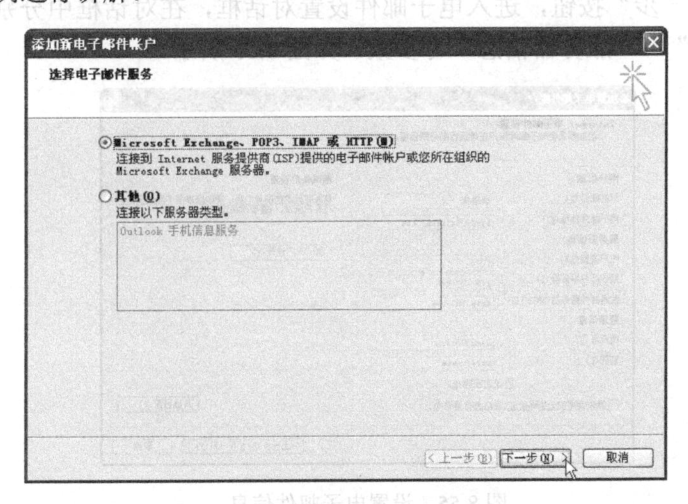

图 8.52　选择电子邮件服务类型

（4）单击“下一步”按钮，进入电子邮件设置对话框，选择“手动配置服务器设置或其他服务器类型”复选框，如图 8.53 所示。

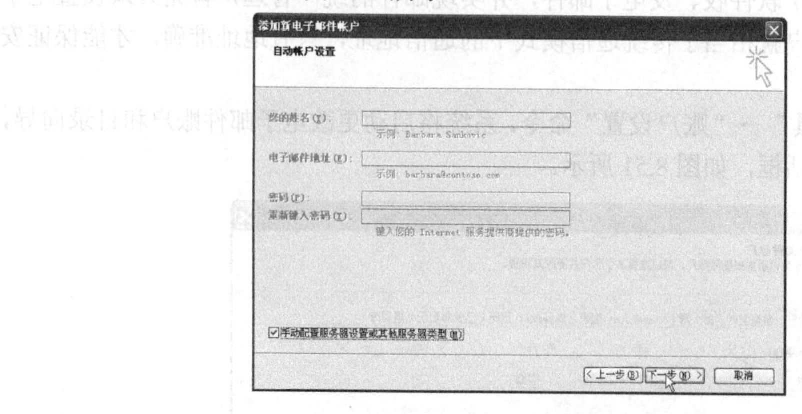

图 8.53　设置“手动配置服务器设置或其他服务器类型”选项

（5）单击“下一步”按钮，进入选择电子邮件服务对话框，在该对话框中，选择“Internet 电子邮件（I）”单选按钮，如图 8.54 所示。

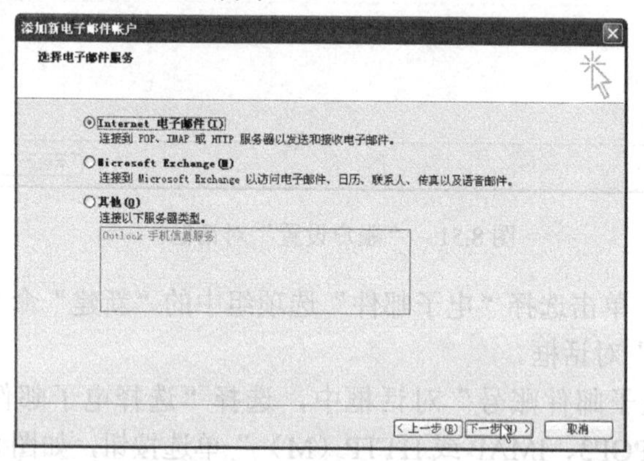

图 8.54　设置服务类型

（6）单击“下一步”按钮，进入电子邮件设置对话框，在对话框中分别设置“用户信息”、“登录信息”、“服务器信息”等参数，如图 8.55 所示。

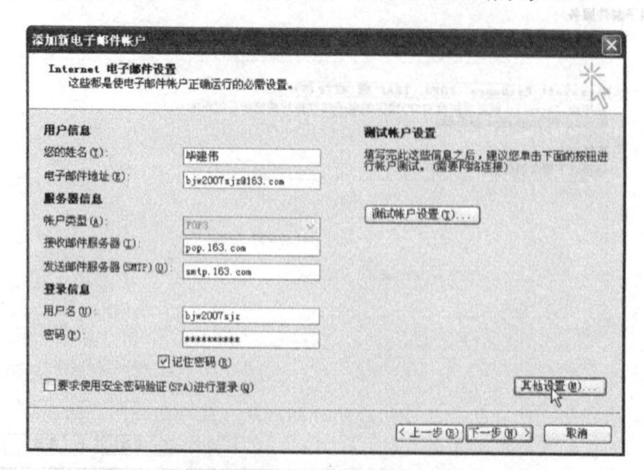

图 8.55　设置电子邮件信息

(7)在电子邮件设置对话框中，单击“其他设置”按钮，系统将弹出“Internet 电子邮件设置”对话框。在该对话框中，单击选择“发送服务器”选项卡，然后单击选择“我的发送服务器（SMTP）要求验证”单选按钮，并单击选择“使用与接收邮件服务器相同的设置”单选按钮，如图 8.56 所示，最后单击“确定”按钮，即可返回电子邮件设置对话框。

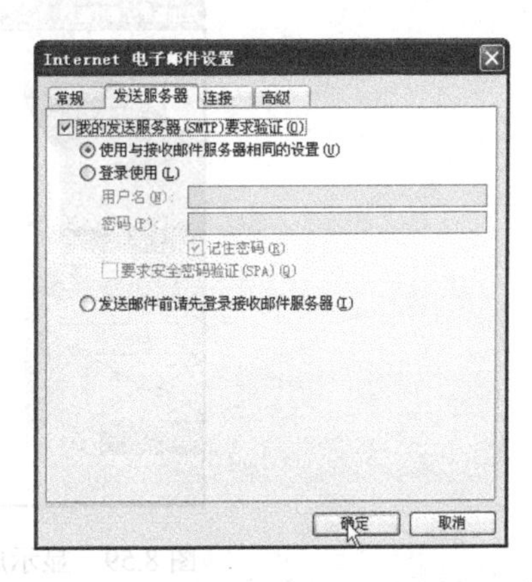

图 8.56 “Internet 电子邮件设置”/“发送服务器”选项卡

(8) 在电子邮件设置对话框中单击“测试账户设置”按钮，如图 8.57 所示，系统弹出“测试账户设置”对话框，对网络的连接情况进行测试，如果测试不成功，可以根据系统提示进行修改和调整；测试成功后，对话框中将显示相应的测试成功的信息，如图 8.58 所示，单击“关闭”按钮，即可返回电子邮件设置对话框。

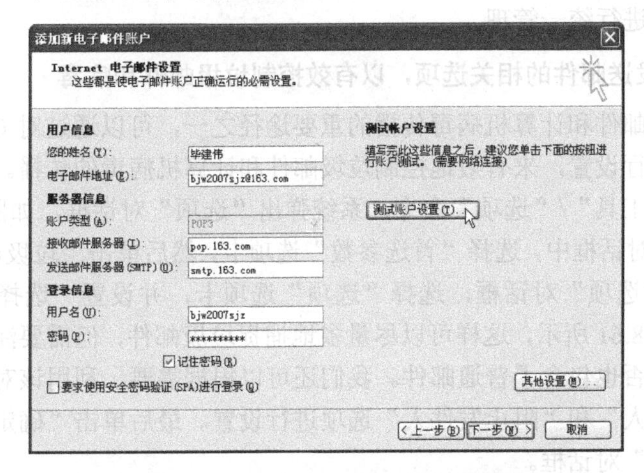

图 8.57 单击“测试账户设置”按钮

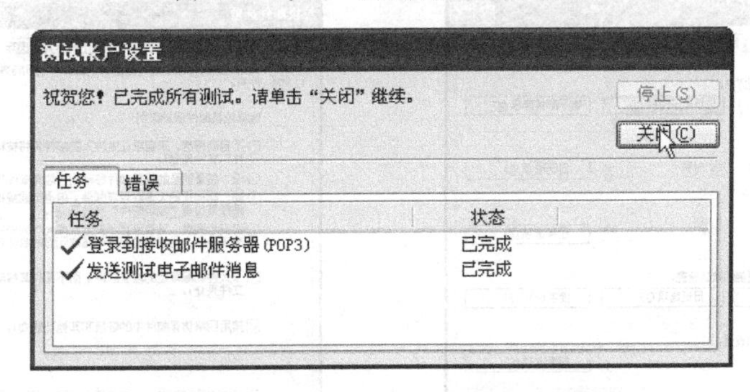

图 8.58 显示测试成功信息的对话框

(9)单击“下一步”按钮，系统弹出显示成功完成电子邮件账户设置提示信息的对话框，如图 8.59 所示，单击“关闭”按钮，关闭“电子邮件账户”对话框，至此，已经成功地完成了电子邮件账户的设置操作。

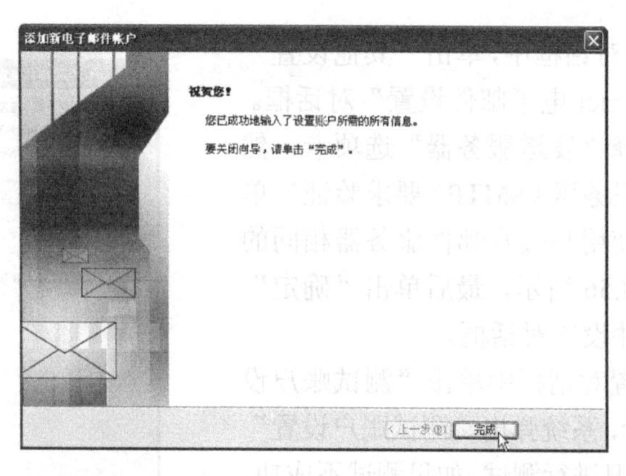

图 8.59　显示成功设置电子邮件账户信息的对话框

（10）重复上述操作，可以添加多个电子邮件账户，或对已有的电子邮件账户进行更改，这样，以后就不必分别登录各邮件服务器收发电子邮件了，每次只需启动 Outlook 软件，即可对所有的电子邮件进行统一管理。

3. 设置接收与发送邮件的相关选项，以有效控制垃圾邮件和病毒

电子邮件是垃圾邮件和计算机病毒传播的重要途径之一，可以通过对 Outlook 接收与发送邮件的相关选项进行设置，来有效地控制垃圾邮件和计算机病毒的传播。

（1）依次选择“工具”/“选项”命令，系统弹出“选项”对话框，如图 8.60 所示。

（2）在“选项”对话框中，选择“首选参数”选项卡，然后单击“垃圾电子邮件”按钮，系统弹出“垃圾邮件选项”对话框，选择“选项”选项卡，并设置“选择垃圾邮件保护级别”为“高”，如图 8.61 所示，这样可以尽量多地捕捉垃圾邮件，但需要注意经常检查“垃圾邮件”文件夹中是否也包含了普通邮件。我们还可以根据需要，利用该对话框对“安全发件人”、“安全收件人”和“阻止发件人”选项进行设置。最后单击“确定”按钮，关闭对话框，并返回“选项”对话框。

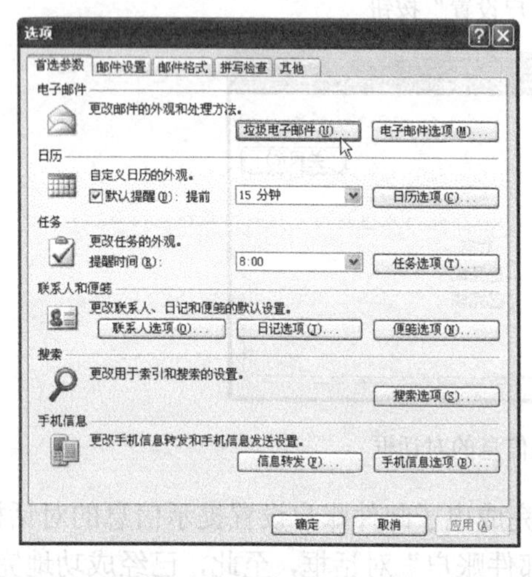

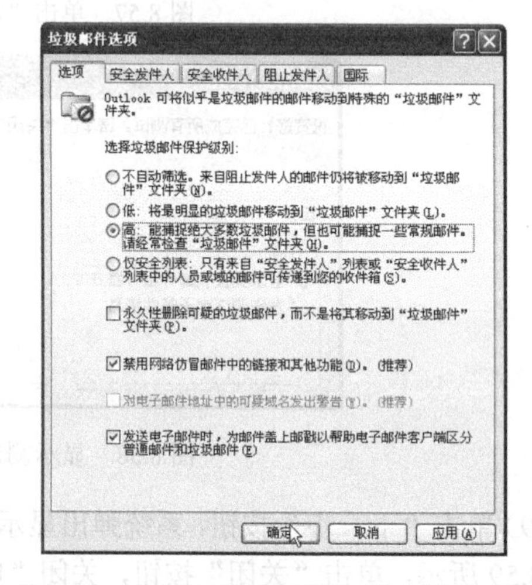

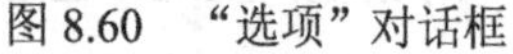
图 8.60　“选项”对话框　　　　图 8.61　“垃圾邮件选项”/“选项”选项卡

（3）在“选项”对话框中，选择“邮件设置”选项卡，并将“发送/接收”选项组中“联机情况下，立即发送”复选框取消，如图 8.62 所示，这样可以将邮件文件暂存在“收件箱”

文件夹中，如果邮件感染了计算机病毒，将不会很快通过地址簿自动扩散出去。只有当执行了发送操作，邮件才会发出。

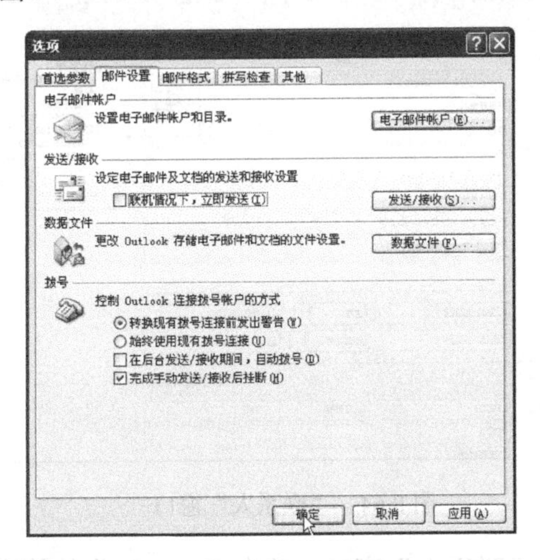

图 8.62　“垃圾邮件选项”/“邮件设置”选项卡

（4）单击“确定”按钮，关闭对话框，完成选项设置，并返回 Outlook 操作窗口。

4．在 Outlook 中添加联系人

Outlook 中的每个“联系人”相当于传统意义上的一张名片，其中包括姓名、单位、部门、职务、电话号码、地址、电子邮件等信息。

（1）单击“常用”工具栏中“新建”按钮新建(W)·右侧的向下三角按钮，系统弹出快捷菜单，单击选择“联系人”命令，如图 8.63 所示，系统弹出“联系人”窗口。

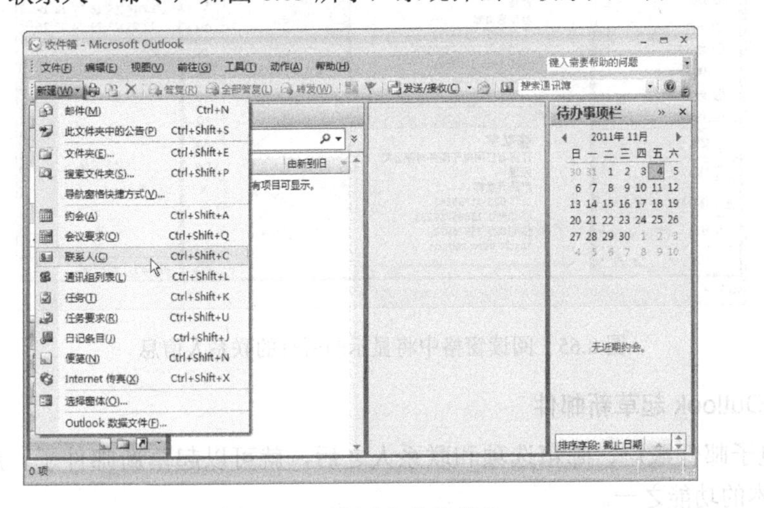

图 8.63　“新建”快捷菜单

（2）在“联系人”窗口中，单击“显示”组中的“常规”按钮，然后按照屏幕提示分别输入相关信息，如图 8.64 所示，最后单击“常用”工具栏中的“保存并关闭”按钮，即可完成联系人的添加操作，并返回 Outlook 操作窗口。如果单击“保存并新建”按钮，可以继续添加其他联系人。

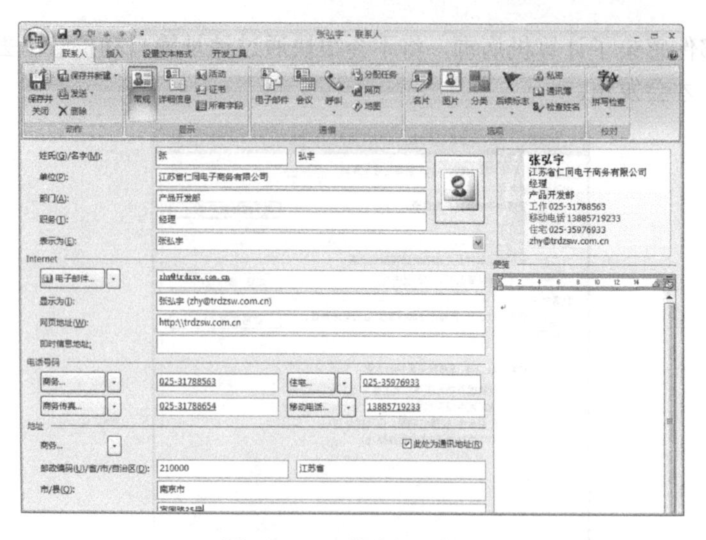

图 8.64　“联系人”窗口

（3）编辑完成之后关闭“联系人”窗口，单击 Outlook 收件箱窗口左侧的任务导航窗格中的“联系人”选项，阅读窗格中将显示所有的联系人信息，如图 8.65 所示，双击阅读窗格中联系人的信息，可以对其进行修改和调整，也可以以不同方式查阅联系人信息。

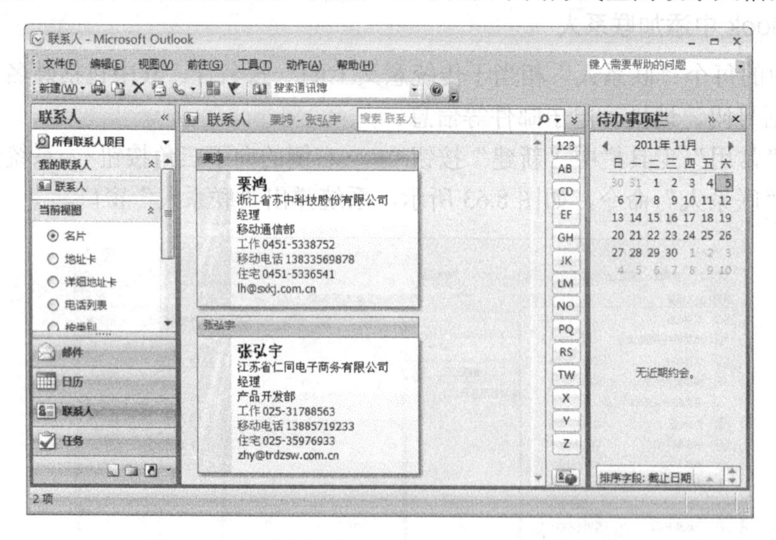

图 8.65　阅读窗格中将显示的所有的联系人信息

5．利用 Outlook 起草新邮件

设置完电子邮件账户、邮箱选项和联系人之后，就可以起草新邮件了，起草新邮件是 Outlook 最基本的功能之一。

（1）单击“常用”工具栏中“新建”按钮新建(W)，或依次选择“文件”/“新建”/“邮件”命令，系统弹出“未命名—邮件”窗口，如图 8.66 所示。

（2）由于 Outlook 软件中设置了多个电子邮件账户，所以在起草和发送电子邮件之前，需要首先选择发送邮件的账户。单击“账户”按钮帐户(A)，系统弹出账户选择列表框，如图 8.67 所示，从中选择用于发送邮件的账户。

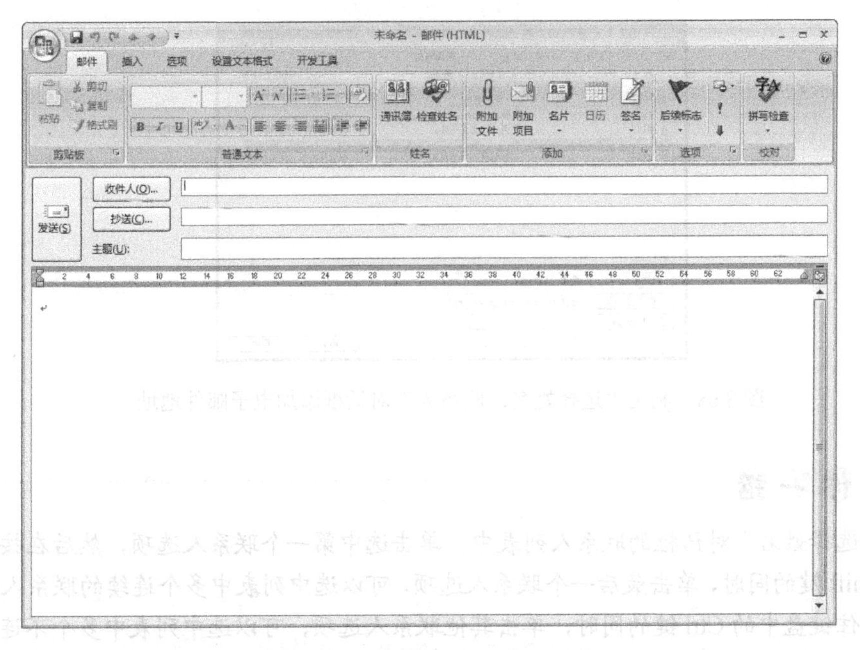

图 8.66　“未命名—邮件”窗口

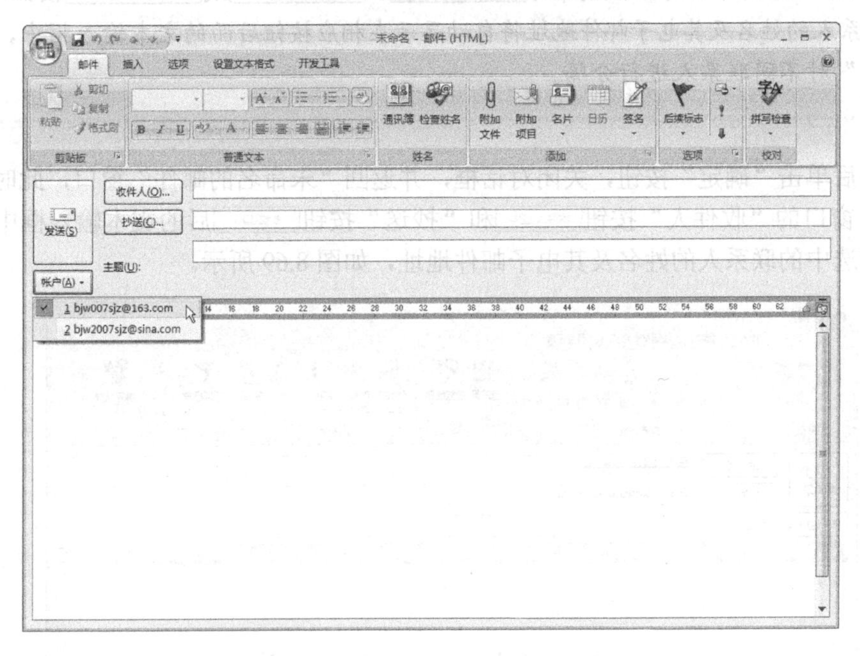

图 8.67　选择用于发送邮件的账户

（3）在“未命名—邮件”窗口中，将光标定位在“收件人”后面的文本框中，并输入收件人的电子邮件地址，或单击“收件人”按钮 收件人(O)... ，系统弹出“选择姓名：联系人”对话框，在该对话框中的联系人列表中单击选中某选项，然后单击对话框底部的 收件人(O) -> 、 抄送(C) -> 或 密件抄送(B) -> 按钮，选中的联系人的姓名及其电子邮件地址将自动显示在相应按钮后面的文本输入框中，如图 8.68 所示，而且用这种方法可以添加多个收件人、抄送和密件抄送地址，以实现邮件的群发。

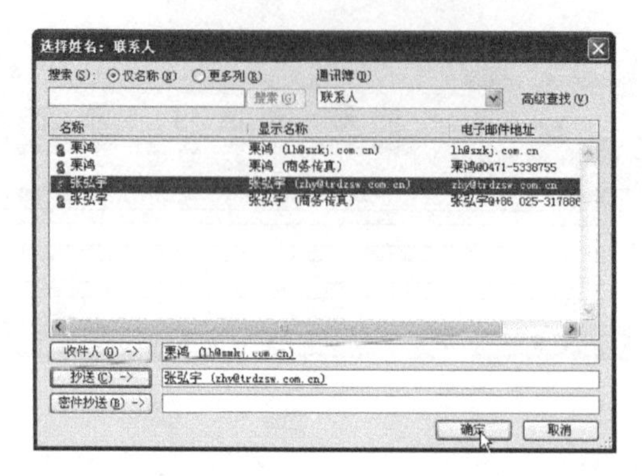

图 8.68　利用“选择姓名：联系人”对话框添加电子邮件地址

在“选择姓名”对话框的联系人列表中，单击选中第一个联系人选项，然后在按住键盘中的 Shift 键的同时，单击最后一个联系人选项，可以选中列表中多个连续的联系人选项；如果在按住键盘中的 Ctrl 键的同时，单击其他联系人选项，可以选中列表中多个不连续的联系人选项。之后再单击对话框底部的 收件人(O) -> 、 抄送(C) -> 或 密件抄送(B) -> 按钮，选中的多个联系人的姓名及其电子邮件地址将自动显示在相应按钮后面的文本输入框中，并以分号“；”对不同联系人进行分隔。

（4）最后单击“确定”按钮，关闭对话框，并返回“未命名的邮件”窗口，此时，“未命名邮件”窗口的“收件人”按钮 收件人(O)... 和“抄送”按钮 抄送(C)... 后的文本输入框中已自动填充了刚刚选中的联系人的姓名及其电子邮件地址，如图 8.69 所示。

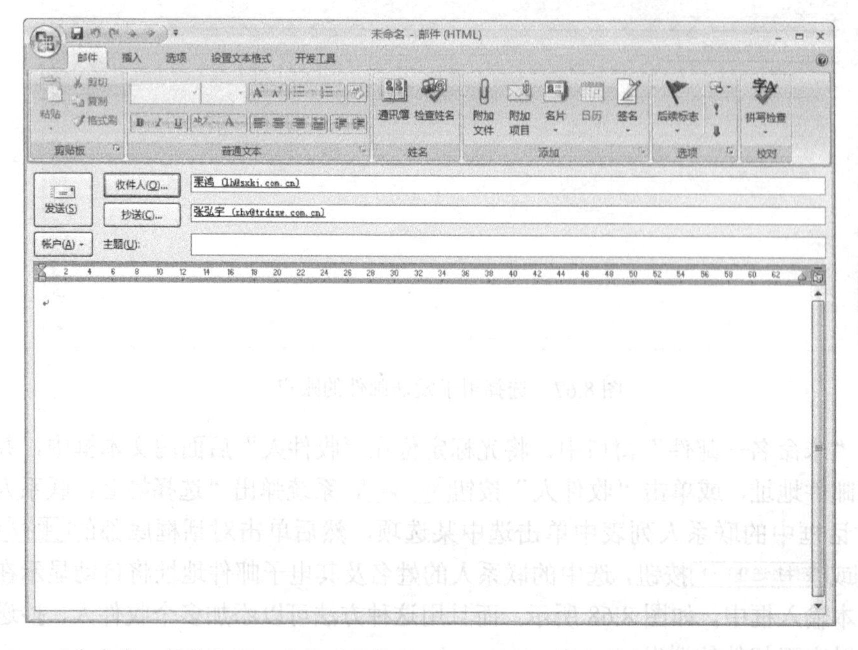

图 8.69　“未命名—邮件”窗口中的“收件人”、“抄送”栏中填充的姓名及其电子邮件地址

（5）将光标定位在“未命名—邮件”窗口中“主题”后的文本输入框中，并输入邮件的主题。

（6）将光标定位在“未命名—邮件”窗口中“主题”下面的邮件正文编辑框中，输入邮件正文的内容，并通过“格式”工具栏设置其格式，如图 8.70 所示。

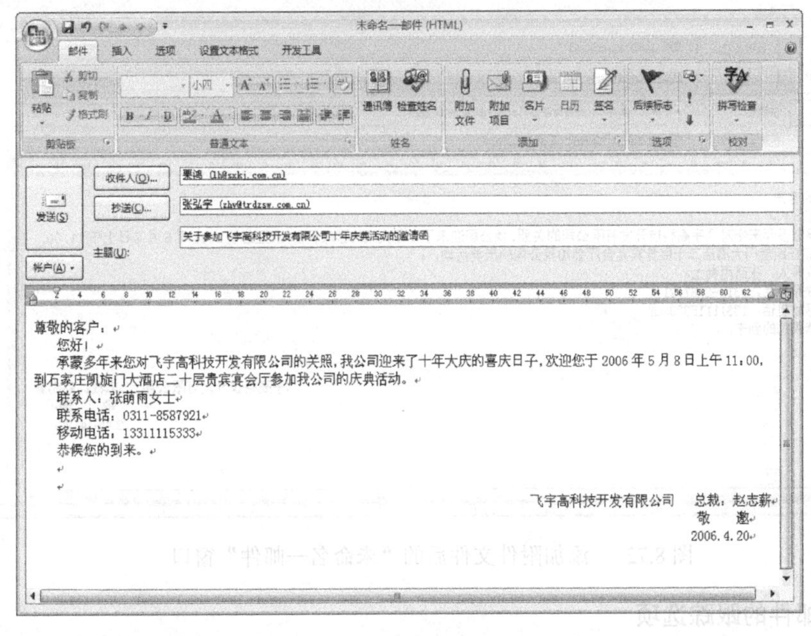

图 8.70　在“未命名—邮件”窗口中输入邮件的“主题”及正文的内容

（7）单击“未命名—邮件”窗口中“添加”组中的“附加文件”按钮，系统弹出“插入文件”对话框，在该对话中选择需要插入邮件的文件，如图 8.71 所示，最后单击“插入”按钮，关闭对话框，返回“未命名—邮件”窗口。此时，在“未命名—邮件”窗口“主题”文本输入框下方多了一个“附加”文本输入框，且该文本输入框中显示的正是刚刚选择的文件的名称及大小，如图 8.72 所示。

图 8.71　在“插入文件”对话框中选择文件

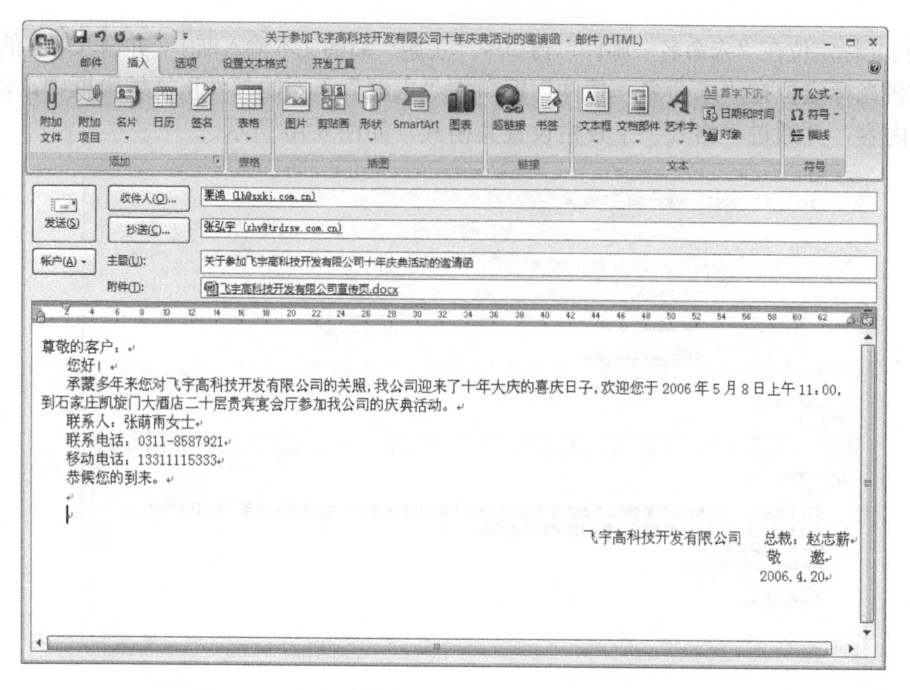

图 8.72 添加附件文件后的“未命名—邮件”窗口

6. 设置邮件的跟踪选项

为了更好地掌握我们发出的邮件的行踪和状态，可以在发送邮件之前，设置邮件的一些选项。

（1）切换至“未命名—邮件”窗口的“选项”选项卡，单击“跟踪”组中“对话框启动器”按钮，系统弹出“邮件选项”对话框。

（2）在“邮件选项”对话框中，设置“邮件设置”选项组中的“重要性”选项为“高”，并在“投票和跟踪选项”选项组中选中“请在送达此邮件后给出‘送达’回执”和“请在阅读此邮件后给出‘已读’回执”复选框，如图 8.73 所示。

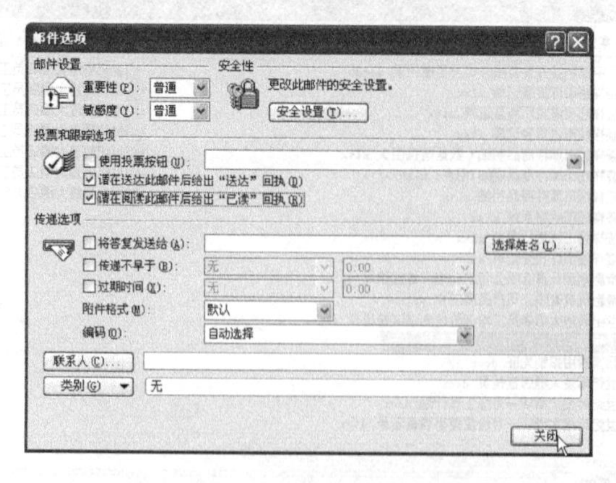

图 8.73 “邮件选项”对话框

（3）单击“关闭”按钮，关闭“邮件选项”对话框，并返回“未命名—邮件”窗口，这样当邮件送达和被阅读后，就可以收到相应的回执邮件了，且在对方收到的邮件中将标识“重要”标记和“有附件”标记。

7．利用 Outlook 发送邮件

邮件起草好，就可以按照设置好的地址发出了。

（1）单击“未命名—邮件”窗口中的按钮，关闭“未命名—邮件”窗口，同时将这个邮件保存到了“发件箱”文件夹中，如图 8.74 所示，还可以双击阅读窗格中的邮件，进入邮件编辑窗口，对其进行修改和调整。

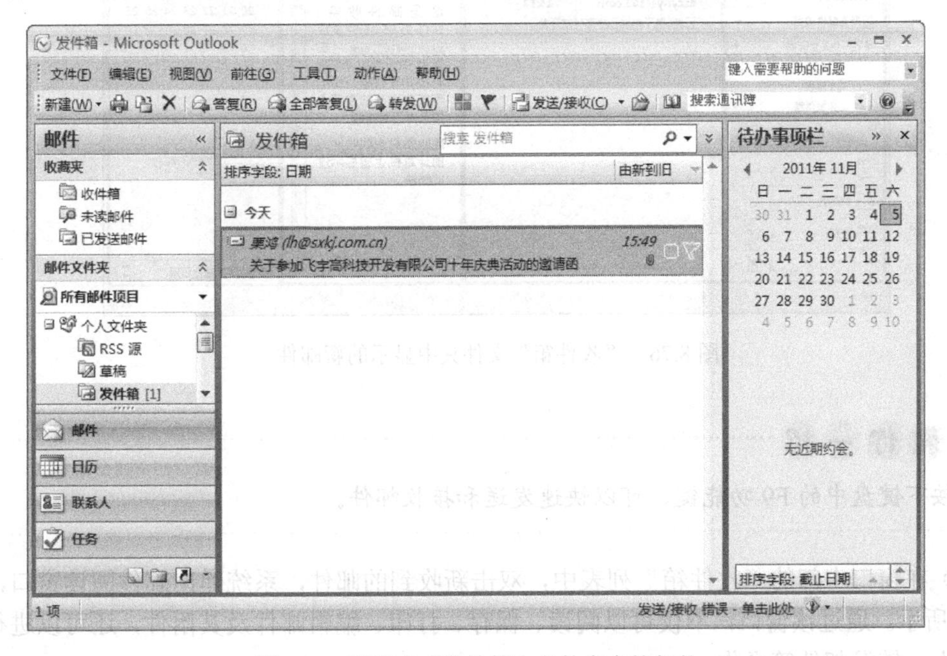

图 8.74　暂存在“发件箱”文件夹中的邮件

（2）单击工具栏中的“发送/接收”按钮 发送/接收(C) 后面的向下三角按钮，并从快捷菜单中选择“全部发送”命令，或依次选择“工具”→“发送和接收”→“全部发送”命令，系统弹出“Outlook 发送/接收进度”对话框，如图 8.75 示，当全部邮件都被发送/接收完毕后，此对话框自动消失。至此，已完成了邮件的发送操作。

（3）单击“关闭”按钮，关闭“邮件选项”对话框，并返回“未命名—邮件”窗口，当邮件送达和被阅读后，就可以收到相应的回执邮件了。

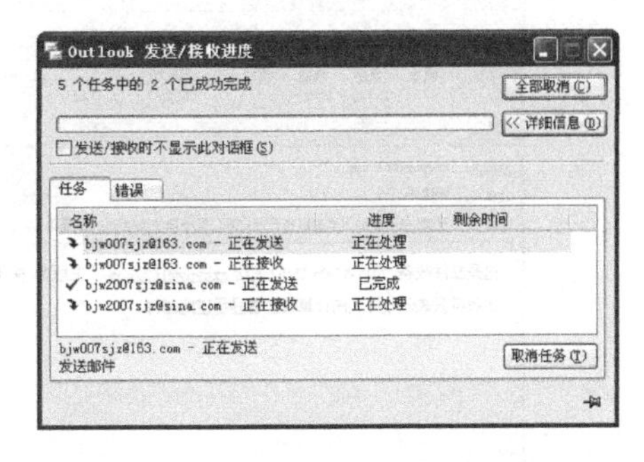

图 8.75　“Outlook 发送/接收进度”对话框

8．利用 Outlook 接收和阅读邮件

接收和阅读邮件也是 Outlook 软件最基本的功能之一。

（1）单击工具栏中的“发送/接收”按钮 发送/接收(C)，或依次选择“工具”→“发送和接收”→“全部发送”命令，系统弹出“Outlook 发送/接收进度”对话框，当全部邮件都被发送/接收完毕后，此对话框将自动消失。同时，“收件箱”文件夹中显示收到的新邮件，如图 8.76 所示。

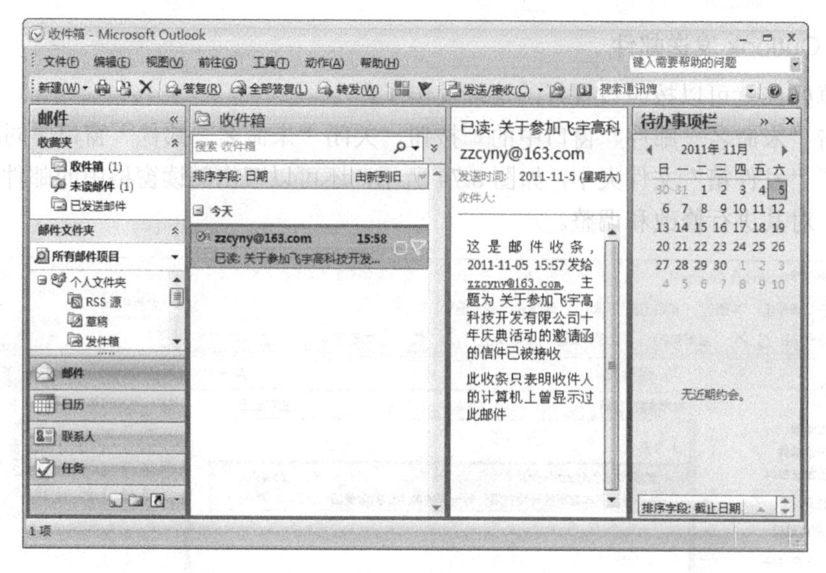

图 8.76 “收件箱”文件夹中显示的新邮件

按下键盘中的 F9 功能键，可以快速发送和接收邮件。

（2）在窗口中部的“收件箱”列表中，双击新收到的邮件，系统弹出邮件阅读窗口，如图 8.77 所示。通过该窗口，不仅可以阅读、保存、打印、编辑邮件及其附件，还可以进行答复发件人、转发邮件等操作。

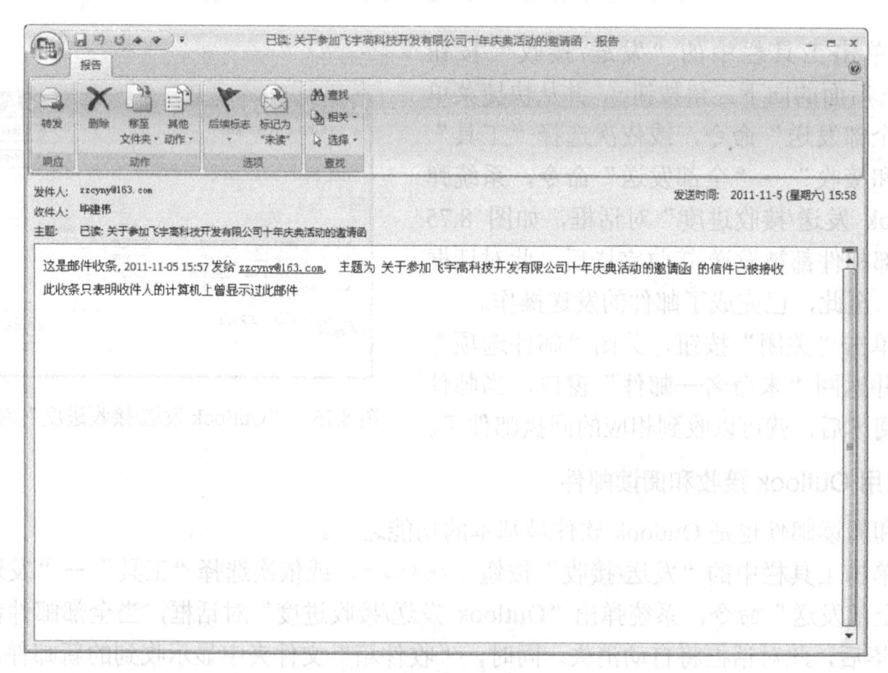

图 8.77 邮件阅读窗口

邮件被打开后，窗口中部的“收件箱”列表中显示的邮件标记将由“未读”状态变成“已读”标记，此时，在窗口中部的“收件箱”列表中相应邮件的标题上单击鼠标右键，并从快捷菜单中选择“标记为未读”命令，如图 8.78 所示，即可将此邮件重新标记为未读状态。

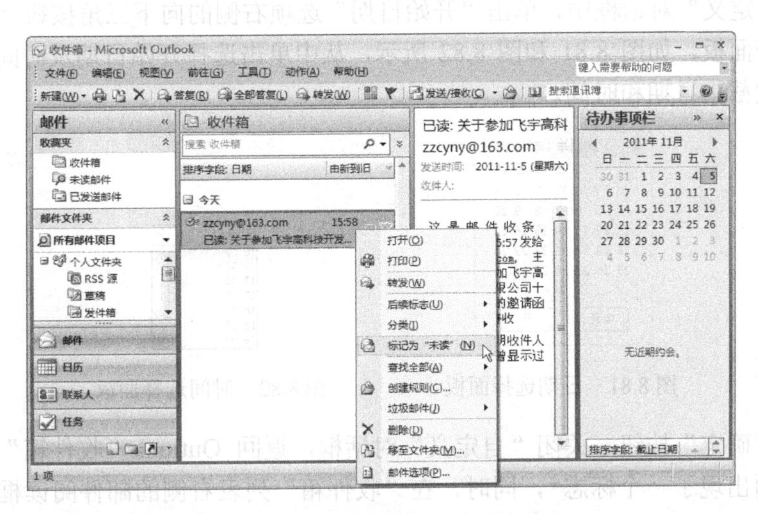

图 8.78　将已读邮件标记为“未读”

9. 为邮件添加提醒事项

收到邮件后，如果觉得邮件所涉及的事项比较重要，还可以进一步添加提醒事项。

(1) 在窗口中部的“收件箱”列表中显示的相应邮件的标题上单击鼠标右键，并从快捷菜单中选择“后续标志”→“添加提醒”命令，如图 8.79 所示，系统弹出“自定义”对话框，如图 8.80 所示。

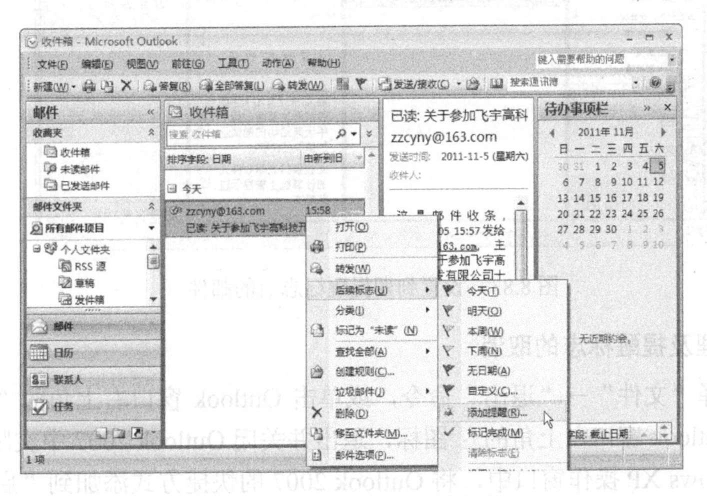

图 8.79　为邮件设置“后续标志”

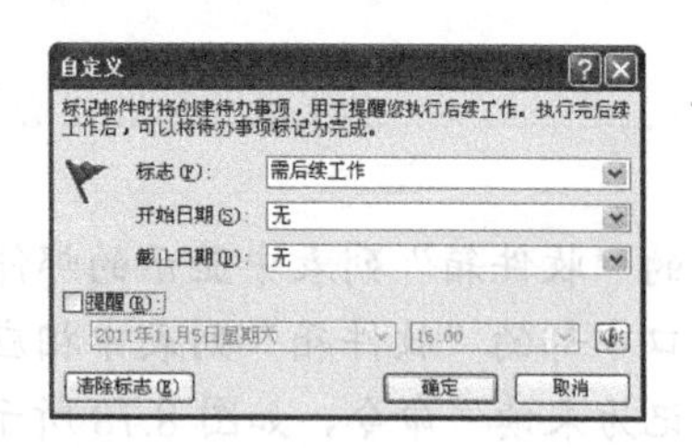

图 8.80　“自定义”对话框

（2）在“自定义”对话框中，单击“开始日期”选项右侧的向下三角按钮，系统弹出日期、时间选择面板，如图 8.81 和图 8.82 所示，从中单击选择开始日期及时间，按照同样的方法可以设置截止日期和时间。

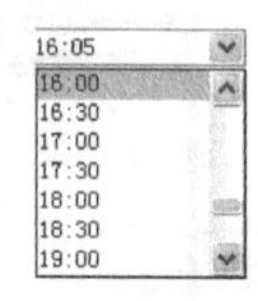

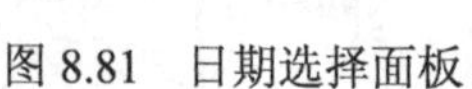

图 8.81　日期选择面板　　　　图 8.82　时间选择面板

（3）单击“确定”按钮，关闭“自定义”对话框，返回 Outlook“收件箱”列表状态，此时，邮件后面出现了一个标志，同时，在“收件箱”列表右侧的邮件阅读框中也显示了“需后续工作，开始时间：……”提示信息，如图 8.83 所示。

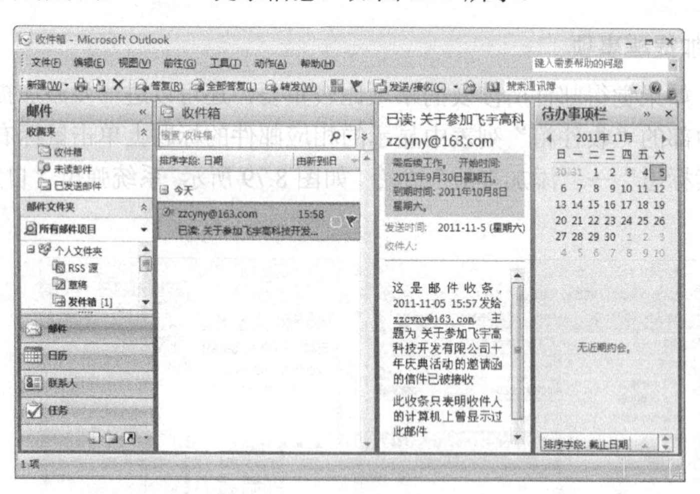

图 8.83　设置到期提醒标志后的邮件

10．后期处理及提醒标志的取消

（1）依次选择“文件”→“退出”命令，或单击 Outlook 窗口右上角的“关闭”控制按钮，或双击 Outlook 窗口左上角的图标，退出并关闭 Outlook 2007 中文版。

（2）在 Windows XP 操作窗口中，将 Outlook 2007 的快捷方式添加到“启动”栏中，以便在系统启动时自动运行 Outlook 2007，以免因没有启动 Outlook 2007，而导致到期提醒设置失效。

（3）当到达“到期时间”后，电脑弹出提醒对话框，如图 8.84 所示，对我们进行提示，单击“清除”按钮，即可关闭提醒对话框。

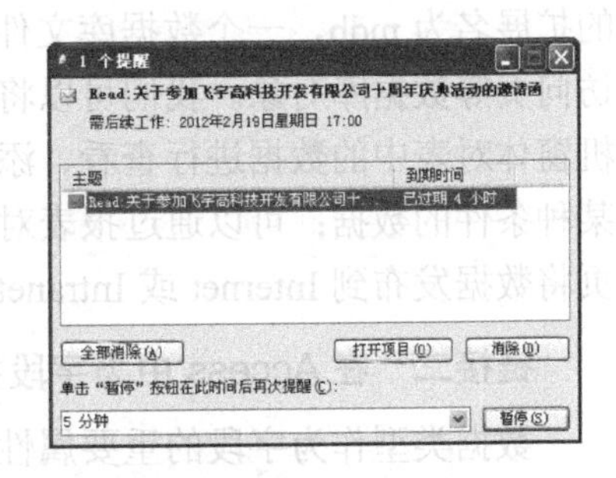

图 8.84　提醒对话框

（4）邮件所涉及的工作或任务完成后，我们就不需要在被提醒了，此时只需单击邮件后面出现的到期标志，该标志变成标志，表明该任务已经完成，同时，在“收件箱”列表右侧的邮件阅读框中也显示了“完成时间……。”提示信息，如图 8.85 所示。这样，以后就不会再对该邮件进行提醒了。

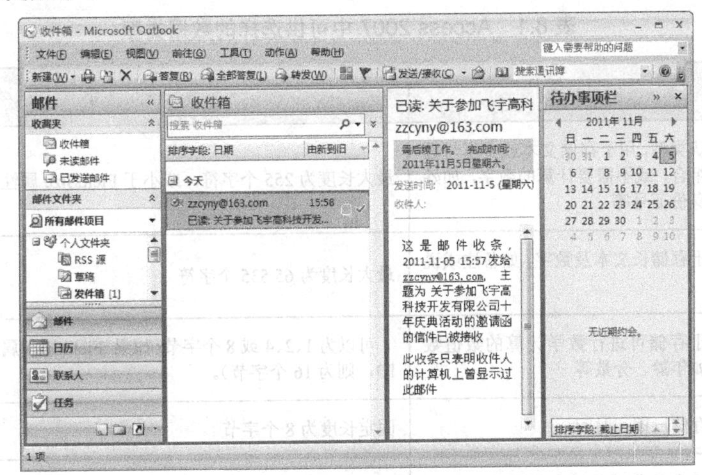

图 8.85　设置完成标志后的邮件

本案例通过利用 Outlook 2007 软件实现邮件的统一管理过程，主要学习了 Outlook 2007 中文版软件的启动与退出、设置电子邮件账户、设置接收与发送邮件的相关选项、添加联系人、起草、发送和接收邮件、设置和取消提醒事项等操作的方法和技巧。其中关键之处在于，正确设置电子邮箱账户，并利用 Outlook 2007 准确地发送和接收邮件。

利用类似的操作，可以有效地实现各邮件账户的统一管理，以进一步提高工作效率。

本章主要介绍了如何利用 Access 2007 和 Outlook 2007 软件的基本功能完成具体案例任务的流程、方法和技巧。熟练掌握并灵活应用这些案例的制作过程，可以帮助我们解决日常管理工作中的很多问题，并大大提高办公效率。

链接一　如何理解 Access 数据库与其对象之间的关系

Access 数据库实际上是与某一特定事务或主题相关联的数据和对象的集合，数据库文件的扩展名为.mdb，一个数据库文件中通常包含多个表、窗体、查询、报表、宏、模块和数据访问页等数据库对象。我们可以将自己的数据分别存储在各自独立的数据表中；可以使用联机窗体对表中的数据进行查看、添加、删除及更新等操作；可以通过查询来查看并检索满足某种条件的数据；可以通过报表对数据以特定的格式进行分析和打印；还可以通过数据访问页将数据发布到 Internet 或 Intranet 上，供其他人查看、更新、分析或打印数据库中的数据。

链接二　在 Access 中为字段提供了哪些数据类型

数据类型作为字段的重要属性，直接决定了其中保存的数据类型和可以接受的操作，表 8.1 中列出了 Access 2007 中可供选择的数据类型及其用途和默认大小。

表 8.1　Access 2007 中可供选择的数据类型

数据类型	用　途	大　小
文本	默认类型，用于存储文本或文本与数字的组合，或不需要计算的数字，如姓名、身份证号等	最大长度为 255 个字符，或小于 FieldSize 属性的设置值
备注	用于存储长文本及数字，如备注或说明等	最大长度为 65 535 个字符
数字	用于存储可进行数学计算的数值数据，如年龄、分数等	可以为 1、2、4 或 8 个字节(如果 FieldSize 属性设为 Replication ID，则为 16 个字节)。
日期/时间	用于存储日期和时间	固定长度为 8 个字节
货币	用于存储货币值或免于四舍五入计算的数值数据，最多可精确到小数点左边 15 位和小数点右边 4 位	固定长度为 8 个字节
自动编号	用于在向表中添加一条新记录时，自动插入的唯一顺序号（每次递增 1）或随机数	长度为 4 个字节（如果 FieldSize 属性设为 Replication ID，则为 16 个字节）
是/否	用于只包含两者之一的字段如是/否，真/假，开/关等	固定长度为 1 位
OLE 对象	用于存储 Microsoft Access 表中链接或嵌入的对象，如 Excel 电子表格、Word 文档、图形、声音等	最大长度为 1GB 字节，且受可用磁盘空间的限制
超链接	用于存储超级链接地址	最多可容纳 64000 个字符
查阅向导	用于创建可以使用列表框或组合框从另一个表或值列表中选择值的字段	

链接三　在 Access 的“工具箱”中提供了哪些常用的控件按钮

控件作为一个图形对象，可以被放置在“设计视图”中的窗体、报表或数据访问页上，用于显示数据、执行操作、控制对象等，这些控件被统一放置在“工具箱”中，表 8.2 中列出了常用控件按钮的主要功能。

表 8.2　工具箱中各控件按钮的主要功能

图　标	名　称	作　用
	选择对象	按下此按钮时，可以选择窗体上的控件
	控件向导	用于打开或关闭列表框、组合框、选项组、命令按钮、图像、子窗体控件的控件向导
	标签	用来显示说明性文本的控件，如窗体、报表或数据访问页上的标题或指导，Access 将自动为创建的控件附加标签
	文本框	用于显示、输入或编辑窗体、报表或数据访问页的基础记录源数据，显示计算结果，或接收用户输入的数据
	选项组	与复选框、选项按钮或切换按钮搭配使用，可以显示一组可选值
	切换按钮	作为独立控件使用时，绑定到 Access 数据库的“是/否”字段。作为未绑定字段使用时，用于在自定义对话框中或选项组的一部分来接收用户输入数据
	选项按钮	
	复选框	
	组合框	该控件组合了列表框和文本框的特性，可以在文本框中输入文字或在列表框中选择输入项，然后将值添加到基础字段中
	列表框	用于显示可滚动的值列表。当在“窗体”视图中打开窗体或在“页”视图或 Microsoft Internet Explorer 中打开数据访问页时，可以从列表中选择值输入到新记录中，或者更改现有记录中的值
	命令按钮	用来完成各种操作，如查找记录、打印记录或应用窗体筛选等
	图像	用于在窗体或报表上显示静态图片。由于静态图片并非 OLE 对象，因此，只要将图片添加到窗体或报表中，便不能在 Access 内进行图片编辑
	未绑定对象框	用于在窗体或报表中显示未绑定 OLE 对象，如 Excel 电子表格。当在记录间移动时，该对象将保持不变
	绑定对象框	用于在窗体或报表上显示 OLE 对象，如一系列图片。该控件针对的是保存在窗体或报表基础记录源字段中的对象。当在记录间移动时，不同的对象将显示在窗体或报表上
	分页符	用于在窗体上开始一个新的屏幕，或在打印窗体或报表上开始一个新页
	选项卡	用于创建一个多页的选项卡窗体或选项卡对话框。可以在选项卡控件上复制或添加其他控件。在设计网格中的“选项卡”控件上单击鼠标右键，可更改页数、页次序、选定页的属性和选定选项卡控件的属性
	子窗体/子报表	用于在窗体或报表上显示来自多个表的数据
	直线	用于在窗体、报表或数据访问页上突出相关的或特别重要的信息，或将窗体或页面分割成不同的部分
	矩形	用于显示图形效果，如在窗体中将一组相关的控件组织在一起，或在窗体、报表或数据访问页上突出重要数据
	其他控件	用于向窗体中添加已经在操作系统中注册的 Active X 控件

链接四　如何使得在 Outlook 2007 软件中接收的邮件能同时在 Web 网站上接收

利用 Outlook 2007 软件进行统一邮件管理确实给我们带来很大方便，它使得我们不必每次逐个登录 Web 网站接收和发送邮件，但同时也存在一个问题，那就是只有利用固定的已经配置好电子邮件账户的计算机才能统一管理所有账户的电子邮件，而且通过 Outlook 2007 软件接收过的电子邮件将自动从服务器上删除，这样，就无法利用其他计算机通过登录 Web 网站的方式再次查看这些电子邮件了。为了使得 Outlook 2007 软件在接收电子邮件的同时，将其备份到服务器上，需要在 Outlook 2007 软件中进行如下设置：

（1）启动 Outlook 2007 中文版软件。

（2）依次选择“工具”→“账户设置”命令，系统弹出“账户设置”对话框。

（3）在对话框中，单击“电子邮件”选项组中的“更改”按钮，如图 8.86 所示。系统弹出“更改电子邮件账户”对话框。

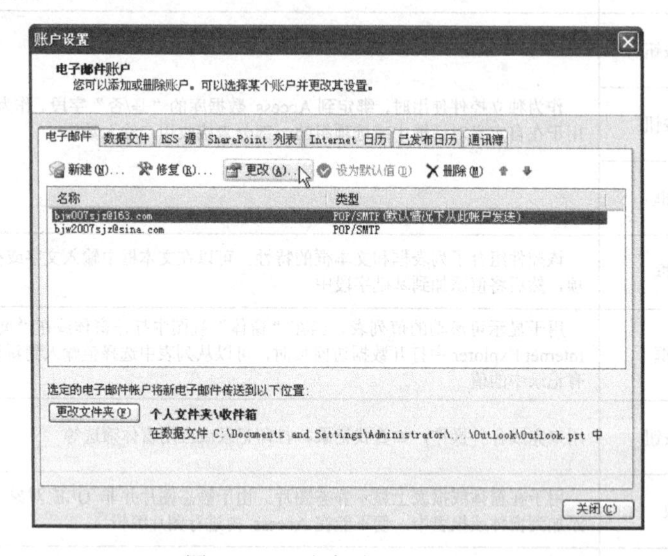

图 8.86　“账户设置”对话框

（4）在该对话框中，单击“其他设置”按钮，如图 8.87 所示，然后单击“更改”按钮，系统弹出“Internet 电子邮件设置”对话框，如图 8.88 所示。

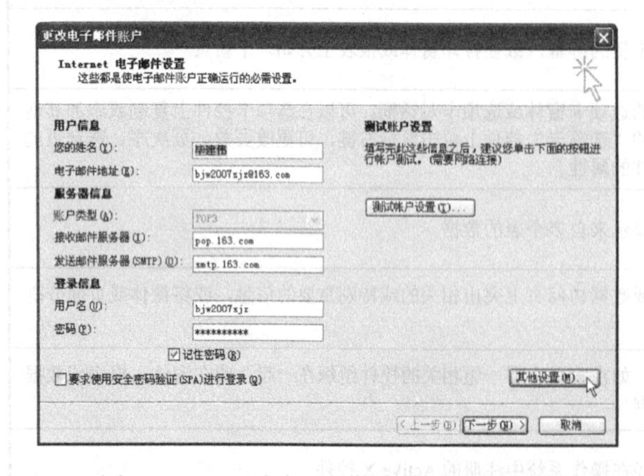

图 8.87　“更改电子邮件账户”对话框

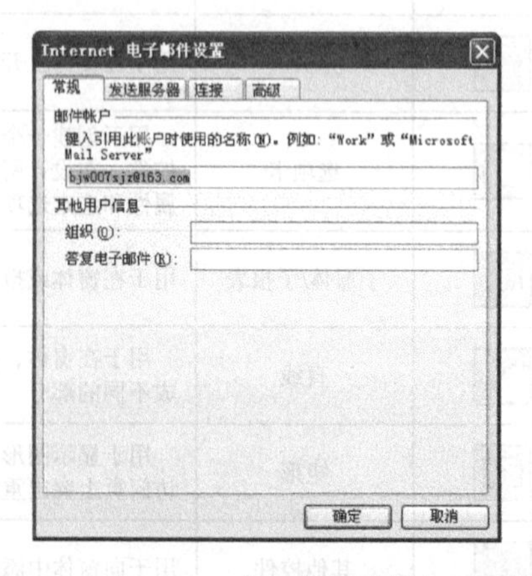

图 8.88　“Internet 电子邮件设置”对话框

（5）在该对话框中，单击选择“高级”选项卡，然后单击选中“传递”选项组中的“在服务器上保留邮件的副本”和“删除‘已删除邮件’时，同时删除服务器上的副本”两个复选框，如图 8.89 所示，最后单击“确定”按钮，关闭对话框，并返回如图 8.83 所示的用于显示和修改选中账户基本信息的对话框。

（6）单击“下一步”按钮，返回如图 8.82 所示的更改电子邮件账户设置的对话框。

（7）单击“完成”按钮，关闭对话框，同时完成设置操作。

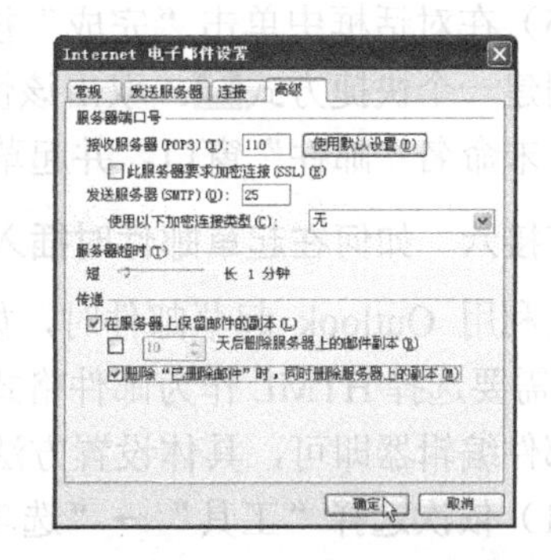

图 8.89 “Internet 电子邮件设置”对话框

链接五 如何在桌面上设置起草邮件的快捷方式

在实际工作中，如果能在桌面上建立一个起草邮件的快捷方式，每次起草邮件时只需双击该快捷方式，就可以启动和打开 Outlook 软件了，这将大大提高工作效率。在桌面上建立起草邮件的快捷方式的具体操作步骤如下：

（1）在桌面上的任意空白位置单击鼠标右键，并在弹出的快捷菜单中依次选择“新建”→“快捷方式”命令，如图 8.90 所示，系统弹出“创建快捷方式”对话框。

（2）在该对话框中的“请输入项目的位置”文本输入框中输入“mailto:”，如图 8.91 所示。

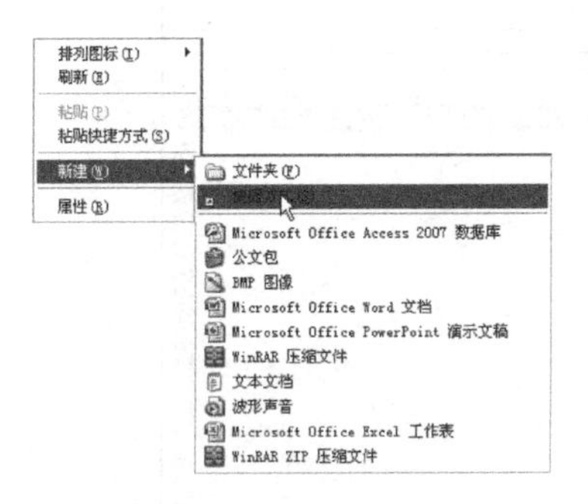

图 8.90 在快捷菜单中依次选择“新建”/“快捷方式”命令

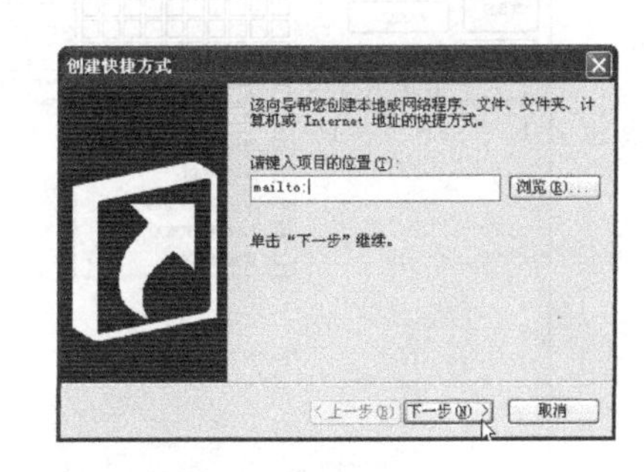

图 8.91 在“创建快捷方式”对话框中输入项目位置

（3）单击“下一步”按钮，系统弹出“选择程序标题”对话框。

（4）在对话框中的“输入该快捷方式的名称”文本输入框中输入文本“起草新邮件”，如图 8.92 所示。

图 8.92 在“选择程序标题”对话框中输入快捷方式的名称

（5）在对话框中单击“完成”按钮，即可在桌面上创建一个快捷方式。双击该快捷方式，即可打开“未命名—邮件”窗口，并起草新邮件了。

链接六　如何在起草邮件时插入表格

在利用 Outlook 起草邮件时，如果需要插入表格，只需要选择 HTML 作为邮件格式，并选择 Word 作为邮件编辑器即可，具体设置方法如下：

（1）依次选择“工具”→“选项”命令，系统弹出“选项”对话框。

（2）在该对话框中，单击选择“邮件格式”选项卡，然后在“邮件格式”选项组中设置“以该邮件格式撰写”选项为“HTML”，如图 8.93 所示。

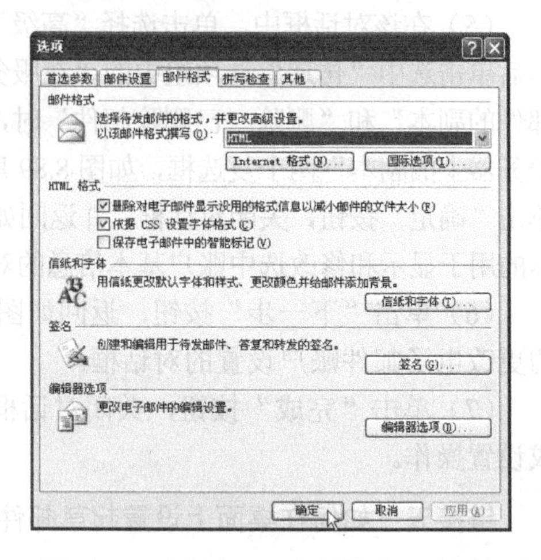

图 8.93　“选项”/“邮件格式”选项卡

（3）单击“确定”按钮，关闭对话框，这样就可以在起草新邮件时插入表格了，如图 8.94 所示。

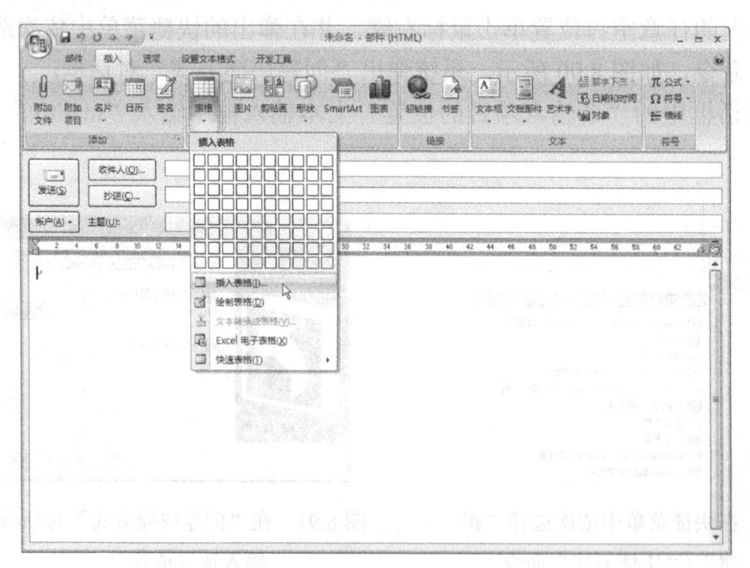

图 8.94　起草新邮件时插入表格

链接七　如何设置邮箱的自动回复功能

Outlook 2007 软件的自动回复功能非常强大，可以根据来信人的不同做出不同的回复。具体操作步骤如下：

（1）启动 Outlook 2007 中文版软件。

（2）依次选择“文件”→“新建”→“邮件”命令，系统弹出“未命名—邮件”窗口，在该窗口中输入将被作为自动回复的内容，如图 8.95 所示。

（3）单击 Office 按钮，然后在打开的菜单中选择“另存为”命令，系统弹出“另存为”对话框，在“保存类型”下拉列表中选择“Outlook 模板（*.oft）”选项，然后在“文件名”文本输入框中输入需要保存的文件名，如图 8.96 所示，最后单击“保存”按钮，关闭对话框，同时将邮件保存为 Outlook 模板，其扩展名为.oft。

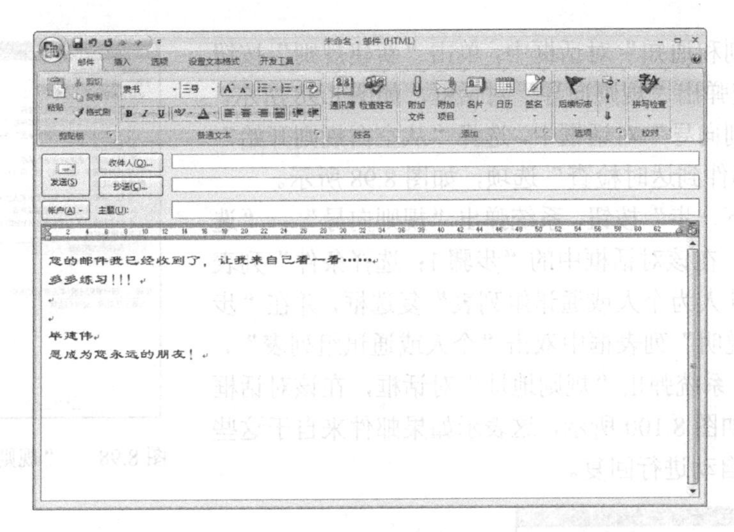

图 8.95　在邮件窗口中设置自动回复的内容

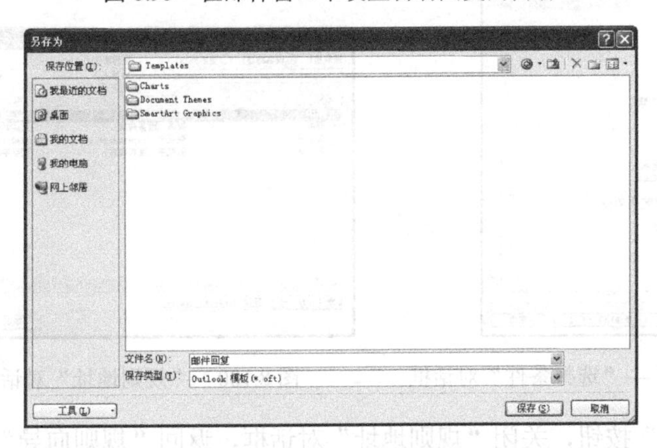

图 8.96　“另存为”对话框

（4）在 Outlook 主操作窗口中，依次选择“工具”→“规则和通知”命令，系统将弹出“规则和通知”对话框，如图 8.97 所示。

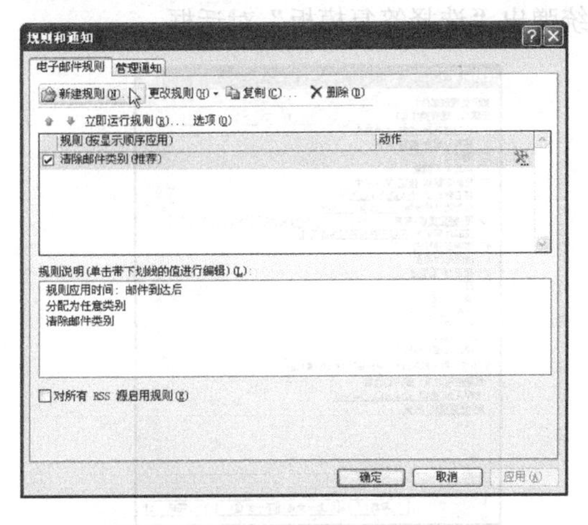

图 8.97　“规则和通知”对话框

（5）在“规则和通知”对话框中，单击“新建规则”按钮 新建规则(N)... ，系统弹出“规则向导”对话框，如图 8.98 所示。

（6）在“规则向导”对话框中，选择“从空白规则开始”选项卡中的 “邮件到达时检查”选项，如图 8.98 所示。

（7）单击“下一步”按钮，系统弹出“规则向导”—“选择条件”对话框，在该对话框中的“步骤 1：选择条件”列表框中，选中“发件人为个人或通讯组列表”复选框，并在“步骤 2：编辑规则说明”列表框中双击“个人或通讯组列表”，如图 8.99 所示，系统弹出“规则地址”对话框，在该对话框中添加联系人，如图 8.100 所示，这表示如果邮件来自于这些联系人，系统将自动进行回复。

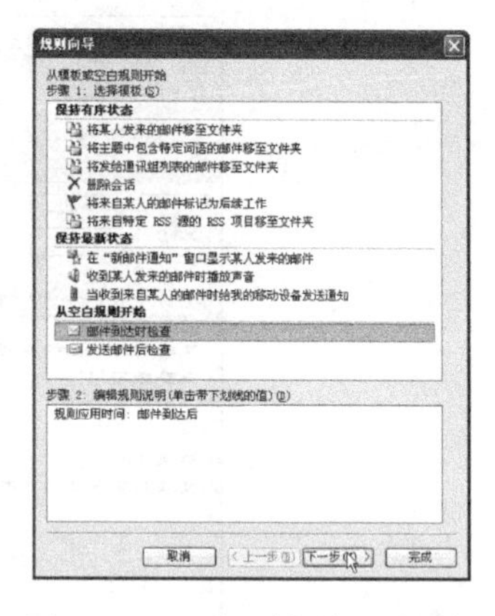

图 8.98　“规则向导”对话框

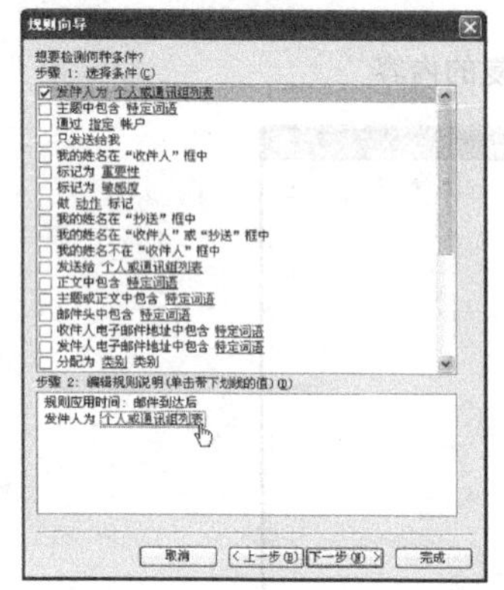

图 8.99　“规则向导”—“选择条件”对话框

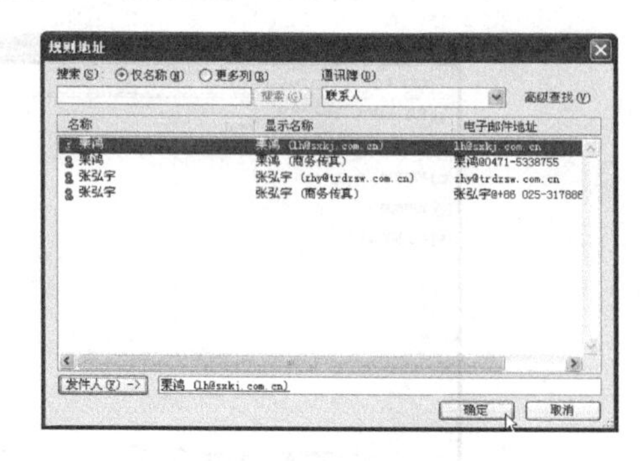

图 8.100　“规则地址”对话框

（8）单击“确定”按钮，关闭“规则地址”对话框，返回“规则向导”对话框，然后单击“下一步”按钮，系统弹出“规则向导”—“选择操作”对话框。

（9）在“规则向导”—“选择操作”对话框中，选中“步骤 1：选择操作”列表框中的“用特定模板—答复”复选框，如图 8.101 所示，然后在“步骤 2：编辑规则说明”列表框中双击“特定模板”，系统弹出“选择答复模板”对话框。

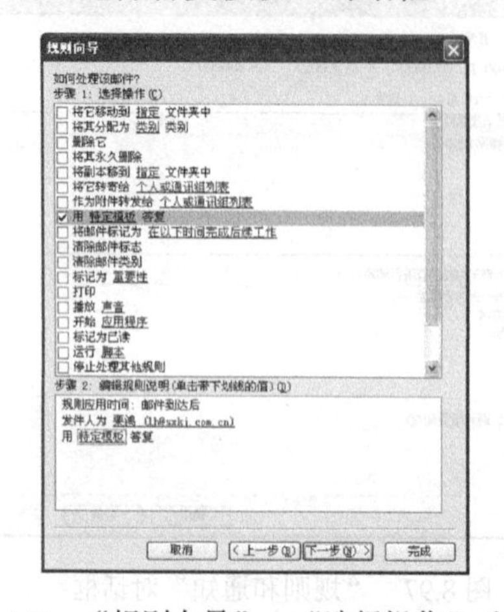

图 8.101　“规则向导”—“选择操作”对话框

（10）在“选择答复模板”对话框中，查找并选择在前面保存的“邮件回复.oft”模板文件，如图 8.102 所示，然后单击“打开”按钮，返回“规则向导”对话框。

（11）根据需要完成其他选项的设置，最后单击“完成”按钮，返回“规则和通知”对话框，此时，对话框中已经显示了刚刚设置的规则，如图 8.103 所示。

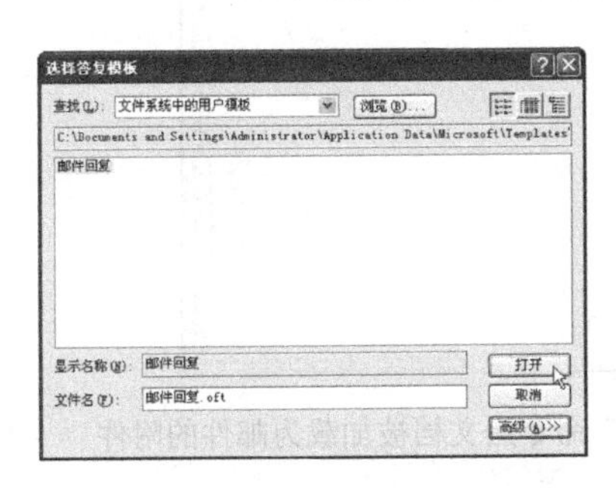

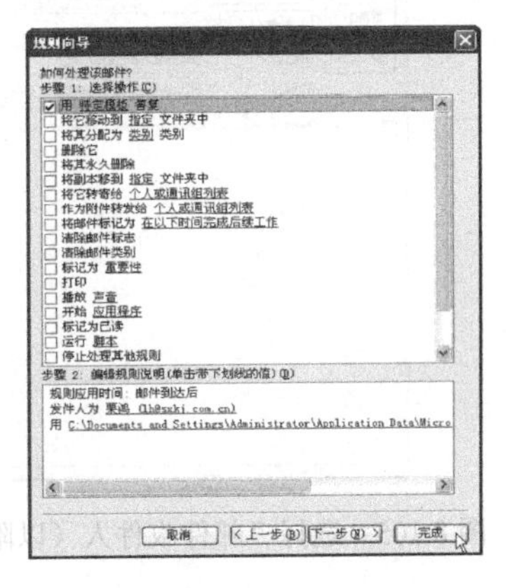

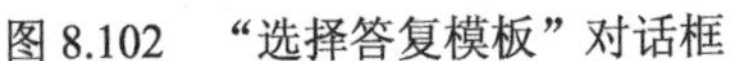

图 8.102 “选择答复模板”对话框　　图 8.103 设置规则后的“规则和通知”对话框

（12）单击“应用”按钮，最后单击“确定”按钮，返回 Outlook 2007 软件的主窗口，至此，已经完成了 Outlook 软件的邮件自动回复设置操作。

链接八　如何将 Office 2007 其他组件创建的文档直接以电子邮件的方式发送出去

当利用 Word、Excel、PowerPoint 或 Access 等软件编辑文档、表格、文稿或数据库时，可以直接将其以电子邮件形式发送出去，这里以 Word 为例来介绍具体的操作步骤：

（1）完成文档的编辑和排版操作。

（2）单击 Office 按钮，然后在打开的菜单中选择“发送”命令，系统弹出下级子菜单，如图 8.104 所示。

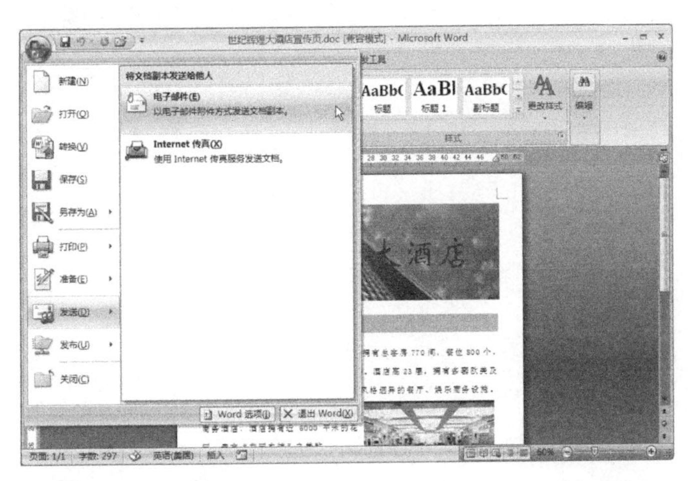

图 8.104 Word 软件中的“文件”/“发送”选项的子菜单

（3）系统弹出 Outlook 起草邮件窗口，并将正在编辑的文档以附件形式加载到邮件中，如图 8.105 所示。然后填写收件人的电子邮件地址，即可将创建的 Word 文档以邮件附件形式发送出去。

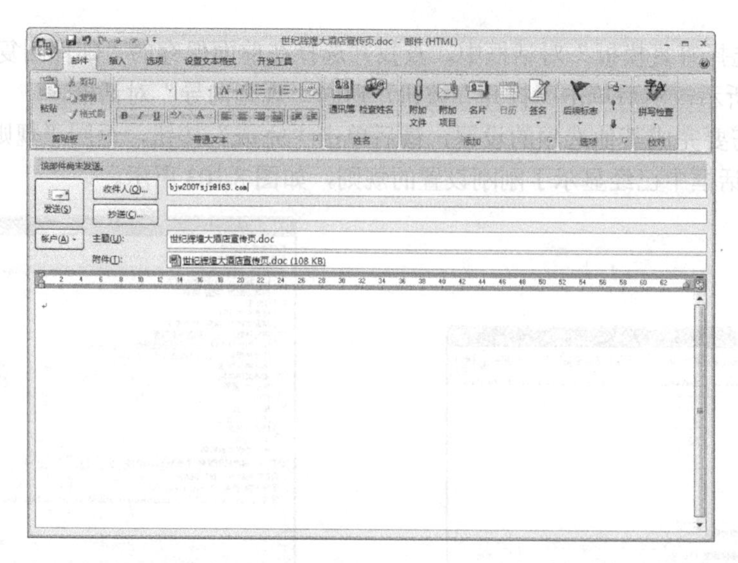

图 8.105　选择“邮件收件人（以附件形式）”命令后文档被加载为邮件的附件

上机完成本章提供的各个案例，并在此基础上完成下列案例的制作。

（1）利用 Access 2007 软件建立个人通讯录数据库。

（2）利用 Outlook 软件对个人邮件进行统一管理。